建筑工程项目管理

（第2版）

主　编　肖凯成　郭晓东　杨　波

副主编　赵　娇　顾艳阳　肖　颖

主　审　蒋月定　皇甫国方

北京理工大学出版社

BEIJING INSTITUTE OF TECHNOLOGY PRESS

内 容 提 要

本书第2版从职业岗位的需求出发，构建以工作过程为导向的课程体系，采用任务教学模式编写。全书除绪论外共分为六章，主要内容包括建筑工程项目管理基础知识、建筑工程项目施工成本控制、建筑工程项目进度控制、建筑工程项目质量控制、建筑工程合同管理、建筑工程项目风险与信息管理等，同时，每章后还配有自我测评题。本书的课程教学与国家注册建造师资格考试及项目管理师职业能力考试内容相结合，实现教学考证一体化、教学岗位一体化。

本书可作为高等院校土木工程类相关专业的教材，也可作为成人教育土建类相关专业的教材，还可作为从事建筑工程技术工作人员的参考用书。

图书在版编目（CIP）数据

建筑工程项目管理 / 肖凯成，郭晓东，杨波主编.—2版.—北京：北京理工大学出版社，2019.8

ISBN 978-7-5682-7212-4

Ⅰ.①建…　Ⅱ.①肖…　②郭…　③杨…　Ⅲ.①建筑工程－工程项目管理－高等学校－教材　Ⅳ.①TU71

中国版本图书馆CIP数据核字（2019）第138547号

出版发行 / 北京理工大学出版社有限责任公司	
社　　址 / 北京市海淀区中关村南大街5号	
邮　　编 / 100081	
电　　话 / （010）68914775（总编室）	
（010）82562903（教材售后服务热线）	
（010）68948351（其他图书服务热线）	
网　　址 / http://www.bitpress.com.cn	
经　　销 / 全国各地新华书店	
印　　刷 / 北京紫瑞利印刷有限公司	
开　　本 / 787毫米×1092毫米　1/16	
印　　张 / 20.5	责任编辑 / 钟　博
字　　数 / 577千字	文案编辑 / 钟　博
版　　次 / 2019年8月第2版　2019年8月第1次印刷	责任校对 / 周瑞红
定　　价 / 68.00元	责任印制 / 边心超

图书出现印装质量问题，请拨打售后服务热线，本社负责调换

第2版前言

建筑工程项目管理是以具体的建设项目或施工项目为对象、目标、内容，不断优化目标的全过程的一次性综合管理与控制过程。鉴于建设项目的一次性，为了节约投资、节能减排和实现建设预期目标、建造符合需求的建筑产品，作为工程建设管理人员，必须清醒地认识到建筑工程项目管理在工程建设过程中的重要性。因此，教材编写在保证理论知识系统性和完整性的前提下，突出实践性和综合性。通过任务的引领，学生可以在真实的条件下进行项目训练，强化专业技能培养。

本书根据现行国家相关规范和技术规定，以任务作为教学模式，安排了绪论、建筑工程项目管理基础知识、建筑工程项目施工成本控制、建筑工程项目进度控制、建筑工程项目质量控制、建筑工程合同管理以及建筑工程项目风险与信息管理的教学和训练，改变了传统教材先讲基本知识和基本原理的教学模式，以全面培养学生的职业素质和职业能力。

本书由肖凯成、郭晓东、杨波担任主编，由赵娇、顾艳阳、肖颖担任副主编。具体编写分工为：绪论、第一章由赵娇编写，第二章由顾艳阳编写，第三章、第五章由肖凯成、杨波编写，第四章、第六章由郭晓东、肖颖编写。全书由蒋月定、皇甫国方主审。本书在编写过程中还得到了相关单位的大力支持，在此表示衷心的感谢和敬意。

由于编者水平有限，教材中若有不妥之处，敬请读者、同行批评指正。

编　者

第1版前言

本教材根据高等院校课程改革和人才培养目标的要求，结合近几年我国建筑工程项目管理的实际案例编写完成。本教材在编写中融入了编者多年来的实际教学经验，对内容的安排和设置进行了仔细的筛选，编写的基本体系是：融合了"建筑施工组织"和"项目管理"的理论、方法，使二者融为一体，进而达到全面培养学生项目管理基本技能的目的。

本教材的编写采用了任务驱动、行为导向的教学模式，每个任务都设置了"任务介绍""任务分析""任务实施""归纳总结""自我检测"和"技能实训"等模块，内容由浅入深、图文并茂。有些任务中还增加了必要的工程实例，以突出其实用性和可操作性。本教材尽量避免内容多而杂、缺乏重点。在内容的选择上，力求将现代项目管理的基本思想和我国工程领域长期以来形成的建筑施工组织模式结合起来，目的是使教材内容更有针对性，更加适应高等教育中"建筑工程项目管理"教学的实际，同时也体现了相关专业教学计划对本课程的要求。

本教材由丁洁、杨洁云担任主编。参与编写的还有赵兴军、刘倩、陶彦。具体编写分工如下：项目一由陶彦编写；项目二、项目三、项目四、项目五由丁洁编写；项目六、项目九由杨洁云编写；项目七由丁洁、刘倩编写；项目八由赵兴军编写。全书由丁洁统稿。

在教材的编写过程中，编者参考了很多专家学者的相关资料，在此表示由衷的感谢。本教材的出版还得到了北京理工大学出版社同人的大力支持，在此一并表示感谢！

由于时间紧迫，加之编者水平有限，本书中难免存在不妥和错误之处，敬请读者批评和指正，以求不断完善。

编　者

目 录

绪 论

一、课程定位

"建筑工程项目管理"课程是工程造价、建筑工程、工程监理等专业的核心课程。该课程在专业课程体系中起着承前启后的作用，在课程进程设计中应先开设"建筑识图与房屋构造""建筑施工技术""建筑工程招投标实务""建筑工程计量与计价"等课程，后续再开设"项目管理软件应用""建筑工程施工质量验收"等课程。

该课程的支撑专业中工程造价专业的职业岗位主要有造价员、资料员、材料员、项目管理人员等，建筑工程专业的职业岗位包括质检员、施工员、项目管理人员、资料员等(图 0-1)。

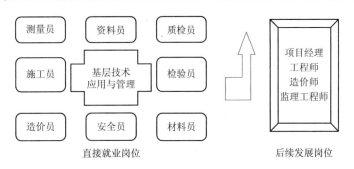

图 0-1 专业岗位群分析

根据建筑企业的就业岗位群对从业人员的岗位工作要求，结合教育部对人才的基本要求及学生的身心特点，本教材从职业岗位的需求出发，协同专业指导委员会专家、企业专家、教育专家，精心设计以培养学生能力为本的项目，构建以工作过程为导向的课程体系，打破传统的学科知识体系；参照企业工作过程，并从教学条件和学生对事物的认知规律出发设计项目，形成既适合教学又适应岗位需求的以工作过程为导向的课程体系(图 0-2)。

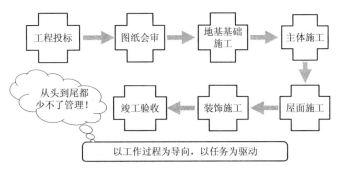

图 0-2 工作过程分析

二、课程教学目标和设计思路

(一)课程教学目标

本课程以"懂"与"会"、"学"与"做"、"知识"与"能力"的关系为主线，主要设计了以下教学目标：

(1)掌握建筑工程项目管理的基本知识，掌握建筑工程项目管理工作流程。

(2)依据目前建筑市场的特征，能够实际进行市场调研、分析，项目实践的参与，对建设项目进行可行性论证，具备项目建设过程中的"四控、两管、一协调"能力。

(3)通过学习实务、案例，实际调研，编制可行性研究报告，编制目标规划，培养发现、分析和解决问题的基本能力，培养团队精神和创新能力。

(二)课程设计思路

根据课程教学目标，编者从施工企业、监理企业、项目咨询公司、造价事务所等邀请行业专家，针对岗位任职要求，与其共同研究、开发和设计了该门课程。

(1)根据建筑工程项目管理的实际工作过程设计课程教学内容，如项目可行性研究—项目目标规划—建筑工程项目管理方案制定—项目建设过程目标控制—项目后期评价。

(2)采用"工作过程，任务驱动"的教学模式，打破传统单一的知识传授教学模式。在能力本位的课程体系架构下，课程教学方法由传统的归纳、分析、综合等方法向项目教学法、案例教学法、角色扮演教学法、现场教学法等模式转换，使学生在学中做，在做中学，实现"教学做合一"。

(3)结合工程项目管理岗位任职要求，在分析典型工作的基础上，实现任务化教学、任务化考核。本课程包括建筑工程项目管理基础知识、建筑工程项目施工成本控制、建筑工程项目进度控制、建筑工程项目质量控制、建筑工程合同管理、建筑项目风险与信息管理等教学任务。

(4)将"工作"和"学习"高度融合，形成一个有机整体，即工学结合，使学生不是为了学习而学习，而是为了工作、培养素质和能力而学习。

(5)课程教学与国家注册建造师资格考试及项目管理师职业能力考试相接执，实现教学考证一体化、教学岗位一体化。

第一章　建筑工程项目管理认知基础知识

岗位目标

建筑工程项目管理是建筑业企业为使项目取得成功，实现所要求的质量、所规定的时限和所批准的费用，对工程项目进行的计划、组织、监督、控制、协调等全过程、全面的管理。项目管理的目的是保证项目目标的顺利实现，项目管理的内容要针对项目目标而定，也就是"四控制、四管理、一协调"，即进度控制、质量控制、费用控制、安全控制，合同管理、现场管理、生产要素管理、信息管理，组织协调。通过学习工程项目管理的基本理论、方法和技术，可以掌握一定的建筑工程项目管理知识，熟悉项目管理的有关内容，做到理论联系实际，自觉地把所学知识运用到建筑业企业经营和生产管理实践中。

通过系统学习，培养自学能力、应用能力和管理能力，培养分析问题和解决问题的能力，培养竞争意识和开拓意识，以适应社会主义市场经济发展和工程管理的需要。

能力目标

◆ 能叙述工程项目建设程序；
◆ 能分析业主项目发包和管理模式的优、缺点；
◆ 能解释工程项目管理目标之间的关系；
◆ 能选择应用工程项目管理组织形式。

内容概要

本章从工程项目的概念出发，围绕项目策划、项目实施、项目运营等（图 1-1），通过工作过程、任务驱动组织教学。

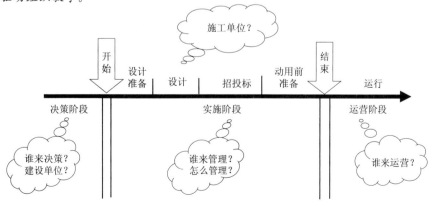

图 1-1　建筑工程项目管理内容框架

第一节　工程项目

学校、企业的管理系统的开发，高速公路的建设，演出的安排，流水线上零件的批量生产等，这些都是项目吗？

"项目"一词的应用十分广泛，它经常出现在教科书、报纸、杂志、电视等各种媒体上以及国际组织、国家、地方、企业及各部门的各种计划和大大小小的报告中。在当今社会，项目十分普遍，它们存在于社会的各个领域、各个地方。大到一个国际集团或一个国家、一个地区；小到一个企业、一个职能部门，都不可避免地参与到或接触到各类项目中。那么学校、企业的管理系统的开发，高速公路的建设，演出的安排，流水线上零件的批量生产中哪些是项目？哪些是建设项目？它们有什么特征？要回答这些问题，就需要学习相关的基本知识。

一、项目

(一)概念

项目是指在一定的约束条件(限定的时间、限定的费用和限定的质量标准等)下具有明确目标和完整的组织结构的一次性任务。如安排一场演出、建造一幢房屋，都可以称为一个项目。

(二)特征

根据项目的定义，可以归纳出项目的三个主要特征。

(1)项目的一次性。项目的一次性是项目最主要的特征，也可称为单件性，是指就任务本身和最终成果而言，没有与此项任务完全相同的另一项任务。只有认识了项目的一次性，才能有针对性地根据项目的特殊情况和要求进行管理。

(2)项目目标的明确性。项目的目标有成果性目标和约束性目标。成果性目标是指项目的功能性要求，如修建一栋居民住宅楼可以居住的户数、一个火力发电厂的发电能力及其技术经济指标等；约束性目标是指限制性条件，如期限、费用及质量等。

(3)项目的整体性。一个项目是一个整体的管理对象。在对其进行生产要素配置时，必须以整体效益的提高为标准，保证数量、质量和结构的总体优化。绝不能将项目割裂开来进行管理。由于项目的内外环境是变化的，因此管理和生产要素的配置应该是动态的。

每个项目都必须具备以上三个特征，缺一不可。

(三)分类

项目按专业特征划分，主要包括科学研究项目、工程项目、维修项目、咨询项目等。其中，工程项目是项目中数量最大的一类，又可划分为建设项目、设计项目、工程咨询项目和施工项目。

二、基本建设

(一)概念

基本建设，就是横贯国民经济各部门，并为其形成固定资产的综合性经济活动过程，包括规划设计、建造、购置和安装固定资产的活动及与之相关联的其他工作。

固定资产是指在社会再生产过程中，能够在较长时期内使用而不改变其实物形态的物质资料，如各种建筑物(即房屋，是指供人们生活、办公、生产的场所)，构筑物(不直接作为人们生活、生产的场所，为生产、生活提供功能)，机电设备，运输工具以及在规定金额以上的工、器具等。

进行基本建设与国民经济各部门有着密切的关系：一是搞基本建设离不开国民经济各部门的配合协作；二是国民经济各部门都需要基本建设。工矿、交通、农林、水利、财政、贸易、文化、教育、卫生、城市建设及各级政府机关等部门，所属单位的事业建设、住宅建设、科学试验研究建设、卫生建设及公共事业建设均属基本建设。

简而言之，基本建设即形成固定资产综合性的经济活动。

(二)内容

基本建设是固定资产的建设，按其内容构成来说，包括以下内容：

(1)固定资产的建筑和安装(固定资产的建造)。包括建筑物的建造和机械设备的安装两部分工作。

1)建筑工程。主要包括各种建筑物(如厂房、宿舍、办公楼、教学楼、医院、仓库等)和构筑物(如烟囱、水塔、水池等)的建造。

2)安装工程。主要包括生产设备、电气装置、管道、通风空调、自动化仪表、工业窑炉等的安装。

固定资产的建筑和安装工作，必须兴工动料，通过施工活动才能实现。它是创造物质财富的生产性活动，是基本建设的重要组成部分。

(2)固定资产的购置。包括各种机械、设备、工具和器具的购置。这些在生产中要用到的工具称为固定资产。固定资产有的需要安装，如发电机组、空压机、散装锅炉等；有的不需要安装，如车辆、船舶、飞机等。

(3)其他基本建设工作。主要是指勘察设计、土地征购、拆迁补偿、科学试验等工作以及它们所需要的费用等。这些工作和投资是进行基本建设必不可少的，没有它们，基本建设就难以进行，或者工程建成后也无法投产和交付使用。

(三)范围

基本建设的范围包括各种对固定资产所进行的新建、扩建、改建、恢复和迁建等建设工作。

三、建设项目

(一)概念

基本建设项目，简称建设项目，是项目中最重要的一种。

凡是按一个总体设计组织施工，建成后具有完整的系统，可以独立地形成生产能力或使用价值的建筑工程，称为一个建设项目。

(二)建设项目的层次划分

一个建设项目，由下列工程内容组成：

(1)单项工程(工程项目)。凡是具有独立的设计文件，竣工后可以独立发挥生产能力或效益的工程，称为单项工程。

（2）单位工程。单位工程是单项工程的组成部分。凡是具有单独设计，可以独立施工，但完工后不能独立发挥生产能力或效益的工程，称为单位工程。

（3）分部工程。一般按照工程部位、专业性质划分。

（4）分项工程。一般按照选用的施工方法、施工内容、使用材料等因素划分，以便专业施工班组施工。

四、施工项目

施工项目是施工企业针对单项工程或建设项目进行生产的施工过程及最终成果。它是一个建设项目或一个单项工程（或单位工程）的施工任务及产品成果。施工项目有以下特征：

（1）是建设项目或其中的一个单项工程（或单位工程）的施工任务。

（2）以施工承包企业为管理主体。

（3）其范围由工程承包合同界定。

五、建设项目和施工项目的区别

建设项目和施工项目在管理主体、管理任务、管理内容和管理范围等方面都有着明显的不同。

（1）建设项目的管理主体是建设单位或受其委托的咨询（监理）单位，施工项目管理的主体是施工企业。

（2）建设项目的管理任务是取得符合设计要求的、能发挥应有效益的固定资产，施工项目的管理任务是把施工项目顺利完成并取得利润。

（3）建设项目的管理内容是涉及投资周转和建设全过程的管理，施工项目的管理内容只涉及从投标开始到交工为止的全部管理及维修过程。

（4）建设项目的管理范围是一个完整的建设项目，是由可行性研究报告确定的所有工程；施工项目的管理范围是由承包合同规定的承包范围，是建设项目中的单项工程或单位工程。

六、建设产品的形式和特点

（一）建设产品的形式

（1）建筑物。建筑物即房屋，是指供人们生活、办公、生产的场所。

（2）构筑物。构筑物不直接作为人们生活、生产的场所，仅为生产、生活提供功能。

（二）建设产品的特点

（1）固定性。建设产品都是在选定的地点上建造和使用的，与选定地点的土地不可分割，从建造开始直至拆除一般均不能移动。所以，建设产品的建造和使用地点在空间上是固定的。

（2）多样性。建设产品不但要满足各种使用功能的要求，而且要体现出各地区的民族风格、物质文明和精神文明。同时，因受到各地区的自然条件等诸多因素的限制，建设产品在建设规模、结构类型、构造形式、基础设计和装饰风格等诸方面变化纷繁，各不相同。即使是同一类型的建设产品，也会因所在地点、环境条件等的不同而彼此有所区别。因此，建设产品的类型是多样的。

（3）庞大性。无论是复杂的建设产品，还是简单的建设产品，为了满足其使用功能的需要，都需要使用大量的物质资源，占据广阔的平面与较大的空间，因而建设产品的体形庞大。

（4）综合性。建设产品是一个完整的实物体系，它不仅综合了土建工程的艺术风格、建筑功能、结构构造、装饰做法等多方面的技术成就，而且综合了工艺设备、采暖通风、供水供电、通信网络、安全监控、卫生设备等各类设施的当代水平。

(三)建设产品生产的特点

1. 流动性

建设产品的固定性决定了建设产品生产的流动性。对于一般的工业生产，生产地点、生产者和生产设备是固定的，产品是在生产线上流动的。而建设产品的生产是在不同的地区，或同一地区的不同现场，或同一现场的不同单位工程，或同一单位工程的不同部位组织工人、机械围绕着同一施工项目产品进行生产，从而导致施工项目产品的生产在地区之间、现场之间和单位工程的不同部位之间流动。

2. 单件性

建设产品地点的固定性和类型的多样性，决定了建设产品生产的单件性。一般的工业生产，是在一定时期里按一定的工艺流程批量生产某一种产品，而建设产品一般是按照建设单位的要求和规划，根据其使用功能、建设地点进行单独设计和施工。即使选用标准设计、通用构件或配件，由于建设产品所在地区的自然、技术、经济条件不同，建设产品的结构或构造、建筑材料、施工组织和施工方法等也要因地制宜地加以修改，这使各建设产品生产具有单件性。

3. 周期长

建设产品的固定性和庞大性决定了建设产品生产周期长。因为建设产品体形庞大，它的建成必然耗费大量的人力、物力和财力。同时，建设产品的生产全过程还受到工艺流程和生产程序的制约，各专业、各工种必须按照合理的施工顺序进行配合。

4. 复杂性

建设产品生产是一个时间长、工作量大、资源消耗多、专业配置复杂、涉及面广的过程。它涉及力学、材料、建筑、结构、施工、水电和设备等不同专业；涉及企业内部各专业部门和人员的配置；涉及企业外部住房城乡建设主管部门，建设单位，勘察设计单位，监理单位以及消防、环境保护、材料供应、水电热气的供应、科研试验、交通运输、银行财政、机具设备、劳务等社会各部门和领域的协作配合，从而使建设产品生产的组织协作错综复杂。

(四)建设产品施工管理的特点

建设产品施工管理具有广交性和多变性的特点。

▶任务实施◀

一、项目识别

从一所学校的建设、一个企业的管理系统的开发、一条高速公路的建设、一场演出活动的安排、一条流水线上零件的批量生产，可以看出它们具有以下共性：

(1)是一次性的任务。没有与某项任务完全相同的另一项任务。如一所学校的建设，它在功能、目标、环境、条件、过程、组织等诸方面与其他学校的建设相比都存在着差异，不可能批量完成。

(2)具有明确的目标。高速公路的建设就是让车速提高，企业通过开发管理系统使企业在管理上更上一个台阶；一条流水线上零件的批量生产使生产效率进一步提高。

(3)具有约束性。项目是一种任务，任务的完成有其限定条件。如要建一所学校，就得有资金——受到资金的限制；就要有开始和结束时间，以及持续时间的要求——受到时间的限制；更不能建好后不能正常使用或倒塌——受到质量标准的限制。

(4)有一定的生命周期。项目必有起点和终点，一所学校的建设、一个企业的管理系统的开发、一条高速公路的建设、一场演出活动的安排、一条流水线上零件的批量生产，都经过了启动—规划—实施—结束这样一个过程。

如零件的批量生产是连续不断和周而复始的活动，可称为作业(Operation)，不属于项目

(Project)范畴。而项目是一种非常规性、非重复性和一次性的任务，通常有确定的目标和确定的约束条件(时间、费用和质量等)。项目是指一个过程，而不是指过程终结后所形成的成果。因此，鉴别项目必须看对象是否具有一次性特点、是否具有明确的目标、是否具有约束性、是否有一定的生命周期。其中，一所学校的建设、一条高速公路的建设属于建设项目。它们是项目中最重要的一种。

二、建设项目识别

凡是按一个总体设计组织建设施工，建成后具有完整的系统，可以独立地形成生产能力或使用价值的建筑工程，称为一个建设项目。

在工业建设中，一般以一个企业为一个建设项目，如一个纺织厂、一个钢铁厂等；在民用建设中，一般以一个事业单位为一个建设项目，如一所学校、一家医院等；对于大型分期建设的工程，其分为几个总体设计，就有几个建设项目。

三、单项工程识别

凡是具有独立的设计文件，竣工后可以独立发挥生产能力或产生效益的工程，称为一个单项工程。

一个建设项目，可由一个单项工程组成，也可由若干个单项工程组成。例如，在工业建设项目中，各个独立的生产车间、试验楼，各种仓库等；在民用建设项目中，学校的教学楼、试验室、图书馆、学生宿舍等，这些都可以称为单项工程，其内容包括建筑工程，设备安装工程以及设备、工具、仪器的购置等。

四、单位工程识别

凡是具有单独设计，可以独立施工，但完工后不能独立发挥生产能力或产生效益的工程，称为一个单位工程。

一个单项工程一般由若干个单位工程组成。例如，一所学校的教学楼的建设，一般由土建工程、管道安装工程、设备安装工程、电气安装工程等单位工程组成。

五、分部工程识别

分部工程一般按照工程部位、专业性质划分。

一个单位工程可以由若干个分部工程组成。例如，学校教学楼的土建单位工程，按工程部位划分，可以分为基础工程、主体结构工程、屋面工程、装饰装修工程等分部工程；按专业性质划分，可以分为土(石)方工程、地基工程、混凝土工程、砌筑工程、防水工程、抹灰工程等分部工程。

六、分项工程识别

分项工程一般按照选用的施工方法、施工内容、使用材料等因素划分，以便专业施工班组施工。

一个分部工程可以划分为若干个分项工程。例如，学校教学楼基础分部工程，可以划分为槽(坑)挖土、混凝土垫层、砖砌基础、回填土等分项施工过程。

分项工程是项目划分中最小的子单位，也是工程量计算的依据。再往下划分就是动作和操作。如挖土再往下划分就是弯腰拿工具、举起工具、挖土等动作和操作了。

七、施工项目识别

施工项目的管理主体是施工企业。从施工项目的特征来看，只有单位工程、单项工程和建设项目的施工任务，才称为施工项目。单位工程是施工企业的最终产品，分部分项工程由于不是施工企业的最终产品，不能称为施工项目，只能是施工项目的重要组成部分。

因此，学校、学校教学楼等都属于施工项目，而教学楼中土建部分等分部工程以及挖土等分项工程则不属于施工项目，它们只是施工项目的组成部分。

▶知识链接◀

本书所用的术语"工程项目"即建设项目，或称建筑工程项目，或称投资建设项目。

《辞海》(1999年版)中"建设项目"的定义为："在一定条件约束下，以形成固定资产为目标的一次性事业。一个建设项目必须在一个总体设计或初步设计范围内，由一个或若干个互有内在联系的单项工程所组成，在经济上实行统一核算，在行政上实行统一管理。"一般而言，建设项目是指为了特定目标而进行的投资建设活动。建设项目也称为投资建设项目，以下统一简称为"工程项目"，其内涵如下：

(1)工程项目是一种既有投资行为又有建设行为的项目，其目标是形成固定资产。工程项目是将投资转化为固定资产的经济活动过程。

(2)"一次性事业"即一次性任务，表示项目的一次性特征。

(3)在"经济上实行统一核算，在行政上实行统一管理"，表示项目是在一定的组织机构内进行的，项目一般由一个组织或几个组织联合完成。

(4)对一个工程项目范围的认定标准，是具有一个总体设计或初步设计。凡属于一个总体设计或初步设计的项目，无论是主体工程还是相应的附属配套工程，无论是由一个还是由几个施工单位施工，无论是同期建设还是分期建设，都视为一个工程项目。

工程项目除具有一般项目的基本特点外，还有自身的特点。工程项目的特点表现在以下几个方面：

(1)具有明确的建设任务，如建设一所学校或一条高速公路等。

(2)具有明确的质量、进度和费用目标。

(3)建设成果和建设过程固定在某一地点。

(4)建设产品具有唯一性的特点。

(5)建设产品具有整体性的特点。

(6)工程项目管理具有复杂性的特点，主要表现在：工程项目涉及的单位多，各单位之间关系协调的难度和工作量大；工程技术的复杂性不断提高，出现了许多新技术、新材料和新工艺；大、中型项目的建设规模大；社会、政治和经济环境对工程项目，特别是对一些跨地区、跨行业的大型工程项目的影响越来越大。

第二节　工程项目的建设程序

▶任务导入◀

一所学校、一条高速公路是不是拍拍脑袋，想怎么建设就怎么建设？

▶任务分析◀

工程项目的建设不是想象中那么简单，而是要经过一定的程序才能实现。如学校的建设，首先，建设方要对建设的规模、建设的地点、建设的可行性进行分析，并向有关部门申请立项，经批准后才能立项；其次，要确定建成后的样子，就必须进行设计，要确定设计出来后由谁来施工，就要进行招投标，选择好施工单位后签好合同，准备施工；一切准备就绪后开始施工，要确定施工质量是否符合要求，还要进行分项、分部工程的验收；整体工程完工，竣工验收合格后才能交付使用。但这并没有结束，还要确定一定的质量保修期，工程项目的建设才算完成。由此可见，工程项目的建设必须经过慎重的规划、合理的设计、高质量的建设、负责任的保修才能完成。

▶任务准备◀

一、建设项目的建设程序

建设项目的建设程序是指建设项目在整个建设过程中的各项工作必须遵循的顺序(图 1-2)。它是几十年来我国基本建设工作的实践经验和科学总结，也是拟建建设项目在整个建设过程中必须遵循的客观规律。

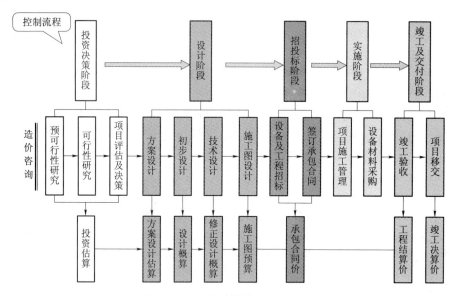

图 1-2　建设项目的基本建设程序

一个建设项目，如一条高速公路的建设，从计划建设到建成投产，要经过建设决策、建设实施和交付使用三个阶段。这三个阶段可分为如下八个步骤。

(一)项目建议书

项目法人按国民经济和社会发展的长远规划、行业规划和建设单位所在的城镇规划的要求，根据本单位的发展需要，经过调查和预测、分析，编报项目建议书。

项目建议书是建设单位向国家提出建设某一项目的建议性文件，是对项目投资进行的初步估算，是对拟建项目的初步设想。

重大项目由国家发展与改革委员会报国务院审批。项目建议书根据拟建项目规模报送有关部门审批。大、中型及限额以上项目的项目建议书应先报行业归口主管部门，同时抄送国家发展与改革委员会，并委托具有相应资质的工程咨询单位评估后审批。小型和限额以下项目的项目建议书，按项目隶属关系由部门或地方发展与改革委员会审批。

1. 预可行性研究(项目建议书)纲要

预可行性研究(项目建议书)纲要的主要内容包括：实施纲要；项目背景与历史；市场和工厂

的生产能力；材料投入物；建厂地区与厂址；项目设计；工厂和组织机构；人工；建设进度表；财务及经济估价。

2. 预可行性研究（项目建议书）的作用

(1)预可行性研究是选择建设项目的依据，只有在项目建议书批准后，方可进行项目可行性研究；

(2)利用外资的项目，只有在批准项目建议书后，方可对外开展工作。

3. 项目建议书的编制方法

(1)论证重点：是否符合国家宏观经济政策、产业政策和产品的结构、生产力布局要求。

(2)宏观信息：国家和社会发展规划、国家产业政策、技术政策、生产力布局、自然资源的宏观信息。

(3)投资估算误差：项目建议书的投资估算误差一般为±20%。

(4)最终结论：通过市场研究预测产出物的市场前景，利用静态分析指标进行经济分析，以便做出对项目的评价。

(5)项目建议书由业主委托咨询机构完成，通过考察与分析，提出项目的设想和对投资机会研究的评估。

4. 项目建议书的审查要点

项目建议书提交主管部门审查前，业主应对建议书进行审查，审查要点如下：

(1)项目是否符合国家的建设方针和长期规划，以及产业结构调整的方向与范围。

(2)项目产品符合市场需要的论证理由是否充分。

(3)项目的建设地点是否合理，是否存在不合理的布局或需要进行重复建设。

(4)对项目的财务、经济效益和还款要求的估算是否合理，与业主的投资设想是否一致。

(5)对遗漏、论证不足的地方，要求咨询机构进行补充、修改。

(二)可行性研究报告

项目建议书批准后，项目法人委托有相应资质的设计、咨询单位，对拟建项目的技术、工程、经济和外部协作条件等方面的可行性，进行全面分析、论证和方案比较，推荐最佳方案；可行性研究报告是项目决策的依据，应符合国家规定，能够达到一定的深度和准确性，其投资估算和初步设计概算的出入不得大于10%，否则将对项目进行重新决策。

可行性研究报告的主要作用是为建设项目投资决策提供依据，同时，也为建设项目设计、银行贷款、申请开工建设、建设项目实施、项目评估、科学试验、设备制造等提供依据。批准的可行性研究报告是项目最终决策文件。可行性研究报告经有关部门审查通过，拟建项目方可正式立项。

可行性研究报告的内容如下：

(1)总论。

(2)需求预测与拟建规模。

(3)资源、原材料、燃料及公用设施情况。

(4)建厂条件与厂址方案。

(5)设计方案。

(6)环境保护。

(7)企业组织、劳动定员和培训估算。

(8)实施进度的建议。

(9)投资估算和资金筹措。

(10)社会及经济效益评价。

(三)初步设计

可行性研究报告批准后，项目法人委托具有相应资质的设计单位，按照批准的可行性研究报告的要求，编制初步设计。初步设计批准后，设计概算工程投资的最高限额，未经批准不得随意突破限额。因不可抗拒因素造成投资突破设计概算，需上报原批准部门审批。

初步设计是根据批准的可行性研究报告和设计基础资料对工程进行系统研究。经概略计算，如果初步设计提出的总概算超过可行性研究报告总投资的10%，或者其他主要指标需要变更应重新向原审批单位报批。

(四)施工图设计

初步设计批准后，项目法人委托具有相应资质的设计单位，按照批准的初步设计组织施工图设计。

《建筑工程质量管理条例》规定，建设单位应将施工图设计文件报县级以上人民政府建设行政主管部门或其他有关部门审查，未经审查批准的施工图设计文件不得使用。

问题： 设计阶段包括(　　)。

A. 初步设计　　　　　B. 技术设计　　　　　C. 施工图设计　　　　　D. 平面设计

E. 立面设计

答案： A、B、C

解析： 一般来说，工程需进行两阶段设计，即初步设计和施工图设计。有些工程，根据需要可在两阶段之间增加技术设计。

(五)年度投资计划

项目建议书、可行性研究报告、初步设计经批准后向主管部门申请列入投资计划。

(六)开工报告

建设项目已完成各项准备工作，具备开工条件，建设单位应及时向主管部门和有关单位提出开工报告，开工报告批准后即可进行项目施工。

(七)竣工验收，交付使用

竣工验收，交付使用是工程项目从计划、设计到施工的非常重要的一步。验收合格，标志着国家又增加一项新的固定资产。

根据国家的有关规定，建设项目按批准的内容完成后，符合验收标准的，须及时组织验收和办理交付使用资产移交手续。

(八)项目后评价

项目后评价是指在项目已经完成并运行一段时间后，对项目的目的、执行过程、效益、作用和影响进行系统的、客观的分析和总结的一项技术经济活动。

上述八个步骤，就是基本建设的程序，即基本建设各项工作的先后顺序，该顺序不得违背、颠倒。

坚持建设程序的意义如下：

(1)依法管理工程建设，保证正常的建设秩序。

(2)科学决策，保证投资效果。

(3)顺利实施建筑工程项目，保证工程的质量与安全。

(4)顺利开展建筑工程项目管理。

二、建筑工程施工程序

施工程序是指施工单位从承接工程业务到工程竣工验收一系列工作必须遵循的顺序，是基本建设程序中的一个阶段。其可以分为承接业务签订合同、施工准备、正式施工和竣工验收四个阶段。

(一)承接业务签订合同

施工单位承接业务的方式有三种，即国家或上级主管部门直接下达、受建设单位委托而承接、通过投标中标而承接。无论采用哪种方式承接业务，施工单位都要检查建设单位的合法性，确认施工项目是否有批准的正式文件、是否列入基本建设年度计划、是否落实投资等。

承接施工任务后，建设单位与施工单位应根据《中华人民共和国合同法》《建筑安装工程承包合同条例》《中华人民共和国招标投标法》的有关规定，及时要求签订施工合同，合同具有法律效力，需要双方共同遵守。施工合同应规定承包范围、内容、要求、工期、质量、造价、技术资料、材料的供应及合同双方应承担的义务和职责，以及双方应提供施工准备工作的要求（如土地征购、申请施工用地、施工执照、拆除现场障碍物、接通场外水源、电源、道路等），这是编制建筑工程施工组织设计必须遵循的依据之一。

(二)施工准备

签订施工合同后，施工单位应全面了解工程性质、规模、特点及工期要求等，并进行场址勘察、技术经济和社会调查，收集有关资料编制施工组织总设计。当施工组织总设计经批准后，施工单位应组织先遣人员进入施工现场，与建设单位密切配合，共同做好各项开工前的准备工作，为顺利开工创造条件。根据施工总设计的规划，对首批施工的各单位工程，应抓紧落实各项施工准备工作［如图纸会审，编制单位工程施工组织设计，落实劳动力、材料、构件、施工机具及现场"三通一平"（水通、电通、路通及场地平整）等］。具备开工条件后，提出开工报告，经审查批准后，即可正式开工。

(三)正式施工

施工过程是施工程序中的主要阶段，一个建设项目，从整个施工现场全局来说，一般应坚持先全面后个别、先整体后局部、先场外后场内、先地下后地上的施工步骤；从一个单项（单位）工程的全局来说，除了按照总的全局指导和安排外，还应坚持土建、安装的密切配合，按照拟定的施工组织设计，精心组织施工。加强各单位、各部门的配合与协作，协调解决各方面的问题，使施工活动能够顺利开展。

同时，在施工过程中，应加强技术、材料、质量、安全、进度及施工现场等各方面的管理工作，落实施工单位内部承包经济责任制，全面做好各项经济核算与管理工作，严格执行各项技术、质量检验制度，抓紧工程收尾和竣工。

(四)竣工验收

工程验收和交付使用是施工的最后阶段。在交工验收前，施工单位内部应先进行预验收，检查各分项分部工程的施工质量，整理各项交工验收的技术经济资料。在此基础上，由建设单位组织竣工验收，经主管部门验收合格后，办理验收签证书，并交付使用。

◀ 任务实施 ▶

某建设单位要在江苏省常州市建设一所学校，其基本建设程序如下。

一、编制校园总体规划

1. 学校总体规划的总原则

根据国家、省、市有关基本建设的法律法规，规范基本建设工作程序，保证工程建设质量，控制工程造价，提高投资效益，加强有效监督，提高工作效率。

2. 校园总体规划的要求、依据、批准和执行

（1）要求：制定校园总体规划要以学校事业发展规划为依据，以科学发展为指导，坚持以人

为本、以学生为中心的原则，力求最大限度地节约资源、保护环境，优先保障教学科研需要，创造良好的育人环境。

（2）依据：依据经过有关部门批准的学校事业发展规模和《中华人民共和国城市规划法》《城市普通中小学校校舍建设标准（2002年）》《江苏省乡镇教育、中小学和幼儿园基本实现现代化建设标准（试行）》《江苏省中小学教育技术装备标准》等有关标准的要求，结合城市规划要求，在学校的领导下，委托具备法定资质的规划设计研究机构编制校园总体规划。

（3）批准：校园总体规划经学校校务委员会审议并研究通过后，报主管部门和市规划部门审定批准后，方可实施。

（4）执行：经批复的校园总体规划具有权威性、连续性和严肃性。学校新建、改建、扩建、维修项目和临时性建筑应严格执行校园总体规划。校园总体规划不得随意更改，如确需进行修改、调整，应报主管部门和市规划部门重新审定批准实施。

二、依据校园总体规划，编制项目建议书，报批（立项）

编制建设项目申请报告：

（1）学校要认真组织对建设项目的建设规模、方案、功能计划、投资、进度和相应配套等进行可行性研究，编制新建项目建设意向书，经主管部门批准后，报市审批。

（2）项目申请报告的内容包括项目申报单位情况、拟建项目情况、建设用地与相关规划、事业发展规划、现有用房条件及用房条件需求情况、资金筹集方式及资金运行能力分析和生态环境影响分析等。

（3）编报项目申请报告需报送的附件包括城市规划选址意见、项目用地预审意见、环境影响评价文件的审批意见和校园总体建设规划等文件。

三、编制设计文件，报批

方案设计、施工图设计及招标投标：

（1）学校根据有关部门审批的建设项目，结合项目的具体使用要求，编写建设项目设计任务书。

（2）对建筑单体方案设计、施工图设计采用邀请招标或公开招标的形式，确定建筑单体设计方案和施工图设计单位。收集、整理评审论证意见，在充分论证的基础上，对设计方案进行修改、完善（扩初会审）。

（3）根据规划管理部门批复的设计方案，组织工程地质勘察招投标。委托中标的勘察单位进行地质勘探，并按合同约定及时提供准确的地质勘察报告。

（4）在施工图设计阶段开始前，再次对初步设计文件进行确认，然后通知设计单位开始施工图设计。设计单位根据有关资料和设计规范，按照合同约定时间完成施工图设计，提供完整的施工图文件。

（5）施工图设计文件完成后，任何单位、个人不得擅自改变施工图图纸设计文件内容。如确需修改，应严格按照基建程序和变更、签证办法执行。

四、编制年度基建设投资计划

年度基建设投资计划指计划期为一年，以货币表现固定资产建设工作量的计划文件。

五、施工准备，报批开工

办理建筑工程规划许可证：

学校将完整的施工图文件及有关报表报送市有关部门审核、批复，并按规定缴纳有关规费，办理建筑工程规划许可证。领取施工许可证，办理报监、安监手续。

六、组织施工

1. 工程建设项目施工、监理招标

(1)通过招投标确定基建工程招标代理机构或学校自己组织招投标。

(2)招标代理机构或学校编制建设项目工程量清单和招标文件。

(3)学校组织对投标单位进行资格审查和考察工作，同时，专业技术人员组织现场踏勘、答疑等有关事项。

(4)学校委托招标代理机构或学校自己组织招投标，在招投标管理部门和有关监察部门人员的全过程监督下进行开标、评标、定标工作。

2. 合同签订与建设前期手续办理

(1)工程项目施工、监理企业中标后，学校按照《中华人民共和国合同法》、市有关建筑合同签订管理的规定，负责组织签订施工与监理合同。

(2)持土地证，项目计划批文，规划许可证，消防与施工图图纸审核文件，监理、施工合同办理各项开工手续。

3. 建设项目施工组织与管理

(1)学校应明确工地代表，为施工单位、监理单位做好协调、服务工作，并对工程质量、施工进度进行全过程监督。

(2)施工准备。学校施工现场管理人员会同学校有关部门做好施工队伍进场前的施工现场准备工作，工作内容包括"三通一平"等。

(3)图纸会审。专业技术人员负责组织监理单位、施工单位进行图纸会审，组织设计单位向施工单位设计交底。

(4)监理规划书及施工组织设计书审批。专业技术人员负责审批监理单位编制的监理规划和施工企业编制并经监理单位审查的施工组织设计。

(5)建设项目放线、验线。专业技术人员组织办理建设项目的定位放线、验线工作。

(6)工程质量控制。施工现场管理人员严格依据工程技术规范和施工操作规程，监督检查施工质量。

1)以国家施工及验收规范、工程质量验评标准及《工程建设标准强制性条文》、设计图纸等为依据，督促施工单位全面实现工程项目合同约定的质量目标。

2)检查、督促监理单位按照监理实施细则的要求及合同对施工过程进行全面控制。

4. 工期控制

(1)由学校组织监理单位根据施工合同、施工组织设计确定工期目标，审核施工单位编制的工期计划。

(2)为实现工期目标，定期收集现场施工进度信息，采取措施不断进行动态控制，防止拖延工期和不合理抢工。

5. 工程变更、签证管理

严格控制工程变更，重要变更必须经过批准和审核。

(1)设计变更管理。必须严格按照施工图实施工程建设。但是，因施工现场的不可预见因素，或设计不合理，或使用单位、建设单位提出要求的设计变更，必须严格按规定程序办理签证手续。重大设计变更须报主管部门研究同意后方可执行。

(2)现场签证管理。现场签证正常由现场管理人员和学校基建管理领导组织实施。现场签证必须经施工单位、监理单位、基建现场管理人员和学校基建管理领导共同签证认可。现场签证必须项目清楚，工作内容明确，数量准确。

6. 建设项目材料、设备管理

常州市教育系统基本建设规模工程主要材料由施工方采购，包工不包料工程除外。规模工程的特殊材料、装饰装修材料，由甲方参与采购及认质认价。

材料采购管理和材料、设备进场管理：

(1)由甲方参与采购及认质认价的材料，施工单位应在使用前提供材料、设备清单。学校组织基建管理人员、纪检监察人员、施工单位、监理单位、重要材料或造价较高材料主管部门参与采购。材料价款总额较高的材料应组织招投标或议标。

(2)施工单位或供货单位的材料、设备到场后，基建管理人员应召集工地代表、监理单位、施工单位、供货单位共同对照样品验货。所有进场的货物须有出厂合格证、质保书、试验报告等相关技术文件和资料，严格执行合同约定和国家相关标准。

(3)材料的检验和检测。对于需要复检的材料，复检合格后才能投入使用；检验不合格的材料应全部退场。

(4)施工过程中要跟踪检查。在施工过程中，基建管理人员、监理单位对投入使用的材料、设备进行全程监督，可随时进行抽样检查，并对抽检结果进行记录备案。当发现不合格的材料和设备时，应立即责令施工单位停止使用并作返工处理。

七、工程的验收与交付使用

(一)竣工验收条件

建设项目竣工验收必须同时具备下列条件：

(1)完成单位工程设计内容和合同约定的各项内容，工程质量应符合国家的有关规定，并满足使用要求。

(2)工程使用的主要建筑材料、构配件和设备的质量合格证明、进场试验报告等资料符合有关规定。

(3)有完整的技术档案和施工管理资料。

(4)有总监理工程师签署的质量评估文件。

(5)有施工单位签署的工程质量保修书。

(二)竣工验收程序

(1)施工单位自行组织工程质量验收，并形成单位工程质量验收文件。

(2)监理单位核查单位工程质量验收文件。

(3)施工单位向学校提交单位工程申请竣工验收报告。

(4)学校组织市质量监督部门对工程进行竣工前检查，对工程存在的问题提出限期整改意见。

(5)联系勘察、设计、施工、监理等责任主体单位和行政主管部门进行竣工验收，形成单位工程竣工验收文件。

(6)向市建设主管部门提交验收备案所需的文件，办理竣工验收备案手续。

(7)向资产管理部门移交。

(三)建设项目保修管理

对保修期限执行国家的有关规定，并签订保修协议书。对保修期内出现的问题，根据国家规定处理；保修期满，工程质量合格后按合同约定办理保修金结算手续。

(四)建设项目档案管理

学校依据国家、省、市住房城乡建设主管部门的有关规定，做好学校建设项目的档案整理归档工作。

某国建设全民健身活动中心的基本程序如下：

(1)需求调查阶段。主要调查内容包括：社区内现有的体育设施和服务的现状及未来趋势，社区居民的基本体育需求情况及开发潜力、使用体育设施的情况、对体育设施的要求等；其他有关社区相似的健身中心情况。需求调查对象应当包括社区居民、相关行政机构(如教育部门、文化部门等)、体育俱乐部及协会等。

(2)可行性研究阶段。可行性研究是在需求调查的基础上，形成和确定健身中心的经营理念。需完成以下工作：经营管理计划草案的制订、经营理念的设计、中心地址的选取、活动中心技术设计方案的选取、经营预算、社区经济和社会发展潜力的分析。

(3)设计阶段。可行性研究中的经营管理计划概括了健身中心在社区中开展体育经营活动需掌握的基本情况，其主要包括：健身中心将要提供的活动与服务以及如何推动这些活动；经营管理结构；健身中心维护方案；年度预算，详细提供收入及支出情况。

在经营管理计划的基础上，可以着手设计工作。首先，要形成基本设计思想，基本设计思想主要是把潜在的健身群体及活动中心所开展的活动对设施的功能要求，用说明书的方式表现出来，其主要内容包括：中心选定地址的详细情况以及需要清除的物体；一个示意图，或至少一个包含具体要求的进度表；完工的标准；工程预算及成本限制；工程完工的主要日期。

工程设计的要求由设计师制成图纸。详细的成本预算已经完成，所有手续已经经有关部门批准。最后，要准备好合同文件，进行投标并确定建筑商。如果工程较大，一般应当聘请专业人士组成设计小组，专业人士应包括建筑师、机械和电力工程师以及预算评估师；还应当聘请工程经理，监控整个工程的建设情况。

第三节　建筑工程项目管理的类型和建设各方项目管理的目标和任务

管理是伴随着人类的共同劳动而产生的，当多人在一起工作时就必须存在管理。管理是一种生产劳动，它运用一定的方法，遵循不同物质生产的客观规律，将有关的生产要素在时间、空间和数量上合理地组织起来，使之相互协调，以充分发挥其作用，创造出一种新的生产力，生产出尽可能多的物质财富。为了有效地进行管理劳动，合理地组织生产劳动过程，除要掌握自然科学、技术科学的有关知识外，还必须掌握有关生产组织与管理的大量客观规律和科学方法。研究有关管理活动的客观规律和科学方法及其应用的科学，就是管理科学。

一所学校的教学楼的建设往往是由许多参与单位承担不同的建设任务，而各参与单位的工作性质、工作任务和利益不同，因此就形成了不同类型的项目管理。

从上一节可以看出，一所学校的教学楼的建设要经过策划、设计、施工及竣工验收和项目的保修管理等程序。因此，要完成此项目的建设，必须有多方共同参与，那么就必须了解各方对各自范畴的管理工作，这就是本任务所要解决的问题。

一、工程项目管理的含义

工程项目管理是工程管理(Professional Management in Construction)的一个部分，在整个工程项目的全寿命中，决策阶段的管理是DM(Development Management，目前没有统一的中文术语，可译为项目前期的开发管理)，实施阶段的管理是项目管理(Project Management，PM)，使用阶段(或称运营阶段)的管理是设施管理(Facility Management，FM)，如图1-3所示。

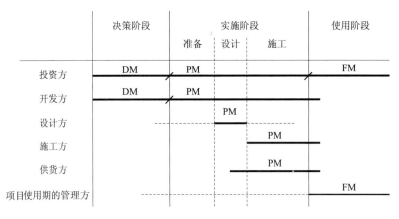

图1-3　DM、PM和FM

"工程管理"作为一个专业术语，其内涵涉及工程项目全过程的管理，即包括DM、PM和FM，并涉及参与工程项目的各个单位的管理，即包括投资方、开发方、设计方、施工方、供货方和项目使用期的管理方的管理，如图1-4所示。

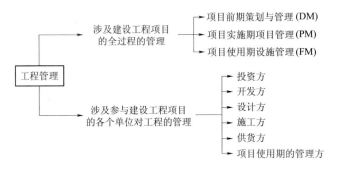

图1-4　工程管理所包括的内容

工程管理的核心任务是为工程建设增值，工程管理工作是一种增值服务工作。其增值主要表现在两个方面(图1-5)，即工程建设增值和工程使用(运行)增值。

国际设施管理协会(IFMA)所确定的设施管理的含义如图1-6所示，它包括物业资产管理和物业运行管理，这与我国物业管理的概念尚有差异。

工程项目管理的含义有很多种，英国皇家特许建造学会(CIOB)对其作了如下表述：自项目开始至项目完成，通过项目策划(Project Planning)和项目控制(Project Control)，使项目的费用目标、进度目标和质量目标得以实现。该表述得到许多国家建造师组织的认可，在工程管理业界有相当的权威性(图1-7)。

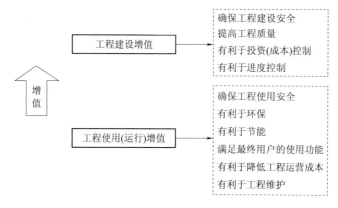

图 1-5 工程管理的增值

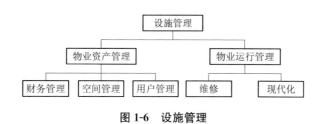

图 1-6 设施管理

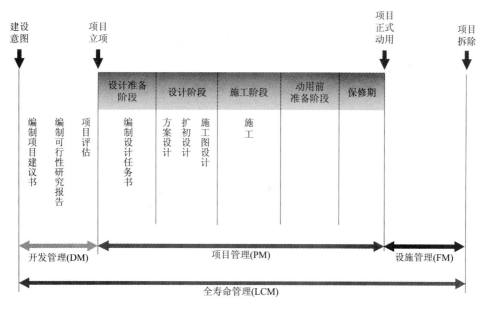

图 1-7 工程项目的决策阶段和实施阶段

（1）"自项目开始至项目完成"是指项目的实施期。

（2）"项目策划"是指目标控制前的一系列筹划和准备工作。

（3）"费用目标"对业主而言是投资目标，对施工方而言是成本目标。项目决策期管理工作的主要任务是确定项目的定义，而项目实施期项目管理的主要任务是通过管理使项目的目标得以实现。

二、工程项目管理的类型和任务

一个工程项目往往由许多参与单位承担不同的建设任务，而各参与单位的工作性质、工作任务和利益不同，因此就形成了不同类型的项目管理。

(一)工程项目管理的类型

按工程项目不同参与方的工作性质和组织特征划分，工程项目管理有如下类型：

(1)业主方的项目管理。

(2)设计方的项目管理。

(3)施工方的项目管理。

(4)供货方的项目管理。

(5)建设项目总承包方的项目管理。

(二)业主方的项目管理的目标和任务

业主方的项目管理服务于业主的利益，其项目管理的目标包括项目的投资目标、进度目标和质量目标。

项目的投资目标、进度目标和质量目标之间既有矛盾的一面，也有统一的一面，它们之间是对立统一的关系。

业主方的项目管理工作涉及项目实施阶段的全过程，即在设计前的准备阶段、设计阶段、施工阶段、动用前准备阶段和保修期分别进行安全管理、投资控制、进度控制、质量控制、合同管理、信息管理及组织和协调，见表1-1。

表 1-1   业主方的项目管理的任务

项目	设计前的准备阶段	设计阶段	施工阶段	动用前准备阶段	保修期
安全管理					
投资控制					
进度控制					
质量控制					
合同管理					
信息管理					
组织和协调					

表1-1中的7行和5列，构成业主方35个分块项目管理的任务。其中，安全管理是项目管理中最重要的任务，因为安全管理关系到人身的健康与安全，而投资控制、进度控制、质量控制和合同管理等则主要涉及物质的利益。

(三)设计方的项目管理的目标和任务

设计方的项目管理的目标包括设计的成本目标、设计的进度目标和设计的质量目标，以及项目的投资目标。

设计方的项目管理的任务如下：

(1)与设计工作有关的安全管理。

(2)设计成本控制和与设计工作有关的工程造价控制。

(3)设计进度控制。

(4)设计质量控制。

(5)设计合同管理。

(6)设计信息管理。

(7)与设计工作有关的组织与协调。

(四)施工方的项目管理的目标和任务

施工方的项目管理的目标包括施工的成本目标、施工的进度目标和施工的质量目标。

施工方的项目管理的任务如下：

(1)施工安全管理。

(2)施工成本控制。

(3)施工进度控制。

(4)施工质量控制。

(5)施工合同管理。

(6)施工信息管理。

(7)与施工有关的组织与协调。

(五)供货方的项目管理的目标和任务

供货方的项目管理的目标包括供货的成本目标、供货的进度目标和供货的质量目标。

供货方的项目管理的任务如下：

(1)供货安全管理。

(2)供货成本控制。

(3)供货进度控制。

(4)供货质量控制。

(5)供货合同管理。

(6)供货信息管理。

(7)与供货有关的组织与协调。

(六)建设项目总承包方的项目管理的目标和任务

建设项目总承包方的项目管理的目标包括项目的总投资目标和总承包方的成本目标、项目的进度目标和项目的质量目标。

建设项目总承包方的项目管理的任务如下：

(1)安全管理。

(2)投资控制和总承包方的成本控制。

(3)进度控制。

(4)质量控制。

(5)合同管理。

(6)信息管理。

(7)与建设项目总承包方有关的组织与协调。

一、要知道工程建设项目管理的主体是谁

(一)业主(建设单位)

1. 建设主管部门

建设主管部门中代表中央政府的有住建部,代表地方政府的有省、地、县的建设主管部门(如住建厅、住建局等)。

2. 国内外公司

国内外公司包括房地产投资公司、开发公司和代表业主方利益的项目管理服务公司(如学校建设的管理主体就是学校或学校委托的项目管理服务公司)。

(二)承包人(施工单位)

(1)住建部直属和各省(直辖市)属施工队伍,如中国工程建筑工程总公司,又如上海建筑工程集团公司,以及建筑工程局,如中建第一、二、三建筑工程局。

(2)铁路建筑工程施工队伍。

(3)其他建筑工程施工队伍,如学校建设中可以通过招标确定一家总承包单位作为施工的管理主体,也可以以单项工程或单位工程通过招标确定多家施工企业分别作为合同范围内的施工管理主体。

(三)设计单位

1. 建筑专业设计院

如住建部建筑设计科学研究院、各省市的建设规划设计院等。

2. 其他设计单位

如林业勘察设计院、铁路勘察设计院、轻工勘察设计院等。

(四)监理咨询机构

(1)专业监理咨询机构。

(2)其他监理咨询机构。

二、要知道各方在管什么

(一)业主方项目管理

业主方项目管理是全过程的,包括项目实施阶段的各个环节,主要有:组织协调,合同管理,信息管理,投资、质量、进度三大目标控制,人们把它通俗地概括为"一协调二管理三控制"。

业主方项目管理是通过一定的组织形式,采取一定的措施和方法,对投资建设的一个项目的所有工作的系统运动过程,进行计划、协调、监督、控制和总结评价,以达到确保建设项目的质量、缩短建设工期、提高投资效益的目的。建设项目管理有广义和狭义的建设项目管理。广义的建设项目管理包括投资决策的有关管理工作;狭义的建设项目管理只包括建设项目立项以后对项目建设实施全过程的管理。

(二)设计方项目管理

设计单位受业主委托承担工程项目的设计任务,以设计合同所界定的工作目标及其责任义务作为该项工程设计管理的对象、内容和条件,通常称为设计项目管理。

设计方项目管理也就是设计单位对履行工程设计合同和实现设计单位经营方针目标而进行的设计管理,尽管其地位、作用和利益追求与项目的业主方不同,但它也是建筑工程设计阶段项

目管理的重要方面。只有通过设计合同，依靠设计方的自主项目管理才能贯彻业主的建设意图和实施设计阶段的投资、质量和进度控制。

设计方项目管理是由设计单位自身对建设项目设计阶段的工作进行自我管理，设计单位通过设计项目管理，同样进行质量控制、进度控制和投资控制，对拟建工程的实施，在技术和经济上进行全面而详尽的安排，引进先进技术和科研成果，绘制、编制设计图纸和设计说明书，为工程施工提供依据，并在实施过程中进行监督和验收。

(三)施工方项目管理

施工单位通过工程施工投标取得工程施工承包合同，并以施工合同所界定的工程范围组织项目管理，简称施工方项目管理。

施工方项目管理是工程项目管理中历时最长、涉及面最广、内容最复杂的一种管理工作。其具有以下特征：

(1)施工方项目管理的主体是施工企业。在签订承包合同后，施工企业即成为施工项目的管理主体，这是任何单位都不能代替的。由监理单位进行的工程项目管理虽然涉及施工阶段的管理，但仍属于建设项目管理，而不是施工方项目管理。

(2)施工方项目管理的对象是施工项目。施工方项目管理的周期，即施工项目的生产周期，它主要包括工程投标、签订工程项目承包合同、施工准备、施工、交工验收及用后服务等一系列活动。施工方项目管理具有特殊性，主要体现在：生产活动与市场交易活动同时进行；先有交易活动，后有"产成品"；买卖双方都投入生产管理，生产与交易活动很难分开。

(3)施工方项目管理要求加强组织协调工作。由于施工项目的生产活动具有单件性和复杂性，一旦出现事故将很难解决；参加项目施工的人员是不断流动的，需要采取特殊的流水方式作业，因而生产组织的工作量会很大；当施工为露天作业时，生产周期长，需要投入的资金也就较多；施工活动复杂，涉及经济关系、技术关系、法律关系、行政关系和人际关系等。这些都使施工方项目管理的协调工作变得复杂、艰难和多变，只有通过强化组织协调的方法，才能保证施工的顺利进行。

整体来说，这种施工项目是指施工总承包的完整工程项目，包括其中的土建工程施工和建筑设备工程施工安装，最终成果能形成具有独立使用功能的建筑产品。然而，从工程项目系统分析的角度，分项工程、分部工程也是构成工程项目的子系统，按子系统定义项目，既有其特定的约束条件和目标要求，也是一次性的任务。因此，对于工程项目按专业、按部位分解发包的情况，承包方仍然可以将承包合同界定的局部施工任务作为项目管理的对象，这就是广义的施工企业项目管理。

(四)咨询(监理)项目管理

咨询项目是由监理单位进行中介服务的工程项目。咨询单位是一种技术性的中介组织，具有相应的专业知识和能力，可接受业主方的委托，从而对工程项目进行管理。

监理项目是由监理单位负责为其进行管理的项目。监理单位受业主的委托，对设计单位和施工单位在工程承包过程中的行为和责权利进行必要、公正、合理的协调与约束，随建设项目进行投资控制、进度控制、质量控制、合同管理、信息管理与组织协调。

▶知识链接◀

一、工程项目管理的国内外背景及其发展趋势

项目管理作为一门学科，多年来不断发展。传统的项目管理(Project Management)是该学科的第一代，其第二代是 Program Management(目前没有统一的中文术语，是指由多个相互关联的项目组成的项目群的管理，不仅限于项目的实施阶段)，第三代是 Portfolio Management(目前没有统一的中文术语，是指多个项目组成的项目群的管理，这多个项目不一定有内在联系，可

称为组合管理），第四代是 Change Management(指变更管理)。

将 DM、PM 和 FM 集成为一个管理系统，就形成工程项目全寿命管理（Life Cycle Management）系统，其含义如图1-8所示。工程项目全寿命管理可避免 DM、PM 和 FM 相互独立的弊病，有利于工程项目的保值和增值。

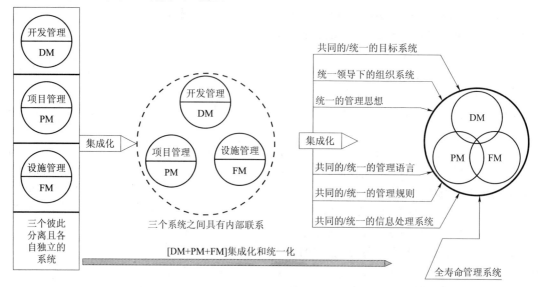

图 1-8　工程项目全寿命管理

在工程项目管理发展中一个非常重要的方向是应用信息技术。它包括应用项目管理信息系统(Project Management Information System，PMIS)和在互联网平台上进行工程管理等。

二、国际工程项目管理模式

国际工程项目管理模式是指国际上从事工程建设的大型工程公司或管理公司对项目管理的运作方式。近年来，一些国际上比较先进的工程公司为适应项目建设大型化、一体化以及项目大规模融资和分散项目风险的需要，推出了一些成熟的项目管理方式。下面介绍国际上传统的和近年来应用较多的项目管理模式的主要情况。

(一)传统的项目管理方式

这种方式由业主委托建筑师和咨询工程师进行前期的各项有关工作，待项目评估立项后再进行设计，在设计阶段进行施工招标文件准备，随后通过招标选择承包人。

通用模式的优点：由于长期、广泛地在世界各地采用，因而管理方法较成熟，各方都对有关程序熟悉；可自由选择咨询设计人员，对设计要求可进行控制；可自由选择监理人员监理工程。其缺点：项目周期长，业主管理费较高，前期投入较高；变更时容易引起较多的索赔。

(二)建筑工程管理方式

CM 模式(Construction Management Approach)，又称为阶段发包方式或快速轨道方式，是近些年在国外广泛流行的一种合同管理模式。

常用的 CM 模式有两种：第一种为代理型建筑工程管理("Agency" CM)方式。在此种方式下，CM 经理为业主提供咨询和代理服务。业主和 CM 经理的服务合同规定费用是固定酬金加管理费。业主在各施工阶段和承包人签订工程施工合同。第二种为风险型建筑工程管理("At Risk" CM)方式。采用这种形式，CM 经理同时也担任施工总承包人的角色，一般业主要求 CM 经理提出保证最大工程费用(Guaranteed Maximum Price，GMP)，以保证业主的投资控制，如最后结算超过 GMP，则由 CM 公司赔偿；如低于 GMP，则节约的投资归业主所有，但 CM 公司由于额外承担了保证施工成本的风险，因而能够得到额外的收入。

(三)设计建造方式

设计建造(Design Build)方式是一种简练的项目管理方式。

在项目原则确定后，业主选定一家公司负责项目的设计和施工。这种方式在投标和签订合同时是以总价合同为基础的。设计建造总承包人对整个项目的成本负责，首先，其选择一家咨询设计公司进行设计，然后采用竞争性招标方式选择分包商，也可以利用本公司的设计和施工力量完成一部分工程。

(四)BOT 方式

BOT(Build Operate Transfer)即"建造—运营—移交"模式。这种模式是在 20 世纪 80 年代兴起的一种依靠私人资本进行基础设施建设的融资和建造的项目管理方式，或者说是基础设施国有项目民营化。

(五)新、旧项目管理方式的区别

以上所介绍的项目管理方式有以下不同。

1. 业主介入施工活动的程度不同

(1)在传统的项目管理方式中，业主聘用咨询工程师为其提供工程管理咨询，成本工程师、工料测量师或造价工程师等为其提供完善的工程成本管理服务。在国际工程中，建筑师(设计人员)也为业主承担大量的项目管理工作，因此，业主不会直接介入施工过程。

(2)在设计建造方式中，业主缺乏为其直接服务的项目管理人员，因此在施工过程中，业主必须承担相应的管理工作。

(3)在建筑工程管理方式中，一般没有施工总承包人，业主与多数承包人直接签订工程承包合同。虽然施工管理商协助业主进行工程施工管理，但业主必须适当介入施工活动。

2. 设计人员参与工程管理的程度不同

(1)传统的项目管理方式授予设计人员(建筑师)极其重要的管理地位，建筑师在项目的大多数重要决策中起决定性作用，总承包人必须服从建筑师的指令，严格按图作业。因此，在传统的项目管理方式中，设计人员参与管理工作的程度最高。

(2)在设计建造方式中，设计和施工均属于同一公司内部的工作，设计参与管理工作的程度也很高。设计建造承包人通常先表现为承包人，然后才表现为设计师，在总价合同条件下，设计建造承包人更多地关注成本和进度。设计工作和工程管理工作会有一定程度的分离。

(3)在建筑工程管理方式中，设计工作和工程管理工作彻底分离。设计人员虽然作为项目管理的一个重要参与方，但工程管理的中心是施工管理商，施工管理商要求设计人员在适当时间提供设计文件，配合承包人完成工程建设。

3. 工作责任的明确程度不同

(1)在传统的项目管理方式中，承包人的责任是按建筑师的设计图纸施工，任何可能的工程纠纷应先从设计或施工等方面着手，然后从其他方面找原因。如果业主使用指定分包商，将导致工程责任划分更加复杂和困难。

(2)设计建造方式具有最明确的责任划分，承包人对工程项目的所有工作负责，即使是自然因素导致的事故，承包人也要负责。

(3)在建筑工程管理方式中，业主和承包人直接签订工程承发包合同，这有助于明确工程责任。

4. 适用项目的复杂程度不同

(1)传统的项目管理方式的组织结构一般较为复杂，不适用于简单工程项目的管理。传统的项目管理方式在招标前已设计所有工程，并且假定设计人员比施工人员知识丰富。

（2）设计建造方式的管理职责简明，比较适用于简单的工程项目，也可以适用于较复杂的工程项目。但是，当项目组织非常复杂时，大多数设计建造承包人并不具备相应的协调管理能力。

（3）对于非常复杂的工程项目，建筑工程管理方式是最合适的。在建筑工程管理方式中，施工承包人处于独立地位，与设计或施工均没有利益关系，因此，施工管理商更擅长组织协调。同样，建筑工程管理方式也适用于简单项目。

5. 工程项目建设的速度不同

（1）由于传统的项目管理方式在招标前必须完成设计，因此该方式的进度最慢。为了克服进度缓慢的弊端，传统的项目管理方式经常争取让可能中标的承包人及早进行开工准备，或者设置大量暂设工程量，先于施工图纸进行施工招标。但上述方式的效果并不理想，时常导致各种问题的发生。

（2）设计建造方式的工作目标明确，可让设计和施工搭接，从而提前开工。

（3）建筑工程管理方式的建设进度最快，能保证工程快速施工、高水平地搭接。

6. 工程早期成本的明确程度不同

工程项目的早期成本对大多数业主具有重要的意义，但是风险因素导致工程成本具有不确定性。

（1）传统的项目管理方式的早期成本的明确程度较高。传统的项目管理方式中工程量清单是影响成本的直接因素，如果工程量清单存在大量估计内容，则成本的不确定性就大；如果工程量已经固定，则成本的不确定性就小。

（2）设计建造方式均采用总价合同，包含了所有工作内容。虽然承包人可能为了解决某些未预料的问题而改变工作内容，但其必须对此完全负责。从理论上来说，设计建造方式的工程成本可能较高，但早期成本最明确。

（3）建筑工程管理方式以一系列合同为基础，随着工作进展，工程成本逐渐明确。因此，工程开始时一般无法明确工程的最终成本，只有工程项目接近完成时，才能最终明确工程成本。

第四节　建筑工程项目管理组织

▶任务导入◀

项目管理作为一门学科，是在许多规模较大、组织较复杂的项目实施过程中逐步形成的。项目管理的核心任务是项目的目标控制，在整个项目管理班子（团队）中，由哪个组织（部门或人员）定义项目的目标、怎样确定项目目标控制的任务分工、依据怎样的管理流程进行项目目标的动态控制，都涉及项目的组织问题。只有在理顺组织的前提下，才可能有序地进行项目管理。应当认识到，组织论是项目管理学的母学科。本节主要阐述组织论的基本理论和主要的组织工具，如项目结构、组织结构模式、项目管理组织结构、任务分工、管理职能分工和工作流程等。

▶任务分析◀

如果将一个建设项目视为一个系统，如2008年北京奥运工程项目、广州新白云机场工程项目或某高速铁路项目等，很多因素都对其建设目标的实现产生影响。其中，组织因素是决定性的因素。

一个建设项目在决策阶段、实施阶段和运营阶段的组织系统（相对于软件和硬件而言，组织系统也可称为组织件）不仅包括建设单位本身的组织系统，还包括各参与单位（设计单位、工程管理咨询单位、施工单位、供货单位等）共同或分别建立的针对该工程项目的组织系统。

一、组织论概述

(一)不同系统的组织

一个企业、一所学校、一个科研项目或一个建设项目都可以视为一个系统，但不同系统的目标不同，从而形成的组织观念、组织方法和组织手段也就不同，各种系统的运行方式也不同。建设项目作为一个系统，它与一般的系统相比，有其明显的特征。其特征如下：

(1)建设项目都是一次性的，而且没有两个完全相同的项目。

(2)建设项目全寿命周期的延续时间长，一般由决策阶段、实施阶段和运营阶段组成。各阶段的工作任务和工作目标不同，其参与或涉及的单位也不同。

(3)一个建设项目的任务往往由多个甚至许多个单位共同完成，它们多数不具有固定的合作关系，并且一些参与单位的利益也不尽相同，甚至相对立；在进行建设项目组织设计时，应充分考虑上述特征。

(二)系统的组织与系统目标的关系

影响一个系统目标实现的主要因素除组织外，还有其他诸多因素，如图1-9所示。

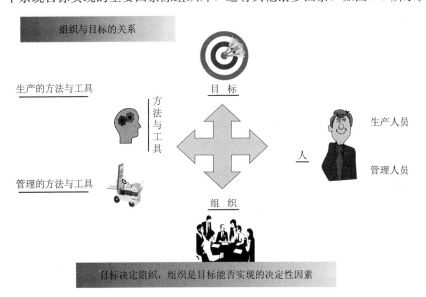

图 1-9　影响一个系统目标实现的主要因素

(1)人的因素。人的因素包括管理人员和生产人员的数量和质量。

建设单位和该项目所有参与单位(设计、工程监理、施工、供货单位等)的管理人员的数量和质量。

该项目所有参与单位的生产人员(设计、工程监理、施工、供货单位等)的数量和质量。

(2)方法与工具。方法与工具包括管理的方法与工具及生产的方法与工具。

对于建设项目而言，其中人的因素包括：建设单位和所有参与单位的管理的方法与工具；所有参与单位的生产的方法与工具(设计和施工的方法与工具等)。

系统的目标决定了系统的组织，而组织是目标能否实现的决定性因素，这是组织论的一个重要结论。如果将一个建设项目的项目管理视作为一个系统，其目标决定了项目管理的组织，而项目管理的组织是项目管理目标能否实现的决定性因素，由此可见项目管理组织的重要性。

控制项目目标的主要措施包括组织措施、管理措施、经济措施和技术措施。其中，组织措施是最重要的措施，如果对一个建筑工程的项目管理进行诊断，首先应分析其组织方面存在的问题，这就说明了组织的重要性。

(三)组织论的研究内容

组织论是一门非常重要的基础理论学科，是项目管理学的母学科。其主要研究系统的组织结构模式、组织分工及工作流程组织(图 1-10)。

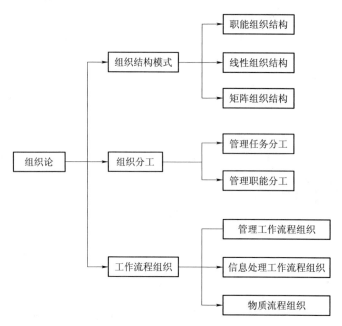

图 1-10　组织论的基本内容

二、组织结构模式

组织结构模式可用组织结构图来描述，组织结构图也是一个重要的组织工具，反映一个组织系统中各组成部门(组成元素)之间的组织关系(指令关系)。在组织结构图(图 1-11)中，矩形框表示工作部门，上级工作部门对其直接下属工作部门的指令关系用单向箭线表示。

组织论的三个重要的组织工具——项目结构图、组织结构图(图 1-11)和合同结构图(图 1-12)的区别见表 1-2。

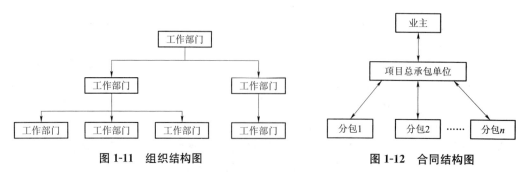

图 1-11　组织结构图　　　　　　　图 1-12　合同结构图

表 1-2 项目结构图、组织结构图和合同结构图的区别

项目	表达的含义	图中矩形框的含义	矩形框连接的表达
项目结构图	对一个项目的结构进行透层分解，以反映组成该项目的所有工作任务（该项目的组成部分）	一个项目的组成部分	直线
组织结构图	反映一个组织系统中各组成部门（组成元素）之间的组织关系（指令关系）	一个组织系统中的组成部分（工作部门）	单向箭线
合同结构图	反映一个建设项目参与单位之间的合同关系	一个建设项目的参与单位	双向箭线

常用的组织结构模式包括职能组织结构、线性组织结构和矩阵组织结构等。这几种常用的组织结构模式既可以在企业管理中运用，也可以在建设项目管理中运用。

(一)职能组织结构的特点及其应用

在职能组织结构中，每个职能部门可根据其管理职能对其直接和非直接的下属工作部门下达工作指令。因此，每个工作部门可能得到其直接和非直接的上级工作部门下达的工作指令，这样就会形成多个矛盾的指令源。一个工作部门的多个矛盾的指令源会影响企业管理机制的运行，如图 1-13 所示。

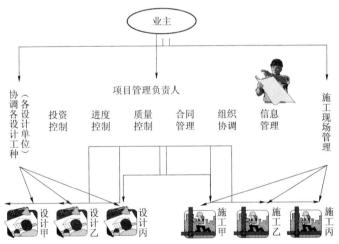

图 1-13 职能组织结构

(二)线性组织结构的特点及其应用

在军事组织系统中，组织纪律非常严谨，在军、师、旅、团、营、连、排和班的组织关系中，指令逐级下达，一级指挥一级，一级对一级负责。线性组织结构就是来自这种十分严谨的军事组织系统。在线性组织结构中，每个工作部门只能对其直接的下属部门下达工作指令，每个工作部门也只有一个直接的上级部门，因此，每个工作部门只有唯一的指令源，避免了由于矛盾的指令源而影响组织系统的运行。

在国际上，线性组织结构模式是建设项目管理组织系统的一种常用模式，因为一个建设项目的参与单位很多，少则数十，多则数百，大型项目的参与单位将数以千计，在项目实施过程

中，矛盾的指令源会给工程项目目标的实现造成很大的影响，而线性组织结构模式可确保工作指令源的唯一性。

但在一个较大的组织系统中，线性组织结构模式的指令路径过长，有可能会造成组织系统在一定程度上运行的困难。

在图 1-14 所示的线性组织结构中，每个工作部门的指令源都是唯一的。

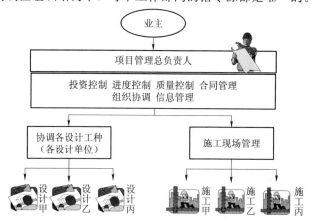

图 1-14　线性组织结构

(三)矩阵组织结构的特点及其应用

矩阵组织结构是一种较新型的组织结构模式，如图 1-15 所示。在矩阵组织结构中，最高指挥者(部门)下设纵向和横向两种不同类型的工作部门。纵向工作部门如人、财、物、产、供、销等职能管理部门，横向工作部门如生产车间等。一个施工企业，如采用矩阵组织结构模式，纵向工作部门可以是计划管理部、技术管理部、合同管理部、财务管理部和人事管理部等，而横向工作部门可以是项目部。

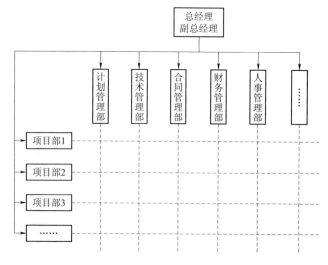

图 1-15　施工企业矩阵组织结构模式示例

一个大型建设项目如采用矩阵组织结构模式，如图 1-16 所示，纵向工作部门可以是投资控制、进度控制、质量控制、合同管理、信息管理、人事管理、财务管理和物资管理等部门，而横向工作部门可以是各子项目的项目管理部。矩阵组织结构适用于大的组织系统，在上海地铁和广州地铁一号线建设时都曾采用矩阵组织结构模式。

在矩阵组织结构中，每一项纵向和横向交汇的工作(如图 1-16 中的项目管理部 1 所涉及的投资问题)，指令来自纵向和横向两个工作部门，因此其指令源为两个。当纵向和横向工作部门的指令发生矛盾时，由该组织系统的最高指挥者(部门)，即图 1-17(a)中的 A 进行协调或决策。

在矩阵组织结构中为避免纵向和横向工作部门指令矛盾对工作的影响，可以采用以纵向工作部门指令为主[图 1-17(b)]或以横向工作部门指令为主[图 1-17(c)]的矩阵组织结构模式，这样也可减轻该组织系统的最高指挥者(部门)，即图 1-17(b)(c)中 A 的协调工作量。

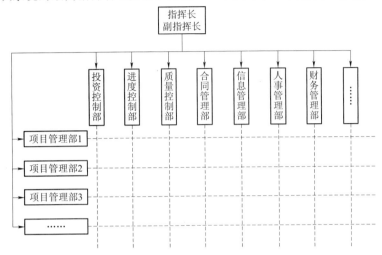

图 1-16　一个大型建设项目采用矩阵组织结构模式示例

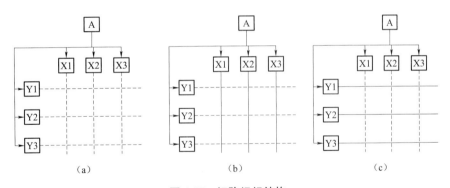

图 1-17　矩阵组织结构

(a)矩阵组织结构；(b)以纵向工作部门指令为主的矩阵组织结构；
(c)以横向工作部门指令为主的矩阵组织结构

三、管理任务分工

业主方和项目各参与方(如工程管理咨询单位、设计单位、施工单位和供货单位等)都有各自的项目管理的任务，各方都应视需要编制各自的项目管理任务分工表。

(一)管理任务的分析

每个建设项目都应视需要编制项目管理任务分工表，这是一个项目的组织设计文件的一部分。在编制项目管理任务分工表前，应结合项目的特点，对项目实施的各阶段的费用(投资或成本)控制、进度控制、质量控制、合同管理、信息管理和组织与协调等管理任务进行详细分解。某项目业主方的部分项目管理任务分解示例见表 1-3。

表 1-3　任务分解示例

3. 设计阶段项目管理的任务		备注
3.1	设计阶段的投资控制	
3101	在可行性研究的基础上,进行项目总投资目标的分析、论证	
3102	根据方案设计,审核项目总估算,供业主方确定投资目标参考,并基于优化方案协助业主对估算作出调整	
3103	编制项目总投资切块、分解规划,并在设计过程中控制其执行;在设计过程中若有必要,及时提出调整总投资切块、分解规划的建议	
3104	审核项目总概算,在设计深化过程中进行严格控制;在总概算所确定的投资计划值中,对设计概算作出评价报告和建议	
3105	根据工程概算和工程进度表,编制设计阶段资金使用计划,并控制其执行,必要时,对上述计划提出调整建议	
3106	从设计、施工、材料和设备等多方面作必要的市场调查分析和技术经济比较论证,并提出咨询报告。如发现设计可能突破投资目标,则协助设计人员提出解决办法,供业主参考	
3107	审核施工图预算,调整总投资计划	
3108	采用价值工程方法,在充分满足项目功能的条件下考虑进一步挖掘节约投资的潜力	
3109	进行投资计划值和实际值的动态跟踪比较,并提交各种投资控制报表和报告	
3110	控制设计变更,注意检查变更设计的结构性、经济性、建筑造型和使用功能是否满足业主的要求	
3.2	设计阶段的进度控制	
3201	参与编制项目总进度计划,有关施工进度与施工监理单位协商讨论	
3202	审核设计方提出的详细的设计进度计划和出图计划,并控制其执行,避免因设计单位推迟进度而造成施工单位要求索赔	
3203	协助起草主要甲供材料和设备的采购计划,审核甲供进口材料设备清单	
3204	协助业主确定施工分包合同结构及招投标方式	
3205	督促业主对设计文件尽快作出决策和审定	
3206	在项目实施过程中进行进度计划值和实际值的比较,并提交各种进度控制报表和报告(月报、季报、年报)	
3207	协调室内外装修设计、专业设备设计与主设计的关系,使专业设计进度能满足施工进度的要求	
3.3	设计阶段的质量控制	

3.设计阶段项目管理的任务		备注
3301	协助业主确定项目质量的要求和标准，满足市设计质监部门质量评定标准的要求，并作为质量控制目标值，参与分析和评估建筑物使用功能、面积分配、建筑设计标准等，根据业主的要求，编制详细的设计要求文件，作为方案设计优化任务书的一部分	
3302	研究图纸、技术说明和计算书等设计文件，发现问题，及时向设计单位提出；对设计变更进行技术经济合理性分析，并按照规定的程序办理设计变更手续，凡是对投资及进度带来影响的变更，需会同业主核签	
3303	审核各设计阶段的图纸、技术说明和计算书等设计文件是否符合国家有关设计规范、有关设计质量要求和标准，并根据需要提出修改意见，确保设计质量获得市有关部门审查通过	

(二)管理任务分工表

在项目管理任务分解的基础上，定义项目经理和费用(投资或成本)控制、进度控制、质量控制、合同管理、信息管理和组织与协调等主管工作部门或主管人员的工作任务，从而编制管理任务分工表。在管理任务分工表中(表1-4)，应明确各项工作任务由哪个工作部门(或个人)负责，由哪些工作部门(或个人)配合或参与。在项目的进展过程中，应视需要对管理任务分工表进行调整。

表1-4 管理任务分工表

工作部门\工作任务	项目经理部	投资控制部	进度控制部	质量控制部	合同管理部	信息管理部	⋯	⋯	⋯

四、管理职能分工

每个建设项目都应视需要编制管理职能分工表，这是一个项目的组织设计文件的一部分。

(一)管理职能的内涵

管理职能的内涵如图 1-18 所示。

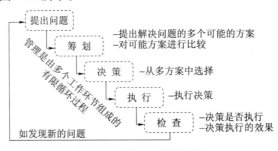

图 1-18 管理职能的内涵

(二)管理职能分工表

管理职能分工表采用表的形式反映项目管理班子内部项目经理、各工作部门和各工作岗位对各项工作任务的项目管理职能分工，用拉丁字母表示管理职能。管理职能分工表也可用于企业管理，如图 1-19 所示。

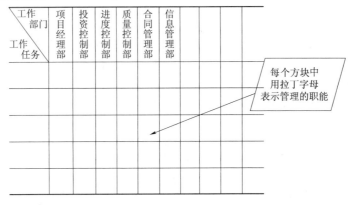

图 1-19 管理职能分工表

五、工作流程组织

(一)工作流程组织及工作流程图

如图 1-20 所示，工作流程组织如下：

(1)管理工作流程组织，如投资控制、进度控制、合同管理、付款和设计变更等工作流程。

(2)信息处理工作流程组织，如与生成月度进度报告有关的数据处理工作流程。

(3)物质流程组织，如钢结构深化设计工作流程、弱电工程物资采购工作流程、外立面施工工作流程等。

工作流程图反映一个组织系统中各项工作之间的逻辑关系，可用来描述工作流程组织。工作流程图是一个重要的组织工具，如图 1-20 所示。工作流程图用矩形框表示工作[图 1-20(a)]，用箭线表示工作之间的逻辑关系，用菱形框表示判别条件。也可用两个矩形框分别表示工作和工作执行者[图 1-20(b)]。

(二)设计变更

设计变更在工程实施过程中时有发生，设计变更可能由业主方提出，也可能由施工方或设计方提出。一般设计变更的处理涉及监理工程师、总监理工程师、设计单位、施工单位和业主方。其工作流程如图 1-21 所示。

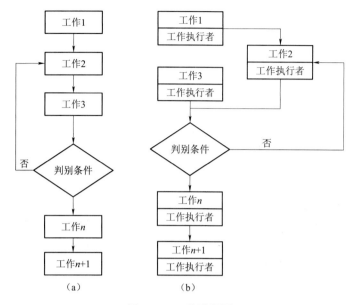

（a）　　　　　　　　　　（b）

图 1-20　工作流程图

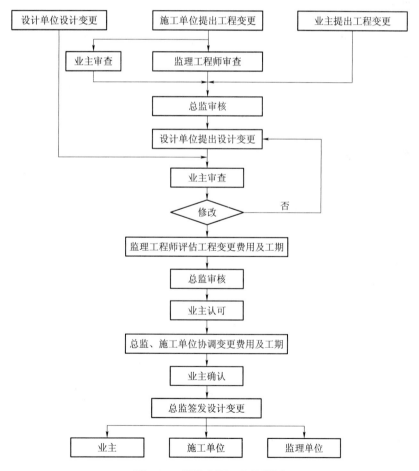

图 1-21　设计变更工作流程图

六、工程项目结构

(一)建设项目的项目结构分解

项目结构图[Project Diagram，也称为 Work Breakdown Structure(WBS)]是一个重要的组织工具，它通过树状图的方式对一个项目的结构进行逐层分解，以反映组成该项目的所有工作任务(该项目的组成部分)。

(二)建设项目的项目结构编码

编码由一系列符号(如文字)和数字组成，编码工作是信息处理的一项重要的基础工作。

一个建筑工程项目有不同类型和不同用途的信息，为了有组织地存储信息、方便信息的检索和信息的加工整理，必须对项目的信息进行编码，如项目的结构编码、项目管理组织结构编码、项目的政府主管部门和各参与单位编码(组织编码)、项目实施的工作项编码(项目实施的工作过程的编码)、项目的投资项编码(业主方)/成本项编码(施工方)、项目的进度项(进度计划的工作项)编码、项目进展报告和各类报表编码、合同编码、函件编码、工程档案编码等。

以上这些编码是因不同的用途而编制的，如投资项编码(业主方)/成本项编码(施工方)服务于投资控制工作/成本控制工作；进度项编码服务于进度控制工作。

项目的结构编码依据项目结构图，对项目结构的每一层的每一个组成部分进行编码。其与用于投资控制、进度控制、质量控制、合同管理和信息管理的编码有紧密的有机联系，但它们之间又有区别。项目结构图及其编码是编制上述其他编码的基础。图 1-22 所示的某国际会展中心进度计划的一个工作项的综合编码有 5 个部分，其中有 4 个字符是项目结构编码。一个工作项的综合编码由 13 个字符构成：

(1)计划平面编码：1 个字符，如 A 表示总进度计划平面的工作，A2 表示第 2 进度计划平面的工作等。

(2)工作类别编码：1 个字符，如 B1 表示设计工作，B2 表示施工工作等。

(3)项目结构编码：4 个字符。

(4)工作项编码(Activity)：4 个字符。

(5)项目参与单位编码：3 个字符，如 001 表示甲设计单位，002 表示乙设计单位，009 表示丁施工单位等。

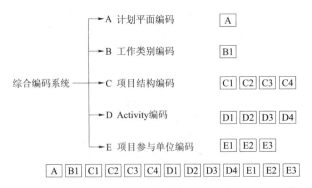

图 1-22　某国际会展中心进度计划的工作项的编码(其中，Activity 编码即工作项编码)

七、工程项目管理的组织结构

(一)业主方管理的组织结构

对一个项目的组织结构进行分解，以图的方式表示，便形成项目组织结构图(Diagram of

Organizational Breakdown Structure），或称为项目管理组织结构图。项目组织结构图反映一个组织系统(如项目管理班子)中各子系统和各元素(如各工作部门)之间的组织关系，以及各工作单位、各工作部门和各工作人员之间的组织关系。而项目结构图描述的是工作对象之间的关系。对一个稍大一些的项目的组织结构应该进行编码，其不同于项目结构编码，但两者之间也有一定的联系。

一个建设项目的实施除业主方外，还有许多单位参加，如设计单位、施工单位、供货单位和工程管理咨询单位以及有关的政府行政管理部门等，项目组织结构图应注意表达业主方以及与项目的各参与单位有关的各工作部门之间的组织关系。

业主方、设计方、施工方、供货方和工程管理咨询方项目管理的组织结构，都可用各自的项目组织结构图(图1-23)予以描述。

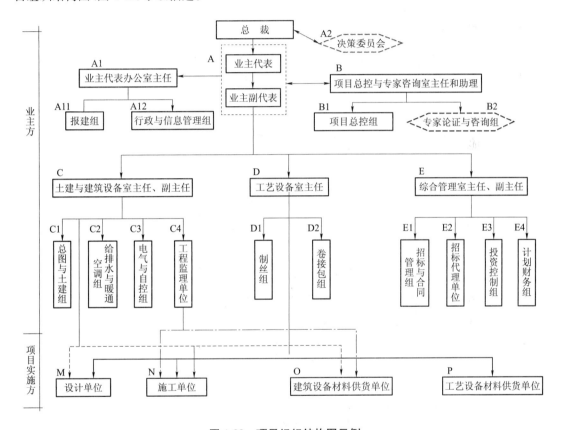

图1-23　项目组织结构图示例

以上是项目组织结构图的一个示例。业主方内部是线性组织结构，而对于项目实施方而言，则是职能组织结构。该组织结构的运行规则如下：

(1)在业主代表和业主副代表下设三个直接下属管理部门，即土建与建筑设备工程管理(C)、工艺设备工程管理(D)和综合管理部门(E)。这三个管理部门只接受业主代表和业主副代表下达的指令。

(2)在C下设C1、C2、C3和C4四个工作部门，C1、C2、C3和C4只接受C的指令；在D下设D1和D2两个工作部门，D1和D2只接受D的指令。E的情况与C和D相同。

(3)施工单位将接受土建与建筑设备工程管理部门、工艺设备工程管理部门和工程监理单位的工作指令，设计单位将接受土建与建筑设备工程管理部门与工艺设备工程管理部门的指令。

(二)业主方管理组织结构的动态调整

工程项目管理的一个重要哲学思想是：在项目实施的过程中，变是绝对的，不变是相对的；平衡是暂时的，不平衡则是永恒的。项目实施的不同阶段，即设计准备阶段、设计阶段、施工阶段和动用前准备阶段，其工程管理的任务特点、管理的任务量、管理人员参与的数量和专业不尽相同，因此，对业主方项目管理组织结构在项目实施的不同阶段应作必要的动态调整，如设计不同阶段的业主方项目管理组织结构图；施工前业主方项目管理组织结构图；施工开始后业主方项目管理组织结构图；工程任务基本完成，动用前准备阶段的业主方项目管理组织结构图等。

▶任务实施◀

一、了解系统的目标

一个企业、一所学校都可以视作一个系统，但上述不同系统的目标不同，从而形成的组织观念、组织方法和组织手段也就会不同，上述各种系统的运行方式也就不同。

二、确定项目结构，以确保目标的实现

组织机构设置逻辑关系如图1-24所示。

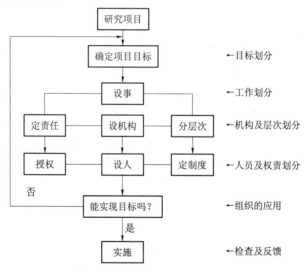

图1-24　组织机构设置逻辑关系

三、确定组织结构

学校建设等中小型项目可以采用线性组织结构，2008年北京奥运会工程、广州新白云机场等项目等可以采用矩阵组织结构。

四、管理职能分工

首先应对项目实施各阶段的费用(投资或成本)控制、进度控制、质量控制、合同管理、信息管理和组织与协调等任务进行详细分解，在项目管理任务分解的基础上定义项目经理和费用(投资或成本)控制、进度控制、质量控制、合同管理、信息管理和组织与协调等主管工作部门或主管人员的工作任务。如广州新白云机场设计阶段可如图1-25所示进行管理职能分工。

序号	任 务		业主方	项目管理方	工程监理方
	设计阶段				
1	审批	获得政府有关部门的各项审批	E		
2		确定投资、进度、质量目标	DC	PC	PE
3	发包与	确定设计发包模式	D	PE	
4	合同	选择总包设计单位	DE	P	
5	管理	选择分包设计单位	DC	PEC	PC
6		确定施工发包模式	D	PE	PE
7	进度	设计进度目标规划	DC	PE	
8		设计进度目标控制	DC	PEC	
9	投资	投资目标分解	DC	PE	
10		设计阶段投资控制	DC	PE	
11	质量	设计质量控制	DC	PE	
12		设计认可与批准	DE	PC	

图 1-25　设计阶段管理职能分工

P一筹划；D一决策；E一执行；C一检查

五、工作流程组织

图 1-26 所示为某工程施工工作流程。

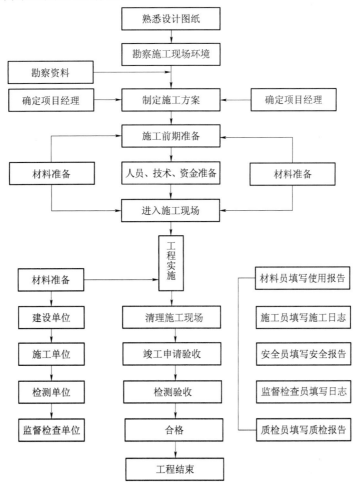

图 1-26　某工程施工工作流程

虽然组织的存在已经有几千年的历史，但真正的组织理论研究则是从 19 世纪末开始兴起的。

第一阶段是 19 世纪末到 20 世纪初的古典组织理论，其主要由以下三部分组成：

(1)以马克思·韦伯的官僚制组织模式。这里的官僚制(Bureaucratic Organization Structure)和在汉语语境当中带有明显贬义色彩的含义是有区别的。

(2)泰勒的科学管理运动，其讨论的主要是组织的效率问题。

(3)以法约尔等为代表的管理原则，其强调专业分工、责权对等、统一指挥、管理幅度等问题。

第二阶段是 20 世纪 20 年代兴起的新古典组织理论，也称为"人际关系理论"或者"行为科学理论"。新古典组织理论是在批判古典组织理论的基础上发展起来的。如果说古典组织理论关注宏观分析，那么新古典组织理论则关注微观方面。它批判了古典组织理论更多地将组织看成"封闭的、机械的"系统，而不是更多地关注组织当中的人。所以，新古典组织理论谈到了人的需求(马斯洛)，赫兹伯格的双因素理论，麦格雷戈的 x、y 理论，还涉及非正式组织与人际关系、领导风格等微观的方面。当然，新古典组织理论也非完全地关注微观方面，西蒙的《管理行为》就是从宏观的角度试图去修正和完善古典学派的不足。

第三阶段是现代组织理论。其主要有系统学派和权变理论。前者从系统的角度看待组织，后者则认为组织的管理必须根据环境的变化而变化。

正如西蒙所说："50 年前的生物学、计算机学方面的研究现在拿出来，可能没有太大价值。但是在组织研究方面，则仍有较大借鉴价值。"这是因为，人们在所处的组织管理方面存在许多的共性。

所以，从历史发展的脉络看待组织，进而面对组织的问题适时地提出一些解决措施，是有很大现实意义的。

第五节　施工企业项目经理

一个项目的施工，大到一个建设项目、建设群，小到一个单位工程，都有很多工种和专业班组同时进行，那么由谁来管理？怎样管理？这就是本节所要解决的问题。

一个施工项目是一项一次性的整体活动，在完成这个任务的过程中，必须有一个最高的责任者和组织者，这就是通常所说的项目经理。项目经理是企业法人代表在项目上的全权委托代理人，在企业内部，项目经理是项目实施全过程全部工作的总负责人，对外可以作为企业法人的代表在授权范围内负责，处理各项事务。

一、项目经理

项目经理是施工企业法人代表在施工项目中派出的全权代理，是对施工过程全面负责的项目管理者，在项目管理中处于中心地位。

二、项目经理的作用

关于项目经理的作用，从项目施工管理的需要来说，其工作内容如下：

(1)项目施工决策。项目施工决策包括项目施工方案的制定、专业分包商的选择、关键岗位或项目职能部门负责人的确定、重要或关键设备的选购、大宗原材料的采购、重大技术措施的实施决定等。

(2)项目宏观管理。项目宏观管理包括项目质量目标、成本目标、进度计划及安全目标的制定、实施与考核，质量体系、安全管理制度、施工生产作业程序等规章制度的审核与评审，重大意外或例外情况的处理，生产要素的配置、调度等。

(3)内外协调。内外协调包括项目经理部内部权、责关系的协调，项目经理部与一般职工之间利益关系的协调，项目经理部与企业之间权、责、利关系的协调，项目经理部与业主之间利益关系的协调，项目经理部与监理工程师之间工作关系的协调，项目经理部与分包商之间利益关系的协调，以及项目经理部与原材料供应商之间利益关系的协调等。

(4)激励下属和职工。在制度方面，项目经理应指定有关部门制定规章制度，充分调动职工工作的积极性，鼓励职工做好本职工作，鼓励职工进行工作创新，鼓励职工提出合理化建议等。在个人工作作风与态度方面，应通过工作公议、座谈会、现场观看、开展有关活动等形式或途径，定期或不定期地与职工进行交流和沟通，及时了解职工对施工管理规章制度、管理方法、有关部门负责人的意见，在项目遇到困难时激发职工的工作热情和项目领导班子成员的兴趣，坚定他们实现目标的信念。

三、项目经理应具备的基本素质

选择怎样的人担任项目经理，取决于两个方面：一方面要看施工项目的需要，不同的项目需要不同素质的人才；另一方面要看施工企业所具备人选的素质。项目经理应具备的基本素质如下：

(1)良好的职业道德(品格素质)。良好的职业道德是一个合格的项目经理必须具备的首要条件，它会激发项目经理的职业意识、事业心和责任感，使项目经理产生把项目管理工作做好的欲望。

(2)能力素质。项目经理需具备六个方面的能力，即决策能力、组织能力、创新能力、协调与控制能力、激励能力、社交能力。

(3)知识素质。广泛的专业项目管理知识与经验是项目经理对项目实施有效管理的一个基本条件。其可以使项目经理懂得在工程项目施工过程中应该管理什么、如何去管理和如何配置资源。

(4)身体素质。由于项目经理要担当繁重的工作，而且其工作条件和生活条件都因现场性强而相当艰苦，因此，项目经理必须年富力强，具有健康的身体，以便保持充沛的精力和坚强的意志。

四、项目经理的职责、权限和利益

在项目施工管理中，项目经理所处的地位和能够发挥的作用与项目经理在项目实施中责、权、利的规定是分不开的。

(一)项目经理的职责

项目经理的职责是多方面的，由于具体项目内容的不同、承包方式的不同和承包范围的不同，以及施工企业的管理模式和管理经验的差别，对项目经理职责的规定也有所不同。

(二)项目经理的权限

赋予项目经理一定的权限,是确保项目经理承担相应责任的先决条件。为了履行项目经理的职责,项目经理必须具有一定的权限,这些权限应由企业法人代表授予,并用制度和合同具体确定下来。

(三)项目经理的利益

项目经理的最终利益是项目经理行使权力和承担责任的结果,也是商品经济条件下责、权、利相互统一的具体体现。利益可分为两大类:一是经济利益;二是精神奖励。

项目经理的责任、权限和利益是相对的,中心是责任问题,要以责定权,以责定利。

五、项目经理部的构建与解体

1. 项目经理部的构建

项目经理部是施工项目管理的工作班子,置于项目经理的领导之下。

项目经理部设置的部门有工程技术部门、监督管理部门、经营核算部门和物资设备部门等。

2. 项目经理部的解体

施工项目经理部是一次性、具有弹性的施工现场生产组织机构。工程临近结尾时,业务管理人员乃至项目经理要陆续撤走,此时,项目经理部即解体。

▶任务实施◀

一、首先要认识的问题

项目成败的关键:项目经理(甲方)。

项目的核心人物:项目经理(甲、乙方)。

项目经理是"懂技术、善管理、会经营"的三栖型人才。

二、项目经理的选择

项目经理的选择有三种方式:竞争招聘制,经理委任制,内部协调、基层推荐制。

项目经理一经任命产生后,其身份是公司经理在工程项目的全权委托代理人,直接对企业经理负责,双方经过协商,签订"项目管理目标责任书"。若无特殊原因,在项目未完成前不宜随意更换项目经理。

三、项目经理的地位

(1)唯一的最高决策者。

(2)项目组织的协调者。

(3)企业法定代表人在项目上的全权委托代理人。

(4)项目实施过程的控制者。

上海一建公司在推行施工项目管理实践中,对项目经理履行职责的要求提出了"合同优先、以我为主、综合优化、管理现代化、标准化"的原则,这是值得借鉴的。

▶知识链接◀

一、项目经理的主要工作任务

美国雷恺撒公司给项目经理规定的主要工作任务如下:

(1)作为公司在现场的法定代表，与雇主、厂商、分包公司以及地方当局和群众团体联系协商有关方面的问题。

(2)确定现场的施工组织系统、工作方针和工作程序。

(3)选择现场各部门的负责人。

(4)监督管理公司在现场的所有工作人员，并在不同的施工阶段，根据需要对现场人员进行调配。

(5)指导现场施工工程师规划施工现场及临时设施的布局。

(6)指挥现场办公室、预制加工厂、工地便道等临时工程的建设工作以及修理厂和仓库的管理工作。

(7)建立施工费用监督系统，并向费用控制部门提供有关资料。

(8)建立施工进度监督系统，监督分包商执行工程进度计划。

(9)协调各施工工种及分包商之间的工作，和他们共同讨论有关施工方法、施工进度与安全施工等方面的问题。

(10)监督各个施工单位，按设计要求施工。

(11)监督执行质量检查规程。

(12)审查并批准现场人员工资清单、工程费用报告及财务报告。

(13)安排竣工验收工作。

二、项目经理规定的主要职责

美国项目专家拉尔夫·帕森斯公司副总经理斯利·戈德哈伯对项目经理规定的主要职责如下：

对业主的工程进行全面监督并负直接责任；保证工程进度及施工预算得以实现；向业主提出改进建议，并在其他人员的协助下负责对发生的问题提出解决方案，供业主考虑及批准；对分包人之间产生的纠纷进行调解；对分包人的工程质量进行验收，如有需要，应帮助分包人研究工程进度问题，并对计划或额外的工程项目支款单是核准或拒绝一事，向业主提出建议。

三、注册建造师

(一)注册建造师的概念

改革开放以来，我国建设领域内已建立了注册建造师、注册结构师、注册监理师、注册造价师、注册房地产估价师、注册规划师等执业资格制度。2002年12月5日，人事部、建设部联合印发了《建造师执业资格制度暂行规定》(以下简称《规定》)，这标志着建造师执业资格制度在我国正式建立。该《规定》明确规定，我国的建造师是指从事建筑工程项目总承包和施工管理关键岗位的专业技术人员。

建造师执业资格制度起源于英国，迄今已有180余年历史。世界上许多发达国家已经建立了该项制度。具有执业资格的建造师已有了国际性的组织——国际建造师协会。对于从事建筑工程项目总承包和施工管理的广大专业技术人员，特别是对于施工项目经理队伍中，建立建造师执业资格制度非常必要。这项制度的建立，必将促进我国工程项目管理人员素质和管理水平的提高，促进我国进一步开拓国际建筑市场，更好地实施"走出去"的战略方针。

(二)建造师的资格

一级建造师执业资格实行全国统一大纲、统一命题、统一组织的考试制度，由人事部、建设部共同组织实施，原则上每年举行一次考试；二级建造师执业资格实行全国统一大纲，各省、自治区、直辖市命题并组织的考试制度。

考试内容可分为"综合知识与能力"和"专业知识与能力"两部分。报考人员要符合有关文件规定的相应条件。一级、二级建造师执业资格考试合格人员，分别获得"中华人民共和国一级建造师执业资格证书"和"中华人民共和国二级建造师执业资格证书"。

(三)注册建造师和项目经理的关系

建造师与项目经理的定位不同，但所从事的都是建筑工程的管理。建造师执业的覆盖面较广，可涉及工程建设项目管理的许多方面，担任项目经理只是建造师执业中的一项；而项目经理则限于企业内某一特定工程的项目管理。建造师选择工作的权力相对自主，可在社会市场上有序流动，有较大的活动空间；项目经理岗位则是企业设定的，项目经理是企业法人代表授权或聘用的、一次性的工程项目施工管理者。

本章小结

初学者首先要通过项目的概念和特征学会识别项目，如建设开发一所学校、一个企业的管理系统，建设一条高速公路，安排一场演出等都属于项目；其次，要学会区别建设项目和施工项目，如一所学校的建设、一条高速公路的建设都属于建设项目，而施工项目是建筑施工企业对一个建筑产品的施工过程和成果，也就是建筑施工企业的生产对象，可能是一个建设项目的施工，也可能是其中的一个单项工程(如学校里的教学楼、办公楼等的建设，一条高速公路中几个标段、桥梁等的建设)或单位工程(如学校教学楼中建设工程的土建工程、设备安装工程等)的施工。其主要特征为：一是其为建设项目或其中的单项工程，或单位工程的施工任务；二是以企业建筑施工企业为管理主体；三是任务的范围由工程承包合同界定。

一、基本建设的内容构成

基本建设按其内容构成来说，包括固定资产的建造、固定资产的购置和其他基本建设工作。其中，固定资产的建造，即建筑安装工程约占固定资产投资比重的60%，它是施工企业任务的主要来源，是施工企业赖以生存与发展的主要外部条件。施工企业承接的施工项目可以是一个建设项目，也可以是建设项目中某一单项工程或单位工程，甚至是分部工程。

二、基本建设程序划分步骤

基本建设程序划分为三个阶段、八个步骤，实施阶段的建筑、安装施工是基本建设最重要的生产活动过程，这个程序占用时间最长，要投入大量的人力、物力、财力，施工单位认真规划组织、精心施工，才能高质低耗，按期为国家提交具有一定生产能力和使用功能的固定资产。这是施工企业为发展国民经济、增强综合国力、提高人民生活所做的贡献。按照基本建设程序办事，是建筑施工必须遵循的一条原则。

三、施工程序步骤

施工程序可以划分为签订施工合同、做好施工准备、精心组织施工、工程交工验收四个步骤，它是拟建工程项目在整个施工阶段必须遵循的客观规律，反映了施工过程中各项工作必须遵循的顺序。

四、掌握工程项目管理的主体

工程项目管理的主体包括业主方(包含监理方和咨询方)、施工方(包含分包、施工总承包方、施工总承包管理)、设计方和供货方。

五、各方对工程项目管理的目标和任务

工程项目管理的目标和任务可以概括为：三控制(进度控制、费用控制、质量控制)、二管理(合同管理、信息管理)、一协调(组织协调)。但各方在费用控制中的区别在于：业主方是投资控制，总承包方是投资控制和成本控制，设计方是造价控制和成本控制，施工方和供货方是成本控制。

六、施工任务的三种委托模式

施工任务的三种委托模式分别为施工总承包、施工总承包管理和平行发包。

七、组织论的基本内容

(1)组织论主要研究系统的组织结构模式和组织分工,以及工作流程组织,它是与项目管理学相关的一门非常重要的基础理论学科。

(2)常用的组织结构模式包括职能组织结构、线性组织结构和矩阵组织结构等。职能组织结构是一种传统的组织结构模式。

(3)组织结构模式反映了一个组织系统中各子系统或各元素(各工作部门)之间的指令关系。组织分工反映了一个组织系统中各子系统或各元素的工作任务分工和管理职能分工。组织结构模式和组织分工都是一种相对静止的组织关系。

(4)工作流程组织可反映一个组织系统中各项工作之间的逻辑关系,是一种动态关系。一个建筑工程项目在实施过程中,其管理工作的流程组织,信息处理的流程组织,以及设计工作、物资采购和施工的流程组织,都属于工作流程组织的范畴。

八、组织与目标的关系

(1)系统的目标决定了系统的组织,而组织是目标能否实现的决定性因素,这是组织论的一个重要结论。系统的组织包括系统的组织结构模式和组织分工,以及工作流程组织。如果把一个建筑工程的项目管理视为一个系统,则其目标决定了项目管理的组织,而项目管理的组织是项目管理目标能否实现的决定性因素,由此可见项目管理组织的重要性。

(2)控制项目目标的主要措施包括组织措施、管理措施、经济措施和技术措施,其中,组织措施是最重要的措施。如果对一个建筑工程的项目管理进行诊断,首先应分析其组织方面存在的问题。

(3)影响一个系统目标实现的主要因素除了组织以外,还有人的因素,以及生产和管理的方法与工具等。

九、项目结构图

(1)项目结构图[Project Diagram,或称 Work Breakdown Structure(WBS)]是一个组织工具,它通过树状图的方式对一个项目的结构进行逐层分解,以反映组成该项目的所有工作任务,表达项目总体的结构框架。

(2)对项目结构图中的每个组成部分应进行编码,形成项目结构编码。它和用于投资控制、进度控制、质量控制、合同管理和信息管理的编码有紧密的有机联系,但它们之间又有区别。项目结构图及其编码是编制其他编码的基础。

十、项目管理的组织结构图

(1)对一个项目的组织结构进行分解,并用图的方式表示,就形成项目组织结构图(Diagram of Organizational Breakdown Structure),或称项目管理组织结构图。项目组织结构图反映一个组织系统(如项目管理班子)中各子系统和各元素(如各工作部门)之间,以及各工作单位、各工作部门和各工作人员之间的组织关系。而项目结构图描述的是工作对象之间的关系。对一个稍大一些的项目的组织结构应该进行编码,其不同于项目结构编码,但两者之间也有一定的联系。

(2)一个建设工程项目的实施除业主方外,还有许多单位参加,如设计单位、施工单位、供货单位和工程管理咨询单位以及有关的政府行政管理部门等。项目组织结构图应注意表达业主方以及与项目的参与单位有关的各工作部门之间的组织关系。

业主方、设计方、施工方、供货方和工程管理咨询方项目管理的组织结构,都可用各自的项目组织结构图予以描述。

项目组织结构图应反映项目经理和费用(投资或成本)控制、进度控制、质量控制、合同管理、信息管理和组织与协调等主管工作部门或主管人员之间的组织关系。

(3)在线性组织结构中，每个工作部门只有唯一的上级工作部门，其指令源是唯一的。业主不允许对施工方、设计方直接下达指令，业主必须通过项目管理总负责人下达指令，否则就会出现矛盾的指令。项目实施方(设计方、施工方和甲供物资方)的唯一指令来源是业主方的项目管理总负责人，这有利于项目的顺利进行。

十一、项目管理任务分工表

(1)业主方和项目各参与方，如设计单位、施工单位、供货单位和工程管理咨询单位等都有各自的项目管理的任务，各方都应该编制各自的项目管理任务分工表。

(2)为了编制项目管理任务分工表，首先应对项目实施的各阶段的费用(投资或成本)控制、进度控制、质量控制、合同管理、信息管理和组织与协调等任务进行详细分解。在项目管理任务分解的基础上确定项目经理和费用(投资或成本)控制、进度控制、质量控制、合同管理、信息管理和组织与协调等主管工作部门或主管人员的工作任务。

十二、项目管理职能分工表

(1)管理是由多个环节组成的过程，即筹划—决策—执行—检查。这些组成管理的环节就是管理的职能。管理的职能在一些文献中也有不同的表述，但其内涵类似。

(2)业主方和项目各参与方，如设计单位、施工单位、供货单位和工程管理咨询单位等，都有各自的项目管理任务和管理职能分工，各方都应编制各自的项目管理职能分工表。

(3)项目管理职能分工表是用表的形式反映项目管理班子内部项目经理、各工作部门和各工作岗位对各项工作任务的项目管理职能分工。

也可以用管理职能分工表表示业主方和代表业主利益的项目管理方以及工程建设监理方等的管理职能，以示区分。

十三、工作流程图

(1)工作流程图服务于工作流程组织，它以图的形式反映一个组织系统中各项工作之间的逻辑关系。

(2)在项目管理中，可运用工作流程图来描述各项项目管理工作的流程，如投资控制工作流程图、进度控制工作流程图、质量控制工作流程图、合同管理工作流程图、信息管理工作流程图、设计工作流程图、施工工作流程图、物资采购工作流程图等。

(3)工作流程图可视需要逐层细化，如初步设计阶段投资控制工作流程图、施工图阶段投资控制工作流程图、施工阶段投资控制工作流程图等。

十四、合同结构图

(1)合同结构图反映了业主方和项目各参与方之间，以及项目各参与方之间的合同关系。通过合同结构图，可以非常清晰地了解一个项目有哪些，或将有哪些合同，以及项目各参与方之间的合同组织关系。

(2)如果两个单位之间有合同关系，在合同结构图中用双向箭线联系；在项目管理的组织结构图中，如果两个单位之间有管理指令关系，则用单向箭线联系。

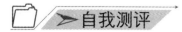 自我测评

第一节、第二节

(一)单项选择题

1.(　　)是项目决策的标志。

A. 可行性研究　　　B. 项目立项　　　C. 项目报审　　　D. 项目调研

参考答案

2. 决策阶段管理工作的主要任务是(　　)。

    A. 调查研究　　　　B. 确定项目的定义　　C. 经济分析　　　　　D. 项目立项

3. 建筑工程项目管理的时间范畴是建筑工程项目的(　　)。

    A. 全寿命周期　　　B. 决策阶段　　　　　C. 实施阶段　　　　　D. 使用阶段

4. "项目策划"指的是目标控制前的一系列(　　)。

    A. 筹划和准备　　　B. 组织和管理　　　　C. 组织和协调　　　　D. 准备和管理

5. 对于一个建筑工程项目而言,(　　)的项目管理往往是该项目的项目管理的核心。

    A. 设计方　　　　　B. 施工方　　　　　　C. 供货方　　　　　　D. 业主方

6. 施工方项目管理的目标应符合(　　)的要求。

    A. 业主　　　　　　B. 设计　　　　　　　C. 监理　　　　　　　D. 合同

7. 业主方的进度目标指的是(　　)。

    A. 项目动用的时间目标　　　　　　　　B. 项目竣工的时间目标

    C. 项目立项的实践目标　　　　　　　　D. 项目开工的时间目标

8. 项目的投资目标、进度目标和质量目标的关系是(　　)。

    A. 对立　　　　　　B. 统一　　　　　　　C. 矛盾　　　　　　　D. 对立统一

9. 业主方的项目管理工作涉及项目(　　)。

    A. 设计阶段　　　　　　　　　　　　　B. 施工阶段

    C. 保修阶段　　　　　　　　　　　　　D. 实施阶段的全过程

10. 业主方的项目管理任务中,(　　)是项目管理中最重要的任务。

    A. 投资控制　　　　B. 进度控制　　　　　C. 安全管理　　　　　D. 质量控制

11. 设计方作为项目建设的参与方,其项目管理主要服务于(　　)和设计方本身的利益。

    A. 业主方　　　　　B. 施工方　　　　　　C. 项目的整体利益　　D. 供应方

12. 在一些发达国家,可以在业主方、承包方、设计方和供货方从事项目管理工作,也可以在教育、科研和政府等部门从事与项目管理有关工作的专业人士是(　　)。

    A. 建造师　　　　　B. 工程师　　　　　　C. 建筑师　　　　　　D. 咨询师

13. 在项目全寿命周期中,讲项目决策阶段的管理称为(　　)。

    A. 开发管理　　　　B. 设施管理　　　　　C. 实施管理　　　　　D. 决策管理

14. 应用项目信息门户(PIP),业主方和项目参与各方进行工程管理所基于的平台是(　　)。

    A. 局域网平台　　　B. 互联网平台　　　　C. 公共信息平台　　　D. 企业信息平台

(二)多项选择题

1. 建筑工程项目的全寿命周期包括项目的(　　)。

    A. 决策阶段　　　　B. 设计阶段　　　　　C. 实施阶段　　　　　D. 使用阶段

    E. 施工阶段

2. 决策阶段管理工作的主要内容一般包括(　　)。

    A. 确定项目的实施组织　　　　　　　　B. 确定和落实项目的施工单位

    C. 确定建设任务和建设原则　　　　　　D. 确定和落实项目建设的资金

    E. 确定建设项目的投资目标、进度目标和质量目标等

3. 项目的实施阶段包括(　　)。

    A. 设计阶段　　　　　　　　　　　　　B. 招投标阶段

    C. 施工阶段　　　　　　　　　　　　　D. 动用前准备阶段

    E. 保修期

4. 建筑工程项目管理的内涵式:自项目开始至项目完成,通过(　　),使项目的费用目标、

进度目标和质量目标得以实现。

  A. 项目策划   B. 项目组织   C. 项目控制   D. 项目准备

  E. 项目实施

5. 下列各项工作中，属于建筑工程项目实施阶段的有( )。

  A. 编制可行性研究报告   B. 编制设计任务书

  C. 施工图设计   D. 施工

  E. 竣工验收

6. 施工方项目管理的目标包括施工的( )目标。

  A. 成本   B. 进度   C. 质量   D. 安全管理

  E. 投资

7. 建设项目工程总承包方项目管理的主要任务包括( )。

  A. 项目的总投资控制和建设项目工程总承包方的成本控制

  B. 与建设项目工程总承包方有关的组织和协调

  C. 投资控制

  D. 质量控制

  E. 信息控制

8. 设计方项目管理的任务包括( )。

  A. 设计成本控制   B. 设计进度控制

  C. 设计合同管理   D. 设计信息管理

  E. 设计出图计划

9. 关于建造师的说法，下列正确的有( )。

  A. 可以在业主方从事项目管理工作

  B. 可以在政府部门从事与项目管理相关的工作

  C. 只限于在项目实施阶段的工程项目管理工作

  D. 可以在设计方从事设计工作

  E. 可以在监理方从事监理工作

10. 项目全寿命管理集成指的是( )。

  A. 决策阶段的开发管理   B. 设计阶段的投资管理

  C. 实施阶段的项目管理   D. 使用阶段的保修管理

  E. 使用阶段的设施管理

第三节、第四节

(一)单项选择题

1. 项目结构的编码依据是( )。

  A. 项目结构图 B. 组织结构图 C. 合同结构图 D. 工作流程图

2. 组织结构模式可用( )来描述。

  A. 项目结构图 B. 组织结构图 C. 合同结构图 D. 工作流程图

3. 组织结构图反映一个组织系统中各组成部分(组成元素)之间的( )

  A. 因果关系 B. 层次关系 C. 先后关系 D. 指令关系

4. 业主方和项目各参与方，如设计单位、施工单位、供货单位和工程管理咨询单位等都有各自的项目管理任务，各方都应编制各自的项目管理( )。

  A. 职能分工表 B. 任务分配表 C. 组织结构图 D. 任务分工表

5. 编制项目管理任务分工表、制定项目控制的工作流程等，在项目管理的整个组成环节中属于( )环节。

    A. 提出问题   B. 策划   C. 执行   D. 检查

6. 工作流程组织的任务是( )。

    A. 明确工作的定义 B. 明确任务分配   C. 定义工作的流程   D. 划分工作流程

7. 工作流程图反映一个组织系统中各项工作之间的( )。

    A. 逻辑关系   B. 指令关系   C. 因果关系   D. 分配关系

8. ( )反映业主方和项目各参与方之间，以及项目各参与方之间的合同关系。

    A. 项目结构图   B. 组织结构图   C. 合同结构图   D. 工作流程图

(二)多项选择题

1. 项目结构图和项目结构编码是编制( )等编码的基础。

    A. 投资控制   B. 进度控制   C. 质量控制   D. 安全管理

    E. 合同管理

2. 常用的组织结构模式包括( )。

    A. 职能组织结构   B. 线性组织结构   C. 矩阵组织结构   D. 网络组织结构

    E. 交叉组织结构

3. 下列建筑工程项目管理任务中，属于业主方项目管理职能的有( )。

    A. 投资目标分解   B. 确定施工发包模式

    C. 设计阶段的质量控制   D. 施工成本控制

第五节

(一)单项选择题

1. 取得建造师注册证书的人员是否担任工程项目施工的项目经理，由( )决定。

    A. 政府主管部门   B. 业主   C. 企业   D. 监理

2. 建筑施工企业项目经理是指受( )委托，对工程项目施工过程全面负责的项目管理者。

    A. 董事会   B. 股东大会

    C. 总经理   D. 企业法定代表人

3. 建造师是一种( )的名称，而项目经理是一个工作岗位的名称。

    A. 技术职称   B. 工作职务   C. 技术岗位   D. 专业人士

4. 项目经理不仅要考虑项目的利益，还应服从( )。

    A. 企业的整体利益   B. 业主方的整体利益

    C. 项目各参与方的整体利益   D. 社会各界的利益

5. 项目管理目标责任书应在( )，由法定代表人或其授权人与项目经理协商制定。

    A. 项目投标前   B. 项目实施前

    C. 项目实施后   D. 项目结束后

6. 项目经理对施工承担( )的责任。

    A. 安全和质量   B. 进度和成本   C. 全面管理   D. 协调和组织

7. 项目经理由于( )原因或由于工作失误，有可能承担法律责任和经济责任。

    A. 主观原因   B. 客观原因   C. 不可抗力   D. 不可预见因素

8. 项目人力资源管理的目的是( )。

    A. 调动与项目相关的所有人员的积极性

    B. 调动所有项目参与人的积极性

    C. 降低项目的人力成本

    D. 提高项目运作效率

9. 人力资源管理工作中,经过人员甄选,确定有能力的员工后应进行的工作是(   )。

    A. 员工的培训   B. 员工的绩效考评

    C. 编制人力资源规划   D. 员工的定向

(二)多项选择题

1. 下列说法中,符合国际上对施工企业项目经理的地位和作用的有(   )。

    A. 项目经理是企业任命的一个项目的项目班子的负责人

    B. 项目经理的任务仅限于主持项目管理工作,其主要任务是项目目标的控制和组织协调

    C. 项目经理是一个管理岗位

    D. 项目经理是一个组织系统中的管理者

    E. 项目经理是一个企业法定代表人在工程项目上的代表人

2. 下列说法中,属于项目经理在承担工程项目施工管理过程中应履行的职责有(   )。

    A. 贯彻执行国家和工程所在地政府的有关法律、法规和政策

    B. 严格财务制度,加强财经管理

    C. 执行业主规定的各项管理制度

    D. 确保工程质量,尽量缩短工期

    E. 积极推广应用新技术

3. 项目经理在企业法定代表人授权范围内,可以行使(   )权利。

    A. 组织此项目管理班子   B. 签署合同

    C. 选择施工作业队伍   D. 指挥工程项目建设

    E. 自主进行经济分配

4. 项目经理在项目管理方面的主要任务有(   )。

    A. 施工安全管理   B. 施工成本控制

    C. 人力资源管理   D. 项目信息管理

    E. 资源配置管理

5. 下列选项中,属于编制项目管理目标责任书依据的有(   )。

    A. 项目合同文件   B. 组织的管理制度

    C. 项目管理规划大纲   D. 组织的经营方针和目标

    E. 项目设计文件

6. 项目人力资源管理的全过程包括(   )。

    A. 项目人力资源管理计划   B. 项目人力资源需求计划

    C. 项目人力资源管理控制   D. 教育培训和考核

    E. 项目人力资源管理考核

第二章　建筑工程项目施工成本控制

岗位目标

工程项目成本管理，就是在完成一个工程项目过程中，对所发生的成本费用支出，有组织、有系统地进行预测、计划、控制、核算、考核、分析等一系列科学管理工作的总称。工程项目成本管理的目的是：在预定的时间、预定的质量前提下，通过不断改善项目管理工作，充分采用经济、技术、组织措施和挖掘降低成本的潜力，以尽可能少的耗费，实现预定的目标成本。工程项目成本管理的意义在于：它可以促进改善经营管理，提高企业管理水平；合理补偿施工耗费，保证企业再生产的顺利进行；促进企业加强经济核算，不断挖掘潜力，降低成本，提高经济效益。

能力目标

◆ 能够分析施工成本的构成；

◆ 能进行成本分析，找出成本偏差存在的原因；

◆ 能应用事前、事中、事后实施施工成本全过程的控制。

内容概要

本章从工程项目施工成本组成出发，围绕施工成本，花多少钱的问题，如何进行成本分析、成本控制，通过工作过程、任务驱动组织教学（其逻辑关系如图2-1所示）。

图2-1　施工成本逻辑关系

第一节　施工成本管理

任务导入

在一所学校、一条高速公路的建设中，施工企业作为项目建设的一个参与方，其项目管理主要服务于项目的整体利益和施工方本身的利益，其项目管理的目标包括施工的成本目标、施工的进度目标和施工的质量目标。换而言之，施工企业在项目建设中，希望在保证质量的前提下，以最小的成本换取更大的利益。

▶任务分析◀

那么施工企业在项目建设中如何对成本进行控制，何时开始对成本管理？管理什么？怎么管理？这是本任务所要解决的问题。

▶任务准备◀

一、施工成本管理的概念

施工成本是指施工企业在建筑安装施工过程中的实际消耗，包括各种材料、机械的价值和支付给劳动者的报酬。

根据相关规定，建筑安装工程成本项目主要包括直接成本和间接成本。施工成本的构成如图 2-2 所示。

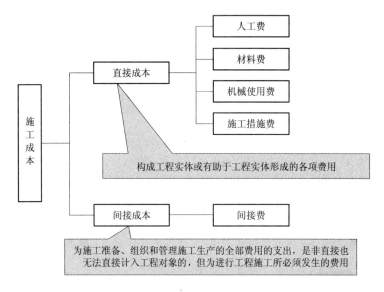

图 2-2　施工成本的构成

二、施工成本管理的任务

在保证项目使用功能、质量要求和工期要求的前提下，采取措施将成本控制在预算范围内，并进一步追求最大限度的成本节约。实际上工程一旦确定，则收入也随之确定，如何降低工程成本以达到追求最大利润的目的，就成了项目管理的目标。

施工成本管理的任务主要包括施工成本预测、施工成本计划、施工成本控制、施工成本核算、施工成本分析和施工成本考核(图 2-3)。

(一)施工成本预测

施工成本预测的实质是在施工以前对成本进行估算。通过成本预测，可以使项目经理部在满足业主和施工企业要求的前提下，选择成本低、效率高的最佳成本方案，并针对薄弱环节加强成本控制，提高预见性。

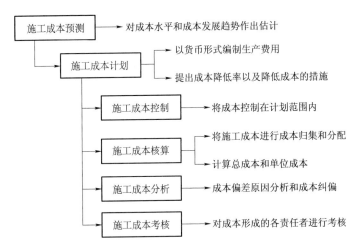

图 2-3 施工成本管理的任务

(二)施工成本计划

施工成本计划是以货币形式编制施工项目在计划期内的生产费用、成本水平、成本降低率以及为降低成本所采取的主要措施和规划的书面方案。一个施工项目成本计划应包括从开工到竣工所必需的施工成本，它是施工项目降低成本的指导文件。

(三)施工成本控制

加强对施工成本有影响的各种因素的管理，并采取措施，将施工中实际发生的各种消耗和支出严格控制在成本计划范围内。

(四)施工成本核算

按照规定开支范围对施工费用进行收集，计算施工费用的实际发生额，并根据成本核算对象，采用适当的方法，计算出该施工项目的总成本和单位成本。

(五)施工成本分析

施工成本分析是在成本形成过程中，对项目成本进行的对比评价和总结。

(六)施工成本考核

施工项目完成后，对施工项目成本形成中的各责任者按有关规定，将成本的实际指标与计划、定额、预算进行对比和考核。

二、施工成本管理的措施

施工成本管理的措施可归纳为组织措施、技术措施、经济措施和合同措施四个方面。

(一)组织措施

从施工成本管理的组织方面采取措施，如实行项目经理责任制，落实施工成本管理的组织机构和人员，明确各级施工成本管理人员的任务和职能的分工、权利、责任，编制本阶段施工成本控制工作计划和详细的工作流程图等。

组织措施是其他各类措施的前提和保障，而且一般不需要增加什么费用，运用得当可以收到良好的效果。

(二)技术措施

技术措施不仅可以解决施工成本管理过程中的技术问题，对纠正施工成本管理目标偏差也有非常重要的作用。

运用技术措施纠偏的关键，一是要能提出多个不同的技术方案；二是要对不同的技术方案进行技术经济分析。要避免仅从技术角度选定方案，而忽视对其经济效果的分析论证。

（三）经济措施

经济措施主要涉及编制资金使用计划、资金供应条件、经济激励措施。

（四）合同措施

合同措施主要涉及参加合同谈判、修订合同条款、处理合同执行过程中的索赔问题、防止和处理与业主和分包商之间的索赔，分析不同合同之间的相互联系和影响。

▶任务实施◀

在学校教学楼施工项目建设中，如何对施工项目成本进行管理？

一、分析施工成本的构成

（一）人工、材料、机械费用预测

1. 人工费

预测时，首先应分析工程项目所采用的人工费单价、具体项目施工人员的工资水平及劳务的市场行情，然后根据工期及准备投入的人员数量，测算该项工程价中人工费是否能涵盖工程投标中的人工费。

2. 材料费

材料费在建设费中所占的比重极大，预测时，应作为重点予以准确把握，应分别对主材、地材、辅材、其他材料费进行逐项分析，重新核定材料的供应地点、购买价、运输方式及装卸费，分析定额中规定的材料规格与实际采用的材料规格的不同，对比实际施工采用配合比的各项材料用量与定额用量的差异，并汇总分析预算中的其他材料费。

3. 机械使用费

投标施工组织设计中机械设备的型号、数量，一般采用定额中的施工方法套算出来，与工程施工实际采用的型号、数量有一定差异，工作效率也有所不同，因此，测算时应以施工准备工作中拟将采用的机械为准计算机械使用费；同时，还应依据自有机械设备的数量，测算可能发生的机械租赁费及需新购置的机械设备费的摊销费，并对主要机械重新核定台班产量定额。

（二）工程项目应缴纳的各项规费

规费是按照政府和国家有关部门规定必须缴纳的费用，此项费用预测时较容易。但应注意的是，预测规费时要严格按照国家规定的标准和费用比例进行计算，防止不合理套用取费比例。

二、对施工成本进行预测

施工成本预测就是根据成本信息和施工项目的具体情况，运用一定的方法，对未来的成本水平及其可能发展趋势作出科学的估计，其实质是在施工前对成本进行估算。通过施工成本预测，可以使项目经理部在满足业主和施工企业要求的前提下，选择成本低、效益好的最佳成本方案，并能够在施工项目成本形成过程中，针对薄弱环节，加强成本控制，克服盲目性，提高预见性。因此，施工成本预测是施工项目成本决策与计划的依据。预测时，通常是对施工项目计划工期内影响其成本变化的各个因素进行分析，比照近期已完工的施工项目或将完工的施工项目的成本（单位成本），预测这些因素对工程成本中有关项目（成本项目）的影响程度，预测出工程的单位成本或总成本。

三、以货币形式编制施工成本计划

施工成本计划是以货币形式编制施工项目在计划期内的生产费用、成本水平、成本降低率以及为降低成本所采取的主要措施和规划的书面方案，还是建立施工项目成本管理责任制、开展成本控制和核算的基础。一般来说，一个施工项目成本计划应包括从开工到竣工所必需的施工成本，它是该施工项目降低成本的指导文件，也是设立目标成本的依据。可以说成本计划是目标成本的一种形式。

四、采取各种措施严格进行施工成本控制

施工成本控制是在施工过程中，对影响施工项目成本的各种因素加强管理，并采用各种有效措施，将施工中实际发生的各种消耗和支出严格控制在成本计划范围内，随时揭示并及时反馈，严格审查各项费用是否符合标准，计算实际成本和计划成本（目标成本）之间的差异并进行分析，消除施工中的损失浪费现象，发现和总结先进经验。

施工成本控制应贯穿于施工项目从投标阶段开始直到项目竣工验收的全过程，它是企业全面成本管理的重要环节。因此，必须明确各级管理组织和各级人员的责任和权限，这是成本控制的基础之一，必须给予足够的重视。

施工成本控制可分为事先控制、事中控制（过程控制）和事后控制。

五、实施施工成本分析

施工成本分析是在成本形成过程中，对施工成本进行的对比评价和总结工作。它贯穿于施工成本管理的全过程，主要利用施工项目的成本核算资料，与计划成本、预算成本以及类似施工项目的实际成本等进行比较，了解成本的变动情况；同时，也要分析主要技术经济指标对成本的影响，系统地研究成本变动原因，检查成本计划的合理性，深入揭示成本变动的规律，以便成本管理能够有效地进行。

影响施工成本变动的因素有两个方面：一方面是外部的，属于市场经济的因素；另一方面是内部的，属于企业经营管理的因素。作为项目经理应该了解这些因素，并将施工成本分析的重点放在影响施工项目成本升降的内部因素上。

六、进行施工成本考核

施工成本考核是指施工项目完成后，对施工成本形成中的各责任者，按施工项目成本目标责任制的有关规定，将成本的实际指标与计划、定额、预算进行对比和考核，评定施工项目成本计划的完成情况和各责任者的业绩，并以此给以相应的奖励和处罚。通过施工成本考核，做到有奖有惩、赏罚分明，才能有效地调动企业的每个职工在各自的施工岗位上努力完成目标成本的积极性，为降低施工成本和增加企业的积累做出贡献。

►**知识链接**◄

鲁布革水电站位于云南省罗平县与贵州省兴义市交界的黄泥河下游河段。1981 年 6 月，国家批准建设装机 60 万千瓦的鲁布革水电站，并被列为国家重点工程。鲁布革工程原由水电部十四工程局负责施工，开工 3 年后，于 1984 年 4 月，水利电力部决定对鲁布革工程采用世界银行贷款。当时正值改革开放的初期，鲁布革工程是中国第一个利用世界银行贷款的基本建设项目。但是，根据与世界银行的协议，工程三大部分之一——引水隧洞工程必须进行国际招标。在中国、日本、挪威、意大利、美国、德国、南斯拉夫、法国 8 国承包人的竞争中，日本大成公司以比中国与外国公司联营体投标价低 3 600 万元而中标。大成公司报价 8 463 万元，而引水隧洞工程标底为 14 958 万元，比标底大大低了 43%。大成公司派到中国来的仅是一支 30 人的管理队伍，从中国水电十四局雇了 424 名劳动工人。他们开挖 23 个月，单头月平均进尺 222.5 m，相

当于当时中国同类水电工程的 2.5 倍；在开挖直径 8.8 m 的圆形发电隧洞中，创造了单头进尺 373.7 m 的国际先进纪录。1986 年 10 月 30 日，隧洞全线贯通，工程质量优良，工期比合同计划提前了 5 个月。相比之下，水电十四局承担的枢纽工程由于种种原因进度迟缓。世界银行特别咨询团于 1984 年 4 月、1985 年 5 月两次来工地考察，都认为按期截流难以实现。同样的劳动工人（日本大成公司所用劳务为水电十四局提供），两者的差距为何如此之大，此时，长期沿用"苏联老大哥"的"自营制"模式的中国水电建设企业意识到，这样的奇迹产生于良好的管理机制，高效益来自科学的管理。他们将这种科学的管理方式演绎为"项目法施工"。"项目法施工"是以工程建设项目为对象，以项目经理负责制为基础，以企业内部决策层、管理层与作业层相对分离为特性，以内部经济承包为纽带，实行动态管理和生产要素优化，从施工准备开始直至交工验收结束的一次性的施工管理活动。

1985 年 11 月，在强烈冲击下，经水利电力部上报国务院批准，鲁布革工程厂房工地开始试行外国项目管理方法。水电十四局在鲁布革地下厂房施工中，率先进行"项目法施工"的尝试。参照日本大成公司的建制，他们建立了精干的指挥机构，使用配套的先进施工机械，优化施工组织设计，改革内部分配办法，产生了中国最早的"项目法施工"雏形。通过试点，提高了劳动生产力和工程质量，加快了施工进度，取得了显著效果。在建设过程中，原水利水电部还实行了国际通行的工程监理制（工程师制）和项目法人负责制等管理办法，取得了投资少、工期短、质量好的经济效果。到 1986 年年底的 13 个月中，不仅把耽误的 3 个月时间抢了回来，还提前四个半月完成了开挖工程，安装车间混凝土提前半年完成。

第二节　施工成本计划和控制

▶任务导入◀

某教学楼土建工程施工成本计划的编制。

▶任务分析◀

施工成本是围绕工程而发生的资源耗费的货币体现，常用货币单位来衡量。要想进行工程项目的施工，承包人必须编制施工成本计划作为施工成本控制的依据。根据上个任务中施工成本的构成，承包人如何通过施工成本计划对施工成本进行控制，以及采取什么方法进行控制？施工成本控制是为了省钱或少花钱多办事吗？这些都是本任务要解决的根本问题。

▶任务准备◀

一、施工成本计划的类型

对于一个施工项目而言，其成本计划是一个不断深化的过程。在这一过程的不同阶段，形成深度和作用不同的成本计划，按其作用，成本计划可分为以下三类。

（一）竞争性成本计划

竞争性成本计划，即工程项目投标及签订合同阶段的估算成本计划。这类成本计划以招标文件中的合同条件、投标者须知、技术规程、设计图纸或工程量清单等为依据，以有关价格条件说明为基础，结合调研和现场考察获得的情况，根据本企业的工料消耗标准、水平、价格资料和费用指标，对本企业完成招标工程所需要支出的全部费用的估算。在投标报价过程中，虽也着力考虑降低成本的途径和措施，但总体上较为粗略。

(二)指导性成本计划

指导性成本计划，即选派项目经理阶段的预算成本计划，是项目经理的责任成本目标。它是以合同标书为依据，按照企业的预算定额标准制订的设计预算成本计划，且一般情况下只确定责任总成本指标。

(三)实施性成本计划

实施性成本计划，即项目施工准备阶段的施工预算成本计划。它是以项目实施方案为依据，以落实项目经理责任目标为出发点，采用企业的施工定额，通过施工预算的编制而形成的实施性施工成本计划。

以上三类成本计划互相衔接和不断深化，构成了整个工程施工成本的计划过程。其中，竞争性成本计划带有成本战略的性质，是项目投标阶段商务标书的基础，而有竞争力的商务标书又是以其先进、合理的技术标书为支撑的。因此，它奠定了施工成本的基本框架和水平。指导性成本计划和实施性成本计划，都是战略性成本计划的进一步展开和深化，是对战略性成本计划的战术安排。

二、施工成本计划的编制依据

施工成本计划的编制依据包括：合同报价书、施工预算；施工组织设计或施工方案；人工、材料、机具的市场价格；公司颁布的材料指导价格、公司内部机械台班价格、劳动力内部挂牌价格；周转设备内部租赁价格、摊销损耗标准；已签订的工程合同、分包合同（或估价书）；结构件外加工计划和合同；有关财务成本核算制度和财务历史资料；其他相关资料。

三、施工成本计划的编制方法

(1)按施工成本组成编制(图 2-4)。施工成本按构成可分为人工费、材料费、施工机械使用费、措施费和间接费。

(2)按子项目组成编制(图 2-5)。将项目总成本分解到单项工程和单位工程中，再进一步分解为分部工程和分项工程。

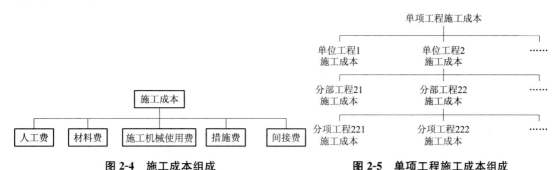

图 2-4　施工成本组成　　　　　　图 2-5　单项工程施工成本组成

(3)按工程进度编制。在建立网络图时，一方面确定完成各项工作所需花费的时间；另一方面同时确定完成这一工作的合适的施工成本支出计划。

四、施工成本控制的步骤(图 2-6)

(1)比较。将施工成本计划值与实际值进行比较，以发现施工成本是否超支。

(2)分析。分析对比结果，确定偏差的严重性以及产生偏差的原因。

(3)预测。根据项目实施情况估算整个项目完成时的施工成本。预测的目的在于为决策提供支持和依据。

(4)纠偏。当施工项目的实际施工成本出现偏差时，应当根据施工项目的具体情况、偏差分析和预测的结果采取适当的措施，以达到使施工项目成本偏差尽可能小的目的。纠偏是施工项目成本控制中最具实质性的一步，只有通过纠偏，才能最终达到有效控制施工项目成本的目的。

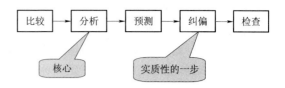

图 2-6　施工成本控制的步骤

(5)检查。对工程进展进行跟踪检查，及时了解工程进展状况和纠偏措施的执行情况与效果。

五、施工成本控制的方法

(一)价值工程法

价值工程(Value Engineering，VE)，也称为价值分析(Value Analysis，VA)、功能成本分析，是指以产品或作业的功能分析为核心，以提高产品或作业的价值为目的，力求以最低寿命周期成本实现产品或作业所需求的必要功能的一项有组织的创造性管理活动。价值工程研究的是在提高产品或作业功能的同时不增加成本，或在降低成本的同时不影响功能，把提高功能和降低成本统一在最佳方案之中。

1. 价值工程的基本原理

价值工程的目标是力图以最低的寿命周期成本使产品或作业具有适当的价值，即使产品具备所必须具备的功能。

价值工程中所述的价值，是指产品或作业具有功能与取得该功能的成本的比值，是对研究对象的功能和成本进行的一种综合评价。其表达式为

$$V=\frac{F}{C} \tag{2-1}$$

式中　V——价值；

　　　F——功能；

　　　C——成本。

价值工程涉及价值、功能和成本三要素。若要正确理解并应用以上公式，需要注意以下四点：

(1)价值不是从价值构成的角度来理解，而是从价值的功能角度出发，表现为功能与成本之比。

(2)功能是一种产品或作业所负担的职能和所起的作用，即理解为用户购买产品或作业，并不是购买其本身，而是购买它所具有的必要功能。功能过全、过高，会导致成本费用提高，而用户并不需要，从而造成功能过剩；反之，又会造成功能不足。

(3)成本不是一般意义上的成本，而是产品或作业全寿命周期的总成本，它不仅包括产品的研制成本和生产后的储藏、流通、销售的各种费用，还包括整个使用过程的费用和残值。

(4)从价值工程观点看，一方面，用户购买产品或作业，都想买到物美价廉的产品或作业，因而必须考虑功能和成本的关系，即价值的高低；另一方面，又提示产品的生产者或作业的提供者，可以从下列途径提高产品或作业的价值：功能提高，成本降低；功能提高，成本不变；功能不变，成本降低；降低辅助功能，大幅度降低成本；功能大大提高，成本稍有提高。

2. 价值系数的计算

价值工程研究的目的是产品或作业的功能与成本之间的比例最佳。因此，对产品或作业的功能描述、整理以及功能计算问题都是价值工程工作开展过程中的关键问题。特别是功能计算问题，由于功能本身大部分都没有量的概念，与成本无法进行直接的比较，因而必须采取一些特

殊的方法对功能进行定量计算，然后再与成本进行比较，才能计算出价值系数。

价值系数的计算按以下步骤进行：

(1)采用强制评分法(01评分法)计算各个分部分项工程的功能系数：

$$功能系数(F) = \frac{分部分项工程得分}{施工项目总得分} \tag{2-2}$$

(2)计算各个分部分项工程的成本系数：

$$成本系数(C) = \frac{分部分项工程成本}{施工项目总成本} \tag{2-3}$$

(3)计算各个分部分项工程的价值系数：

$$价值系数(V) = \frac{功能系数(F)}{成本系数(C)} \tag{2-4}$$

3. 价值工程的对象选择

我们应当选择价值系数低、降低成本潜力大的工程作为价值工程的对象，寻求成本的有效降低，故价值分析的对象应以下述内容为重点：

(1)选择数量大、应用面广的构配件。

(2)选择成本高的工程和构配件。

(3)选择结构复杂的工程和构配件。

(4)选择体积与重量大的工程和构配件。

(5)选择对产品功能提高起关键作用的构配件。

(6)选择在使用中维修费用高、耗电量大或使用期的总费用较大的工程和构配件。

(7)选择畅销产品以保持优势，提高竞争力。

(8)选择在施工(生产)中容易保证质量的工程和构配件。

(9)选择施工(生产)难度大、多花费材料和工时的工程和构配件。

(10)选择可利用新材料、新设备、新工艺、新结构及在科研上已有先进成果的工程和构配件。

问题： 某施工项目总成本为1 500 000元，各分部工程成本及其所占总成本比例见表2-1。试确定施工项目进行价值工程的对象。

表2-1 分部工程成本表

分部工程名称	成本/元	占总成本比例/%
A	225 000	15
B	600 000	40
C	240 000	16
D	360 000	24
其他	75 000	5
总计	1 500 000	100

【解析】

(1)对分部工程进行强制评分，并根据公式计算各分部工程的功能系数，见表2-2。

表 2-2　价值系数计算

分部工程名称	一对一比较结果					积分	功能系数 F	成本系数 C	价值系数 V
	A	B	C	D	其他				
A		1	0	1	1	3	0.25	0.15	1.67
B	1		0	1	1	3	0.25	0.40	0.63
C	1	0		0	1	2	0.17	0.16	1.06
D	1	0	1		1	3	0.25	0.24	1.04
其他	0	0	0	1		1	0.08	0.05	1.6
小计						12	1	1	

(2)表 2-1 中各分部工程占施工项目总成本的比例即为各分部工程的成本系数，填入表 2-2 中。

(3)根据公式计算各分部工程的价值系数，填入表 2-2 中。

(4)确定价值工程的对象。由计算结果可知各分部工程的价值系数存在以下三种情况：

1)价值系数等于 1 或趋近于 1，如 C、D 分部工程。说明该分部工程的功能与成本相适应，其价值比较合理，不作为价值工程的对象。

2)价值系数大于 1，如 A 分部工程及其他。说明 A 分部工程和其他的功能与成本不相适应，功能相对成本来说偏高，可能存在功能过剩，是否作为价值工程的对象，应视具体情况而定。

3)价值系数小于 1，如 B 分部工程。说明该分部工程的功能与成本不相适应，成本相对功能来说偏高，应作为价值工程的重点对象。

4. 价值工程在施工项目成本控制中的应用

价值工程在施工成本控制中应用的主要内容如下：

(1)从控制施工项目的寿命周期费用出发，结合施工，研究工程设计的技术经济合理性，探索是否有改进的可能，包括功能和成本两个方面，以提高施工项目的价值系数。降低成本不仅仅是降低人工费、材料费、机械使用费等支出；同时，也可以通过价值工程来发现并消除工程设计中的不必要功能，达到降低成本、降低造价的目的。从表面看，这样做对施工项目并无益处，甚至还会因为降低了造价而减少收入，其实，这样做带来的有利影响非常重要。

(2)结合价值工程活动，进行技术经济分析，确定最佳施工方案，达到降低施工成本、提高经济效益的目的。

(二)量本利法

量本利法就是利用产量、成本和利润三者之间的关系，寻找出盈亏平衡点，利用盈亏平衡点来判断利润的大小和寻求降低施工项目成本、提高利润的途径。

$$利润 = 产量 \times 单价 - 可变成本 - 固定成本$$

变动成本与完成产量的多少有关，随产量增加而变动成本增加，随产量减少而变动成本降低；固定成本与完成的产量多少无关。

(三)挣值法

挣值法是通过"三个费用""两个偏差"和"两个绩效"的比较，对施工成本实施控制。

1. 三个费用

(1)已完成工作预算费用。已完成工作预算(Budgeted Cost for Work Performed，BCWP)，是指在某一时间已经完成的工作(或部分工作)以批准认可的预算为标准所需要的资金总额，由于业主正是根据这个值为承包人完成的工作量支付相应的费用，也就是承包人获得(挣得)的金额，故称挣得值或挣值。

$$BCWP=已完成工程量×预算单价 \qquad (2-5)$$

(2)计划完成工作预算费用。计划完成工作预算费用(Budgeted Cost for Work Scheduled,BCWS),即根据施工进度计划,在某一时刻应当完成的工作(或部分工作),以预算为标准所需要的资金总额。一般来说,除非合同有变更,否则 BCWS 在工作实施过程中应保持不变。

$$BCWS=计划工程量×预算单价 \qquad (2-6)$$

(3)已完成工作实际费用。已完成工作实际费用(Actual Cost for Work Performed,ACWP),即到某一时刻为止,已完成的工作(或部分工作)所实际花费的总金额。

2. 两个偏差

(1)费用偏差(Cost Variance,CV):

$$CV=BCWP-ACWP \qquad (2-7)$$

当 CV 为负值时,即表示项目运行超出预算费用;当 CV 为正值时,表示项目运行节支,实际费用没有超出预算费用。

(2)进度偏差(Schedule Variance,SV):

$$SV=BCWP-BCWS \qquad (2-8)$$

当 SV 为负值时,表示进度延误,即实际进度落后于计划进度;当 SV 为正值时,表示进度提前,即实际进度快于计划进度。

3. 两个绩效

(1)费用绩效指数 CPI:

$$CPI=BCWP/ACWP \qquad (2-9)$$

当 CPI<1 时,表示超支,即实际费用高于预算费用;当 CPI>1 时,表示节支,即实际费用低于预算费用。

(2)进度绩效指数 SPI:

$$SPI=BCWP/BCWS \qquad (2-10)$$

当 SPI<1 时,表示进度延误,即实际进度比计划进度拖后;当 SPI>1 时,表示进度提前,即实际进度比计划进度快。

▶任务实施◀

某教学楼土建工程施工成本计划的编制。

一、编制施工成本计划

本任务成本计划按工程进度编制,其中基础工程施工成本如图 2-7 所示,横道上方表示计划成本值,根据该进度计划编制成本计划。

编制时注意以下几点:

(1)成本计划应综合考虑工期、成本、质量等之间的相互影响和平衡,寻求最佳方案。

(2)成本计划应不局限于建设成本,应考虑运营成本的高低,即采用全寿命成本计划方法。

(3)成本计划的目标不仅是建设成本的最小化,还必须与项目盈利的最大化统一。

(4)强调全过程的成本计划管理。即通过成本控制、成本分析、成本核算等环节,在项目实施过程中对成本计划进行修改和调整。

(5)成本计划还应与进度计划、资源计划取得一致。

同时,要防止以下两种倾向:

(1)在项目初期对成本计划有较高的要求。主要表现在:要求简单、准确;尽可能低;希望

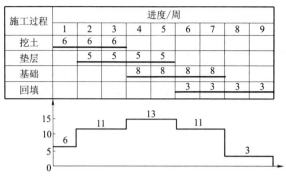

图 2-7　基础工程施工成本按工程进度编制

实际成本低于计划成本——往往难以实现这些要求。

(2)编制成本计划受心理因素的影响过大。

1)尽力扩大计划成本，留有过大的余地。

2)项目初期，为获得上级批准，故意压低计划成本，而提高项目预期收入。

3)招标投标中的非理性行为——业主压低合同价；承包人有意压低报价。

二、偏差分析的表达方法

编制好成本计划后，进行实际值和计划值的比较。若发现偏差，就要分析为什么会产生偏差，并及时纠偏。偏差的分析一般有以下几种方法。

(一)横道图法

横道图法是用不同的横道分别表示 BCWP、BCWS、ACWP，横道的长度与其金额成正比。如本案例门窗安装工程中，采用横道图法分析偏差如图 2-8 所示。从图中不难看出，木门窗安装未发生偏差，而钢门窗和铝合金门窗安装都存在偏差。

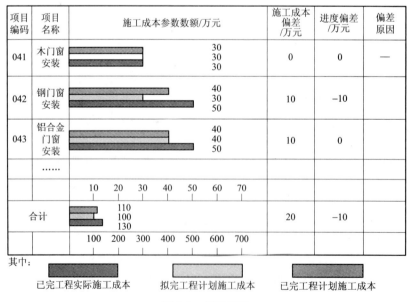

图 2-8　横道图法

(二)表格法

表格法是将项目编号、名称、各费用参数以及费用偏差等综合归纳入一张表格中，直接在表格中进行比较。本案例门窗安装工程也可按表格法进行分析(表2-3)。

表 2-3 门窗安装工程表格法

项目编码	(1)	041	042	043
项目名称	(2)	木门窗安装	钢门窗安装	铝合金门窗安装
单位	(3)			
预算单价	(4)			
计划工作量	(5)			
BCWS	(6)=(5)×(4)	30	30	30
已完工作量	(7)			
BCWP	(8)=(7)×(4)	30	40	40
实际单价	(9)			
其他款项	(10)			
ACWP	(11)=(7)×(9)+(10)	30	50	50
CV	(12)=(8)−(11)	0	−10	−10
CPI	(13)=(8)÷(11)	1	0.8	0.8
费用累计偏差	(14)=∑(12)		−20	
SV	(15)=(8)−(6)	0	10	0
SPI	(16)=(8)÷(6)	1	1.33	1
进度累计偏差	(17)=∑(15)		10	

(三)曲线法

曲线法是将 BCWP、BCWS、ACWP 绘制在同一坐标系中,根据三者的位置关系判断成本偏差和进度偏差,如图 2-9 所示。

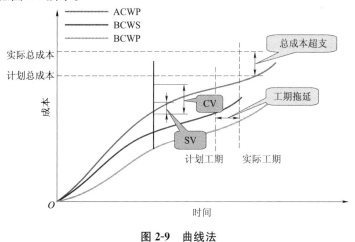

图 2-9 曲线法

三、施工成本的控制方法

施工成本的控制方法如前述所讲,有价值工程法、量本利法和挣值法。本案例采用挣值法解决。如基础工程计划进度与实际进度见表 2-4,表中粗实线表示计划进度(上方数据为每周计划投资),粗虚线表示实际进度(上方数据为每周实际投资),假定各分项工程每周计划完成和实际完成的工程量相等，并且进度匀速进展。

表 2-4　基础工程计划进度与实际进度

施工过程	进度/周									
	1	2	3	4	5	6	7	8	9	10
挖土	6	6	6							
	—6—	—6—	—5—							
垫层		5	5	5	5					
				—4—	—4—	—5—	—5—			
基础				8	8	8	8			
					—8—	—8—	—7—	—7—		
回填						3	3	3	3	
							—4—	—4—	—3—	—3—

（1）计算每周投资数据（表 2-5）。

表 2-5　每周投资数据

项　　目	投资数据									
	1	2	3	4	5	6	7	8	9	10
每周拟完工程计划投资	6	11	11	13	13	11	11	3	3	
拟完工程计划投资累计	6	17	28	41	54	65	76	79	82	
每周已完工程实际投资	6	6	5	4	12	13	16	11	3	3
已完工程实际投资累计	6	12	17	21	33	46	62	73	76	79
每周已完工程计划投资	6	6	6	5	13	13	16	11	3	3
已完工程计划投资累计	6	12	18	23	36	49	65	76	79	82

（2）绘制三投资曲线（图 2-10）。

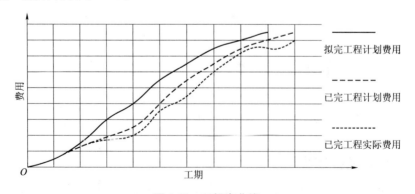

图 2-10　三投资曲线

（3）投资偏差分析（假定第五周末检查）。

根据表 2-4 可知，投资偏差：CV＝BCWP－ACWP＝(6×3＋5×2＋8)－(6＋6＋5＋4＋4＋8)＝3(万元)，故前五周节支 3 万元。

进度偏差：SV＝BCWP－BCWS＝(6×3＋5×2＋8)－(6×3＋5×4＋8×2)＝－18(万元)，故进度拖延 18 万元。

▶**知识链接**◀

对于成本，不同的学术机构给出了不同的概念。辽宁省财政厅于 1993 年编写的《工业企业会计制度讲解》中给出的定义为："企业为生产经营商品和提供劳务等发生的各项直接支出，包括直接工资、直接材料、商品进价以及其他直接支出，直接计入生产经营成本。企业为生产经营商品和提供劳务而发生的各项间接费用，分配计入生产经营成本。"美国会计学会(AAA)认为："成本是指为达到特定目的而发生的或应发生的价值牺牲，它可以用货币单位加以衡量。"这两个成本概念并没有本质区别，只是我国的成本概念较为具体，而美国的会计学会的成本概念更具有普遍性。

建筑工程成本是成本的一种具体形式，是建筑企业在生产经营中为获取和完成工程所支付的一切代价，即广义的建筑成本。在项目管理中，接触更多的是狭义的建筑成本概念，即在项目施工现场所耗费的人工费、材料费、施工机械使用费、现场其他直接费及项目经理为组织工程施工所发生的管理费用之和。狭义的建筑成本将成本的发生范围局限在某一项目范围内，不包括建筑企业期间经营费用、利润和税金，是项目经理进行成本核算和控制的主要内容。

在我国，通常将施工项目成本管理划分为相互联系的六个环节，即施工成本预测、施工成本计划、施工成本控制、施工成本核算、施工成本分析和施工成本考核。在欧美等国家，施工项目成本管理的基本步骤有成本估算、成本预算、成本计划、成本控制、数据分析及归类。由此可见，无论在我国还是欧美国家，都强调了成本预测与计划的重要性，即通过科学的预测(估算)来制订项目成本计划，确定成本管理目标。但是，我国项目成本管理的实践效果却并不十分理想，有些项目缺乏必要的成本管理环节，不进行成本预测和计划，管理存在随意性；有些项目成本计划和实施"两张皮"，没有依据成本计划进行成本控制，或由于成本计划编制质量不高，无法依据成本计划进行成本控制，使成本管理走向形式化。究其原因，主要的问题出在成本核算环节。由于我国大多数建筑企业没有建立完善的项目成本核算体系，成本核算目的性不强、不系统，使项目成本预测与计划失去了数据基础。而成本预测与计划不准确，又使施工项目成本控制失去目标。加强项目成本核算，正是从施工项目成本管理的症结入手，也是建筑企业发展的客观需要。

第三节　施工成本核算与分析

▶**任务导入**◀

建筑行业现在已经发展到了成熟期，建筑企业发展的战略重点转向内部管理，向管理要企业竞争力。许多学者提出了成本战略管理的概念。当今美国会计界两位著名的教授库珀和斯拉莫特认为："战略成本管理是企业运用一系列成本管理方法来同时达到降低成本和加强战略位置的目的。"而成本核算就是战略成本管理中最重要的一环。当某一项目信息成本大于信息收益时，从信息经济学的角度来看，加强成本核算是不经济的。但是，从企业成本战略的角度来看，从一段较长的时期来看，企业拥有完整的信息体系产生的收益将远大于暂时支出的信息核算成本。此时，建筑企业不重视信息价值，忽视成本核算工作，将在长期竞争中处于劣势地位。企业只有推行成本战略，逐步建立信息资源优势，才能适应战略发展的需要。本节以某教学楼土建工程施工为例进行讲解。

施工项目成本核算是指按照规定开支范围对施工费用进行归集，计算出实际费用的实际发生额，并根据施工项目成本核算对象，采用适当方法，计算出该施工项目的总成本和单位成本。施工项目成本核算所提供的各种成本信息是施工项目成本预测、施工项目成本计划、施工项目成本控制、施工项目成本分析和施工项目成本考核等各个环节的依据。在成本分析中要清楚应分析什么，如何进行分析，是本节所要完成的任务。

一、施工成本核算

施工项目成本核算的方法，主要有会计核算、业务核算和统计核算三种，以会计核算为主。

(一)会计核算

会计核算主要是价值核算。会计是对一定单位的经济业务进行计量、记录、分析和检查，对成本作出预测，并参与决策，实行监督，旨在实现最优经济效益的一种管理活动。它通过设置账户、复式记账、填制和审核凭证、登记账簿、成本计算、财产清查和编制会计报表等一系列有组织、有系统的方法，来记录企业的一切生产经营活动，然后据以提出一些用货币来反映的有关各种综合性经济指标的数据。

(二)业务核算

业务核算是各业务部门根据业务工作的需要而建立的核算制度，它包括原始记录和计算登记表，如单位工程及分部分项工程进度登记，质量登记，工效、定额计算登记，物资消耗定额记录，测试记录等。业务核算的范围比会计、统计核算要广，会计和统计核算一般是对已经发生的经济活动进行核算，而业务核算，不但可以对已经发生的，而且可以对尚未发生或正在发生的经济活动进行核算，判断是否可以做、是否有经济效果。

(三)统计核算

统计核算是利用会计核算资料和业务核算资料，将建筑业企业生产经营活动客观现状的大量数据，按统计方法加以系统整理，表明其规律性。它的计量尺度比会计宽，可以用货币计算，也可以用实物或劳动量计量。

二、施工成本分析

施工成本分析是根据成本核算提供的资料，对施工成本的形成过程和影响成本升降的因素进行分析，以寻求进一步降低成本的途径；另外，可以增强项目成本的透明度和可靠性，为加强成本控制创造条件。

施工成本分析的方法包括比较法、因素分析法、差额计算法和比率法等。

(一)比较法

比较法又称指标对比分析法，就是通过技术经济指标的对比，检查目标的完成情况，分析产生差异的原因，进而挖掘内部潜力的方法。这种方法具有通俗易懂、简单易行、便于掌握的特点，因而得到广泛的应用，但在应用时必须注意各技术经济指标的可比性。比较法的应用通常有下列形式。

1. 将实际指标与目标指标对比

通过以实际指标与目标指标对比检查目标完成情况，分析影响完成目标的积极因素和消极因素，以便及时采取措施，保证成本目标的实现。在进行实际指标与目标指标对比时，还应注意目标本身有无问题；如果目标本身出现问题，则应调整目标，重新评价实际工作的成绩。

2. 本期实际指标与上期实际指标对比

通过本期实际指标与上期实际指标的对比，可以看出各项技术经济指标的变动情况，反映施工项目管理水平的提高程度。

3. 与本行业平均水平、先进水平对比

通过本行业平均水平、先进水平的对比，可以反映本项目的技术管理和经济管理与行业的平均水平和先进水平的差距，进而采取措施赶超先进水平。

以上三种对比，可以在一张表上同时反映出来。

(二)因素分析法

因素分析法又称连环置换法。这种方法可用来分析各种因素对成本的影响程度。在进行分析时，首先要假定众多因素中的一个因素发生了变化，而其他因素不变，然后逐个替换，分别比较其计算结果，以确定各个因素变化对成本的影响程度。

因素分析法的计算步骤如下：

(1)确定分析对象(即所分析的技术经济指标)，并计算出实际数与目标数的差异。

(2)确定该指标由哪几个因素组成，并按其相互关系进行排序。

(3)以目标数为基础，将各因素的目标数相乘，作为分析替代的基数。

(4)将各个因素的实际数按照上面的排列顺序进行替换计算，并将替换后的实际数保留下来。

(5)将每次替换计算所得的结果，与前一次的计算结果相比较，两者的差异即为该因素的成本影响程度。

(6)各个因素的影响程度之和，应与分析对象的总差异相等。

必须指出，在应用因素分析法进行施工项目成本分析时，各个因素的排列顺序应该固定不变；否则，就会得出不同的计算结果，也会产生不同的结论。

(三)差额计算法

差额计算法是因素分析法的一种简化形式。其利用各个因素的目标值与实际值的差额来计算其对成本的影响程度。

(四)比率法

比率法是指用两个以上的指标的比例进行分析的方法。其基本特点是先将对比分析的数值变成相对数，再观察其相互之间的关系。常用的比率法有以下几种。

1. 相关比率法

由于项目经济活动的各个方面是相互联系、相互依存的，又是相互影响的，因而可以将两个性质不同而又相关的指标加以对比，求出比率，并以此来考察经营成果的好坏。例如，产值和工资是两个不同的概念，但它们的关系又是投入与产出的关系。一般情况下，都希望以最少的工资支出完成最大的产值。因此，用产值工资率指标来考核人工费的支出水平来说明问题所在。

2. 构成比率法

构成比率法又称比重分析法或结构对比分析法。通过构成比率，可以考察成本总量的构成情况及各成本项目占成本总量的比重，同时，也可以看出量、本、利的比例关系(即预算成本、实际成本和降低成本的比例关系)，从而为寻求降低成本的途径指明方向，见表2-6。

表2-6　成本构成比例分析表　　　　　　　　　　　　万元

成本项目	预算成本		实际成本		降低成本		
	金额	比重	金额	比重	金额	占本项/%	占总量/%
一、直接成本	1 263.79	93.20	1 200.31	92.38	63.48	5.02	4.68

成本项目	预算成本		实际成本		降低成本		
	金额	比重	金额	比重	金额	占本项/%	占总量/%
1. 人工费	113.36	8.36	119.28	9.18	−5.92	−1.09	−0.44
2. 材料费	1 006.56	74.23	939.67	72.32	66.89	6.65	4.93
3. 机械使用费	87.60	6.46	89.65	6.90	−2.05	−2.34	−0.15
4. 其他直接费	56.27	4.15	51.71	3.98	4.56	8.10	0.34
二、间接成本	92.21	6.80	99.01	7.62	−6.80	−7.37	0.50
成本总量	1 356.00	100.00	1 299.32	100.00	56.68	4.18	4.18
量本利比例/%	100.00		95.82		4.18		

3. 动态比率法

动态比率法就是将同类指标不同时期的数值进行对比，求出比率，以分析该项指标的发展方向和发展速度。动态比率的计算，通常采用基期指数和环比指数两种方法，见表 2-7。

表 2-7 指标动态比较表

指　　标	第一季度	第二季度	第三季度	第四季度
降低成本/万元	40.50	43.80	48.30	57.80
基期指数/%（一季度 100）		108.15	119.26	142.72
环比指数/%（上一季度 100）		108.15	110.27	119.67

◀任务实施▶

施工项目成本核算是指按照规定开支范围对施工费用进行归集，计算出实际费用的实际发生额。施工成本分析是根据成本核算提供的资料，对施工成本的形成过程和影响成本升降的因素进行分析。分析的方法有比较法、因素分析法、差额计算法、比率法等。下面针对教学楼土建工程某些局部工程进行成本分析。

一、比较法

教学楼施工项目 2010 年度节约"三材"的目标为 120 万元，实际节约 130 万元。2009 年节约 100 万元，本企业先进水平节约 150 万元。根据所给资料编制分析表，见表 2-8。

表 2-8 实际指标与目标指标、上期指标、先进水平对比表　　　　　　　　　　万元

指标	2010 年计划数	2009 年实际数	企业先进水平	2010 年实际数	差异数		
					2010 年与计划比	2010 年与 2009 年比	2010 年与先进比
"三材"节约额	120	100	150	130	10	30	−20

从表 2-8 中可以很清楚地看出，实际指标与目标指标对比节支 10 万元，本期实际指标与上期实际指标对比节支 30 万元。说明施工项目管理的水平有了一定提高。而与本行业先进水平对比仍存在差距，应采取措施进一步提高管理水平。

二、因素分析法

教学楼钢筋混凝土框架-剪力墙结构工程施工，采用 C40 商品混凝土，标准层一层目标成本为 166 860 元，实际成本为 176 715 元，比目标成本增加了 9 855 元，其他有关资料见表 2-9。试用因素分析法分析其成本增加的原因。

表 2-9　目标成本与实际成本对比表

项目	单位	计划	实际	差异
产量	m³	600	630	+30
单价	元/m³	270	275	+5
损耗率	%	3	2	-1
成本	元	166 860	176 715	9 855

(1)分析对象是浇筑一层结构商品混凝土的成本，实际成本与目标成本的差额为 9 855 元。

(2)该指标由产量、单价和损耗率三个因素组成。其排序(排序原则：先实物量后价值量，先绝对值后相对值)见表 2-9。

(3)目标数 166 860(600×270×1.03)为分析替代的基础。

(4)替换。

第一次替换：产量因素，以 630 替代 600，得 630×270×1.03＝175 203(元)。

第二次替换：单价因素，以 275 替代 270，并保留上次替换后的值，得 630×275×1.03＝178 447.5(元)。

第三次替换：损耗率因素，以 1.02 替代 1.03，并保留上两次替换后的值，得 630×275×1.02＝176 715(元)。

(5)计算差额。

第一次替换与目标数的差额＝175 203－166 860＝8 343(元)。

第二次替换与第一次替换的差额＝178 447.5－175 203＝3 244.5(元)。

第三次替换与第二次替换的差额＝176 715－178 447.5＝－1 732.5(元)。

分析如下：

产量增加使成本增加了 8 343 元。

单价提高使成本增加了 3 244.5 元。

损耗率下降使成本减少了 1 732.5 元。

(6)各因素和影响程度之和为 8 343＋3 244.5－1 732.5＝9 855(元)，与实际成本和目标成本的总差额相等。

为了使用方便，也可以通过运用因素分析求出各因素的变动对实际成本的影响程度，其具体形式见表 2-10。

表 2-10　C40 商品混凝土成本变动因素分析

元

顺序	循环替换计算	差异	因素分析
计划数	600×270×1.03＝166 860		
第一次替换	630×270×1.03＝175 203	8 343	由于产量增加 30 m³，成本增加了 8 343 元

顺序	循环替换计算	差异	因素分析
第二次替换	630×275×1.03=178 447.5	3 244.5	由于单价提高5元/m³,成本增加了3 244.5元
第三次替换	630×275×1.02=1 76 715	−1 732.5	由于损耗率下降1‰,成本减少了1 732.5元
合计	8 343+3 244.5−1 732.5=9 855	9 855	

三、差额计算法

教学楼施工项目某月的实际成本降低额比目标值提高了4.4万元,其他有关资料见表2-11。试用差额分析法来分析预算成本及成本降低率对成本降低额的影响程度。

表 2-11　降低成本计划与实际对比表

项目	单位	计划	实际	差异
预算成本	万元	240	280	+40
成本降低率	％	4	5	+1
成本降低额	万元	9.6	14	+4.4

(1)预算成本增加对成本降低额的影响程度:

$$(280-240)×4\%=1.6(万元)$$

(2)成本降低率提高对成本降低额的影响程度:

$$(5\%-4\%)×280=2.8(万元)$$

(3)以上两项合计:

$$1.6+2.8=4.4(万元)$$

其中,成本降低率提高是实际成本降低额比目标成本降低额增加的主要原因,所以,要进一步寻找成本降低率提高的原因。

四、成本状况评价

成本状况评价是按照成本分析指标作出判断,可从不同侧面反映工程成本状况。

从图2-11中实际和计划成本模型的对比,可以得出以下结论:

(1)即使在图上计划和实际两条曲线完全吻合,或基本吻合,或实际成本曲线在香蕉图范围内,也不能说明项目实施没有问题。

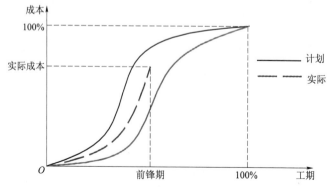

图 2-11　实际和计划成本模型的对比

原因1：进度较慢，未完成工程量，但是实际成本增加。

原因2：实际工程量减少（如设计变更）。

(2)即使在图上计划和实际曲线完全不吻合，偏差较大，也不能说明存在很大的问题。

(3)在实际工程中，将实际成本核算到工程活动上是比较困难的，也常常是不及时的。

(4)有时计划成本分解时常常比较随意，项目成本模型所采用的平均分配方法与实际的成本使用差距太大，致使项目的计划成本模型本身的科学性不大。

以上特点决定了时间—成本累计曲线的缺陷性，因此通常要描述"实际工程价值曲线"，即BCWP，以相对真实地反映项目的投资偏差。

五、成本超支原因分析

(1)原成本计划数据不准确，估价错误，预算太低等。

(2)外部原因包括上级、业主的干扰，气候，物价上涨，不可抗力事件等。

(3)管理问题。

1)不适当的控制程序，费用控制存在问题，被罚款。

2)成本责任不明。

3)劳动效率低，工人频繁地调动，施工组织混乱。

4)采购了劣质材料，工人培训不充分，财务成本高。

5)合同不利，在执行中存在缺陷，承包人（分包商、供应商）的赔偿要求。

(4)工程范围的增加，设计的修改，功能和建设标准提高，工作量大幅度增加。

六、降低成本措施

(1)寻找新的更好、更节省、效率更高的技术方案，采用符合规范而成本较低的原材料。

(2)购买部分产品，而不是采用完全由自己生产的产品。

(3)重新选择供应商，但会产生供应风险，选择需要时间。

(4)改变实施过程，在符合工程（合同）要求的前提下改变工程质量标准。

(5)删去工作包，减少工作量、作业范围或要求。这会损害工程的最终功能，降低质量。

(6)变更工程范围。

(7)索赔，如向业主、承（分）包商、供应商索赔，以弥补费用超支等。

▶知识链接◀

综合成本的分析方法，是指涉及多种生产要素，并受多种因素影响的成本费用，如分部分项工程成本、月（季）度成本、年度成本、竣工成本等。这些成本都是随着项目施工的进展而逐步形成的，与生产经营有着密切的关系。因此，做好这些成本的分析工作，无疑将促进项目的生产经营管理，提高项目的经济效益。

一、分部分项工程成本分析

分部分项工程成本分析是施工项目成本分析的基础。分部分项工程成本分析的对象为已完成的分部分项工程。分析的方法是：进行预算成本、目标成本和实际成本的"三算"对比，分别计算实际偏差和目标偏差，分析偏差产生的原因，为今后的分部分项工程成本寻求节约途径。

分部分项工程成本分析的资料来源（依据）是：预算成本来自投标报价成本，目标成本来自施工预算，实际成本来自施工任务单的实际工程量、实耗人工和限额领料单的实耗材料。

由于施工项目包括很多分部分项工程，不可能也没有必要对每个分部分项工程都进行成本分析。特别是一些工程量小、成本费用微不足道的零星工程。但是，对于那些主要分部分项工程则必须进行成本分析，而且要做到从开工到竣工进行系统的成本分析。这是一项很有意义的工作，因为通过主要分部分项工程成本的系统分析，可以基本上了解项目成本形成的全过程，为竣工成本分析和今后的项目成本管理提供宝贵的参考资料。

二、月(季)度成本分析

月(季)度成本分析，是施工项目定期的、经常性的中间成本分析。对于具有一次性特点的施工项目来说，有着特别重要的意义。因为通过月(季)度成本分析，可以及时发现问题，以便按照成本目标指定的方向进行监督和控制，保证项目成本目标的实现。

月(季)度成本分析的依据是当月(季)的成本报表。分析方法通常有以下几个方面：

(1)通过实际成本与预算成本的对比，分析当月(季)的成本降低水平；通过累计实际成本与累计预算成本的对比，分析累计的成本降低水平，预测实现项目成本目标的前景。

(2)通过实际成本与目标成本的对比，分析目标成本的落实情况，以及目标管理中的问题和不足，进而采取措施，加强成本管理，保证成本目标的落实。

(3)通过对各个成本项目的成本分析，可以了解成本总量的构成比例和成本管理的薄弱环节。例如，在成本分析中，发现人工费、机械费和间接费等项目大幅度超支，就应该对这些费用的收支配比关系认真研究，并采取对应的增收节支措施，防止今后再超支。如果是属于预算定额规定的"政策性"亏损，则应从控制支出着手，将超支额压缩到最低限度。

(4)通过主要技术经济指标的实际与目标对比，分析产量、工期、质量、"三材"节约率、机械利用率等对成本的影响。

(5)通过对技术组织措施执行效果伪分析，寻求更加有效的节约途径。

(6)分析其他有利条件和不利条件对成本的影响。

三、年度成本分析

企业成本要求一年结算一次，不得将本年成本转入下一年度。而项目成本则以项目的寿命周期为结算期，要求从开工、竣工到保修期结束连续计算，最后结算出成本总量及其盈亏。由于项目的施工周期一般较长，除进行月(季)度成本核算和分析外，还要进行年度成本的核算和分析。这不仅是为了满足企业汇编年度成本报表的需要，同时，也是为了满足项目成本管理的需要。因为通过年度成本的综合分析，可以总结一年来成本管理的成绩和不足，为今后的成本管理提供经验和教训，从而可对项目成本进行更有效的管理。

年度成本分析的依据是年度成本报表。年度成本分析的内容，除月(季)度成本分析的六个方面外，重点是针对下一年度的施工进展情况规划，提出切实可行的成本管理措施，以保证施工项目成本目标的实现。

四、竣工成本的综合分析

凡是有几个单位工程而且是单独进行成本核算(即成本核算对象)的施工项目，其竣工成本分析应以各单位工程竣工成本分析资料为基础，再加上项目经理部的经营效益(如资金调度、对外分包等所产生的效益)进行综合分析。如果施工项目只有一个成本核算对象(单位工程)，就以该成本核算对象的竣工成本资料作为成本分析的依据。

单位工程竣工成本分析，应包括以下三个方面的内容：

(1)竣工成本分析。

(2)主要资源节超对比分析。

（3）主要技术节约措施及经济效果分析。

通过以上分析，可以全面了解单位工程的成本构成和降低成本的来源，对今后同类工程的成本管理很有参考价值。

➤本章小结

一、施工成本管理的任务

施工成本管理就是要在保证工期和满足质量要求的情况下，利用组织措施、经济措施、技术措施、合同措施，将成本控制在计划范围内，并进一步寻求最大限度的成本节约。施工成本管理的任务主要包括施工成本预测、施工成本计划、施工成本控制、施工成本核算、施工成本分析和施工成本考核。

二、施工成本管理的措施

为了取得施工成本管理的理想成果，应当从多方面采取措施实施管理，通常可以将这些措施归纳为组织措施、技术措施、经济措施和合同措施四个方面。

三、施工成本计划的编制依据

施工成本计划的编制依据包括：合同报价书、施工预算；施工组织设计或施工方案；人工、材料、机械市场价格(资源市场价格)；公司颁布的材料指导价格、公司内部机械台班价格、劳动力内部挂牌价格；周转设备内部租赁价格、摊销损耗标准(资源内部价格)；已签订的工程合同、分包合同(或估价书)；结构件外加工计划和合同；有关财务成本核算制度和财务历史资料；其他相关资料。

四、施工成本计划的编制方法

（1）按施工成本组成编制

施工成本可以按成本构成分解为人工费、材料费、施工机械使用费、措施费和间接费。

（2）按子项目组成编制施工成本计划

大、中型的工程项目通常是由若干个单项工程构成的，而每个单项工程包括了多个单位工程，每个单位工程又是由若干个分部分项工程构成的，因此，首先要把项目总施工成本分解到单项工程和单位工程中，再进一步分解为分部工程和分项工程。

（3）按工程进度编制

编制按工程进度的施工成本计划，通常可利用控制项目进度的网络图进一步扩充而得。

五、施工成本控制的步骤

在确定了项目施工成本计划后，必须定期地进行施工成本计划值与实际值的比较。当实际值偏离计划值时，分析产生偏差的原因，采取适当的纠偏措施，以确保施工成本控制目标的实现。施工成本控制的步骤包括比较、分析、预测、纠偏、检查。

六、施工成本控制的方法

施工成本控制的方法很多，下面着重介绍偏差分析法。

偏差分析可采用不同的方法，常用的有横道图法、表格法和曲线法。

七、施工成本分析的依据

施工成本分析，就是根据会计核算、业务核算和统计核算提供的资料，对施工成本的形成过程和影响成本升降的因素进行分析，以寻求进一步降低成本的途径；另外，通过成本分析，可从账簿、报表反映的成本现象看清成本的实质，从而增强项目成本的透明度和可控性，为加强成本控制创造条件。

八、施工成本分析的方法

施工成本分析的方法包括比较法、因素分析法、差额计算法和比率法等。

> 自我测评

一、施工成本管理的任务与措施

(一)单项选择题 参考答案

1. 施工成本计划的编制是施工成本预控的重要阶段，编制完成时间应在( )之后。

   A. 编制项目建议书 B. 可行性研究 C. 工程设计 D. 工程开工

2. 施工成本控制的工作内容之一是严格控制施工中实际发生的各种消耗和支出，控制目标应是( )。

   A. 成本预测 B. 成本计划 C. 成本核算 D. 成本分析

3. 建筑工程项目成本管理责任体系包括组织管理层和项目经理部，其中的项目管理部应( )。

   A. 体现效益中心的管理职能 B. 确定施工成本管理目标

   C. 对生产成本进行管理 D. 达到责任成本目标

4. 某公司承包了高层住宅的施工任务，为有效进行施工成本管理，项目经理部首先对施工成本进行了预测。根据施工成本管理的任务和环节，项目经理部下一步的成本管理工作应为( )。

   A. 施工成本分析 B. 施工成本控制

   C. 施工成本计划 D. 施工成本核算

5. 在某工程施工过程中，通过各种因素分析，发现机械费用存在潜在问题，为此项目经理部及时调整了施工方案，这体现的是成本的( )。

   A. 过程控制 B. 事先控制 C. 动态控制 D. 被动控制

6. 某工程施工，项目经理部要求成本控制程序需体现动态跟踪控制原理，其主要表现的是重视施工成本的( )。

   A. 最终结果 B. 计划形成 C. 预测分析 D. 发生过程

7. 施工成本预测是在工程施工前，运用一定的方法( )。

   A. 对成本因素进行分析 B. 分析可能的影响程度

   C. 估算计划与实际成本之间的可能差异 D. 对成本进行估算

8. 对施工项目而言，编制施工成本计划的主要作用是( )。

   A. 确定成本定额水平 B. 估算实际成本

   C. 设立目标成本 D. 明确资金使用安排

9. 施工成本控制的工作内容之一是计算和分析成本差异，其需要比较的是( )。

   A. 预测成本与实际成本 B. 预算成本与计划成本

   C. 计划成本与实际成本 D. 预算成本与实际成本

10. 施工项目成本控制工作贯穿于施工企业生产经营全过程，其开始阶段应是施工项目的( )。

    A. 设计阶段 B. 投标阶段 C. 施工准备阶段 D. 正式开工

11. 在对施工项目进行施工成本核算时，工作之一是需要按照规定的开支范围，对施工项目的支出费用进行( )。

    A. 控制 B. 分析 C. 考核 D. 归集

12. 施工成本核算的"三同步"，即取值范围一致的相同量，是指实际成本归集所依据的、形象进度表达的和统计施工产值的(　　)。

    A. 计划量   B. 产值量   C. 工程量   D. 成本量

13. 形象进度、产值统计、实际成本归集三同步,应保持一致的是三者的取值(　　)。

    A. 标准   B. 范围   C. 精度   D. 单位

14. 进行有效的成本偏差控制,成本分析是(　　)。

    A. 中心   B. 目的   C. 目标   D. 关键

15. 施工项目完成以后,拟考核各责任制的业绩,需要进行评定的是施工项目(　　)。

    A. 成本计划的落实情况   B. 成本计划的完成情况

    C. 实际成本的发生情况   D. 实际成本的控制情况

16. 某施工项目进行成本管理,采取了多项措施,其中,实行项目经理责任制、编制工作流程图等措施属于施工成本管理的(　　)。

    A. 组织措施   B. 技术措施

    C. 经济措施   D. 合同措施

17. 施工成本管理过程中,进行施工项目总成本和单位成本计算、确定施工费用实际发生额的工作属于(　　)。

    A. 施工成本的分析   B. 施工成本的控制

    C. 施工成本的考核   D. 施工成本的核算

18. 作为施工成本管理的任务,对施工成本进行分析,目的是分析(　　)。

    A. 评定成本责任者业绩   B. 成本的发展趋势

    C. 成本升降的因素   D. 确定成本规划方案

19. 某钢结构吊装工程施工,在实施成本管理的下列措施中,属于施工成本管理技术措施的是(　　)。

    A. 钢结构工程管理班子的任务分工   B. 钢结构吊装成本目标分析

    C. 修订钢结构吊装施工合同条款   D. 提出多个钢结构吊装方案

20. 施工成本管理的环节相互作用,由此,施工成本决策的前提是(　　)。

    A. 施工成本预测   B. 施工成本计划   C. 施工成本规划   D. 施工成本控制

(二)多项选择题

1. 编制施工成本计划应满足的要求有(　　)。

    A. 组织对施工成本的管理目标   B. 与施工图预算对应

    C. 合同规定的项目质量和工期   D. 以经济合理的项目实施方案为基础

    E. 有关规定及市场价格

2. 成本控制过程中的动态资料有(　　)。

    A. 合同文件   B. 进度报告   C. 成本计划   D. 工程变更资料

    E. 工程索赔资料

3. 某承包公司对钢架结构高层建筑的施工成本进行划分,计入间接成本的有(　　)。

    A. 钢材购置费   B. 安全施工费

    C. 差旅交通费   D. 大型机械进出场及安拆费

    E. 危险作业意外伤害保险费

4. 施工成本管理基础工作中,最根本和最重要的内容是建立涉及成本管理的(　　)。

    A. 施工定额   B. 组织制度   C. 工作程序   D. 责任制度

    E. 业务台账

5. 施工成本分析是通过比较,以了解和研究成本的变动情况和因素。为此,可以用来与成本核算资料进行比较的有(　　)。

A. 目标成本　　　　B. 责任成本　　　　C. 固定成本　　　　D. 预算成本

E. 类似施工项目的实际成本

6. 施工成本计划需要不断优化，一般情况下可以用于对其进行评价的指标有(　　)。

A. 数量指标　　　　B. 偏差指标　　　　C. 质量指标　　　　D. 效益指标

E. 措施指标

二、施工成本计划

(一)单项选择题

1. 施工企业在工程项目投标及签订合同阶段，需要编制(　　)。

A. 竞争性成本计划　　　　　　　　B. 指导性成本计划

C. 实施性成本计划　　　　　　　　D. 考核性成本计划

2. 某公司投标承包某工程施工，为此编制了施工成本计划，并决定组建强有力的项目管理部负责工程的施工管理。在选派项目经理、组建项目管理部的阶段，需要编制的施工成本计划是(　　)。

A. 竞争性成本计划　　　　　　　　B. 指导性成本计划

C. 过程性成本计划　　　　　　　　D. 考核性成本计划

3. 在施工准备过程中，为落实项目经理责任目标，需编制实施性施工成本计划，其编制依据之一是(　　)。

A. 施工结算　　　　　　　　　　　B. 施工图预算

C. 施工预算　　　　　　　　　　　D. 施工图决算

4. 编制竞争性成本计划的目的，是为了进行(　　)。

A. 施工成本核算　　　　　　　　　B. 施工成本考核

C. 施工成本控制　　　　　　　　　D. 施工成本估算

5. 施工成本计划的编制以成本预测为基础，关键是(　　)。

A. 动员全体施工人员　　　　　　　B. 挖掘降低成本潜力

C. 确定目标成本　　　　　　　　　D. 广泛收集相关资料

6. 施工成本计划多种类型的关系中，指导性成本计划是(　　)。

A. 竞争性成本计划的深化　　　　　B. 实施性成本计划的拓展

C. 竞争性成本计划的基础　　　　　D. 实施性成本计划的落实

7. 竞争性成本计划带有成本战略性质，是项目(　　)。

A. 实施成本基本框架和水平的奠定　　B. 投标阶段技术标书的支撑

C. 实施方案制定的依据　　　　　　D. 指导性成本计划的深化

8. 编制施工项目成本计划是一个不断深化的过程，其中实施性成本计划是(　　)。

A. 奠定施工成本的基本框架　　　　B. 战略性成本计划的深化

C. 奠定施工成本的基本水平　　　　D. 战略性成本计划的基础

9. 编制施工项目的施工成本计划，在资源价格方面作为编制依据的是(　　)。

A. 合同约定的资源价格　　　　　　B. 企业内部资源价格

C. 资源预算价格　　　　　　　　　D. 资源计划价格

10. 如果所编制的成本就没有达到目标成本的要求，则应组织项目管理班子成员重新(　　)。

A. 研究制定合理的目标成本　　　　B. 研究寻找降低成本的途径

C. 对施工成本进行归集和分配　　　D. 将成本总目标进行分解落实

11. 在编制成本支出计划时，需要安排适当的不可预见费的是在主要的(　　)中。

    A. 单项工程　　　　B. 单位工程　　　　C. 分部工程　　　　D. 分项工程

12. 大、中型工程项目的项目组成中，通常构成单项构成的是(　　)。

    A. 单位工程　　　　B. 单体工程　　　　C. 单个工程　　　　D. 单元工程

13. 某大学新校区建设施工，拟按项目组成编制施工成本计划，则首先要把项目总施工成本分解到各个(　　)。

    A. 单体工程　　　　B. 单项工程　　　　C. 分部工程　　　　D. 分项工程

14. 安装施工成本组成编制施工成本计划，需将施工成本分解为(　　)。

    A. 直接费、间接费、利润、税金

    B. 单位工程施工成本及分部、分项施工成本

    C. 人工费、材料费、施工机械使用费、措施费、间接费

    D. 建筑工程费和安装工程费

15. 时间—成本累积曲线的绘制，需要(　　)。

    A. 计算关键线路上关键工作的实际成本额

    B. 计算关键线路上关键工作的计划成本额

    C. 累加求和单位时间实际已完成的成本额

    D. 累加求和各单位时间计划完成的成本额

16. 工程施工成本计划可以按施工成本组成、项目组成或工程进度等进行编制，三种编制方法(　　)。

    A. 只能各自独立使用　　　　　　　　B. 形式是相同的

    C. 可以结合起来使用　　　　　　　　D. 用途是相同的

17. 按单位时间编制的施工成本计划，所得的 S 形曲线必然包括在一个"香蕉图"内。组成"香蕉图"的两条曲线分别是全部工作的开始都按最早开始时间和都按(　　)。

    A. 最早必须开始时间　　　　　　　　B. 最早必须结束时间

    C. 最迟必须开始时间　　　　　　　　D. 最迟必须结束时间

18. 通常在编制按工程进度的施工成本计划时，如果项目分解程度对施工成本支出计划分解合适，则有可能对时间分解的影响是(　　)。

    A. 合适　　　　　　B. 过粗　　　　　　C. 过细　　　　　　D. 无影响

(二)多项选择题

1. 对于一个施工项目而言，成本计划按其作用分类主要有(　　)。

    A. 估算性成本计划　　　　　　　　　B. 竞争性成本计划

    C. 预算性成本计划　　　　　　　　　D. 指导性成本计划

    E. 实施性成本计划

2. 实施性成本计划是以施工预算为主要依据进行编制的，而施工预算相对于施工图预算，其区别主要体现在(　　)。

    A. 以预算定额为主要编制依据　　　　B. 施工企业内部管理用的文件

    C. 适用于建设单位　　　　　　　　　D. 编制施工计划的依据

    E. 工程价款结算的依据

3. 某施工项目为施工成本管理收集了以下资料，其中可以作为施工成本计划编制依据的有(　　)。

    A. 企业定额　　　　　　　　　　　　B. 施工图预算

    C. 签订的分包合同　　　　　　　　　D. 工料机市场价

E. 月度施工成本报告

4. 关于成本计划编制过程的说法，下列正确的有（   ）。
   A. 是动员全体施工项目管理人员的过程
   B. 是挖掘降低成本潜力的过程
   C. 是检验施工工期管理的过程
   D. 是检验施工技术质量管理的过程
   E. 是检验工程施工安全管理的过程

5. 为把目标成本层层分解，施工成本计划的编制可以采用的方式有（   ）。
   A. 按照企业组织结构   B. 依据工程合同结构
   C. 按照施工成本组成   D. 按照项目组成
   E. 依据工程进度

6. 基于工程进度的施工成本计划，其编制可以按照进度计划的（   ）。
   A. 横道图   B. 单代号网络图
   C. 双代号网络图   D. 时标网络图
   E. 搭接网络图

7. 编制施工成本计划时，可以将所有工作都按最迟必须开始时间绘制S形曲线，如此所得的结果则有（   ）。
   A. 降低项目按其竣工的保证率   B. 提高项目按其竣工的保证率
   C. 对节约资金贷款利息有利   D. 对节约资金贷款无利
   E. 增加施工成本计划的数值

8. 在时标网络图上按单位时间编制的成本计划，其计算和绘制的依据有（   ）。
   A. 需完成的实物工程量   B. 最早开始时间
   C. 计划累计支出成本额   D. S形曲线
   E. 投入的人力、物力和财力

三、施工成本控制和施工成本分析

(一)单项选择题

1. 为找出差别和分析偏差产生的原因，施工成本控制工作是将实际情况与（   ）相比较。
   A. 工程承包合同   B. 施工成本计划   C. 进度报告   D. 工程变更

2. 进行施工成本的控制时，施工项目经理部对水泥、木材等用量的控制适宜采用的方法是（   ）。
   A. 限额发料   B. 领用指标   C. 计划管理   D. 作业包干

3. 施工成本控制的内容包括：①纠偏；②分析；③检查；④比较；⑤预测。正确的步骤顺序应为（   ）。
   A. ④③②①⑤   B. ④②⑤①③   C. ②③④①⑤   D. ②④⑤①③

4. 进行施工成本控制，工程实际完成量、成本实际支出等信息的获得，主要是通过（   ）。
   A. 工程承包合同   B. 施工成本计划   C. 进度报告   D. 施工组织设计

5. 施工成本的过程控制方法中，材料费控制的原则是（   ）。
   A. 定量定价   B. 放量定价   C. 定量放价   D. 量价分离

6. 下列各项控制方法中，材料费控制的原则是（   ）。
   A. 定额控制   B. 包干控制   C. 招标控制   D. 计量控制

7. 赢得值法作为一项先进的项目管理技术，可以用来综合分析和控制工程项目的（   ）。
   A. 质量和费用   B. 安全和进度   C. 费用和质量   D. 进度和费用

8. 某打桩工程合同约定，某月计划完成工程桩120根；单价为1.2万元/根。至该月月底，经确定的承包人实际完成的工程桩为 110 根；实际单价为 1.3 万元/根。在该月度内，工程的已完成工作预算费用(BCWP)为(　　)万元。

A. 132　　　　　　B. 143　　　　　　C. 144　　　　　　D. 156

9. 某工程施工，至某月的月末，出现了工程的费用偏差小于 0，进度偏差大于 0 的状况，则该工程的已完成工作实际费用(ACWP)、计划工作预算费用(BCWS)和已完成工作预算费用(BCWP)的关系可表示为(　　)。

A. BCWP＞ACWP＞BCWS　　　　　　B. BCWS＞BCWP＞ACWP

C. ACWP＞BCWP＞BCWS　　　　　　D. BCWS＞ACWP＞BCWP

10. 某打桩工程合同约定，某月计划完成工程桩 120 根；单价为 1.2 万元/根。至该月度内，工程的计划工作预算费用(BCWS)为(　　)万元。

A. 132　　　　　　B. 143　　　　　　C. 144　　　　　　D. 156

11. 若对某项目采用赢得值法进行分析，得出效率低、进度较慢、投入超前，则下列参数关系表达式可正确描述上述分析结果的是(　　)。

A. ACWP＞BCWS＞BCWP　　　　　　B. BCWS＞BCWP＞ACWP

C. BCWS＞ACWP＞BCWP　　　　　　D. ACWP＞BCWP＞BCWS

12. 表格法是进行偏差分析最常用的一种方法，其特点是(　　)。

A. 形象、直观、一目了然

B. 反映的信息量少，一般在项目的较高管理层应用

C. 能够准确表达出费用的绝对误差，一眼感受到偏差的严重性

D. 可借助于计算机，节约大量数据处理所需的人力，并大大提高速度

13. 在曲线法偏差分析中，已知计划工作预算费用曲线 a、已完成工作预算费用曲线 b 和已完成工作实际费用曲线 c。其中，曲线和曲线间的竖向距离表示(　　)。

A. 绝对偏差　　　　　　　　　　　　B. 费用偏差

C. 相对偏差　　　　　　　　　　　　D. 进度偏差

14. 针对成本偏差，需要进行纠偏，首先需要确定的是(　　)。

A. 成本计划的修正　　　　　　　　　B. 纠偏的主要对象

C. 纠偏的经济措施　　　　　　　　　D. 纠偏的组织措施

15. 某工程的偏差分析曲线图如下图所示(图中时间均表示月底)，从图中可知，该工程预测完工的时间的间隔 ΔlH 和预测的该工程完工时的费用偏差(CV)分别为(　　)。

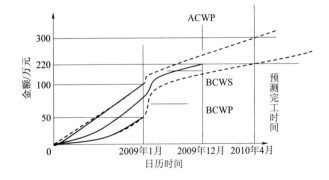

A. 1 个月，－50 万元　　　　　　　　B. 4 个月，80 万元

C. 4 个月，－80 万元　　　　　　　　D. 5 个月，250 万元

16. 根据第15题的图示，该工程进行到2009年1月时，分析可得该工程项目实施状况为（　　）。

A. 效率低、进度较慢、投入超前　　　　B. 效率低、进度较慢、投入延后

C. 效率高、进度较快、投入超前　　　　D. 效率高、进度较快、投入延后

17. 某项目运用赢得值法所得到的各参数的关系，如下图所示，据此则应采取的纠偏措施为（　　）。

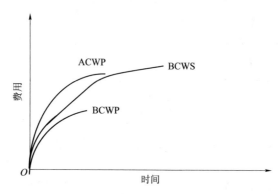

A. 抽出部分人员，放慢进度

B. 抽出部分人员，增加少量骨干

C. 用工作效率高的人员更换一批效率低的人员

D. 迅速增加人员投入

18. 某土方工程，某月开挖土方的计划预算费用为 220 000 元，月底检查时，费用偏差为 22 500 元，费用绩效指数为 1.1，则该工程的进度绩效指数为（　　）。

A. 0.89　　　　　B. 0.98　　　　　C. 1.02　　　　　D. 1.125

19. 某地下工程合同约定：计划1月份开挖土方 80 000 m³，2月份开挖 160 000 m³，合同单价均为 85 元/m³。而至各月月底，经确定的工程实际进展情况为：1月份实际开挖土方 90 000 m³，2月份开挖 180 000 m³，实际单价均为 72 元/m³。则至1月月底，该工程的费用偏差(CV)为（　　）万元。

A. 117　　　　　B. －117　　　　　C. 85　　　　　D. －85

20. 某地下工程合同约定：计划1月份开挖土方 80 000 m³，2月份开挖 160 000 m³，合同单价均为 85 元/m³。而至各月月底，经确定的工程实际进展情况为：1月份实际开挖土方 90 000 m³，2月份开挖 180 000 m³，实际单价均为 72 元/m³。则至2月月底，该工程以工作量表示的进度偏差(SV)为（　　）万元。

A. 234　　　　　B. －234　　　　　C. 170　　　　　D. －170

21. 某项目的施工过程中，已完成工作预算费用(BCWP)、计划工作预算费用及已完成工作实际费用(ACWP)三条曲线的关系图预示可能发生涉及项目成败的重大问题，则该赢得值图所反映的应是（　　）。

A. BCWP 与 ACWP 两条曲线越来越靠近　B. 三条曲线都平稳上升

C. BCWP 与 BCWS 两条曲线越来越靠近　D. 三条曲线离散度不断增加

22. 某项目用赢得值法分析得出的结果是效率较高、进度快、投入超前，则三个参数已完成工作预算费用(BCWP)、计划工作预算费用(BCWS)及已完成工作实际费用(ACWP)的关系应是（　　）。

A. ACWP＞BCWS＞BCWP　　　　　B. BCWP＞BCWS＞ACWP

C. BCWP＞ACWP＞BCWS　　　　　D. ACWP＞BCWP＞BCWS

23. 针对各种技术措施、新工艺等项目，既可以核算已经完成的项目是否达到原定的目的，也可以对准备采取的项目进行核查和审查，看是否有效果的核算方法是（　　）。
    A. 会计核算　　　　B. 业务核算　　　　C. 统计核算　　　　D. 成本核算

24. 运用比较法进行施工成本分析的形式中，若想分析影响目标完成的积极因素和消极因素，以便及时采取措施，保证成本目标实现，应采取（　　）的措施。
    A. 将实际指标和目标指标对比
    B. 将本期实际指标和上期实际指标对比
    C. 与本行业的平均水平对比
    D. 将本期的目标指标和上期的目标指标对比

25. 为施工成本分析提供依据的各类核算方法中，既可以提供绝对数指标，又能提供相对数和平均数指标的是（　　）。
    A. 会计核算　　　　B. 业务核算　　　　C. 统计核算　　　　D. 单项核算

26. 在施工成本分析的基本方法中，通过技术经济指标的对比，来检查目标的完成情况，分析产生差异的原因，进而挖掘内部潜力的方法是（　　）。
    A. 比较法　　　　B. 因素分析法　　　　C. 差额计算法　　　　D. 比率法

27. 某项目运用因素分析法对所用钢筋的成本进行分析，影响因素包括钢筋损耗率、钢筋消耗量及钢筋单价，则进行分析替代的顺序是（　　）。
    A. 损耗率→消耗量→单价　　　　　　　B. 消耗量→损耗率→单价
    C. 单价→消耗量→损耗率　　　　　　　D. 消耗量→单价→损耗率

28. 某商品混凝土的目标产量为 500 m³，单价为 660 元，损耗率为 5%，而实际产量为 520 m³，单价为 680 元，损耗率为 3%。运用因素分析法分析，耗损率下降使成本减少了（　　）元。
    A. 3 848　　　　B. 6 864　　　　C. 7 072　　　　D. 17 784

29. 某项目计划使用钢筋的目标消耗量为 200 t，单价为 4 000 元，损耗率为 5%。若实际消耗量为 220 t，损耗率为 4%。运用因素分析法计算得第二次替代与第一次替代的差额为 23 100 元，则实际单价为（　　）元。
    A. 4 100　　　　B. 4 139　　　　C. 4 400　　　　D. 4 510

30. 某项目需要运用成本分析方法中的比率法寻求降低成本的有效途径，从而需要了解预算成本、实际成本和降低成本的比例关系，应该采用的比率法是（　　）。
    A. 相关比率法　　　B. 构成比率法　　　C. 动态比率法　　　D. 静态比率法

31. 在综合成本的分析方法中，可进行施工项目定期的、经常性的中间成本分析的是（　　）。
    A. 分部分项成本分析　　　　　　　B. 月（季）度成本分析
    C. 年度成本分析　　　　　　　　　D. 竣工成本的综合分析

32. 在综合成本的分析方法中，可以基本上了解项目成本的形成过程，为竣工成本分析和今后的项目成本管理提供资料参考资料的是（　　）。
    A. 单位工程成本分析　　　　　　　B. 分部分项
    C. 月（季）度成本分析　　　　　　　D. 年度成本分析

33. 某地下工程合同约定，计划 3 月份完成混凝土工程量 500 m³，4 月份完成 450 m³，合同单价均为 600 元/m³。而至各月底，经确认的工程实际进展情况为：3、4 月份实际完成的混凝土工程量均为 400 m³，实际单价为 700 元/m³。至 3 月月底，该工程的进度绩效指数（SPI）为（　　）。
    A. 0.800　　　　B. 0.857　　　　C. 1.167　　　　D. 1.250

34. 某地下工程合同约定，计划 3 月份完成混凝土工程量 500 m³，4 月份完成 450 m³，合同单价均为 600 元/m³。而至各月月底，经确认的工程实际进展情况为：3 月份和 4 月份实际完成的混凝土工程量均为 400 m³，实际单价为 700 元/m³。至 4 月月底，该工程的进度绩效指数(SPI)为( )。

    A. 0.857   B. 0.889   C. 1.125   D. 1.167

35. 分部分项工程成本分析中的预算成本的资料来源是( )。

    A. 投标报价成本   B. 施工预算
    C. 施工任务单   D. 限额领料单

36. 某项目希望可以总结一年来成本管理的不足，为今后的成本管理提供经验教训，可以采用的综合成本的分析方法是( )。

    A. 分部分项成本分析   B. 月(季)度成本分析
    C. 年度成本分析   D. 竣工成本的综合分析

37. 以单位工程为成本核算对象的综合成本的分析方法是( )。

    A. 分部分项成本分析   B. 月(季)度成本分析
    C. 年度成本分析   D. 竣工成本的综合分析

38. 某项目运用月(季)度成本分析方法对施工成本进行分析，拟需要了解成本管理的薄弱环节，应该采用的方法是( )。

    A. 通过实际成本与预算成本的对比   B. 通过实际成本与目标成本的对比
    C. 通过各个成本项目的成本分析   D. 通过对技术组织措施执行效果的分析

(二)多项选择题

1. 在施工成本控制的步骤中，分析是在比较的基础上，对比较结果进行的分析，目的有( )。

    A. 发现成本是否超支   B. 确定纠偏的主要对象
    C. 确定偏差的严重性   D. 找出产生偏差的原因
    E. 检查纠偏措施的执行情况

2. 对偏差原因进行分析是为了有针对性地采取纠偏措施，纠偏措施主要包括( )。

    A. 组织措施   B. 经济措施   C. 技术措施   D. 合同措施
    E. 行政措施

3. 进行施工成本控制中人工费控制，主要控制的有( )。

    A. 用工数量   B. 用工定额   C. 用工数量标准   D. 人工单价
    E. 人工价格指数

4. 若需对不同的工程项目做费用和进度比较，进行分析适宜采用的评价指标有( )。

    A. 费用偏差   B. 进度偏差   C. 费用绩效指数   D. 进度绩效指数
    E. 项目完工预算

5. 施工成本分析的基本方法有( )。

    A. 比较法   B. 因素分析法   C. 差额计算法   D. 比率法
    E. 曲线法

6. 在分部分项工程成本分析过程中，分析偏差产生的原因，首先需要进行对比的"三算"有( )。

    A. 预算成本   B. 统计成本   C. 目标成本   D. 实际成本
    E. 业务成本

7. 关于偏差分析表达方法的说法，下列正确的有(　　)。

A. 偏差分析常用的方法有横道图法、表格法和曲线法

B. 当信息量较大并需要借助计算机处理时，适宜采用曲线法进行偏差分析

C. 横道图法形象、直观，能够准确表达出费用的绝对偏差

D. 表格法灵活、适用性强，但处理大量数据时需耗费比其他方法更多的人力

E. 曲线法只利用已完成工作预算费用(BCWP)和已完成工作实际费用(ACWP)曲线进行分析

8. 某工程施工，拟采用赢得值法进行费用和进度综合分析控制，则需要计算的基本参数有(　　)。

A. 计划工作实际费用 B. 计划工作预算费用

C. 已完工作实际费用 D. 已完工作预算费用

E. 拟完工作实际费用

9. 某土方工程施工拟按赢得值法进行管理。工程于某年1月开工，根据计划2月份完成土方量为4 000 m³，计划单价为80元/m³。至2月月底，实际完成工程量为4 500 m³，实际单价为78元/m³，通过赢得值法分析可得到(　　)。

A. 进度提前完成40 000元的工作量 B. 进度延误完成40 000元的工作量

C. 费用节支9 000元 D. 费用超支9 000元

E. 费用超支31 000元

10. 某工程施工，至某月检查时得到下图所示的赢得值法各参数关系图，对于该工程的正确评价应为(　　)。

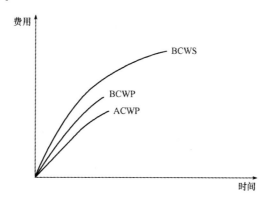

A. 效率较低　　　B. 效率较高　　　C. 进度较慢　　　D. 进度较快

E. 投入延后

11. 某工程施工过程中发生费用偏差，在下列产生偏差的原因中，属于业主原因的有(　　)。

A. 建设手续不全 B. 施工方案不当

C. 未及时提供场地 D. 工期拖延

E. 法规变化

12. 施工成本分析的依据有(　　)。

A. 会计核算　　B. 业务核算　　C. 统计核算　　D. 成本核算

E. 单项核算

13. 施工成本分析的基本方法有(　　)。

A. 比较法　　B. 因素分析法　　C. 差额计算法　　D. 比率法

E. 统计分析法

14. 某工程施工至某月月底，检查时得下图所示曲线，则有(　　)。

    A. 费用偏差为零   B. 费用偏差为负，费用超支

    C. 进度偏差为零   D. 进度偏差为负，进度延误

    E. 进度绩效指数为零

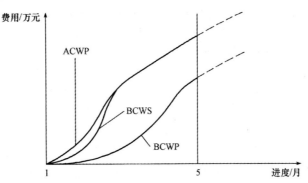

15. 施工成本中的综合成本包括(　　)。

    A. 单项工程成本   B. 单位工程成本

    C. 分部分项成本   D. 月(季)度成本

    E. 年度成本

16. 施工成本中的综合目标产量为 600 m³，单价为 700 元，损耗率为 5%，而实际产量为 620 m³，单价为 710 元，损耗率为 4%。运用因素分析法分析，以下说法正确的有(　　)。

    A. 三个因素的排序为：产量、单价、损耗率

    B. 目标数为 457 808 元

    C. 目标数为 441 000 元

    D. 第一次替换与目标的差额为 14 700 元

    E. 第二次替换与第一次替换的差额为 14 910 元

17. 综合成本的分析方法中月(季)度分析，常用的分析方法有(　　)。

    A. 实际成本与预算成本的对比   B. 实际成本与目标成本的对比

    C. 目标成本与预算成本的对比   D. 主要技术经济指标的实际与目标对比

    E. 分析技术组织措施执行效果

18. 运用比较法分析施工成本时，可以采用的形式有(　　)。

    A. 将实际指标与目标指标对比   B. 将本期实际指标与上期实际指标对比

    C. 与本行的平均水平、先进水平对比   D. 将本期实际指标与上期目标指标对比

    E. 将预算指标与目标指标对比

19. 单位工程竣工成本分析的内容包括(　　)。

    A. 竣工成本分析   B. 主要资源节超对比分析

    C. 月(季)度成本分析   D. 主要技术节约措施及经济效果分析

    E. 年度成本分析

20. 成本分析方法中的动态比率法，常采用的计算方法有(　　)。

    A. 同比指数   B. 基期指数   C. 环比指数   D. 期望指数

    E. 实际指数

第三章 建筑工程项目进度控制

建筑工程项目管理有多种类型，不同利益方的项目管理（业主方和项目参与各方）都有进度控制的任务。但是，其控制的目标和时间范畴各不相同。

能力目标

◆ 能叙述工程项目进度控制的概念、任务和内容；
◆ 能利用实际与计划进度比较方法分析进度偏差，以及产生偏差的原因；
◆ 能分析进度偏差对后续工作及总工期的影响，并实施调整。

内容概要

进度控制的目的是通过控制以实现工程的进度目标。要对进度目标进行分解；编制进度计划；对进度计划进行必要的调整（为了实现进度目标，进度控制的过程也就是随着项目的进展，进度计划不断调整的过程）；论证进度目标是否合理，进度目标是否可能实现；如果经过科学的论证，目标不可能实现，则必须调整目标；进度计划的跟踪检查与调整包括定期跟踪检查所编制进度计划的执行情况，以及若其执行有偏差，则采取纠偏措施，并视必要调整进度计划（图 3-1）。

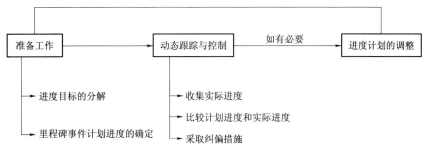

图 3-1　进度控制一览图

第一节　建筑工程项目进度计划的编制

任务导入

某厂总二车间扩建厂房进度计划编制。

不同利益方的项目管理(业主方和项目参与各方)都有进度控制的任务,那么作为施工方如何来编制进度计划?以上问题就是本任务所需要解决的问题。进度计划应如何编制?一般常用的方法有横道图法、网络图法和线形图。本节以前两者为例。

一、建筑工程项目进度控制的任务

(1)业主方进度控制的任务是控制整个项目实施阶段的进度,包括控制设计准备阶段的工作进度、设计工作进度、施工进度、物资采购工作进度,以及项目启动前准备阶段的工作进度。

(2)设计方进度控制的任务是依据设计任务委托合同对设计工作进度的要求控制设计工作进度,这是设计方履行合同的义务。另外,设计方应尽可能使设计工作的进度与招标、施工和物资采购等工作进度相协调。

在国际上,设计进度计划主要是各设计阶段的设计图纸(包括有关的说明)的出图计划,在出图计划中标明每张图纸的出图日期。

(3)施工方进度控制的任务是依据施工任务委托合同对施工进度的要求控制施工进度,这是施工方履行合同的义务。在进度计划编制方面,施工方应视项目的特点和施工进度控制的需要,编制不同深度的控制性、指导性和实施性施工的进度计划,以及按不同计划周期施工(年度、季度、月度和旬)的施工计划等。

(4)供货方进度控制的任务是依据供货合同对供货的要求控制供货进度,这是供货方履行合同的义务。供货进度计划应包括供货的所有环节,如采购、加工制造、运输等。

二、建筑工程项目进度计划系统的概念

(1)建筑工程项目进度计划系统是由多个相互关联的进度计划组成的系统,它是项目进度控制的依据。由于各种进度计划编制所需要的必要资料是在项目进展过程中逐步形成的,因此,项目进度计划系统的建立和完善也有一个过程,它是逐步形成的。图 3-2 所示为一个建筑工程项目进度计划系统的示例,该计划系统有四个计划层次。

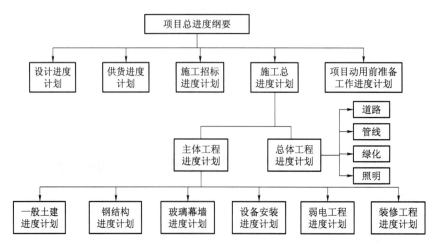

图 3-2　建筑工程项目进度计划系统

（2）根据项目进度控制不同的需要和不同的用途，业主方和项目各参与方可以构建多个不同的建筑工程项目进度计划系统，例如，由多个相互关联的不同计划深度的进度计划组成的计划系统，由多个相互关联的不同计划功能的进度计划组成的计划系统，由多个相互关联的不同项目参与方的进度计划组成的计划系统，由多个相互关联的不同计划周期的进度计划组成的计划系统。

1）由不同深度的计划构成的进度计划系统，包括：总进度规划（计划）；项目子系统进度规划（计划）；项目子系统中的单项工程进度计划等。

2）由不同功能的计划构成的进度计划系统，包括：控制性进度规划（计划）；指导性进度规划（计划）；实施性（操作性）进度计划等。

3）由不同项目参与方的计划构成的进度计划系统，包括：业主方编制的整个项目实施的进度计划；设计进度计划；施工和设备安装进度计划；采购和供货进度计划等。

4）由不同周期的计划构成的进度计划系统，包括：5 年建设进度计划；年度、季度、月度和旬计划等。

（3）在建筑工程项目进度计划系统中，各进度计划或各子系统进度计划编制和调整时必须注意其相互之间的联系和协调，例如，总进度规划（计划）、项目子系统进度规划（计划）与项目子系统中的单项工程进度计划之间的联系和协调；控制性进度规划（计划）、指导性进度规划（计划）与实施性（操作性）进度计划之间的联系和协调；业主方编制的整个项目实施的进度计划、设计方编制的进度计划、施工和设备安装方编制的进度计划与采购和供货方编制的进度计划之间的联系和协调等。

三、建筑工程项目进度计划的编制方法

（一）横道图进度计划的编制方法

横道图进度计划是传统的进度计划方法（其编制方法此略），横道图计划表中的进度线（横道）与时间坐标相对应，这种表达方式较为直观，更易看懂计划编制的意图。但横道图进度计划也存在以下一些问题：

（1）工序（工作）之间的逻辑关系可以设法表达，但不易表达清楚。

（2）适用于手工编制计划。

（3）没有通过严谨的进度计划时间参数计算，不能确定计划的关键工作、关键路线与时差。

（4）计划的调整只能用手工方式进行，其工作量较大。

（5）难以适应大的进度计划系统。

（二）工程网络图计划的编制方法

网络计划技术是随着现代科学技术的发展和生产的需要而产生的。在 20 世纪 50 年代中后期，美国杜邦公司的摩根·沃克与赖明顿·兰德公司内部建设小组的詹姆斯·E·凯利合作开发了一种充分利用计算机管理工程项目施工进度计划的方法，即关键线路法（Critical Path Method，CPM）。不久，美国海军军械局在北极星导弹计划中，为了协调和统一 380 个主要承包人，他们在关键线路的基础上，提出了一种新的计划方法，能够使各部门确定要求、由谁承担以及完成的概率，即计划评审法（Program Evaluation and Review Technique，PERT），并迅速在全世界推广。其后，随着科学技术的不断发展，相继产生了图形评审技术（GERT）、搭接网络、流水网络、随机网络计划技术（QGERT）、风险型随机网络（VERT）等新技术。

我国从 20 世纪 60 年代初期，在著名数学家华罗庚教授的倡导和指导下，根据网络计划技术的特点，结合我国国情，运用系统工程的观点，将各种大同小异的网络计划技术统称为"统筹方法"。并提出了"统筹兼顾、通盘考虑、统一规划"的基本思想。具体地讲，某工程项目要想编制

生产计划或施工进度计划，首先要进行调查分析研究，明确完成工程项目的工序和工序之间的逻辑关系，绘制出工程施工网络图，然后分析各工序(或施工过程)在网络图中的地位，找出关键线路，再按照一定的目标优化网络计划，选择最优方案，并在计划实施的过程中进行有效的监督和控制，力求以较小的消耗取得最大的经济效果，尽快完成工程任务。

在国内，随着网络计划技术的推广应用，特别是CPM和PERT的应用越来越广泛，而且应用的项目也越来越多。在一些大、中型企业的大型公共设施项目等工程中网络计划技术得到了广泛的应用，甚至成为衡量检验企业管理水平的一条准则，与传统的经验管理相比，应用网络计划技术，特别是给大、中型项目带来了可观的经济效益。网络计划技术在我国得到了广泛的应用和推广，取得了较好的经济成效；同时，在应用网络计划技术的过程中，不仅吸收了国外先进的网络计划技术，而且不断总结应用经验，使网络计划技术本身在我国得到了较快的发展。建筑业在推广应用网络计划技术中，广泛应用时间坐标网络计划方式，结合了网络计划逻辑关系明确和横道图清晰易懂的优点，使网络计划技术更适合广大工程技术人员的使用要求，提出了"时间坐标网络"(简称时标网络)，并针对流水施工的特点及其在应用网络计划技术方面存在的问题，提出了"流水网络计划方法"，并在实际应用中取得了较好的效果。网络图有多种分类方法，按表达方式的不同，可分为双代号网络图和单代号网络图；按网络计划终点节点个数的不同，可分为单目标网络图和多目标网络图；按参数类型的不同，可分为肯定型网络图和非肯定型网络图；按工序之间衔接关系的不同，可分为一般网络图和搭接网络图等。

下面分别阐述单代号网络图、双代号网络图、时间坐标网络图的绘制、计算和优化的基本概念及基本方法。

网络图是由一系列箭线和节点组成，用来表示工作流程及各工作之间逻辑关系的有向、有序的网状图形。一个网络图表示一项任务，这项任务又由若干项工作组成。

1. 网络图的表达方式

网络图有双代号网络图和单代号网络图两种。双代号网络图又称箭线式网络图，它是以箭线及其两端节点的编号表示工作；同时，节点表示工作的开始或结束以及工作之间的连接状态。单代号网络图又称节点网络图，它是以节点及其编号表示工作，箭线表示工作之间的逻辑关系。网络图中工作的表示方法，如图3-3和图3-4所示。

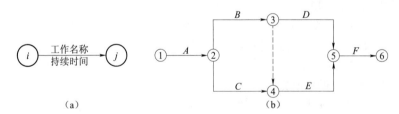

（a）

（b）

图3-3　双代号网络图中工作的表示方法

（a）工作的表示方法；（b）工程的表示方法

（a）

（b）

图3-4　单代号网络图中工作的表示方法

2.网络计划的分类

(1)按网络计划工程对象分类。

1)局部网络计划。以一个分部工程或分项工程为对象编制的网络计划,称为局部网络计划。如以基础、主体、屋面及装修等不同施工阶段分别编制的网络计划,就属于此类。

2)单位工程网络计划。以一个单位工程为对象编制的网络计划,称为单位工程网络计划。

3)综合网络计划。以一个建筑项目或建筑群为对象编制的网络计划,称为综合网络计划。

(2)按网络计划时间表达方式分类。根据计划时间的表达不同,网络计划可分为时标网络计划和非时标网络计划。

1)时标网络计划。工作的持续时间以时间坐标为尺度绘制的网络计划,称为时标网络计划,如图3-5所示。

2)非时标网络计划。工作的持续时间以数字形式标注在箭线下面绘制的网络计划,称为非时标网络计划。

3.网络图的基本知识

(1)双代号网络图的基本符号。双代号网络图的基本符号是箭线、节点及节点编号。

1)箭线。在网络图中一端带有箭头的实线,即为箭线。在双代号网络图中,它与其两端的节点表示一项工作。箭线表达的内容有以下几个方面:

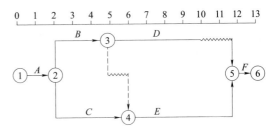

图3-5 双代号时标网络图

①一根箭线表示一项工作(也称工序、施工过程、项目、活动等)。根据网络计划的性质和作用的不同,工作既可以是一个简单的施工过程,如挖土、垫层等分项工程或者基础工程、主体工程等分部工程;也可以是一项复杂的工程任务,如学校办公楼土建工程等单位工程或者单项工程等工程。如何确定一项工作的范围,取决于所绘制的网络计划的作用。

②一根箭线表示一项工作所消耗的时间和资源,分别用数字标注在箭线的下方和上方。一般而言,每项工作的完成都要消耗一定的时间和资源,如砌砖墙、扎钢筋等;也存在只消耗时间而不消耗资源的工作,如混凝土养护、抹灰的干燥等技术间歇。若单独考虑,也应作为一项工作对待。

③在无时间坐标的网络图中,箭线的长度不代表时间的长短,画图时原则上是任意的,但必须满足网络图的绘制规则。在有时间坐标的网络图中,其箭线的长度必须根据完成该项工作所需时间长短按比例绘制。

④箭线的方向表示工作进行的方向和前进的路线,箭尾表示工作的开始,箭头表示工作的结束。

⑤箭线可以画成直线、折线和斜线。必要时,箭线也可以画成曲线,但应以水平直线为主,一般不宜画成垂直线。

2)节点(也称结点、事件)。在网络图中箭线的出发和交汇处画上圆圈,用以标志该圆圈前面一项或若干项工作的结束和允许后面一项或若干项工作的开始的时间点,称为节点。在双代号网络图中,它表示工作之间的逻辑关系,节点表达的内容有以下几个方面:

①节点表示前面工作结束和后面工作开始的瞬间,因此,节点不需要消耗时间和资源。

②箭线的箭尾节点表示该工作的开始,箭线的箭头节点表示该工作的结束。

③根据节点在网络图中的位置不同,可分为起点节点、终点节点和中间节点。起点节点是网络图的第一个节点,表示一项任务的开始;终点节点是网络图的最后一个节点,表示一项任务的完成。除起点节点和终点节点外的节点,称为中间节点。中间节点具有双重的含义,其既是前面工作的箭头节点,也是后面工作的箭尾节点,如图3-6所示。

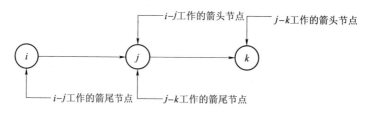

图 3-6　节点示意

3)节点编号。在一个网络图中，每一个节点都有自己的编号，以便计算网络图的时间参数和检查网络图是否正确。

人们习惯上从起点节点到终点节点进行编号，由小到大，并且对于每项工作，箭尾的编号一定要小于箭头的编号。

节点编号的方法可从以下两个方面来考虑：

①根据节点编号的方向不同，可分为两种：一种是沿着水平方向进行编号；另一种是沿着垂直方向进行编号，如图 3-7 所示。

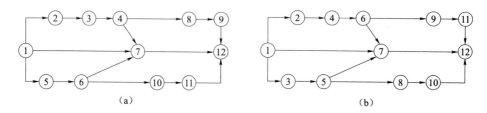

图 3-7　水平方向、垂直方向编号法

(a)水平方向编号法；(b)垂直方向编号法

②根据编号的数字是否连续又分为两种：一种是连续编号法，即按自然数的顺序进行编号；另一种是间断编号法，一般按奇数(或偶数)的顺序进行编号。

采用间断编号法，主要是为了适应计划调整，考虑增添工作的需要，为编号留有余地，如图 3-8 所示。

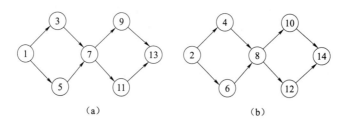

图 3-8　单数、双数编号法

(a)单数编号法；(b)双数编号法

(2)单代号网络计划的基本符号。单代号网络图的基本符号是箭线、节点及节点编号。

1)箭线。在单代号网络图中，箭线表示紧邻工作之间的逻辑关系。箭线应画成水平直线、折线或斜线。箭线水平投影的方向应自左向右，表达工作的进行方向。

2)节点。单代号网络图中每个节点表示一项工作。节点所表示的工作名称、持续时间和工作代号等，应标注在节点内。

3)节点编号。单代号网络图的节点编号同双代号网络图。

(3)逻辑关系。逻辑关系是指网络计划中各个工作之间的先后顺序以及相互制约或依赖的关系，包括工艺关系和组织关系。

1)工艺关系。工艺关系是指生产工艺上客观存在的先后顺序关系，或者是非生产性工作之间由工作程序决定的先后顺序关系。例如，建筑工程施工时，先做基础，后做主体；先做结构，后做装修。工艺关系是不能随意改变的。如图3-9所示，支1→扎1→浇1为工艺关系。

2)组织关系。组织关系是指在不违反工艺关系的前提下，人为安排的工作的先后顺序关系。例如，建筑群中各个建筑物的开工顺序的先后；施工对象的分段流水作业等。组织顺序可以根据具体情况，按安全、经济、高效的原则统筹安排。如图3-9所示，支1→支2，浇1→浇2等为组织关系。

(4)紧前工作、紧后工作和平行工作。

1)紧前工作。紧排在本工作之前的工作称为本工作的紧前工作。本工作和紧前工作之间可能有虚工作。如图3-9所示，支1是支2组织关系上的紧前工作；扎1和扎2之间虽有虚工作，但扎1仍然是扎2组织关系上的紧前工作。支1则是扎1工艺关系上的紧前工作。

2)紧后工作。紧排在本工作之后的工作称为本工作的紧后工作。本工作和紧后工作之间可能有虚工作。如图3-9所示，支2是支1组织关系上的紧后工作。扎1是支1工艺关系上的紧后工作。

3)平行工作。可与本工作同时进行的工作称为本工作的平行工作。如图3-9所示，支2是扎1的平行工作。

(5)内向箭线和外向箭线。

1)内向箭线。指向某个节点的箭线称为该节点的内向箭线，如图3-10(a)所示。

2)外向箭线。从某节点引出的箭线称为该节点的外向箭线，如图3-10(b)所示。

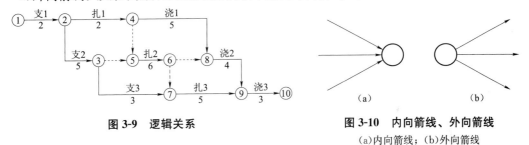

图 3-9　逻辑关系　　　　　　　　图 3-10　内向箭线、外向箭线
　　　　　　　　　　　　　　　　　　(a)内向箭线；(b)外向箭线

(6)虚工作及其应用。在双代号网络计划中，只表示前后相邻工作之间的逻辑关系，既不占用时间，也不耗用资源的虚拟的工作，称为虚工作。虚工作用虚箭线表示，其表达形式可垂直方向向上或向下，也可水平方向向右。虚工作起着联系、区分和断路的作用。

1)联系作用。虚工作不仅能表达工作间的逻辑连接关系，而且能表达不同幢号的房间之间的相互联系。例如，如图3-11所示，工作A、B、C、D之间的逻辑关系为：工作A完成后可同时进行B、D两项工作，工作C完成后进行工作D。不难看出，A完成后其紧后工作为B；C完成后其紧后工作为D，很容易表达，但D又是A的紧后工作，为把A和D联系起来，必须引入虚工作$2-5$，逻辑关系才能正确表达。

2)区分作用。双代号网络计划是用两个代号表示一项工作。如果两项工作使用同一代号，则不能明确表示出该代号表示哪一项工作。因此，不同的工作必须使用不同代号。如图3-12(a)所示，出现"双同代号"是错误的，图3-12(b)、(c)是两种不同的区分方式，图3-12(d)则多画了一个不必要的虚工作。

3)断路作用。图3-13所示为某钢筋混凝土工程支模板、扎钢筋、浇混凝土三项工作的流水施工网络图。该网络图中出现了支Ⅱ与浇Ⅰ、支Ⅲ与浇Ⅱ等将无联系的工作联系上的情况，即出现了多余联系的错误。

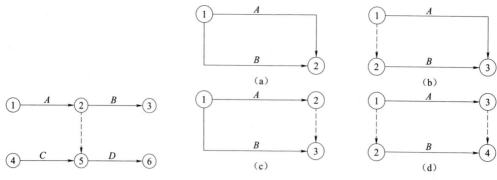

图 3-11　虚工作的联系作用

图 3-12　虚工作的区分作用

(a)错误；(b)正确；(c)正确；(d)多余虚工作

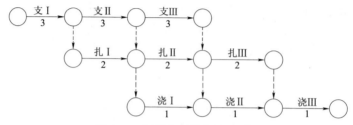

图 3-13　逻辑关系错误的网络图

为了正确表达工作之间的逻辑关系，在出现逻辑错误的圆圈(节点)之间增设新节点(即虚工作)，切断毫无关系的工作之间的联系，这种方法称为断路法。然后去掉多余的虚工作，经调整后正确的网络图，如图 3-14 所示。

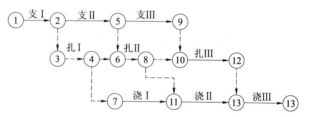

图 3-14　正确的逻辑关系网络图

由此可见网络图中虚工作是非常重要的，但在应用时要恰如其分，不能滥用，以必不可少为限。另外，增加虚工作后要进行全面检查，以免顾此失彼。

(7)线路、关键线路和关键工作。

1)线路。网络图中从起点节点开始，沿箭头方向顺序通过一系列箭线与节点，最后达到终点节点的通路称为线路。在一个网络图中，从起点节点到终点节点，一般都存在着许多条线路，如图 3-15 中有四条线路，每条线路都包含若干项工作，这些工作的持续时间之和就是该线路的时间长度，即线路上总的工作持续时间。图 3-15 中四条线路各自的总持续时间如图 3-16 所示。

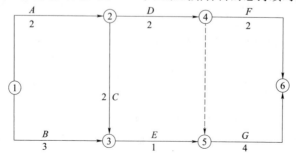

图 3-15　双代号网络图

线　　　路	总持续时间/d	关键线路
①$\xrightarrow[2]{A}$②$\xrightarrow[2]{C}$③$\xrightarrow[1]{E}$⑤$\xrightarrow[4]{G}$⑥	9	9 d
①$\xrightarrow[2]{A}$②$\xrightarrow[2]{D}$④$\dashrightarrow$⑤$\xrightarrow[4]{G}$⑥	8	
①$\xrightarrow[3]{B}$③$\xrightarrow[1]{E}$⑤$\xrightarrow[4]{G}$⑥	8	
①$\xrightarrow[2]{A}$②$\xrightarrow[2]{D}$④$\xrightarrow[2]{F}$⑥	6	

图 3-16　各线路的持续时间

2)关键线路和关键工作。线路上总工作持续时间最长的线路，称为关键线路。如图 3-16 所示，线路①→②→③→⑤→⑥总的工作持续时间最长，即为关键线路。其余线路称为非关键线路。位于关键线路上的工作，称为关键工作。关键工作完成得快慢，将直接影响整个计划工期的实现。

在网络图中，关键线路可能不止一条，可能存在多条，且这些条关键线路的施工持续时间相等。关键线路和非关键线路并不是一直不变的，在一定的条件下，两者可以相互转化。通常，关键线路在网络图中用粗箭线或双箭线表示。

4. 网络计划的绘制

(1)双代号网络图的绘制。

1)双代号网络图的绘图规则。

①网络图要正确地反映各工作的先后顺序和相互关系，即工作的逻辑关系。如先扎钢筋后浇混凝土、先挖土后砌基础等。这些逻辑关系是由已确定的施工工艺顺序决定的，是不可改变的；组织逻辑关系是指工程人员根据工程对象所处的时间、空间以及资源的客观条件，采取组织措施形成的各工序之间的先后顺序关系。如确定施工顺序为：先第一幢房屋后第二幢房屋，这些逻辑关系由施工组织人员在规划施工方案时人为确定，通常是可以改变的，如施工顺序为先第二幢房屋后第一幢房屋也是可行的。常用的逻辑关系模型见表 3-1。

②在一个网络图中，只能有一个起点节点和一个终点节点，否则，便不是完整的网络图。除网络图的起点节点和终点节点外，不允许出现没有外向箭线的节点和没有内向箭线的节点。图 3-17 所示的网络图中有两个起点节点①和②，两个终点节点⑦和⑧。

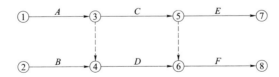

图 3-17　存在多个起点节点和终点节点的错误网络图

该网络图的正确画法如图 3-18 所示，即将节点①和②合并为一个起点节点，将节点⑦和⑧合并为一个终点节点。

③在网络图中，箭流只允许从起始事件流向终止事件。不允许出现箭线循环，即闭合回路，图 3-19 就出现了不允许出现的闭合回路②—③—④—⑤—⑥—⑦—②。

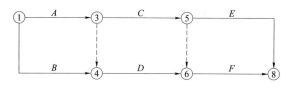

图 3-18　改正后的正确网络图

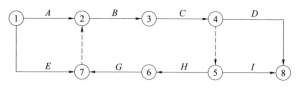

图 3-19　箭线循环

表 3-1　网络图中各工作逻辑关系表示方法

序号	工作之间的逻辑关系	网络图中表示方法	说　明
1	有 A、B 两项工作按照依次施工的方式进行		B 工作依赖着 A 工作，A 工作约束着 B 工作的开始
2	有 A、B、C 三项工作同时开始工作		A、B、C 三项工作称为平行工作
3	有 A、B、C 三项工作同时结束		A、B、C 三项工作称为平行工作
4	有 A、B、C 三项工作只有在 A 工作完成后 B、C 工作才能开始		A 工作制约着 B、C 工作的开始。B、C 工作为平行工作
5	有 A、B、C 三项工作，C 工作只有在 A、B 两项工作完成后才能开始		C 工作依赖着 A、B 工作。A、B 工作为平行工作
6	有 A、B、C、D 四项工作，只有当 A、B 工作完成后，C、D 工作才能开始		通过中间节点 j 正确地表达了 A、B、D 工作之间的关系
7	有 A、B、C、D 四项工作，A 工作完成后 C 工作才能开始，A、B 工作完成后 D 工作才能开始		D 工作与 A 工作之间引入了逻辑连接（虚工作），只有这样才能正确表达它们之间的约束关系
8	有 A、B、C、D、E 五项工作，A、B 工作完成后 C 工作开始，B、D 工作完成后 E 工作开始		虚工作 ij 反映出 C 工作受到 B 工作的约束，虚工作 ik 反映出 E 工作受到 B 工作的约束

序号	工作之间的逻辑关系	网络图中表示方法	说　明
9	有 A、B、C、D、E 五项工作，A、B、C 工作完成后 D 工作才能开始，B、C 工作完成后 E 工作才能开始		这是前面序号 1、5 情况通过虚工作连接起来，虚工作表示 D 工作受到 B、C 工作的制约
10	A、B 两项工作分三个施工段，流水施工	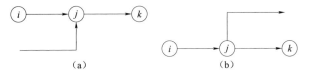	每个工种工程建立专业工作队，在每个施工段上进行流水作业，不同工种之间用逻辑搭接关系表示

④在网络图中，严禁出现双向箭头和无箭头的连线。图 3-20 所示为错误的工作箭线画法，因为工作进行的方向不明确，所以不能达到网络图有向的要求。

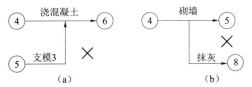

图 3-20　错误的工作箭线画法

(a)双向箭头的连线；(b)无箭头的连线

⑤在双代号网络图中，严禁出现无箭头节点或无箭尾节点的箭线，如图 3-21 所示。

图 3-21　无箭尾和箭头节点的错误画法

(a)无箭尾节点；(b)无箭头节点

⑥在双代号网络图中，一项工作只有唯一的一条箭线和相应的一对节点编号。严禁在箭线上引入或引出箭线，如图 3-22 所示。

图 3-22　在箭线上引入、引出箭线错误的画法

(a)在箭线上引入箭线；(b)在箭线上引出箭线

⑦当网络图的某些节点有多条外向箭线或有多条内向箭线时，可用母线法绘制，如图 3-23 所示。

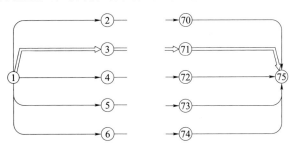

图 3-23　母线法

⑧绘制网络图时，尽可能在构图时避免交叉。当交叉不可避免且交叉少时，应采用过桥法；当箭线交叉过多时，应使用指向法，如图 3-24 所示。采用指向法时，应注意节点编号指向的大小关系，保持箭尾节点的编号小于箭头节点的编号。为了避免出现箭尾节点的编号大于箭头节点的编号情况，指向法一般只在网络图已编号后才可使用。

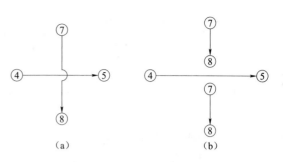

图 3-24　箭线交叉的表示方法

(a)过桥法；(b)指向法

2) 双代号网络图的绘制方法。

①逻辑草稿法。先根据网络图的逻辑关系，绘制出网络图草图，再结合绘图规则进行调整布局，最后形成正式网络图。当已知每一项工作的紧前工作时，可按下述步骤绘制双代号网络图：

a. 根据已有的紧前工作找出每项工作的紧后工作。

b. 绘制没有紧前工作的工作，这些工作与起点节点相连。

c. 根据各项工作的紧后工作依次绘制其他各项工作。

d. 合并没有紧后工作的箭线，即为终点节点。

e. 确认无误，进行节点编号。

【例 3-1】 已知各工作之间的逻辑关系见表 3-2，试绘制其双代号网络图。

表 3-2　工作逻辑关系表

工　作	A	B	C	D	E	G
紧前工作	—	—	—	A、B	A、B、C	D、E

【解】 绘图结果如图 3-25 所示。

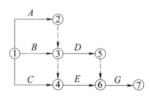

图 3-25　绘图结果

②绘制双代号网络图应注意的事项：

a. 网络图布局要条理清楚，重点突出。虽然网络图主要用于表达各工作之间的逻辑关系，但为了使用方便，布局应条理清楚、层次分明、行列有序，同时还应突出重点，尽量将关键工作和关键线路布置在中心位置。

b. 正确应用虚箭线进行网络图的断路。应用虚箭线进行网络图的断路，是正确表达工作之间逻辑关系的关键。双代号网络图出现多余联系，可采用两种方法进行断路：一种是在横向用虚箭线切断无逻辑关系的工作之间联系，这种方法称为横向断路法，主要适用于无时间坐标的网络图中；另一种是在纵向用虚箭线切断无逻辑关系的工作之间的联系，这种方法称为纵向断路法，主要适用于有时间坐标的网络图中。

c. 力求减少不必要的箭线和节点。在双代号网络图中，应在满足绘图规则和两个节点一根箭线代表一项工作的原则基础上，力求减少不必要的箭线和节点，使网络图图面简洁，减少时间参数的计算量。如图 3-26(a)所示，该图在施工顺序、流水关系及逻辑关系上均是合理的，但它过于烦琐。如果将不必要的节点和箭线去掉，网络图则更加明快、简单，同时并不改变原有的逻辑关系，如图 3-26(b)所示。

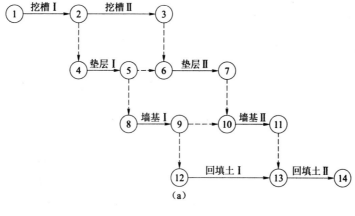

（a）

（b）

图 3-26　网络图的简化

(a)简化前；(b)简化后

3)网络图的排列。网络图采用正确的排列方式，逻辑关系准确清晰、形象直观，便于计算与调整。网络图的主要排列方式如下：

①混合排列。对于简单的网络图，可根据施工顺序和逻辑关系将各施工过程对称排列，其特点是构图美观、形象、大方，如图 3-27 所示。

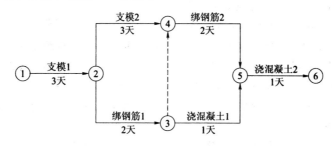

图 3-27　网络图的混合排列

②按施工过程排列。根据施工顺序把各施工过程按垂直方向排列，施工段按水平方向排列。其特点是相同工种在同一水平线上，突出不同工种的工作情况，如图 3-28 所示。

③按施工段排列。同一施工段上的有关施工过程按水平方向排列，施工段按垂直方向排列。其特点是同一施工段的工作在同一水平线上，反映出分段施工的特征，突出工作面的利用情况，如图 3-29 所示。

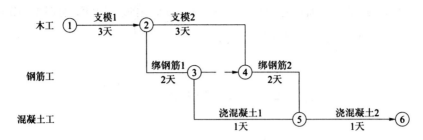

图 3-28　网络图按施工过程排列

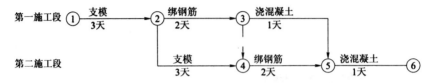

图 3-29　网络图按施工段排列

④按楼层排列。一般内装修工程的三项工作按楼层由上到下进行施工网络计划编制。在分段施工中，当若干项工作沿着建筑物的楼层展开时，其网络计划一般都可以按楼层排列，如图 3-30 所示。

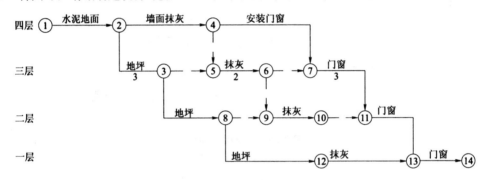

图 3-30　网络图按楼层排列

(2)单代号网络图的绘制。绘制单代号网络图须遵循以下规则：

1)单代号网络图必须正确表述已定的逻辑关系。

2)在单代号网络图中，严禁出现循环回路。

3)在单代号网络图中，严禁出现双向箭头或无箭头的连线。

4)在单代号网络图中，严禁出现无箭尾节点的箭线和无箭头节点的箭线。

5)绘制网络图时，箭线不宜交叉；当交叉不可避免时，可采用过桥法或指向法绘制。

6)单代号网络图只应有一个起点节点和一个终点节点；当网络图中有多项起点节点或多项终点节点时，应在网络图的两端分别设置一项虚工作，作为该网络图的起点节点和终点节点。

5.网络计划时间参数的计算

(1)双代号网络计划时间参数的计算。根据工程对象各项工作的逻辑关系和绘图规则绘制网络图是一种定性的过程，只有进行时间参数的计算这样一个定量的过程，才使网络计划具有实际应用价值。

计算网络计划时间参数的目的主要有三个：第一，确定关键线路和关键工作，便于在施工中抓住重点，向关键线路要时间；第二，明确非关键工作及其在施工中时间上的机动性，便于挖掘潜力、统筹全局、部署资源；第三，确定总工期，做到工程进度心中有数。

网络计划时间参数的计算方法根据表达方式的不同可分为分析计算法、图上作业法、表上作业法和矩阵计算法。由于图上作业法直观、简便，因此，被大多数公司采用。

1)网络计划时间参数及其符号。

①工作持续时间。工作持续时间是指一项工作从开始到完成的时间，用 D_{i-j} 表示。

②工期。工期是指完成一项任务所需要的时间，一般有以下三种：

a. 计算工期：是指根据时间参数计算所得到的工期，用 T_c 表示。

b. 要求工期：是指任务委托人提出的指令性工期，用 T_r 表示。

c. 计划工期：是指根据要求工期和计划工期所确定的作为实施目标的工期，用 T_p 表示。

$$当规定了要求工期时：T_p \leqslant T_r$$
$$当未规定要求工期时：T_p = T_c$$

③网络计划中工作的时间参数及其计算程序。网络计划中的时间参数有六个，即最早开始时间、最早完成时间、最迟完成时间、最迟开始时间、总时差和自由时差。

a. 最早开始时间和最早完成时间。

最早开始时间是指各紧前工作全部完成后，本工作有可能开始的最早时刻。工作 $i-j$ 的最早开始时间用 ES_{i-j} 表示。

最早完成时间是指各紧前工作全部完成后，本工作有可能完成的最早时刻。工作 $i-j$ 的最早完成时间用 EF_{i-j} 表示。

这类时间参数的实质是提出了紧后工作与紧前工作的关系，即紧后工作若提前开始，也不能提前到其紧前工作未完成之前。就整个网络图而言，受到起点节点的控制。因此，其计算程序为：自起点节点开始，顺着箭线方向，用累加的方法计算到终点节点。

b. 最迟完成时间和最迟开始时间。

最迟完成时间是指在不影响整个任务按期完成的前提下，工作必须完成的最迟时刻。工作 $i-j$ 的最迟完成时间，用 LF_{i-j} 表示。

最迟开始时间是指在不影响整个任务按期完成的前提下，工作必须开始的最迟时刻。工作 $i-j$ 的最迟开始时间，用 LS_{i-j} 表示。

这类时间参数的实质是提出紧前工作与紧后工作的关系，即紧前工作要推迟开始，不能影响其紧后工作的按期完成。就整个网络图而言，受到终点节点(即计算工期)的控制。因此，其计算程序为：自终点节点开始，逆着箭线方向，用累减的方法计算到起点节点。

c. 总时差和自由时差。

总时差是指在不影响总工期的前提下，本工作可以利用的机动时间。工作 $i-j$ 的总时差用 TF_{i-j} 表示。

自由时差是指在不影响其紧后工作最早开始时间的前提下，本工作可以利用的机动时间。工作 $i-j$ 的自由时差用 FF_{i-j} 表示。

④网络计划中节点的时间参数及其计算程序。

a. 节点最早时间。在双代号网络计划中，以该节点为开始节点的各项工作的最早开始时间，称为节点最早时间。节点 i 的最早时间用 ET_i 表示。其计算程序为：自起点节点开始，顺着箭线方向，用累加的方法计算到终点节点。

b. 节点最迟时间。在双代号网络计划中，以该节点为完成节点的各项工作的最迟完成时间，称为节点的最迟时间，节点 i 的最迟时间用 LT_i 表示。其计算程序为：自终点节点开始，逆着箭线方向，用累减的方法计算到起点节点。

⑤常用符号。设有线路 ⓗ—ⓘ—ⓙ—ⓚ，则

D_{i-j} ——工作 $i-j$ 的持续时间；

D_{h-i} ——工作 $i-j$ 的紧前工作 $h-i$ 的持续时间；

D_{j-k}——工作 $i-j$ 的紧后工作 $j-k$ 的持续时间；

ES_{i-j}——工作 $i-j$ 的最早开始时间；

EF_{i-j}——工作 $i-j$ 的最早完成时间；

LF_{i-j}——在总工期已经确定的情况下，工作 $i-j$ 的最迟完成时间；

LS_{i-j}——在总工期已经确定的情况下，工作 $i-j$ 的最迟开始时间；

ET_i——节点 i 的最早时间；

LT_i——节点 i 的最迟时间；

TF_{i-j}——工作 $i-j$ 的总时差；

FF_{i-j}——工作 $i-j$ 的自由时差。

2）双代号网络计划时间参数的计算方法。

①工作计算法。按工作计算法就是以网络计划中的工作为对象，直接计算各项工作的时间参数。这些时间参数包括工作的最早开始时间和最早完成时间、工作的最迟开始时间和最迟完成时间、工作的总时差和自由时差。另外，还应计算网络计划的计算工期。

为简化计算，网络计划时间参数中的开始时间和完成时间都应以时间单位的终了时刻为标准。如第 3 天开始即是指第 3 天终了（下班）时刻开始，实际上是第 4 天上班时刻才开始；第 5 天完成即是指第 5 天终了（下班）时刻完成。按工作计算法计算时间参数，应在确定了各项工作的持续时间后进行。虚工作也必须视同工作进行计算，其持续时间为零。时间参数的计算结果应标注在箭线之上，如图 3-31 所示。

下面以某双代号网络计划图（图 3-32）为例，说明其计算步骤。

图 3-31 按工作计算法标注

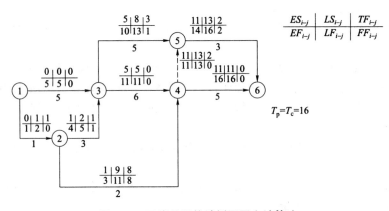

图 3-32 双代号网络计划图图上计算法

a. 计算各工作的最早开始时间和最早完成时间。各项工作的最早完成时间等于其最早开始时间加上工作持续时间，即

$$EF_{i-j}=ES_{i-j}+D_{i-j} \tag{3-1}$$

计算工作最早时间参数时，一般有以下三种情况：

ⓐ当工作以起点节点为开始节点时，其最早开始时间为零（或规定时间），即

$$ES_{i-j}=0 \tag{3-2}$$

ⓑ当工作只有一项紧前工作时，该工作的最早开始时间应为其紧前工作的最早完成时间，即

$$EF_{i-j}=EF_{h-i}=ES_{h-i}+D_{h-i} \tag{3-3}$$

ⓒ当工作有多个紧前工作时，该工作的最早开始时间应为其所有紧前工作最早完成时间的

最大值，即

$$ES_{i-j}=\max\{EF_{h-i}\}=\max\{ES_{h-i}+D_{h-i}\} \qquad (3-4)$$

在图 3-32 所示的网络计划中，各工作的最早开始时间和最早完成时间计算如下：

工作的最早开始时间：

$$ES_{1-2}=ES_{1-3}=0$$

$$ES_{2-3}=ES_{1-2}+D_{1-2}=0+1=1$$

$$ES_{2-4}=ES_{2-3}=1$$

$$ES_{3-4}=\max\begin{Bmatrix}ES_{1-3}+D_{1-3}\\ES_{2-3}+D_{2-3}\end{Bmatrix}=\max\begin{Bmatrix}0+5\\1+3\end{Bmatrix}=5$$

$$ES_{3-5}=ES_{3-4}=5$$

$$ES_{4-5}=\max\begin{Bmatrix}ES_{2-4}+D_{2-4}\\ES_{3-4}+D_{3-4}\end{Bmatrix}=\max\begin{Bmatrix}1+2\\5+6\end{Bmatrix}=11$$

$$ES_{4-6}=ES_{4-5}=11$$

$$ES_{5-6}=\max\begin{Bmatrix}ES_{3-5}+D_{3-5}\\ES_{4-5}+D_{4-5}\end{Bmatrix}=\max\begin{Bmatrix}5+5\\11+0\end{Bmatrix}=11$$

工作的最早完成时间：

$$EF_{1-2}=ES_{1-2}+D_{1-2}=0+1=1$$

$$EF_{1-3}=ES_{1-3}+D_{1-3}=0+5=5$$

$$EF_{2-3}=ES_{2-3}+D_{2-3}=1+3=4$$

$$EF_{2-4}=ES_{2-4}+D_{2-4}=1+2=3$$

$$EF_{3-4}=ES_{3-4}+D_{3-4}=5+6=11$$

$$EF_{3-5}=ES_{3-5}+D_{3-5}=5+5=10$$

$$EF_{4-5}=ES_{4-5}+D_{4-5}=11+0=11$$

$$EF_{4-6}=ES_{4-6}+D_{4-6}=11+5=16$$

$$EF_{5-6}=ES_{5-6}+D_{5-6}=11+3=14$$

上述计算可以看出，计算工作的最早时间时应特别注意三点：一是计算程序，即从起点节点开始顺着箭线方向，按节点次序逐项工作计算；二是要弄清楚该工作的紧前工作是哪几项，以便准确计算；三是同一节点的所有外向工作最早开始时间相同。

b. 确定网络计划工期。当网络计划规定了要求工期时，网络计划的计划工期应小于或等于要求工期，即

$$T_{p}\leqslant T_{r} \qquad (3-5)$$

当网络计划未规定要求工期时，网络计划的计划工期应等于计算工期，即以网络计划的终点节点为完成节点的各个工作的最早完成时间的最大值，如网络计划的终点节点的编号为 n，则计算工期 T_{c} 为

$$T_{p}=T_{c}=\max\{EF_{i-n}\} \qquad (3-6)$$

如图 3-32 所示，网络计划的计算工期为

$$T_{c}=\max\begin{Bmatrix}EF_{4-6}\\EF_{5-6}\end{Bmatrix}=\max\begin{Bmatrix}16\\14\end{Bmatrix}=16$$

c. 计算各工作的最迟完成时间和最迟开始时间。各工作的最迟开始时间等于其最迟完成时间减去工作持续时间，即

$$LS_{i-j}=LF_{i-j}-D_{i-j} \qquad (3-7)$$

计算工作的最迟完成时间参数时，一般有以下三种情况：

@当工作的终点节点为完成节点时，该工作的最迟完成时间为网络计划的计划工期，即

$$LF_{i-n}=T_p \tag{3-8}$$

ⓑ当工作只有一项紧后工作时，该工作的最迟完成时间应为其紧后工作的最迟开始时间，即

$$LF_{i-j}=LS_{j-k}=LF_{j-k}-D_{j-k} \tag{3-9}$$

ⓒ当工作有多项紧后工作时，该工作的最迟完成时间应为其多项紧后工作最迟开始时间的最小值，即

$$LF_{i-j}=\min\{LS_{j-k}\}=\min\{LF_{j-k}-D_{j-k}\} \tag{3-10}$$

在图 3-32 所示的网络计划中，各工作的最迟完成时间和最迟开始时间计算如下：

工作的最迟完成时间：

$$LF_{4-6}=T_c=16$$

$$LF_{5-6}=LF_{4-6}=16$$

$$LF_{3-5}=LF_{5-6}-D_{5-6}=16-3=13$$

$$LF_{4-5}=LF_{3-5}=13$$

$$LF_{2-4}=\min\begin{Bmatrix}LF_{4-5}-D_{4-5}\\LF_{4-6}-D_{4-6}\end{Bmatrix}=\min\begin{Bmatrix}13-0\\16-5\end{Bmatrix}=11$$

$$LF_{3-4}=LF_{2-4}=11$$

$$LF_{1-3}=\min\begin{Bmatrix}LF_{3-4}-D_{3-4}\\LF_{3-5}-D_{3-5}\end{Bmatrix}=\min\begin{Bmatrix}11-6\\13-5\end{Bmatrix}=5$$

$$LF_{2-3}=LF_{1-3}=5$$

$$LF_{1-2}=\min\begin{Bmatrix}LF_{2-3}-D_{2-3}\\LF_{2-4}-D_{2-4}\end{Bmatrix}=\min\begin{Bmatrix}5-3\\11-2\end{Bmatrix}=2$$

工作的最迟开始时间：

$$LS_{4-6}=LF_{4-6}-D_{4-6}=16-5=11$$

$$LS_{5-6}=LF_{5-6}-D_{5-6}=16-3=13$$

$$LS_{3-5}=LF_{3-5}-D_{3-5}=13-5=8$$

$$LS_{4-5}=LF_{4-5}-D_{4-5}=13-0=13$$

$$LS_{2-4}=LF_{2-4}-D_{2-4}=11-2=9$$

$$LS_{3-4}=LF_{3-4}-D_{3-4}=11-6=5$$

$$LS_{1-3}=LF_{1-3}-D_{1-3}=5-5=0$$

$$LS_{2-3}=LF_{2-3}-D_{2-3}=5-3=2$$

$$LS_{1-2}=LF_{1-2}-D_{1-2}=2-1=1$$

上述计算可以看出，计算工作的最迟时间时应特别注意三点：一是计算程序，即从终点开始逆着箭线方向，按节点次序逐项工作计算；二是要弄清楚该工作紧后工作有哪几项，以便正确计算；三是同一节点的所有内向工作最迟完成时间相同。

d. 计算各工作的总时差。如图 3-33 所示，在不影响总工期的前提下，一项工作可以利用的时间范围是从该工作的最早开始时间到最迟完成时间，即工作从最早开始时间或最迟开始时间开始，均不会影响总工期。而工作实际需要的持续时间是 D_{i-j}，扣去 D_{i-j} 后，余下的一段时间就是工作可以利用的机动时间，即为总时差。所以，总时差等于最迟开始时间减去最早开始时间，或最迟完成时间减去最早完成时间，即

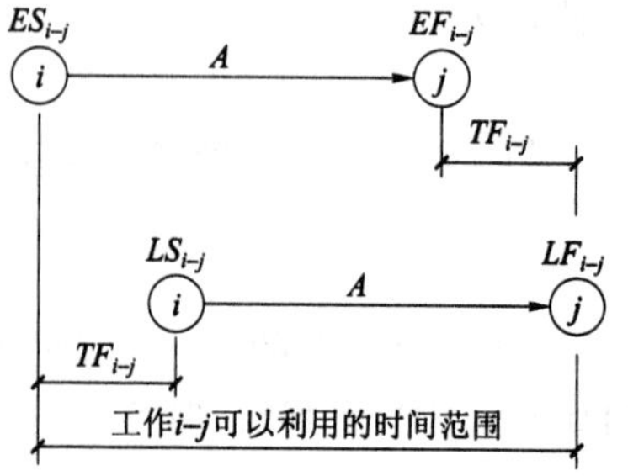

图 3-33 总时差计算法

$$TF_{i-j} = LS_{i-j} - ES_{i-j} \qquad (3\text{-}11)$$

$$\text{或} \quad TF_{i-j} = LF_{i-j} - EF_{i-j} \qquad (3\text{-}12)$$

在图 3-32 所示的网络图中，各工作的总时差计算如下：

$$TF_{1-2} = LS_{1-2} - ES_{1-2} = 1 - 0 = 1$$

$$TF_{1-3} = LS_{1-3} - ES_{1-3} = 0 - 0 = 0$$

$$TF_{2-3} = LS_{2-3} - ES_{2-3} = 2 - 1 = 1$$

$$TF_{2-4} = LS_{2-4} - ES_{2-4} = 9 - 1 = 8$$

$$TF_{3-4} = LS_{3-4} - ES_{3-4} = 5 - 5 = 0$$

$$TF_{3-5} = LS_{3-5} - ES_{3-5} = 8 - 5 = 3$$

$$TF_{4-5} = LS_{4-5} - ES_{4-5} = 13 - 11 = 2$$

$$TF_{4-6} = LS_{4-6} - ES_{4-6} = 11 - 11 = 0$$

$$TF_{5-6} = LS_{5-6} - ES_{5-6} = 13 - 11 = 2$$

通过计算不难看出总时差具有如下特性：

ⓐ凡是总时差为最小的工作就是关键工作；由关键工作连接构成的线路即为关键线路；关键线路上各工作时间之和，即为总工期。

ⓑ当网络计划的计划工期等于计算工期时，凡总时差大于零的工作即为非关键工作。凡是具有非关键工作的线路，即为非关键线路。非关键线路与关键线路相交时的相关节点，把非关键线路划分成若干个非关键线路段，各段有各段的总时差，相互没有关系。

ⓒ总时差的使用具有双重性，它既可以被该工作使用，但又属于某非关键线路所共有。当某项工作使用了全部或部分总时差时，将引起通过该工作的线路上所有工作总时差重新分配。

e. 计算各工作的自由时差。如图 3-34 所示，在不影响其紧后工作最早开始时间的前提下，一项工作可以利用的时间范围是从该工作的最早开始时间至其紧后工作的最早开始时间。而工作实际需要的持续时间是 D_{i-j}，那么扣去 D_{i-j} 后，尚有的一段时间就是自由时差。其计算如下：当工作有紧后工作时，该工作的自由时差等于紧后工作的最早开始时间减去该工作的最早完成时间，即

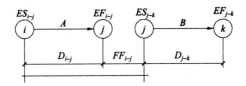

图 3-34　自由时差计算简图

$$FF_{i-j} = ES_{j-k} - EF_{i-j} \qquad (3\text{-}13)$$

$$\text{或} \quad FF_{i-j} = ES_{j-k} - ES_{i-j} - D_{i-j} \qquad (3\text{-}14)$$

当以终点节点 $(j = n)$ 为箭头节点的工作时，其自由时差应按网络计划的计划工期 T_p 确定，即

$$FF_{i-n} = T_p - EF_{i-n} \qquad (3\text{-}15)$$

$$\text{或} \quad FF_{i-n} = T_p - ES_{i-n} - D_{i-n} \qquad (3\text{-}16)$$

在图 3-32 所示的网络计划中，各工作的自由时差计算如下：

$$FF_{1-2} = ES_{2-3} - ES_{1-2} - D_{1-2} = 1 - 0 - 1 = 0$$

$$FF_{1-3} = ES_{3-4} - ES_{1-3} - D_{1-3} = 5 - 0 - 5 = 0$$

$$FF_{2-3} = ES_{3-4} - ES_{2-3} - D_{2-3} = 5 - 1 - 3 = 1$$

$$FF_{2-4}=ES_{4-5}-ES_{2-4}-D_{2-4}=11-1-2=8$$
$$FF_{3-4}=ES_{4-5}-ES_{3-4}-D_{3-4}=11-5-6=0$$
$$FF_{3-5}=ES_{5-6}-ES_{3-5}-D_{3-5}=11-5-5=1$$
$$FF_{4-5}=ES_{5-6}-ES_{4-5}-D_{4-5}=11-11-0=0$$
$$FF_{4-6}=T_p-ES_{4-6}-D_{4-6}=16-11-5=0$$
$$FF_{5-6}=T_p-ES_{5-6}-D_{5-6}=16-11-3=2$$

通过计算不难看出自由时差有如下特性：

ⓐ自由时差为某非关键工作独立使用的机动时间，利用自由时差，不会影响其紧后工作的最早开始时间。

ⓑ非关键工作的自由时差必须小于或等于其总时差。

②节点计算法。按节点计算法计算时间参数，其计算结果应标注在节点之上，如图 3-35 所示。

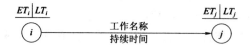

图 3-35　按节点计算法标注

下面以图 3-36 为例，说明其计算步骤：

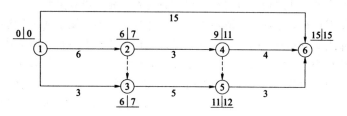

图 3-36　网络图节点时间计算

a. 计算各节点的最早时间。节点的最早时间是以该节点为开始节点的工作的最早开始时间，其计算有以下三种情况：

ⓐ起点节点 i 如未规定最早时间，其值应等于零，即
$$ET_i=0 \quad (i=1) \tag{3-17}$$

ⓑ当节点 j 只有一条内向箭线时，其最早时间应为
$$ET_j=ET_i+D_{i-j} \tag{3-18}$$

ⓒ当节点 j 有多条内向箭线时，其最早时间应为
$$ET_j=\max\{ET_i+D_{i-j}\} \tag{3-19}$$

终点节点 n 的最早时间即为网络计划的计算工期，即
$$T_c=ET_n \tag{3-20}$$

在图 3-36 所示的网络计划中，各节点的最早时间计算如下：
$$ET_1=0$$
$$ET_2=ET_1+D_{1-2}=0+6=6$$
$$ET_3=\max\begin{Bmatrix}ET_2+D_{2-3}\\ET_1+D_{1-3}\end{Bmatrix}=\max\begin{Bmatrix}6+0\\0+3\end{Bmatrix}=6$$
$$ET_4=ET_2+D_{2-4}=6+3=9$$
$$ET_5=\max\begin{Bmatrix}ET_4+D_{4-5}\\ET_3+D_{3-5}\end{Bmatrix}=\max\begin{Bmatrix}9+0\\6+5\end{Bmatrix}=11$$

$$ET_6 = \max \begin{Bmatrix} ET_1 + D_{1-6} \\ ET_4 + D_{4-6} \\ ET_5 + D_{5-6} \end{Bmatrix} = \max \begin{Bmatrix} 0+15 \\ 9+4 \\ 11+3 \end{Bmatrix} = 15$$

b. 计算各节点的最迟时间。节点的最迟时间是以该节点为完成节点的工作的最迟完成时间，其计算有以下两种情况：

终点节点的最迟时间应等于网络计划的计划工期，即

$$LT_n = T_p \tag{3-21}$$

若分期完成的节点，则最迟时间等于该节点规定的分期完成的时间。

当节点 i 只有一个外向箭线时，其最迟时间为

$$LT_i = LT_j - D_{i-j} \tag{3-22}$$

当节点 i 有多条外向箭线时，其最迟时间为

$$LT_i = \min\{LT_j - D_{i-j}\} \tag{3-23}$$

在图 3-36 所示的网络计划中，各节点的最迟时间计算如下：

$$LT_6 = T_p = T_c = ET_6 = 15$$
$$LT_5 = LT_6 - D_{5-6} = 15 - 3 = 12$$
$$LT_4 = \min \begin{Bmatrix} LT_6 - D_{4-6} \\ LT_5 - D_{4-5} \end{Bmatrix} = \min \begin{Bmatrix} 15-4 \\ 12-0 \end{Bmatrix} = 11$$
$$LT_3 = LT_5 - D_{3-5} = 12 - 5 = 7$$
$$LT_2 = \min \begin{Bmatrix} LT_4 - D_{2-4} \\ LT_3 - D_{2-3} \end{Bmatrix} = \min \begin{Bmatrix} 11-3 \\ 7-0 \end{Bmatrix} = 7$$
$$LT_1 = \min \begin{Bmatrix} LT_6 - D_{1-6} \\ LT_2 - D_{1-2} \\ LT_3 - D_{1-3} \end{Bmatrix} = \min \begin{Bmatrix} 15-15 \\ 7-6 \\ 7-3 \end{Bmatrix} = 0$$

③根据节点时间参数计算工作时间参数。

a. 工作的最早开始时间等于该工作的开始节点的最早时间：

$$ES_{i-j} = ET_i \tag{3-24}$$

b. 工作的最早完成时间等于该工作的开始节点的最早时间加上持续时间：

$$EF_{i-j} = ET_i + D_{i-j} \tag{3-25}$$

c. 工作的最迟完成时间等于该工作的完成节点的最迟时间：

$$LF_{i-j} = LT_j \tag{3-26}$$

d. 工作的最迟开始时间等于该工作的完成节点的最迟时间减去持续时间：

$$LS_{i-j} = LT_j - D_{i-j} \tag{3-27}$$

e. 工作的总时差等于该工作的完成节点最迟时间减该工作开始节点的最早时间再减去持续时间：

$$TF_{i-j} = LT_j - ET_i - D_{i-j} \tag{3-28}$$

f. 工作的自由时差等于该工作的完成节点最早时间减去该工作开始节点的最早时间再减去持续时间：

$$FF_{i-j} = ET_j - ET_i - D_{i-j} \tag{3-29}$$

在图 3-36 所示的网络计划中，根据节点时间参数计算工作的六个时间参数如下：

ⓐ工作的最早开始时间：

$$ES_{1-6} = ES_{1-2} = ES_{1-3} = ET_1 = 0$$
$$ES_{2-4} = ET_2 = 6$$

$$ES_{3-5}=ET_3=6$$
$$ES_{4-6}=ET_4=9$$
$$ES_{5-6}=ET_5=11$$

ⓑ 工作的最早完成时间：

$$EF_{1-6}=ET_1+D_{1-6}=0+15=15$$
$$EF_{1-2}=ET_1+D_{1-2}=0+6=6$$
$$EF_{1-3}=ET_1+D_{1-3}=0+3=3$$
$$EF_{2-4}=ET_2+D_{2-4}=6+3=9$$
$$EF_{3-5}=ET_3+D_{3-5}=6+5=11$$
$$EF_{4-6}=ET_4+D_{4-6}=9+4=13$$
$$EF_{5-6}=ET_5+D_{5-6}=11+3=14$$

ⓒ 工作的最迟完成时间：

$$LF_{1-6}=LT_6=15$$
$$LF_{1-2}=LT_2=7$$
$$LF_{1-3}=LT_3=7$$
$$LF_{2-4}=LT_4=11$$
$$LF_{3-5}=LT_5=12$$
$$LF_{4-6}=LT_6=15$$
$$LF_{5-6}=LT_6=15$$

ⓓ 工作的最迟开始时间：

$$LS_{1-6}=LT_6-D_{1-6}=15-15=0$$
$$LS_{1-2}=LT_2-D_{1-2}=7-6=1$$
$$LS_{1-3}=LT_3-D_{1-3}=7-3=4$$
$$LS_{2-4}=LT_4-D_{2-4}=11-3=8$$
$$LS_{3-5}=LT_5-D_{3-5}=12-5=7$$
$$LS_{4-6}=LT_6-D_{4-6}=15-4=11$$
$$LS_{5-6}=LT_6-D_{5-6}=15-3=12$$

ⓔ 总时差：

$$TF_{1-6}=LT_6-ET_1-D_{1-6}=15-0-15=0$$
$$TF_{1-2}=LT_2-ET_1-D_{1-2}=7-0-6=1$$
$$TF_{1-3}=LT_3-ET_1-D_{1-3}=7-0-3=4$$
$$TF_{2-4}=LT_4-ET_2-D_{2-4}=11-6-3=2$$
$$TF_{3-5}=LT_5-ET_3-D_{3-5}=12-6-5=1$$
$$TF_{4-6}=LT_6-ET_4-D_{4-6}=15-9-4=2$$
$$TF_{5-6}=LT_6-ET_5-D_{5-6}=15-11-3=1$$

ⓕ 自由时差：

$$FF_{1-6}=ET_6-ET_1-D_{1-6}=15-0-15=0$$
$$FF_{1-2}=ET_2-ET_1-D_{1-2}=6-0-6=0$$
$$FF_{1-3}=ET_3-ET_1-D_{1-3}=6-0-3=3$$
$$FF_{2-4}=ET_4-ET_2-D_{2-4}=9-6-3=0$$
$$FF_{3-5}=ET_5-ET_3-D_{3-5}=11-6-5=0$$
$$FF_{4-6}=ET_6-ET_4-D_{4-6}=15-9-4=2$$

$$FF_{5-6}=ET_6-ET_5-D_{5-6}=15-11-3=1$$

3）关键工作和关键线路的确定。

①关键工作的确定。网络计划中机动时间最少的工作，称为关键工作。因此，网络计划中工作总时差最小的工作，就是关键工作。在计划工期等于计算工期时，总时差为零的工作就是关键工作。当计划工期小于计算工期时，关键工作的总时差为负值，说明应研究更多措施，以缩短计算工期。当计划工期大于计算工期时，关键工作的总时差为正值，说明计划已留有余地，进度控制就比较主动。

②关键线路的确定方法。

a. 利用关键工作判断。在网络计划中，自始至终全部由关键工作（必要时经过一些虚工作）组成或线路上总的工作持续时间最长的线路，应为关键线路。

b. 利用标号法判断。标号法是一种快速寻求网络计划计算工期和关键线路的方法。它利用节点计算法的基本原理，对网络计划中的每个节点进行标号，然后利用标号值确定网络计划的计算工期和关键线路。

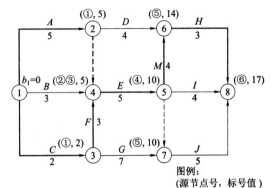

图 3-37　按标号法快速确定关键线路

下面以图 3-37 所示网络计划为例，说明用标号法确定计算工期和关键线路的步骤。

ⓐ确定节点标号值（@，b_j）。网络计划起点节点的标号值为零。本例中，节点①的标号值为零，即 $b_1=0$。其他节点的标号值等于以该节点为完成节点的各项工作的开始节点标号值加上其持续时间所得之和的最大值，即

$$b_j=\max\{b_i+D_{i-j}\} \tag{3-30}$$

式中　b_j——工作 $i-j$ 的完成节点 j 的标号值；

　　　b_i——工作 $i-j$ 的开始节点 i 的标号值；

　　　D_{i-j}——工作 $i-j$ 的持续时间。

节点的标号宜用双标号法，即用源节点（得出标号值的节点）@作为第一标号，用标号值作为第二标号 b_j。

本例中各节点的标号值如图 3-37 所示。

ⓑ确定计算工期。网络计划的计算工期就是终点节点的标号值。本例中，其计算工期为终点节点⑧的标号值为 17。

ⓒ确定关键线路。自终点节点开始，逆着箭线跟踪源节点即可确定。本例中，从终点节点⑥开始跟踪源节点分别为⑧⑥⑤④②①和⑧⑥⑤④③①，即得关键线路①—②—④—⑤—⑥—⑧和①—③—④—⑤—⑥—⑧。

（2）单代号网络计划时间参数计算的公式与规定。

1）工作最早开始时间的计算应符合下列规定：

①工作 i 的最早开始时间 ES_i 应从网络图的起点节点开始，顺着箭线方向依次逐个计算。

②起点节点的最早开始时间 ES_1 如无规定时，其值等于零，即

$$ES_1=0 \tag{3-31}$$

③其他工作的最早开始时间 ES_i 的计算应符合下列规定：

$$ES_i=\max\{ES_h+D_h\} \tag{3-32}$$

式中　ES_h——工作 i 的紧前工作 h 的最早开始时间；

D_h——工作 i 的紧前工作 h 的持续时间。

2)工作 i 的最早完成时间 EF_i 的计算应符合下列规定：

$$EF_i = ES_i + D_i \qquad (3\text{-}33)$$

3)网络计划的计算工期 T_c 的计算应符合下列规定：

$$T_c = EF_n \qquad (3\text{-}34)$$

式中 EF_n——终点节点 n 的最早完成时间。

4)网络计划的计划工期 T_p 应按下列情况分别确定：

①当已规定了要求工期 T_r 时：

$$T_p \leqslant T_r \qquad (3\text{-}35)$$

②当未规定要求工期时：

$$T_p = T_c \qquad (3\text{-}36)$$

5)相邻两项工作 i 和 j 之间的时间间隔 $LAG_{i,j}$ 的计算应符合下列规定：

$$LAG_{i,j} = ES_j - EF_i \qquad (3\text{-}37)$$

式中 ES_j——工作 j 的最早开始时间。

6)工作总时差的计算应符合下列规定：

①工作 i 的总时差 TF_i 应从网络图的终点节点开始，逆着箭线方向依次逐项计算。当部分工作分期完成时，有关工作的总时差必须从分期完成的节点开始逆向逐项计算。

②终点节点所代表的工作 n 的总时差 TF_n 值为零，即

$$TF_n = 0 \qquad (3\text{-}38)$$

分期完成的工作的总时差值为零。

③其他工作的总时差 TF_i 的计算应符合下列规定：

$$TF_i = \min\{LAG_{i,j} + TF_j\} \qquad (3\text{-}39)$$

式中 TF_j——工作 i 的紧后工作 j 的总时差。

当已知各项工作的最迟完成时间 LF_i 或最迟开始时间 LS_i 时，工作的总时差 TF_i 计算也应符合下列规定：

$$TF_i = LS_i - ES_i \qquad (3\text{-}40)$$

$$或 \quad TF_i = LF_i - EF_i \qquad (3\text{-}41)$$

7)工作 i 的自由时差 FF_i 的计算应符合下列规定：

$$FF_i = \min\{LAG_{i,j}\} \qquad (3\text{-}42)$$

$$FF_i = \min\{ES_j - EF_i\} \qquad (3\text{-}43)$$

或符合下列规定：

$$FF_i = \min\{ES_j - ES_i - D_i\} \qquad (3\text{-}44)$$

8)工作的最迟完成时间的计算应符合下列规定：

①工作 i 的最迟完成时间 LF_i 应从网络图的终点节点开始，逆着箭线方向依次逐项计算。当部分工作分期完成时，有关工作的最迟完成时间应从分期完成的节点开始逆向逐项计算。

②终点节点所代表的工作 n 的最迟完成时间 LF_n 应按网络计划的计划工期 T_p 确定，即

$$LF_n = T_p \qquad (3\text{-}45)$$

分期完成那项工作的最迟完成时间应等于分期完成的时刻。

③其他工作 i 的最迟完成时间 LF_i 应符合下列规定：

$$LF_i = \min\{LF_j - D_j\} \qquad (3\text{-}46)$$

式中 LF_j——工作 i 的紧后工作 j 的最迟完成时间；

D_j——工作 i 的紧后工作 j 的持续时间。

9)工作 i 的最迟开始时间 LS_i 的计算应符合下列规定：

$$LS_i = LF_i - D_i \qquad (3-47)$$

【例 3-2】 试计算如图 3-38 所示单代号网络计划的时间参数。

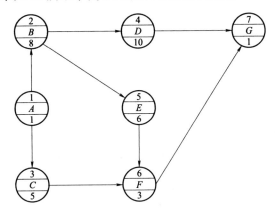

图 3-38 单代号网络计划

【解】 计算结果如图 3-39 所示。现对其计算方法说明如下：

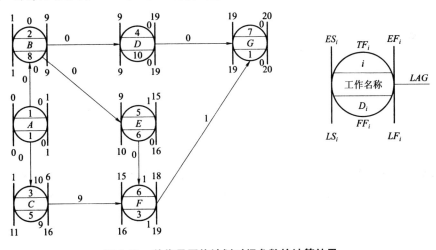

图 3-39 单代号网络计划时间参数的计算结果

①工作的最早开始时间的计算。工作的最早开始时间从网络图的起点节点开始，顺着箭线方向自左至右，依次逐个计算。因起点节点的最早开始时间未作规定，故

$$ES_1 = 0$$

其后续工作的最早开始时间是其各紧前工作的最早开始时间与其持续时间之和，并取其最大值，其计算公式为

$$ES_i = \max\{ES_h + D_h\}$$

由此得到
$$ES_2 = ES_1 + D_1 = 0 + 1 = 1$$
$$ES_3 = ES_1 + D_1 = 0 + 1 = 1$$
$$ES_4 = ES_2 + D_2 = 1 + 8 = 9$$
$$ES_5 = ES_2 + D_2 = 1 + 8 = 9$$
$$ES_6 = \max\{ES_3 + D_3,\ ES_5 + D_5\} = \max\{1 + 5,\ 9 + 6\} = 15$$
$$ES_7 = \max\{ES_4 + D_4,\ ES_6 + D_6\} = \max\{9 + 10,\ 15 + 3\} = 19$$

②工作的最早完成时间的计算。每项工作的最早完成时间是该工作的最早开始时间与其持续时间之和，其计算公式为

$$EF_i = ES_i + D_i$$

因此可得　$EF_1 = ES_1 + D_1 = 0 + 1 = 1$

$EF_2 = ES_2 + D_2 = 1 + 8 = 9$

$EF_3 = ES_3 + D_3 = 1 + 5 = 6$

$EF_4 = ES_4 + D_4 = 9 + 10 = 19$

$EF_5 = ES_5 + D_5 = 9 + 6 = 15$

$EF_6 = ES_6 + D_6 = 15 + 3 = 18$

$EF_7 = ES_7 + D_7 = 19 + 1 = 20$

③网络计划的计算工期。网络计划的计算工期 T_c 按公式 $T_c = EF_n$ 计算。由此得到 $T_c = EF_7 = 20$。

④网络计划计划工期的确定。由于本计划没有要求工期，故 $T_p = T_c = 20$。

⑤相邻两项工作之间时间间隔的计算。相邻两项工作的时间间隔，是后项工作的最早开始时间与前项工作的最早完成时间的差值，它表示相邻两项工作之间有一段时间间歇，相邻两项工作 i 与 j 之间的时间间隔 $LAG_{i,j}$ 按公式 $LAG_{i,j} = ES_j - EF_i$ 计算。

因此可得到　$LAG_{1,2} = ES_2 - EF_1 = 1 - 1 = 0$

$LAG_{1,3} = ES_3 - EF_1 = 1 - 1 = 0$

$LAG_{2,4} = ES_4 - EF_2 = 9 - 9 = 0$

$LAG_{2,5} = ES_5 - EF_2 = 9 - 9 = 0$

$LAG_{3,6} = ES_6 - EF_3 = 15 - 6 = 9$

$LAG_{5,6} = ES_6 - EF_5 = 15 - 15 = 0$

$LAG_{4,7} = ES_7 - EF_4 = 19 - 19 = 0$

$LAG_{6,7} = ES_7 - EF_6 = 19 - 18 = 1$

⑥工作的总时差的计算。每项工作的总时差，是该项工作在不影响计划工期前提下所具有的机动时间。它的计算应从网络图的终点节点开始，逆着箭线方向依次计算。终点节点所代表的工作的总时差 TF_n 值，由于本例没有给出规定工期，故应为零，即 $TF_n = 0$，故 $TF_7 = 0$。

其他工作的总时差 TF_i 可按公式计算。

当已知各项工作的最迟完成时间 LF_i 或最迟开始时间 LS_i 时，工作的总时差 TF_i 也可按公式 $TF_i = LS_i - ES_i$ 或公式 $TF_i = LF_i - EF_i$ 计算。

按公式　　　　　　　　　$TF_i = \min\{LAG_{i,j} + TF_j\}$

计算的结果是：

$TF_6 = LAG_{6,7} + TF_7 = 1 + 0 = 1$

$TF_5 = LAG_{5,6} + TF_6 = 0 + 1 = 1$

$TF_4 = LAG_{4,7} + TF_7 = 0 + 0 = 0$

$TF_3 = LAG_{3,6} + TF_6 = 9 + 1 = 10$

$TF_2 = \min\{LAG_{2,4} + TF_4,\ LAG_{2,5} + TF_5\} = \min\{0 + 0,\ 0 + 1\} = 0$

$TF_1 = \min\{LAG_{1,2} + TF_2,\ LAG_{1,3} + TF_3\} = \min\{0 + 0,\ 0 + 10\} = 0$

⑦工作自由时差的计算。工作 i 的自由时差 FF_i 由公式 $FF = \min\{LAG_{i,j}\}$

可算得　$FF_7 = 0$

$FF_6 = LAG_{6,7} = 1$

$FF_5 = LAG_{5,6} = 0$

$$FF_4 = LAG_{4,7} = 0$$
$$FF_3 = LAG_{3,6} = 9$$
$$FF_2 = \min\{LAG_{2,4}, LAG_{2,5}\} = \min\{0, 0\} = 0$$
$$FF_1 = \min\{LAG_{1,2}, LAG_{1,3}\} = \min\{0, 0\} = 0$$

⑧工作的最迟完成时间的计算。工作 i 的最迟完成时间 LF_i 应从网络图的终点节点开始，逆着箭线方向依次逐项计算。终点节点 n 所代表的工作的最迟完成时间 LF_n，应按公式 $LF_n = T_p$ 计算：$LF_7 = T_p = 20$。

其他工作 i 的最迟完成时间 LF_i 按公式 $LF_i = \min\{LF_j - D_j\}$ 计算得到：

$$LF_6 = LF_7 - D_7 = 20 - 1 = 19$$
$$LF_5 = LF_6 - D_6 = 19 - 3 = 16$$
$$LF_4 = LF_7 - D_7 = 20 - 1 = 19$$
$$LF_3 = LF_6 - D_6 = 19 - 3 = 16$$
$$LF_2 = \min\{LF_4 - D_4, LF_5 - D_5\} = \min\{19 - 10, 16 - 6\} = 9$$
$$LF_1 = \min\{LF_2 - D_2, LF_3 - D_3\} = \min\{9 - 8, 16 - 5\} = 1$$

⑨工作的最迟开始时间的计算。工作 i 的最迟开始时间 LS_i 按公式 $LS_i = LF_i - D_i$ 进行计算。

因此，可得
$$LS_7 = LF_7 - D_7 = 20 - 1 = 19$$
$$LS_6 = LF_6 - D_6 = 19 - 3 = 16$$
$$LS_5 = LF_5 - D_5 = 16 - 6 = 10$$
$$LS_4 = LF_4 - D_4 = 19 - 10 = 9$$
$$LS_3 = LF_3 - D_3 = 16 - 5 = 11$$
$$LS_2 = LF_2 - D_2 = 9 - 8 = 1$$
$$LS_1 = LF_1 - D_1 = 1 - 1 = 0$$

10)关键线路的确定。

在单代号网络计划中，将相邻两项关键工作之间的间隔时间为 0 的关键工作连接起来而形成的自起点节点到终点节点的通路，就是关键线路。因此，上例中的关键线路是①—②—④—⑦。

6. 双代号时标网络计划

双代号时标网络计划是综合应用横道图的时间坐标和网络计划的原理，是在横道图基础上引入网络计划中各工作之间逻辑关系的表达方法。图 3-40 所示的双代号网络计划，若改画为时标网络计划，如图 3-41 所示。采用时标网络计划，既解决了横道计划中各项工作不明确、时间指标无法计算的缺点，又解决了双代号网络计划时间不直观、不能明确看出各工作开始和完成的时间等问题。其特点如下：

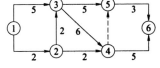

图 3-40 双代号网络计划

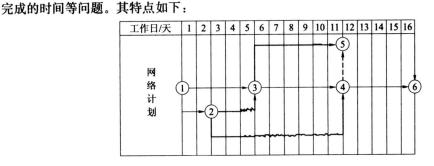

图 3-41 双代号时标网络计划

①在时标网络计划中，箭线的长短与时间有关。

②可直接显示各工作的时间参数和关键线路，而不必计算。

③由于受到时间坐标的限制，所以时标网络计划不会产生闭合回路。

④可以直接在时标网络图的下方绘制出资源动态曲线，便于分析，平衡调度。

⑤由于箭线的长度和位置受时间坐标的限制，因而不便于调整和修改。

（1）时标网络计划的一般规定。

1）双代号时标网络计划必须以水平时间坐标为尺度来表示工作时间。时标的时间单位应根据需要在编制网络计划前确定，可为时、天、周、月或季。

2）时标网络计划应以实箭线表示工作，以虚箭线表示虚工作，以波形线表示工作的自由时差。

3）时标网络计划中所有符号在时间坐标上的水平投影位置，都必须与其时间参数相对应。节点中心必须对准相应的时标位置。虚工作必须以垂直方向的虚箭线表示，用自由时差加波形线表示。

（2）时标网络计划的绘制方法。时标网络计划一般按工作的最早开始时间绘制。其绘制方法包括间接绘制法和直接绘制法。

1）间接绘制法。间接绘制法是先计算网络计划的时间参数，再根据时间参数在时间坐标上进行绘制的方法。其绘制步骤和方法如下：

①绘制双代号网络图，计算节点的最早时间参数，确定关键工作及关键线路。

②根据需要确定时间单位，并绘制时标横轴。

③根据节点的最早时间确定各节点的位置。

④依次在各节点间绘制出箭线及时差。绘制时标网络计划时，宜先画关键工作、关键线路，再画非关键工作。如箭线长度不足以达到工作的完成节点，用波形线补足，箭头画在波形线与节点连接处。

⑤用虚箭线连接各有关节点，将有关的工作连接起来。

2）直接绘制法。直接绘制法是不计算网络计划时间参数，直接在时间坐标上进行绘制的方法。其绘制步骤和方法可归纳为如下绘图口诀："时间长短坐标限，曲直斜平利相连；箭线到齐画节点，画完节点补波线；零线尽量拉垂直，否则安排有缺陷。"

①时间长短坐标限。箭线的长度代表具体的施工时间，受到时间坐标的制约。

②曲直斜平利相连。箭线的表达方式可以是直线、折线、斜线等，但布图应合理，直观清晰。

③箭线到齐画节点。工作的开始节点必须在该工作的全部紧前工作都画出后，定位在这些紧前工作最晚完成的时间刻度上。

④画完节点补波线。某些工作的箭线长度不足以达到其完成节点时，用波形线补足。

⑤零线尽量拉垂直。虚工作持续时间为零，应尽可能让其为垂直线。

⑥否则安排有缺陷。若出现虚工作占据时间的情况，其原因是工作面停歇或施工作业队组工作不连续。

【例3-3】 某双代号网络计划如图3-42所示，试绘制时标网络图。

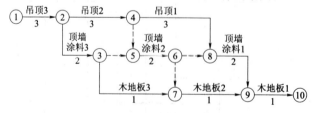

图3-42 双代号网络计划

【解】 按直接绘制的方法绘制出时标网络计划，如图3-43所示。

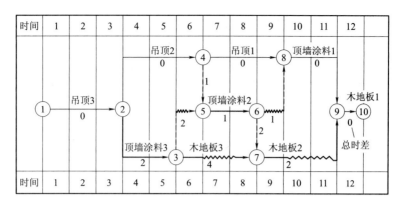

图 3-43 双代号时标网络计划

(3)关键线路和时间参数的确定。

1)关键线路的确定。自终点节点逆箭线方向朝起点节点观察,自始至终不出现波形线的线路,称为关键线路。

2)工期的确定。时标网络计划的计算工期,应是其终点节点与起点节点所在位置的时标值之差。

3)时间参数的判读。

①工作的最早开始时间和最早完成时间的判定。工作箭线左端节点中心所对应的时标值,为该工作的最早开始时间。当工作箭线中不存在波形线时,其右端节点中心所对应的时标值,为该工作的最早完成时间;当工作箭线中存在波形线时,工作箭线实线部分右端点所对应的时标值,为该工作的最早完成时间。

②工作的总时差的判定。工作总时差的判定应从网络计划的终点节点开始,逆着箭线方向依次进行。

a. 以终点节点为完成节点的工作,其总时差应等于计划工期与该工作最早完成时间之差,即

$$TF_{i-n} = T_p - EF_{i-n} \tag{3-48}$$

式中　TF_{i-n}——以网络计划终点节点 n 为完成节点的工作的总时差;

　　　T_p——网络计划的计划工期;

　　　EF_{i-n}——以网络计划终点节点 n 为完成节点的工作的最早完成时间。

b. 其他工作的总时差等于其紧后工作的总时差加上该本工作与该紧后工作之间的时间间隔所得之和的最小值,即

$$TF_{i-j} = \min\{TF_{j-k} + LAG_{i-j,j-k}\} \tag{3-49}$$

式中　TF_{i-j}——工作 $i-j$ 的总时差;

　　　TF_{j-k}——工作 $i-j$ 的紧后工作 $j-k$(非虚工作)的总时差。

③工作的自由时差的判定。

a. 以终点节点为完成节点的工作,其自由时差等于计划工期与该工作最早完成时间之差,即

$$FF_{i-n} = T_p - EF_{i-n} \tag{3-50}$$

式中　FF_{i-n}——以网络计划终点节点 n 为完成节点的工作的总时差;

　　　T_p——网络计划的计划工期。

事实上,以终点节点为完成节点的工作,其自由时差与总时差必然相等。

b. 其他工作的自由时差是该工作箭线中波形线的水平投影长度。但当工作之后只紧接虚工作时,则该工作箭线上一定不存在波形线,而其紧接的虚箭线中波形线的水平投影长度的最短者,为该工作的自由时差。

④工作的最迟开始时间和最迟的完成时间的判定。

a. 工作的最迟开始时间等于该工作的最早开始时间与其总时差之和，即

$$LS_{i-j} = ES_{i-j} + TF_{i-j} \tag{3-51}$$

式中　LS_{i-j}——工作 $i-j$ 的最迟开始时间；

　　　　ES_{i-j}——工作 $i-j$ 的最早开始时间；

　　　　TF_{i-j}——工作 $i-j$ 的总时差。

b. 工作的最迟完成时间等于本工作的最早完成时间与其总时差之和，即

$$LF_{i-j} = EF_{i-j} + TF_{i-j} \tag{3-52}$$

式中　LF_{i-j}——工作 $i-j$ 的最迟完成时间；

　　　　EF_{i-j}——工作 $i-j$ 的最早完成时间；

　　　　TF_{i-j}——工作 $i-j$ 的总时差。

图 3-43 所示的关键线路及各时间参数的判读结果，见图中标注。

任务实施

某厂总二车间扩建厂房进度计划编制。

一、工程进度计划编制的一般过程

工程进度计划编制的一般过程如图 3-44 所示。其中，里程碑事件是指项目的重要阶段或重要工程活动的开始或结束，是项目生命期中的关键事件。如批准立项、初步设计完成、签订总承包合同、现场开工、基础完成、主体结构封顶、工程竣工等。

图 3-44　工程进度计划编制的一般过程

就施工实施阶段而言：

项目总进度——一般由业主确定或合同规定。

里程碑事件——通常指各分部工程的完成或各单位工程的完成。如±0.000 以下工程；主体结构封顶等。

子项目进度计划——各分部工程的进度计划。例如，主体结构标准层的进度计划，±0.000 以下工程实施进度计划等。

就一个工程项目而言，进度计划是一个逐步形成的系统。

二、进度计划的表示方法

(一)横道图

(1)划分施工过程(表 3-3)。

(2)划分施工段(本车间占地面积不大，为做到流水施工，划分为两个施工段)。

(3)计算工程量(略)。

(4)计算劳动量，确定班组人数(略)。

(5)计算流水节拍(略)。

(6)确定流水施工方式。

(7)绘制横道图(图3-45、图3-46)。

表3-3　总二车间扩建厂房施工过程划分

序号	分部分项工程名称	序号	分部分项工程名称
一	基础分部	三	屋面分部
1	平整场地	14	保温层
2	土方开挖	15	找平层
3	基础垫层	16	隔离层
4	独立基础	17	刚性防水层
5	砖基础	四	装饰装修分部
6	地圈梁	18	楼地面工程
7	基础回填土	19	室外抹灰
二	主体分部	20	室内抹灰
8	一层柱	21	门窗扇安装
9	二层结平	22	室外涂料
10	脚手架搭设	23	室内涂料
11	二层柱	24	室外工程
12	屋面结平	五	水电安装
13	砌砖墙	六	竣工验收

(二)网络图

(1)划分施工过程。

(2)划分施工段。

(3)根据施工工艺顺序和逻辑关系绘制网络图(图3-47)。

▶**知识链接**◀

网络计划的优化是指在一定约束条件下,按既定目标对网络计划进行不断改进,以寻求满意方案的过程。

网络计划的优化目标应按计划任务的需要和条件选定,包括工期目标、费用目标和资源目标。根据优化目标的不同,网络计划的优化可分为工期优化、费用优化和资源优化三种。

一、工期优化

所谓工期优化,是指网络计划的计算工期不满足要求工期时,通过压缩关键工作的持续时间,以满足要求工期目标的过程。

(一)工期优化方法

网络计划工期优化的基本方法是在不改变网络计划中各项工作之间逻辑关系的前提下,通过压缩关键工作的持续时间来达到优化目标。在工期优化过程中,按照经济合理的原则,不能将关键工作压缩成非关键工作。另外,当工期优化过程中出现多条关键线路时,必须将各条关键线路的总持续时间压缩相同数值;否则,不能有效地缩短工期。

序号	分部分项工程名称	劳动量		需用机械		工作延续天数	每天工作班数	每班工作人数	施工进度/天
		计划数	采用数	名称	台班数				1 2 3 4 5 6 7 8 9 10 11 12 13 14 15 16 17 18
1	平整场地	22	24			4	1	6	
2	挖基础土方	8	8	挖机	8	4	2	7	
3	基础垫层	28	28			4	1	7	
4	独立基础	24	24			4	1	6	
5	砖基础	20	20			4	1	5	
6	地圈梁	9	12			4	1	3	
7	基础夯填回填土	125	126			6	1	21	

图 3-45 基础分部工程施工进度计划横道图

施工进度/天

序号	分部分项工程名称	延续天数	每天工作班数	每班工作人数	施工进度/天(1~84)
1	平整场地	4	1	6	
2	基础土方开挖	8	2		
3	基础垫层	4	1	7	
4	独立基础	4	1	6	
5	砖基础	4	1	5	
6	地圈梁	4	1	3	
7	基础回填土	6	1	21	
8	基础验收	1			
9	一层柱	6	1	8	
10	二层结平	7	1	21	
11	脚手架搭设	6	1	14	
12	二层柱	6	1	8	
13	屋面结平	7	1	21	
14	砖墙砌筑	8	1	14	
15	主体验收	1			
16	保温层	1	1	3	
17	找平层	2	1	13	
18	隔离层	1	1	8	
19	刚性防水层	2	1	18	
20	刚防层层混凝土养护	15			
21	屋面验收	2			
22	楼地面	8	1	23	
23	室外抹灰	8	1	8	
24	室内抹灰	10	1	22	
25	门窗安装	6	1	13	
26	室外涂料	6	1	2	
27	室内涂料	8	1	18	
28	室外工程	2	1	5	
29	分部验收	1			
30	水电安装	75			
31	其他零星收尾	2			
32	竣工验收	1			

（分部分项工程按 基础工程、主体工程、屋面工程、装饰工程 分组）

图 3-46 总二车间扩建厂房施工进度计划横道图

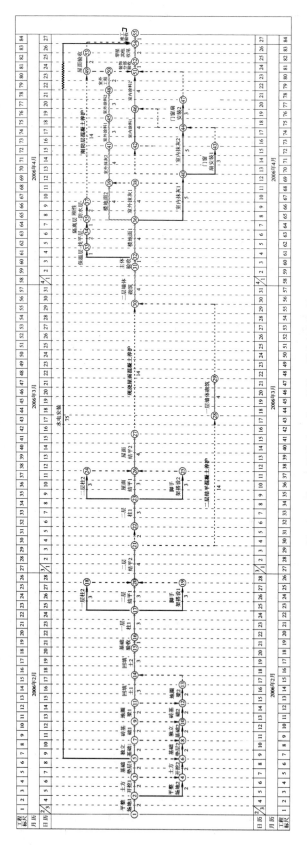

图 3-47 总二车间扩建厂房工程施工进度计划网络图

网络计划的工期优化，可按下列步骤进行：

(1)确定初始网络计划的计算工期和关键线路。

(2)按要求工期计算应缩短的时间 ΔT：

$$\Delta T = T_c - T_r \tag{3-53}$$

式中　T_c——网络计划的计算工期；

　　　T_r——要求工期。

(3)选择应缩短持续时间的关键工作。选择压缩对象时，宜在关键工作中考虑下列因素：

1)缩短持续时间对质量和安全影响较小的工作。

2)有充足备用资源的工作。

3)缩短持续时间所需增加的费用最少的工作。

(4)将所选定的关键工作的持续时间压缩至最短，并重新确定计算工期和关键线路。若被压缩的工作变成非关键工作，则应延长其持续时间，使之仍为关键工作。

(5)当计算工期仍超过要求时，则重复上述第(2)～(4)条，直至计算工期满足要求工期或计算工期已不能再缩短为止。

(6)当所有关键工作的持续时间都已达到其能缩短的极限而寻求不到继续缩短工期的方案，但网络计划的计算工期仍不能满足要求工期时，应对网络计划的原技术方案、组织方案进行调整，或对要求工期重新审定。

(二)工期优化示例

已知某工程双代号网络计划如图 3-48 所示。图中箭线下方括号外数字为工作的正常持续时间，括号内数字为最短持续时间；箭线上方括号内数字为优选系数，该系数综合考虑质量、安全和费用增加情况而确定。选择关键工作压缩其持续时间时，应选择优选系数最小的关键工作。若需要同时压缩多个关键工作的持续时间，则它们的优选系数之和(组合优选系数)最小者，应优先作为压缩对象。现假设要求工期为 15，试对其进行工期优化。

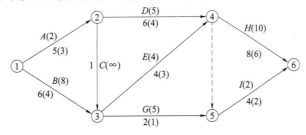

图 3-48　初始网络计划

该网络计划的工期优化可按以下步骤进行：

(1)根据各项工作的正常持续时间，用标号法确定网络计划的计算工期和关键线路，如图 3-49 所示。此时，关键线路为①—②—④—⑥。

(2)计算应缩短的时间：

$$\Delta T = T_c - T_r = 19 - 15 = 4$$

(3)由于此时关键工作为工作 A、工作 D 和工作 H，而其中工作 A 的优选系数最小，故应将工作 A 作为优先压缩对象。

(4)将关键工作 A 的持续时间压缩至最短持续时间 3，利用标号法确定新的计算工期和关键线路，如图 3-50 所示。此时，关键工作 A 被压缩成非关键工作，故将其持续时间 3 延长为 4，使之成为关键工作。工作 A 恢复为关键工作之后，网络计划中出现两条关键线路，即①—②—④—⑥和①—③—④—⑥，如图 3-51 所示。

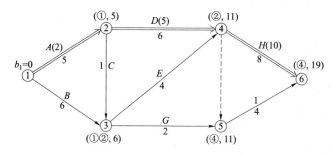

图 3-49 初始网络计划中的关键线路

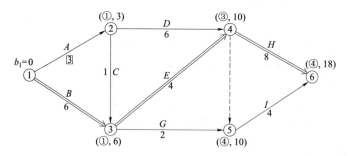

图 3-50 工作压缩最短时的关键路线

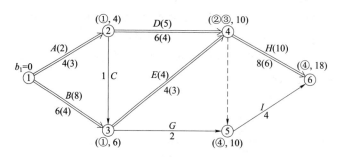

图 3-51 第一次压缩后的网络计划

(5)由于此时计算工期为 18，仍大于要求工期，故需继续压缩。需要缩短的时间：$T_1 = 18 - 15 = 3$。在图 3-51 所示网络计划中，有以下五个压缩方案：

①同时压缩工作 A 和工作 B，组合优选系数为 $2 + 8 = 10$；

②同时压缩工作 A 和工作 E，组合优选系数为 $2 + 4 = 6$；

③同时压缩工作 B 和工作 D，组合优选系数为 $8 + 5 = 13$；

④同时压缩工作 D 和工作 E，组合优选系数为 $5 + 4 = 9$；

⑤压缩工作 H，组合优选系数为 10。

在上述方案中，由于工作 A 和工作 E 的组合优选系数最小，故应选择同时压缩工作 A 和工作 E 的方案。将这两项工作的持续时间各压缩 1（压缩至最短），再用标号法确定计算工期和关键线路，如图 3-52 所示。可见，关键线路仍为两条，即①—②—④—⑥和①—③—④—⑥。

在图 3-52 中，关键工作 A 和 E 的持续时间已达最短，不能再压缩，它们的优选系数变为无穷大。

(6)由于此时计算工期为 17，仍大于要求工期，故需继续压缩。需要缩短的时间为

$$\Delta T_2 = 17 - 15 = 2。$$

在图 3-52 所示的网络计划中，由于关键工作 A 和 E 已不能再压缩，故此时只有两个压缩方案：

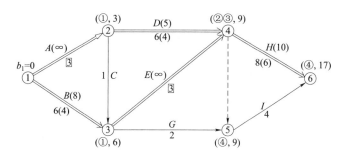

图 3-52　第二次压缩后的网络计划

①同时压缩工作 B 和工作 D，组合优选系数为 $8+5=13$；

②压缩工作 H，优选系数为 10。

在上述压缩方案中，由于工作 H 的优选系数最小，故应选择压缩工作 H 的方案。将工作 H 的持续时间缩短 2，再用标号法确定计算工期和关键线路，如图 3-53 所示。此时，计算工期为 15，已等于要求工期。

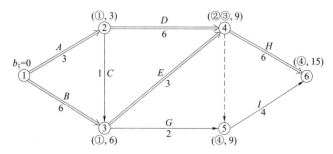

图 3-53　工期优化后的网络计划

二、费用优化

费用优化又称工期成本优化，是指寻求工程总成本最低时的工期安排，或按要求工期寻求最低成本的计划安排的过程。

(一)费用和时间的关系

在建筑工程施工过程中，通常可以采用多种施工方法和组织方法完成一项工作，而不同的施工方法和组织方法，又有不同的持续时间和费用。由于一项建筑工程往往包含许多工作，所以，在安排建筑工程进度计划时，就会出现不同的方案。进度方案的不同，所对应的总工期和总费用也就不同。为了能从多种方案中找出总成本最低的方案，必须先分析费用和时间之间的关系。

1. 工程费用与工期的关系

建筑安装工程费用按工程造价形成的顺序划分为分部分项工程费、措施项目费、其他项目费、规费和税金。其中，分部分项工程费包括人工费、材料费、施工机具费、企业管理费和利润，也称直接费；措施项目费、其他项目费、规费和税金构成间接费。施工方案不同，直接费也就不同；如果施工方案一定、工期不同，直接费也不。直接费会随着工期的缩短而增加。间接费包括企业经营管理的全部费用，它一般会随着工期的缩短而减少。在考虑工程总费用时，还应考虑工期变化带来的其他损益，包括效益增量和资金的时间价值等。工程费用与工期的关系如图 3-54 所示。

2. 直接费与持续时间的关系

由于网络计划的工期取决于关键工作的持续时间，为了进行工期成本优化，必须分析网络计划中各项工作的直接费与持续时间之间的关系，它是网络计划工期成本优化的基础。工作的直接费与持续时间之间的关系类似于工程直接费与工期之间的关系，工作的直接费随着持续时间的缩短而增加，如图3-55所示。为简化计算，工作的直接费与持续时间之间的关系被近似地认为是一条直线关系。当工作划分不是很粗时，其计算结果还是比较精确的。工作的持续时间每缩短单位时间而增加的直接费，称为直接费用率。直接费用率可按式(3-54)计算：

$$\Delta C_{i-j} = \frac{CC_{i-j} - CN_{i-j}}{DN_{i-j} - DC_{i-j}} \tag{3-54}$$

式中　ΔC_{i-j}——工作 $i-j$ 的直接费用率；

　　　CC_{i-j}——按最短持续时间完成工作 $i-j$ 时所需的直接费；

　　　CN_{i-j}——按正常持续时间完成工作时所需的直接费；

　　　DN_{i-j}——工作的正常持续时间；

　　　DC_{i-j}——工作的最短持续时间。

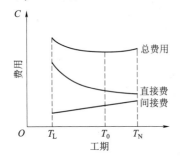

图3-54　工程费用—工期曲线

T_L—最短工期；T_0—最优工期；
T_N—正常工期

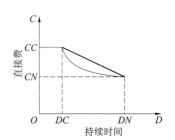

图3-55　直接费—持续时间曲线

DN—工作的正常持续时间；
CN—按正常持续时间完成工作时所需要的直接费；
DC—工作的最短持续时间；
CC—按最短持续时间完成工作时所需要的直接费

从式(3-54)可以看出，工作的直接费用率越大，说明将该工作的持续时间延长一个时间单位所需要增加的直接费就越多；反之，将该工作的持续时间缩短一个时间单位所需要增加的直接费就越少。因此，在压缩关键工作的持续时间以达到缩短工期的目的时，应将直接费用率最小的关键工作作为压缩对象。当有多条关键线路出现而需要同时压缩多个关键工作的持续时间时，应将它们的直接费用率之和(组合直接费用率)最小者作为压缩对象。

(二)费用优化方法

费用优化的基本思路：不断地在网络计划中找出直接费用率(或组合直接费用率)最小的关键工作，缩短其持续时间，同时考虑间接费随工期缩短而减小的数值，最后求得工程总成本最低时的最优工期安排或按要求工期求得低成本的计划安排。

按照上述基本思路，费用优化可按以下步骤进行：

(1)按工作的正常持续时间确定计算工期和关键线路。

(2)计算各项工作的直接费用率。直接费用率的计算按式(3-54)进行。

(3)当只有一条关键线路时，应找出直接费用率最小的一项关键工作，作为缩短持续时间的对象；当有多条关键线路时，应找出组合直接费用率最小的一组关键工作，作为缩短持续时间的对象。

(4)对于选定的压缩对象(一项关键工作或一组关键工作)，首先比较其直接费用率或组合直接费用率与工程间接费用率的大小：

1)如果被压缩对象的直接费用率或组合直接费用率大于工程间接费用率，说明压缩关键工作的持续时间会使工程总费用增加，此时应停止缩短关键工作的持续时间，在此之前的方案即为优化方案。

2）如果被压缩对象的直接费用率或组合直接费用率等于工程间接费用率，说明压缩关键工作的持续时间不会使工程总费用增加，故应缩短关键工作的持续时间。

3）如果被压缩对象的直接费用率或组合直接费用率小于工程间接费用率，说明压缩关键工作的持续时间会使工程总费用减少，故应缩短关键工作的持续时间。

（5）当需要缩短关键工作的持续时间时，其缩短值的确定必须符合下列原则：

1）缩短后的工作持续时间不能小于其最短持续时间。

2）缩短持续时间的工作不能变成非关键工作。

（6）计算关键工作持续时间缩短后相应增加的总费用。

（7）重复上述（3）～（6），直至计算工期满足要求工期或被压缩对象的直接费用率或组合直接费用率大于工程间接费用率为止。

（8）计算优化后的工程总费用。

（三）费用优化示例

已知某工程双代号网络计划如图 3-56 所示，图中箭线下方括号外数字为工作的正常时间，括号内数字为最短持续时间；箭线上方括号外数字为工作按正常持续时间完成时所需的直接费，括号内数字为工作按最短持续时间完成时所需的直接费。该工程的间接费用率为 0.8 万元/天，试对其进行费用优化。

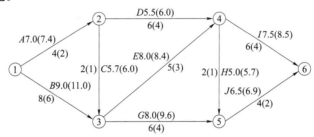

图 3-56　初始网络计划

费用单位：万元；时间单位：天

该网络计划的费用优化可按以下步骤进行：

（1）根据各项工作的正常持续时间，用标号法确定网络计划的计算工期和关键线路，如图 3-57 所示。计算工期为 19 天，关键线路有两条，即①—③—④—⑥和①—③—④—⑤—⑥。

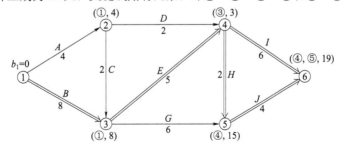

图 3-57　初始网络计划中的关键线路

（2）计算各项工作的直接费用率：

$$\Delta C_{1-2} = \frac{CC_{1-2} - CN_{1-2}}{DN_{1-2} - DC_{1-2}} = \frac{7.4 - 7.0}{4 - 2} = 0.2（万元/天）$$

$$\Delta C_{1-3}=(CC_{1-3}-CN_{1-3})\div(DN_{1-3}-DC_{1-3})=(11.0-9.0)\div(8-6)=1.0(万元/天)$$
$$\Delta C_{2-3}=(CC_{2-3}-CN_{2-3})\div(DN_{2-3}-DC_{2-3})=(6.0-5.7)\div(2-1)=0.3(万元/天)$$
$$\Delta C_{2-4}=(CC_{2-4}-CN_{2-4})\div(DN_{2-4}-DC_{2-4})=(6.0-5.5)\div(2-1)=0.5(万元/天)$$
$$\Delta C_{3-4}=(CC_{3-4}-CN_{3-4})\div(DN_{3-4}-DC_{3-4})=(8.4-8.0)\div(5-3)=0.2(万元/天)$$
$$\Delta C_{3-5}=(CC_{3-5}-CN_{3-5})\div(DN_{3-5}-DC_{3-5})=(9.6-8.0)\div(6-4)=0.8(万元/天)$$
$$\Delta C_{4-5}=(CC_{4-5}-CN_{4-5})\div(DN_{4-5}-DC_{4-5})=(5.7-5.0)\div(2-1)=0.7(万元/天)$$
$$\Delta C_{4-6}=(CC_{4-6}-CN_{4-6})\div(DN_{4-6}-DC_{4-6})=(8.5-7.5)\div(6-4)=0.5(万元/天)$$
$$\Delta C_{5-6}=(CC_{5-6}-CN_{5-6})\div(DN_{5-6}-DC_{5-6})=(6.9-6.5)\div(4-2)=0.2(万元/天)$$

(3)计算工程总费用：

1)直接费总和：$C_d=7.0+9.0+5.7+5.5+8.0+8.0+5.0+7.5+6.5=62.2$(万元)。

2)间接费总和：$C_i=0.8\times19=15.2$(万元)。

3)工程总费用：$C_t=C_d+C_i=62.2+15.2=77.4$(万元)。

(4)通过压缩关键工作的持续时间进行费用优化(优化过程见表3-4)：

表 3-4　优化表

压缩次数	被压缩的工作代号	被压缩的工作名称	直接费用率或组合直接费用率/(万元·天⁻¹)	费用差/(万元·天⁻¹)	缩短时间	费用增加值/万元	总工期/天	总费用/万元
0	—	—	—	—	—	—	19	77.4
1	③—④	E	0.2	−0.6	1	−0.6	18	76.8
2	③—④ ⑤—⑥	E、J	0.4	−0.4	1	−0.4	17	76.4
3	④—⑥ ⑤—⑥	I、J	0.7	−0.1	1	−0.1	16	76.3
4	①—③	B	1.0	+0.2	—	—	—	—

1)第一次压缩：

从图3-57中可知，该网络计划中有两条关键线路，为了同时缩短两条关键线路的总持续时间，有以下四个压缩方案：

①压缩工作 B，直接费用率为 1.0 万元/天。

②压缩工作 E，直接费用率为 0.2 万元/天。

③同时压缩工作 H 和工作 I，组合直接费用率为 0.7+0.5=1.2(万元/天)。

④同时压缩工作 I 和工作 J，组合直接费用率为 0.5+0.2=0.7(万元/天)。

在上述压缩方案中，由于工作 E 的直接费用率最小，故应选择工作 E 作为压缩对象。工作 E 的直接费用率为 0.2 万元/天，小于间接费用率 0.8 万元/天，说明压缩工作 E 可使工程总费用降低。将工作 E 的持续时间压缩至最短持续时间 3 天，利用标号法重新确定计算工期和关键线路，如图 3-58 所示。此时，关键工作 E 被压缩成非关键工作，故将其持续时间延长为 4 天，使其成为关键工作。第一次

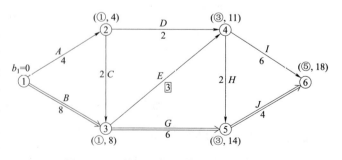

图 3-58　工作 E 压缩至最短时的关键线路

压缩后的网络计划，如图 3-59 所示。图中箭线上方括号内数字为工作的直接费用率。

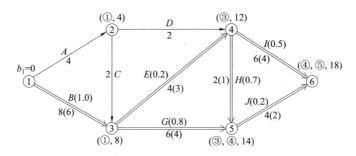

图 3-59　第一次压缩后的网络计划

2)第二次压缩：

从图 3-59 中可知，该网络计划中有三条关键线路，即①—③—④—⑥、①—③—④—⑤—⑥和①—③—⑤—⑥。为了同时缩短三条关键线路的总持续时间，有以下五个压缩方案：

①压缩工作 B，直接费用率为 1.0 万元/天。

②同时压缩工作 E 和工作 G，组合直接费用率为 0.2+0.8=1.0（万元/天）。

③同时压缩工作 E 和工作 J，组合直接费用率为 0.2+0.2=0.4（万元/天）。

④同时压缩工作 G、工作 H 和工作 I，组合直接费用率为 0.8+0.7+0.5=2.0（万元/天）。

⑤同时压缩工作 I 和工作 J，组合直接费用率为 0.5+0.2=0.7（万元/天）。

在上述压缩方案中，由于工作 E 和工作 J 的组合直接费用率最小，故应选择工作 E 和工作 J 作为压缩对象。工作 E 和工作 J 的组合直接费用率为 0.4 万元/天，小于间接费用率 0.8 万元/天，说明同时压缩工作 E 和工作 J 可使工程总费用降低。由于工作 E 的持续时间只能压缩 1 天，工作 J 的持续时间也只能随之压缩 1 天。工作 E 和工作 J 的持续时间同时压缩 1 天后，利用标号法重新确定计算工期和关键线路。此时，关键线路由压缩前的三条变为两条，即①—③—④—⑥和①—③—⑤—⑥。原来的关键工作 H 未经压缩而被动地变成了非关键工作。第二次压缩后的网络计划，如图 3-60 所示。此时，关键工作 E 的持续时间已达最短，不能再压缩，故其直接费用率变为无穷大。

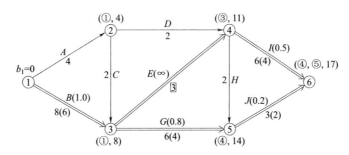

图 3-60　第二次压缩后的网络计划

3)第三次压缩：

从图 3-60 中可知，由于工作 E 不能再压缩，而为了同时缩短两条关键线路①—③—④—⑥和①—③—⑤—⑥的总持续时间，只有以下三个压缩方案：

①压缩工作 B，直接费用率为 1.0 万元/天。

②同时压缩工作 G 和工作 I，组合直接费用率为 0.8+0.5=1.3（万元/天）。

③同时压缩工作 I 和工作 J，组合直接费用率为 0.5+0.2=0.7（万元/天）。

在上述压缩方案中，由于工作 I 和工作 J 的组合直接费用率最小，故应选择工作 I 和工作 J 作为压缩对象。工作 I 和工作 J 的组合直接费用率为 0.7 万元/天，小于间接费用率 0.8 万元/天，说明同时压缩工作 I 和工作 J，可使工程总费用降低。由于工作 J 的持续时间只能压缩 1 天，工作 I 的持续时间也只能随之压缩 1 天。工作 I 和工作 J 的持续时间同时压缩 1 天后，利用标号法重新确定计算工期和关键线路。此时，关键线路仍然为两条，即①—③—④—⑥和①—③—⑤—⑥。第三次压缩后的网络计划如图 3-61 所示。此时，关键工作的持续时间也已达最短，不能再压缩，故其直接费用率变为无穷大。

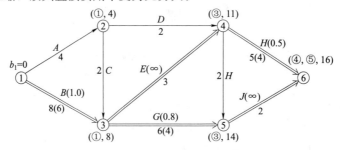

图 3-61　第三次压缩后的网络计划

4）第四次压缩：

从图 3-61 中可知，由于工作 E 和工作 J 不能再压缩，而为了同时缩短两条关键线路①—③—④—⑥和①—③—⑤—⑥的总持续时间，只有以下两个压缩方案：

①压缩工作 B，直接费用率为 1.0 万元/天。

②同时压缩工作 G 和工作 I，组合直接费用率为 $0.8+0.5=1.3$（万元/天）。

在上述压缩方案中，由于工作 B 的直接费用率最小，故应选择工作 B 作为压缩对象。但是，由于工作 B 的直接费用率为 1.0 万元/天，大于间接费用率 0.8 万元/天，说明压缩工作 B 会使工程总费用增加。因此，不需要压缩工作 B，优化方案已得到，优化后的网络计划如图 3-62 所示。图中，箭线上方括号内数字为工作的直接费。

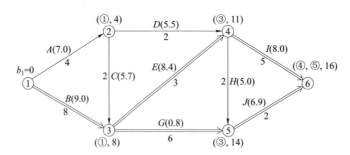

图 3-62　费用优化后的网络计划

（5）计算优化后的工程总费用：

1）直接费总和：$C_{d0}=7.0+9.0+5.7+5.5+8.4+8.0+5.0+8.0+6.9=63.5$（万元）。

2）间接费总和：$C_{i0}=0.8\times16=12.8$（万元）。

3）工程总费用：$C_{t0}=C_{d0}+C_{i0}=63.5+12.8=76.3$（万元）。

三、资源优化

资源是指为完成一项计划任务所需投入的人力、材料、机械设备和资金等。完成一项工程任务所需要的资源量基本上是不变的，不可能通过资源优化将其减少。资源优化的目的是通过改变工作的开始时间和完成时间，使资源按照时间的分布符合优化目标。

在通常情况下，网络计划的资源优化分为两种，即"资源有限，工期最短"的优化和"工期固定，资源均衡"的优化。前者是通过调整计划安排，在满足资源限制条件下，使工期延长最少的过程；后者是通过调整计划安排，在工期保持不变的条件下，使资源需用量尽可能均衡的过程。

这里所讲的资源优化，其前提条件如下：

(1)在优化过程中，不改变网络计划中各项工作之间的逻辑关系。

(2)在优化过程中，不改变网络计划中各项工作的持续时间。

(3)网络计划中各项工作的资源强度(单位时间所需资源数量)为常数，而且合理。

(4)除规定可中断的工作外，一般不允许中断工作，应保持其连续性。

为简化问题，这里假定网络计划中的所有工作需要同一种资源。

(一)"资源有限，工期最短"的优化

1. 优化步骤

"资源有限，工期最短"的优化一般可按以下步骤进行：

(1)按照各项工作的最早开始时间安排进度计划，并计算网络计划每个时间单位的资源需用量。

(2)从计划开始日期起，逐个检查每个时段(每个时间单位资源需用量相同的时间段)资源需用量是否超过所能供应的资源限量。如果在整个工期范围内每个时段的资源需用量均能满足资源限量的要求，则可行优化方案就编制完成；否则，必须转入下一步进行计划的调整。

(3)分析超过资源限量的时段。如果在该时段内有几项工作平行作业，则采取将一项工作安排在与之平行的另一项工作之后进行的方法，以降低该时段的资源需用量。

对于两项平行作业的工作 m 和工作 n 来说，为了降低相应时段的资源需用量，现将工作 n 安排在工作 m 之后进行，如图 3-63 所示。

如果将工作 n 安排在工作 m 之后进行，网络计划的工期延长值为

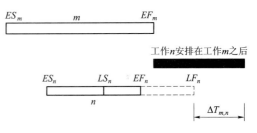

图 3-63 m，n 两项工作的排序

$$\Delta T_{m,n} = EF_m + D_n - LF_n$$
$$= EF_m - (LF_n - D_n) \tag{3-55}$$
$$= EF_m - LS_n$$

式中 $\Delta T_{m,n}$——将工作 n 安排在工作 m 之后进行时，网络计划的工期延长值；

EF_m——工作 m 的最早完成时间；

LF_n——工作 n 的最迟完成时间；

LS_n——工作 n 的最迟开始时间。

这样，在有资源冲突的时段中，对平行作业的工作进行两两排序，即可得出若干个 $\Delta T_{m,n}$，选择其中最小的 $\Delta T_{m,n}$，将相应的工作 n 安排在工作 m 之后进行，既可降低该时段的资源需用量，又使网络计划的工期延长最短。

(4)对调整后的网络计划安排重新计算每个时间单位的资源需用量。

(5)重复上述(2)~(4)，直至网络计划整个工期范围内每个时间单位的资源需用量均满足资源限量为止。

2. 优化示例

【例3-4】 已知某工程双代号网络计划如图3-64所示，图中箭线上方数字为工作的资源强度，箭线下方数字为工作的持续时间。假定资源限量 $R_a = 12$，试对其进行"资源有限，工期最短"的优化。

【解】 该网络计划"资源有限，工期最短"的优化，可按以下步骤进行：

(1)计算网络计划每个时间单位的资源需用量，绘出资源需用量动态曲线，如图3-64下方曲线所示。

(2)从计划开始日期起，经检查发现第二个时段[3，4]存在资源冲突，即资源需用量超过资源限量，故应首先调整该时段。

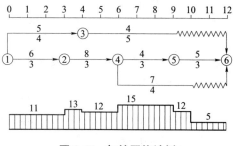

图3-64 初始网络计划

(3)在时段[3，4]有工作①—③和工作②—④两项工作平行作业，利用式(3-55)计算 ΔT 值，其结果见表3-5。

表3-5 ΔT 值计算表

工作序号	工作代号	最早完成时间	最迟完成时间	$\Delta T_{1,2}$	$\Delta T_{2,1}$
1	①—③	4	3	1	—
2	②—④	6	3	—	3

由表3-5可知，$\Delta T_{1,2} = 1$ 最小，说明将第2号工作(工作②—④)安排在第1号工作(工作①—③)之后进行，工期延长最短，只延长1。因此，将工作②—④安排在工作①—③之后进行，调整后的网络计划如图3-65所示。

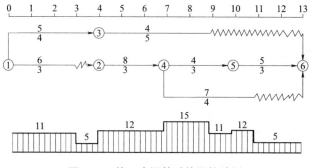

图3-65 第一次调整后的网络计划

(4)重新计算调整后的网络计划每个时间单位的资源需用量，绘出资源需用量动态曲线，如图3-65下方曲线所示。从图中可知，在第四时段[7，9]存在资源冲突，故应调整该时段。

(5)在时段[7，9]有工作③—⑥、工作④—⑤和工作④—⑥三项工作平行作业，利用式(3-55)计算 ΔT 值，其结果见表3-6。

表3-6 ΔT 值计算表

工作序号	工作代号	最早完成时间	最迟完成时间	$\Delta T_{1,2}$	$\Delta T_{1,3}$	$\Delta T_{2,1}$	$\Delta T_{2,3}$	$\Delta T_{3,1}$	$\Delta T_{3,2}$
1	③—⑥	9	8	2	0	—	—	—	—
2	④—⑤	10	7	—	—	2	1	—	—
3	④—⑥	11	9	—	—	—	—	3	4

由表 3-6 可知，$\Delta T_{1,3}=0$ 最小，说明将第 3 号工作（工作④—⑥）安排在第 1 号工作（工作③—⑥）之后进行，工期不延长。因此，将工作④—⑥安排在工作③—⑥之后进行，调整后的网络计划如图 3-66 所示。

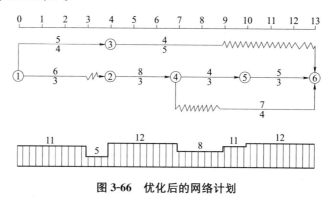

图 3-66　优化后的网络计划

(6)重新计算调整后的网络计划每个时间单位的资源需用量，绘出资源需用量动态曲线，如图 3-66 下方曲线所示。由于此时整个工期范围内的资源需用量均未超过资源限量，故图 3-66 所示方案即为最优方案，其最短工期为 13。

(二)"工期固定，资源均衡"的优化

安排建筑工程进度计划时，需要使资源需用量尽可能均衡，使整个工程每单位时间的资源需用量不出现过多的高峰和低谷，这样不仅有利于工程建设的组织与管理，而且还可以降低工程费用。

"工期固定，资源均衡"的优化方法有多种，如方差值最小法、极差值最小法和削高峰法等。这里仅介绍方差值最小的优化方法。

1. 方差值最小法的基本原理

现假设已知某工程网络计划的资源需用量，则其方差为

$$\sigma^2 = \frac{1}{T}\sum_{t=1}^{T}(R_t - R_m)^2 \tag{3-56}$$

式中　σ^2——资源需用量方差；

　　　T——网络计划的计算工期；

　　　R_t——第 t 个时间单位的资源需用量；

　　　R_m——资源需用量的平均值。

式(3-56)可以简化为

$$
\begin{aligned}
\sigma^2 &= \frac{1}{T}\sum_{t=1}^{T}R_t^2 - 2R_m \cdot \frac{\sum_{t=1}^{T}R_t}{T} + \frac{1}{T}\sum_{t=1}^{T}R_m^2 \\
&= \frac{1}{T}\sum_{t=1}^{T}R_t^2 - 2R_m \cdot R_m + \frac{1}{T}T \cdot R_m^2 \\
&= \frac{1}{T}\sum_{t=1}^{T}R_t^2 - R_m^2
\end{aligned}
\tag{3-57}
$$

由式(3-57)可知，由于工期 T 和资源需用量的平均值 R_m 均为常数，为使方差 σ^2 最小，必须使资源需用量的平方和最小。

对于网络计划中某项工作 k 而言，其资源强度为 r_k。在调整计划前，工作 k 从第 i 个时间单位开始，到第 j 个时间单位完成，则此时网络计划资源需用量的平方和为

$$\sum_{t=1}^{T}R_{t0}^2 = R_1^2 + R_2^2 + \cdots + R_i^2 + R_{i+1}^2 + \cdots + R_j^2 + R_{j+1}^2 + \cdots R_t^2 \tag{3-58}$$

若将工作 k 的开始时间右移一个时间单位，即工作 k 从第 $i+1$ 个时间单位开始，到第 $j+1$ 个时间单位完成，则此时网络计划资源需用量的平方和为

$$\sum_{t=1}^{T} R_{t1}^2 = R_1^2 + R_2^2 + \cdots + (R_i - r_k)^2 + R_{i+1}^2 + \cdots + R_j^2 + (R_{j+1} + r_k)^2 + \cdots R_t^2 \qquad (3\text{-}59)$$

比较式(3-58)和式(3-59)可以得到，当工作 k 的开始时间右移一个时间单位时，网络计划资源需用量平方和的增量 $\triangle$ 为

$$\triangle = (R_i - r_k)^2 - R_i^2 + (R_{j+1} + r_k)^2 - R_{j+1}^2$$

即

$$\triangle = 2r_k(R_{j+1} + r_k - R_i) \qquad (3\text{-}60)$$

如果资源需用量的平方和的增量 $\triangle$ 为负值，说明工作 k 的开始时间右移一个时间单位能使资源需用量的平方和减小，也就使资源需用量的方差减小，从而使资源需用量更均衡。因此，工作 k 的开始时间能够右移的判别式为

$$\triangle = 2r_k(R_{j+1} + r_k - R_i) \leqslant 0 \qquad (3\text{-}61)$$

由于工作 k 的资源强度 r_k 不可能为负值，故判别式(3-61)可以简化为

$$R_{j+1} + r_k - R_i \leqslant 0$$

即

$$R_{j+1} + r_k \leqslant R_i \qquad (3\text{-}62)$$

判别式(3-62)表明，当网络计划中工作 k 完成时间之后的一个时间单位所对应的资源需用量 R_{j+1} 与工作 k 的资源强度 r_k 之和不超过工作 k 开始时所对应的资源需用量 R_i 时，将工作 k 右移一个时间单位能使资源需用量更加均衡。这时，就应将工作 k 右移一个时间单位。

同理，如果判别式(3-63)成立，说明将工作 k 左移一个时间单位能使资源需用量更加均衡。这时，就应将工作 k 左移一个时间单位：

$$R_{i+1} + r_k \leqslant R_j \qquad (3\text{-}63)$$

如果工作 k 不满足判别式(3-62)或判别式(3-63)，说明工作 k 右移或左移一个时间单位不能使资源需用量更加均衡，这时可以考虑在其总时差允许的范围内，将工作 k 右移或左移数个时间单位。

向右移时，判别式为

$$[(R_{j+1} + r_k) + (R_{j+2} + r_k) + (R_{j+3} + r_k) + \cdots] \leqslant [R_i + R_{i+1} + R_{i+2} + \cdots] \qquad (3\text{-}64)$$

向左移时，判别式为

$$[(R_{i-1} + r_k) + (R_{i-2} + r_k) + (R_{i-3} + r_k) + \cdots] \leqslant [R_j + R_{j-1} + R_{j-2} + \cdots] \qquad (3\text{-}65)$$

2. 优化步骤

按方差值最小的优化原理，"工期固定，资源均衡"的优化一般可按以下步骤进行：

(1)按照各项工作的最早开始时间安排进度计划，并计算网络计划每个时间单位的资源需用量。

(2)从网络计划终点节点开始，按工作完成节点编号值从大到小的顺序依次进行调整。当某一节点同时作为多项工作的完成节点时，应先调整开始时间较迟的工作。

在调整工作时，一项工作能够右移或左移的条件是：

1)工作具有机动时间，在不影响工期的前提下能够右移或左移。

2)工作满足判别式(3-63)或式(3-64)，或者满足判别式(3-63)或式(3-65)。

只有同时满足以上两个条件，才能调整该工作，将其右移或左移至相应位置。

(3)当所有工作均按上述顺序自右向左调整了一次之后，为使资源需用量更加均衡，再按上述顺序自右向左进行多次调整，直至所有工作既不能右移也不能左移为止。

3. 优化示例

【例 3-5】 已知某工程双代号网络计划如图 3-67 所示，图中箭线上方数字为工作的资源强

度，箭线下方数字为工作的持续时间。试对其进行"工期固定，资源均衡"的优化。

【解】 该网络计划"工期固定，资源均衡"的优化可按以下步骤进行：

(1)计算网络计划每个时间单位的资源需用量，绘出资源需用量动态曲线，如图 3-67 下方曲线所示。

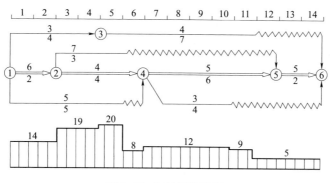

图 3-67 初始网络计划

由于总工期为 14，故资源需用量的平均值为

$$R_{\mathrm{m}} = (2 \times 14 + 2 \times 19 + 20 + 8 + 4 \times 12 + 9 + 3 \times 5)/14 = 116/14 \approx 11.86$$

(2)第一次调整。

1)以终点节点⑥为完成节点的工作有三项，即工作③—⑥、工作⑤—⑥和工作④—⑥。其中，工作⑤—⑥为关键工作，由于工期固定而不能调整，只能考虑工作③—⑥和工作④—⑥。

由于工作④—⑥的开始时间晚于工作③—⑥的开始时间，应先调整工作④—⑥。在图 3-67 中，按照判别式(3-62)：

①由于 $R_{11} + r_{4-6} = 9 + 3 = 12$，$R_7 = 12$，两者相等，故工作④—⑥可右移一个时间单位，改为第 8 个时间单位开始。

②由于 $R_{12} + r_{4-6} = 5 + 3 = 8$，小于 $R_8 = 12$，故工作④—⑥可再右移一个时间单位，改为第 9 个时间单位开始。

③由于 $R_{13} + r_{4-6} = 5 + 3 = 8$，小于 $R_9 = 12$，故工作④—⑥可再右移一个时间单位，改为第 10 个时间单位开始。

④由于 $R_{14} + r_{4-6} = 5 + 3 = 8$，小于 $R_{10} = 12$，故工作④—⑥可再右移一个时间单位，改为第 11 个时间单位开始。

至此，工作④—⑥的总时差已全部用完，不能再右移。工作④—⑥调整后的网络计划如图 3-68 所示。

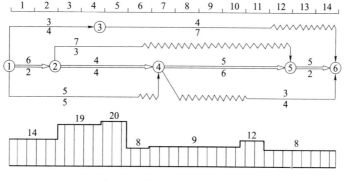

图 3-68 工作④—⑥调整后的网络计划

工作④—⑥调整后，就应对工作③—⑥进行调整。在图3-68中，按照判别式(3-62)：

①由于 $R_{12}+r_{3-6}=8+4=12$，小于 $R_5=20$，故工作③—⑥可右移一个时间单位，改为第6个时间单位开始。

②由于 $R_{13}+r_{3-6}=8+4=12$，大于 $R_6=8$，故工作③—⑥不能右移一个时间单位。

③由于 $R_{14}+r_{3-6}=8+4=12$，大于 $R_7=9$，故工作③—⑥也不能右移两个时间单位。

由于工作③—⑥的总时差只有3，故该工作此时只能右移一个时间单位，改为第6个时间单位开始。工作③—⑥调整后的网络计划，如图3-69所示。

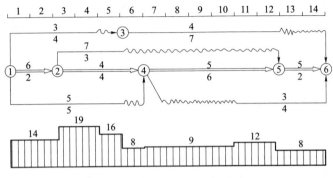

图3-69 工作③—⑥调整后的网络计划

2)以节点⑤为完成节点的工作有两项，即工作②—⑤和工作④—⑤。其中，工作④—⑤为关键工作，不能移动，故只能调整工作②—⑤。在图3-70中，按照判别式(3-62)：

①由于 $R_6+r_{2-5}=8+7=15$，小于 $R_3=19$，故工作②—⑤可右移一个时间单位，改为第4个时间单位开始。

②由于 $R_7+r_{2-5}=9+7=16$，小于 $R_4=19$，故工作②—⑤可再右移一个时间单位，改为第5个时间单位开始。

③由于 $R_8+r_{2-5}=9+7=16$，$R_5=16$，两者相等，故工作②—⑤可再右移一个时间单位，改为第6个时间单位开始。

④由于 $R_9+r_{2-5}=9+7=16$，大于 $R_6=8$，故工作②—⑤不可右移一个时间单位。

此时，工作②—⑤虽然还有总时差，但不能满足判别式(3-62)或判别式(3-64)，故工作②—⑤不能再右移。至此，工作②—⑤只能右移3，改为第6个时间单位开始。工作②—⑤调整后的网络计划如图3-70所示。

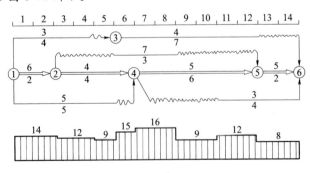

图3-70 工作②—⑤调整后的网络计划

3)以节点④为完成节点的工作有两项，即工作①—④和工作②—④。其中，工作②—④为关键工作，不能移动，故只能考虑调整工作①—④。

在图 3-70 中，由于 $R_6 + r_{1-4} = 15 + 5 = 20$，大于 $R_1 = 14$，不满足判别式(3-62)，故工作①—④不可右移。

4)以节点③为完成节点的工作只有工作①—③，在图 3-70 中，由于 $R_5 + r_{1-3} = 9 + 3 = 12$，小于 $R_1 = 14$，故工作①—③可右移一个时间单位。工作①—③调整后的网络计划如图 3-71 所示。

5)以节点②为完成节点的工作只有工作①—②，由于该工作为关键工作，故不能移动。至此，第一次调整结束。

(3)第二次调整。从图 3-71 可知，在以终点节点⑥为完成节点的工作中，只有工作③—⑥有机动时间，有可能右移。按照判别式(3-62)：

1)由于 $R_{13} + r_{3-6} = 8 + 4 = 12$，小于 $R_6 = 15$，故工作③—⑥可右移一个时间单位，改为第 7 个时间单位开始。

2)由于 $R_{14} + r_{3-6} = 8 + 4 = 12$，小于 $R_7 = 16$，故工作③—⑥可再右移一个时间单位，改为第 8 个时间单位开始。

至此，工作③—⑥的总时差已全部用完，不能再右移。工作③—⑥调整后的网络计划如图 3-72 所示。

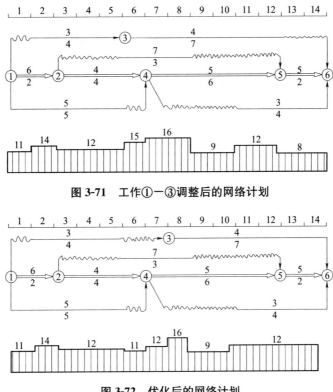

图 3-71　工作①—③调整后的网络计划

图 3-72　优化后的网络计划

从图 3-72 可知，此时所有工作右移或左移均不能使资源需用量更加均衡。因此，图 3-72 所示网络计划即为最优方案。

(4)比较优化前后的方差值。

1)根据图 3-71，优化方案的方差值由式(3-57)得

$$\sigma_0^2 = \frac{1}{14} \times (11^2 \times 2 + 14^2 + 12^2 \times 8 + 16^2 + 9^2 \times 2) - 11.86^2$$

$$= \frac{1}{14} \times 2\,008 - 11.86^2 = 2.77$$

2)根据图 3-72，初始方案的方差值由式(3-57)得

$$\sigma_0^2 = \frac{1}{14} \times (14^2 \times 2 + 19^2 \times 2 + 20^2 + 8^2 + 12^2 \times 4 + 9^2 + 5^2 \times 3) - 11.86^2$$

$$= \frac{1}{14} \times 2\,310 - 11.86^2 = 24.34$$

3)方差降低率为

$$\frac{24.34 - 2.77}{24.34} \times 100\% = 88.62\%$$

第二节　建筑工程进度计划实施中的监测与调整方法

任务导入

某项工程项目局部进度计划的跟踪与比较以及进度计划的调整。

任务分析

确定建筑工程进度目标，编制一个科学、合理的进度计划，是监理工程师实现进度控制的首要前提。但在工程项目的实施工程中，由于外部环境和条件的变化，进度计划的编制者很难事先对项目在实施过程中可能出现的问题进行全面的估计。气候的变化、不可预见事件的发生以及其他条件的变化，均会对工程进度计划的实施产生影响，从而造成实施进度偏离计划进度。如果实施进度与计划进度的偏差得不到及时纠正，势必会影响年进度总目标的实现。因此，在进度计划的执行过程中，必须采取有效的监测手段对进度计划的实施过程进行监控，以便及时发现问题，并运用行之有效的进度调整方法来解决问题。

任务准备

一、实际进度监测与调整的系统过程

(一)监测的系统过程

在建筑工程实施过程中，监理工程师应经常、定期地对进度计划的执行情况进行跟踪检查，发现问题后，应及时采取措施加以解决。建筑工程进度监测系统过程如图 3-73 所示。

1. 进度计划执行中的跟踪检查

对进度计划的执行情况进行跟踪检查，是计划执行信息的主要来源，是进度分析和调整的依据，也是进度控制的关键步骤。跟踪检查的主要工作是定期收集反映工程实际进度的有关数据，收集的数据应全面、真实和可靠，不完整或不正确的进度数据将会导致判断不准确或决策失误。为了全面、准确地掌握进度计划的执行情况，监理工程师应认真做好以下三个方面的工作：

(1)定期收集进度报表资料。进度报表是反映工程实际进度的主要方式之一。进度计划执行单位应按照进度监理制度规定的时间和报表内容，定期填写进度报表。监理工程师通过收集进度报表资料掌握工程实际进展情况。

(2)现场实地检查工程进展情况。派监理人员常驻现场，随时检查进度计划的实际执行情况，这样可以加强进度监测工作，掌握工程实际进度的第一手资料，使获取的数据更加及时、准确。

(3)定期召开现场会议。定期召开现场会议,监理工程师通过与进度计划执行单位的有关人员面对面的交谈,既可以了解工程实际进度状况,也可以协调有关方面的进度关系。

一般来说,进度控制的效果与收集数据资料的时间间隔有关。应多长时间进行一次进度检查,这是监理工程师应当确定的问题。如果不能经常、定期地收集实际进度数据,就难以有效地控制实际进度。进度检查的时间间隔与工程项目的类型、规模、监理对象及有关条件等多方面因素相关,可视工程的具体情况,每月、每半月或每周进行一次检查。在特殊情况下,甚至需要每日进行一次进度检查。

2. 实际进度数据的加工处理

为了进行实际进度与计划进度的比较,必须对收集到的实际进度数据进行加工处理,形成与计划进度具有可比性的数据。例如,对检查时段实际完成工作量的进度数据进行整理、统计和分析,确定本期累计完成的工作量、本期已完成的工作量占计划总工作量的百分比等。

3. 实际进度与计划进度的对比分析

将实际进度数据与计划进度数据进行比较,可以确定建筑工程实际执行状况与计划目标之间的差距。为了直观反映实际进度偏差,通常采用表格或图形进行实际进度与计划进度的对比分析,从而得出实际进度比计划进度超前、滞后还是一致的结论。

(二)进度调整的系统过程

在建筑工程实施进度监测过程中,一旦发现实际进度偏离计划进度,即出现进度偏差时,必须认真分析产生偏差的原因及其对后续工作和总工期的影响,必要时采取合理、有效的进度计划调整措施,确保进度总目标的实现。建筑工程进度调整系统过程如图 3-74 所示。

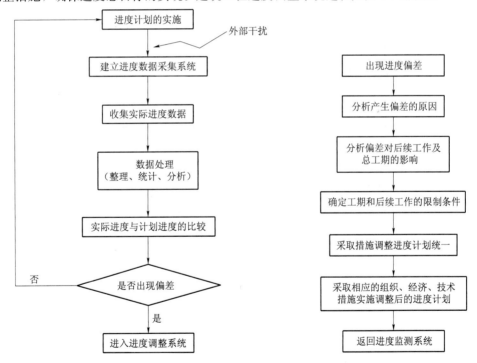

图 3-73　建筑工程进度监测系统过程　　　　图 3-74　建筑工程进度调整系统过程

1. 分析进度偏差产生的原因

通过实际进度与计划进度的比较,发现进度偏差时,为了采取有效措施调整进度计划,必须深入现场进行调查,分析产生进度偏差的原因。

2. 分析进度偏差对后续工作和总工期的影响

当查明进度偏差产生的原因后，要分析进度偏差对后续工作和总工期的影响程度，以确定是否应采取措施调整进度计划。

3. 确定后续工作和总工期的限制条件

当出现的进度偏差影响到后续工作或总工期而需要采取进度调整措施时，应当首先确定可调整进度的范围，主要指关键节点、后续工作的限制条件以及总工期允许变化的范围。这些限制条件往往与合同条件有关，需要认真分析后方可确定。

4. 采取措施调整进度计划

采取进度调整措施，应以后续工作和总工期的限制条件为依据，确保要求的进度目标得以实现。

5. 实施调整后的进度计划

进度计划调整之后，应采取相应的组织、经济、技术措施执行它，并继续监测其执行情况。

二、实际进度与计划进度的比较方法

实际进度与计划进度的比较是建筑工程进度监测的主要环节。常用的进度比较方法有横道图、S曲线、香蕉曲线、前锋线和列表比较法。

(一)横道图比较法

横道图比较法是指将项目实施过程中检查实际进度收集到的数据，经加工整理后直接用横道线平行绘于原计划的横道线处，进行实际进度与计划进度比较的方法。采用横道图比较法，可以形象、直观地反映实际进度与计划进度的比较情况。

例如，某工程项目基础工程的计划进度和截止到第9周周末的实际进度，如图3-75所示，其中，双线条表示该工程的计划进度，粗实线表示实际进度。从图中实际进度与计划进度的比较可以看出，到第9周末进行实际进度检查时，挖土方和做垫层两项工作已经完成；支模板按计划也应该完成，但实际只完成75%，任务量拖欠25%；绑扎钢筋按计划应该完成60%，而实际只完成20%，任务拖欠40%。

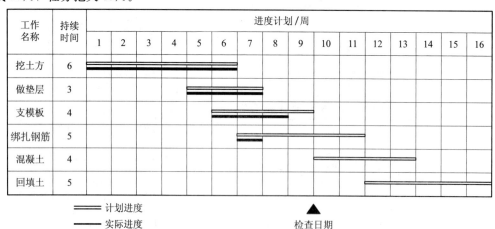

图3-75 某基础工程实际进度与计划进度比较图

根据各项工作的进度偏差，进度控制者可以采取相应的纠偏措施对进度计划进行调整，以确保该工程按期完成。

图3-75所表达的比较方法仅适用于工程项目中的各项工作都是均匀进展的情况，即每项工作在单位时间内完成的任务量都相等的情况。事实上，工程项目中各项工作的进展不一定是匀

速的。根据工程项目中各项工作的进展是否匀速，可分别采用以下两种方法进行实际进度与计划进度的比较。

1. 匀速进展横道图比较法

匀速进展是指在工程项目中，每项工作在单位时间内完成的任务量都是相等的，即工作的进展速度是均匀的。此时，每项工作累计完成的任务量与时间呈线性关系，如图 3-76 所示。完成的任务量可以用实物工程量、劳动消耗量或费用支出表示。为了便于比较，通常用上述物理量的百分比表示。

采用匀速进展横道图比较法时，其步骤如下：

(1)编制横道图进度计划。

(2)在进度计划上标出检查日期。

(3)将检查收集到的实际进度数据经加工整理后，按比例用涂黑的粗线标于计划进度的下方，如图 3-77 所示。

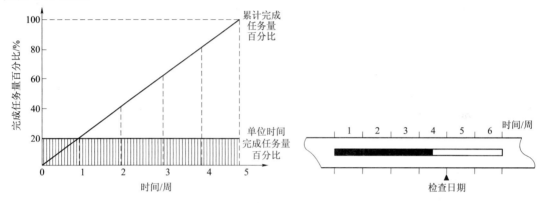

图 3-76　工作匀速进展时任务量与时间关系曲线　　　图 3-77　匀速进展横道图比较图

(4)对比分析实际进度与计划进度：

1)如果涂黑的粗线右端落在检查日期左侧，表明实际进度拖后。

2)如果涂黑的粗线右端落在检查日期右侧，表明实际进度超前。

3)如果涂黑的粗线右端与检查日期重合，表明实际进度与计划进度一致。

必须指出，该方法仅适用于工作从开始到结束的整个过程中，其进展速度均为固定不变的情况。如果工作的进展速度是变化的，则不能采用这种方法进行实际进度与计划进度的比较；否则，会得出错误的结论。

2. 非匀速进展横道图比较法

当工作在不同单位时间里的进展速度不相等时，累计完成的任务量与时间的关系就不可能是线性关系。此时，应采用非匀速进展横道图比较法进行工作实际进度与计划进度的比较。

非匀速进展横道图比较法在用涂黑粗线表示工作实际进度的同时，还要标出其对应时刻完成任务量的累计百分比，并将该百分比与其同时刻计划完成任务量的累计百分比相比较，判断工作实际进度与计划进度之间的关系。

采用非匀速进展横道图比较法时，其步骤如下：

(1)编制横道图进度计划。

(2)在横道线上方标出各主要时间工作的计划完成任务量累计百分比。

(3)在横道线下方标出相应时间工作的实际完成任务量累计百分比。

(4)用涂黑粗线标出工作的实际进度，从开始之日标起，同时反映出该工作在实施过程中的连续与间断情况。

(5)通过比较同一时刻实际完成任务量累计百分比和计划完成任务量累计百分比,判断工作实际进度与计划进度之间的关系。

1)如果同一时刻横道线上方累计百分比大于横道线下方累计百分比,表明实际进度拖后,拖欠的任务量为两者之差。

2)如果同一时刻横道线上方累计百分比小于横道线下方累计百分比,表明实际进度超前,超前的任务量为两者之差。

3)如果同一时刻横道线上下方两个累计百分比相等,表明实际进度与计划进度一致。

可以看出:由于工作进展速度是变化的,因此,在图中的横道线,无论是计划的还是实际的,只能表示工作的开始时间、完成时间和持续时间,并不表示计划完成的任务量和实际完成的任务量。另外,采用非匀速进展横道图比较法,不仅可以进行某一时刻(如检查日期)实际进度与计划进度的比较,而且能进行某一时间段实际进度与计划进度的比较。当然,这需要实施部门按规定的时间记录当时的任务完成情况。

(二)S曲线比较法

1.S曲线比较法的概念

S曲线比较法是以横坐标表示时间,纵坐标表示累计完成任务量,绘制一条按计划时间累计完成任务量的S曲线;然后,将工程项目实施过程中各检查时间实际累计完成任务量的S曲线也绘制在同一坐标系中,进行实际进度与计划进度比较的一种方法。

从整个工程项目实际进展全过程看,单位时间投入的资源量一般是开始和结束时较少,中间阶段较多。与其相对应,单位时间完成的任务量也呈同样的变化规律,如图3-78(a)所示。而随工程进展累计完成的任务量则应呈S形变化,如图3-78(b)所示。由于其形似英文字母"S",S曲线因此而得名。

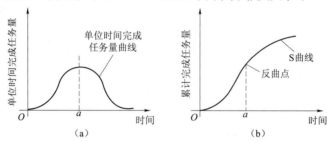

图3-78 时间与完成任务量关系曲线

2. 实际进度与计划进度的比较

同横道图比较法一样,S曲线比较法也是在图上进行工程项目实际进度与计划进度的直观比较。

在工程项目实施过程中,按照规定时间将检查收集到的实际累计完成任务量绘制在原计划S曲线图上,即可得到实际进度S曲线,如图3-79所示。通过比较实际进度S曲线和计划进度S曲线,可以获得如下信息:

(1)工程项目实际进展状况。如果工程实际进展点落在计划S曲线左侧,表明此时实际进度比计划进度超前,如图3-79中的 a 点;如果工程实际进展点落在计划S曲线右侧,表明此时实际进度拖后,如图3-79中的 b 点;如果工程实际进展点正好落在计划S曲线上,表明此时实际进度与计划进度一致。

(2)工程项目实际进度超前或拖后的时间。在S曲线比较图中,可以直接读出实际进度比计划进度超前或拖后的时间。如图3-79所示, ΔT_a 表示 T_a 时刻实际进度超前的时间, ΔT_b 表示 T_b 时刻实际进度拖后的时间。

(3)工程项目实际超额或拖欠的任务量。在S曲线比较图中也可以直接读出实际进度比计划进度超额或拖欠的任务量。如图 3-79 所示，ΔQ_a 表示 T_a 时刻超额完成的任务量，ΔQ_b 表示 T_b 时刻拖欠的任务量。

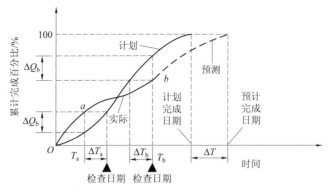

图 3-79　S 曲线比较图

（4）后期工程进度预测。如果后期工程按原计划速度进行，则可作出后期工程计划 S 曲线，如图 3-79 中的虚线所示，从而可以确定工期拖延预测值 ΔT。

（三）香蕉曲线比较法

香蕉曲线是由两条 S 曲线组合而成的闭合曲线。由 S 曲线比较法可知，工程项目累计完成的任务量与计划时间的关系，可以用一条 S 曲线表示。对于一个工程项目的网络计划来说，如果以其中各项工作的最早开始时间安排进度而绘制 S 曲线，称为 ES 曲线；如果以其中各项工作的最迟开始时间安排进度而绘制 S 曲线，称为 LS 曲线。

两条 S 曲线具有相同的起点和终点，因此，两条曲线是闭合的。一般情况下，ES 曲线上的其余各点均落在 LS 曲线的相应点的左侧。由于该闭合曲线形似"香蕉"，故称为香蕉曲线，如图 3-80 所示。

1. 香蕉曲线比较法的作用

香蕉曲线比较法能直观地反映工程项目的实际进展情况，并可以获得比 S 曲线更多的信息。其主要作用有：

（1）合理安排工程项目进度计划。如果工程项目中的各项工作均按其最早开始时间安排进度，将导致项目的投资加大；而如果各项工作都按其最迟开始时间安排进度，则一旦受到进度影响因素的干扰，又将导致工期拖延，使工程进度风险加大。因此，一个科学、合理的进度计划优化曲线应处于香蕉曲线所包络的区域之内，如图 3-80 中的点画线所示。

（2）定期比较工程项目的实际进度与计划进度。在工程项目的实施过程中，根据每次检查收集到的实际完成任务量，绘制出实际进度 S 曲线，便可以与计划进度进行比较。工程项目实施进度的理想状态是任一时刻工程实际进展点应落在香蕉曲线图之内。如果工程实际进展点落在 ES 曲线的左侧，表明此刻实际进度比各项工作按其最早开始时间安排的计划进度超前；如果工程实际进展点落在 LS 曲线的右侧，表明此刻实际进度比各项工作按其最迟开始时间安排的计划进度拖后。

（3）预测后期工程进展趋势。利用香蕉曲线可以对后期工程的进展情况进行预测。例如，在图 3-81 中，该工程项目在检查日期实际进度超前；检查日期之后的后期工程进度安排如图中虚线所示，预计该工程项目将提前完成。

2. 香蕉曲线的绘制方法

香蕉曲线的绘制方法与 S 曲线的绘制方法基本相同，所不同之处在于香蕉曲线是以工作按最早开始时间安排进度和按最迟开始时间安排。进度分别绘制的两条 S 曲线组合而成。其绘制步骤如下：

（1）以工程项目的网络计划为基础，计算各项工作的最早开始时间和最迟开始时间。

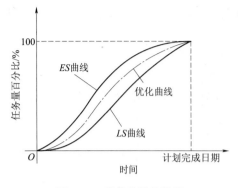

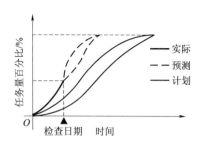

图 3-80　香蕉曲线比较图　　　　　　图 3-81　工程进展趋势预测图

(2)确定各项工作在各单位时间的计划完成任务量。分别按以下两种情况考虑：

1)根据各项工作按最早开始时间安排的进度计划，确定各项工作在各单位时间的计划完成任务量。

2)根据各项工作按最迟开始时间安排的进度计划，确定各项工作在各单位时间的计划完成任务量。

(3)计算工程项目总任务量，即对所有工作在各单位时间计划完成的任务量累加求和。

(4)分别根据各项工作按最早开始时间、最迟开始时间安排的进度计划，确定工程项目在各单位时间计划完成的任务量，即将各项工作在某一单位时间内计划完成的任务求和。

(5)分别根据各项工作按最早开始时间、最迟开始时间安排的进度计划，确定不同时间累计完成的任务量或任务量的百分比。

(6)绘制香蕉曲线。分别根据各项工作按最早开始时间、最迟开始时间安排的进度计划而确定的累计完成任务量或任务量百分比描绘各点。并连接各点得到 *ES* 曲线和 *LS* 曲线，由 *ES* 曲线和 *LS* 曲线组成香蕉曲线。

在工程项目实施过程中，根据检查得到的实际累计完成任务量，按同样的方法在原计划香蕉曲线图上绘出实际进度曲线，便可以进行实际进度与计划进度的比较。

(四)前锋线比较法

前锋线比较法是通过绘制某检查时刻工程项目实际进度前锋线，进行工程实际进度与计划进度比较的方法。其主要适用于时标网络计划。所谓前锋线，是指在原时标网络计划上，从检查时刻的时标点出发，用点画线依次将各项工作实际进展位置点连接成折线。前锋线比较法就是通过实际进度前锋线与原进度计划中各工作箭线交点的位置，来判断工作实际进度与计划进度的偏差，进而判定该偏差对后续工作及总工期影响程度的一种方法。

采用前锋线比较法进行实际进度与计划进度的比较，其步骤如下。

1.绘制时标网络计划图

工程项目实际进度前锋线是在时标网络计划图上标示，为清楚计算，可在时标网络计划图的上方和下方各设一时间坐标。

2.绘制实际进度前锋线

一般从时标网络计划图上方时间坐标的检查日期开始绘制，依次连接相邻工作的实际进展位置点，最后与时标网络计划图下方坐标的检查日期相连接。

工作实际进展位置点的标定方法有以下两种：

(1)按该工作已完任务量比例进行标定。假设工程项目中各项工作均为匀速进展，根据实际进度检查时刻该工作已完任务量占其计划完成总任务量的比例，在工作箭线上从左至右按相同

的比例标定其实际进展位置点。

(2)按尚需作业时间进行标定。当某些工作的持续时间难以按实物工程量来计算而只能凭经验估算时，可以先估算出检查时刻到该工作全部完成尚需作业的时间，然后在该工作箭线上从右向左逆向标定其实际进展位置点。

3. 进行实际进度与计划进度的比较

前锋线可以直观地反映出检查日期有关工作实际进度与计划进度之间的关系。对某项工作来说，其实际进度与计划进度之间的关系可能存在以下三种情况：

(1)工作实际进展位置点落在检查日期的左侧，表明该工作实际进度拖后，拖后的时间为两者之差。

(2)工作实际进展位置点与检查日期重合，表明该工作实际进度与计划进度一致。

(3)工作实际进展位置点落在检查日期的右侧，表明该工作实际进度超前，超前的时间为两者之差。

4. 预测进度偏差对后续工作及总工期的影响

通过实际进度与计划进度的比较确定进度偏差后，还可根据工作的自由时差和总时差预测该进度偏差对后续工作及项目总工期的影响。由此可见，前锋线比较法既适用于工作实际进度与计划进度之间的局部比较，又可用来分析和预测工程项目的整体进度状况。

值得注意的是，以上比较量针对匀速进展的工作。对于非匀速进展的工作，比较方法较复杂，此处不赘述。

(五)列表比较法

当工程进度计划用非时标网络图表示时，可以采用列表比较法进行实际进度与计划进度的比较。这种方法是记录检查日期应该进行的工作名称及其已经作业的时间，然后列表计算有关时间参数，并根据工作总时差进行实际进度与计划进度比较的方法。

采用列表比较法进行实际进度与计划进度的比较，其步骤如下：

(1)对于实际进度检查日期应该进行的工作，根据已经作业的时间，确定其尚需作业时间。

(2)根据原进度计划计算检查日期应该进行的工作从检查日期到原计划最迟完成时尚余时间。

(3)计算工作仍有总时差，其值等于工作从检查日期到原计划最迟完成时间尚余时间与该工作尚需作业时间之差。

(4)比较实际进度与计划进度。可能有以下几种情况：

1)如果工作尚有总时差与原有总时差相等，说明该工作实际进度与计划进度一致。

2)如果工作尚有总时差大于原有总时差，说明该工作实际进度超前，超前的时间为两者之差。

3)如果工作尚有总时差小于原有总时差，且仍为非负值，说明该工作实际进度拖后，拖后的时间为两者之差，但不影响总工期。

4)如果工作尚有总时差小于原有总时差，且为负值，说明该工作实际进度拖后，拖后的时间为两者之差，此时工作实际进度偏差将影响总工期。

三、进度计划实施中的调整方法

(一)分析进度偏差对后续工作及总工期的影响

在工程项目实施过程中，当通过实际进度与计划进度的比较，发展有进度偏差时，需要分析该偏差对后续工作及总工期的影响，从而采取相应的调整措施对原进度计划进行调整，以确保工期目标的顺利实现。进度偏差的大小及其所处的位置不同，对后续工作和总工期的影响程度是不同的，分析时需要利用网络计划中工作总时差和自由时差的概念进行判断。

分析步骤如下：

(1)分析出现进度偏差的工作是否为关键工作。如果出现进度偏差的工作位于关键线路上，即该工作为关键工作，则无论其偏差有多大，都将对后续工作和总工期产生影响，必须采取相应的调整措施；如果出现偏差的工作是非关键工作，则需要根据进度偏差值与总时差和自由时差的关系作进一步分析。

(2)分析进度偏差是否超过总时差。如果工作的进度偏差大于该工作的总时差，则此进度偏差必将影响其后续工作和总工期，必须采取相应的调整措施；如果工作的进度偏差未超过该工作的总时差，则此进度偏差不影响总工期。至于对后续工作的影响程度，还需要根据偏差值与其自由时差的关系作进一步分析。

(3)分析进度偏差是否超过自由时差。如果工作的进度偏差大于该工作的自由时差，则此进度偏差将对其后续工作产生影响，此时应根据后续工作的限制条件确定调整方法；如果工作的进度偏差未超过该工作的自由时差，则此进度偏差不影响后续工作，因此，原进度计划可以不作调整。

进度偏差的分析判断过程如图 3-82 所示。通过分析，进度控制人员可以根据进度偏差的影响程度，制订相应的纠偏措施进行调整，以获得符合实际进度情况和计划目标的新进度计划。

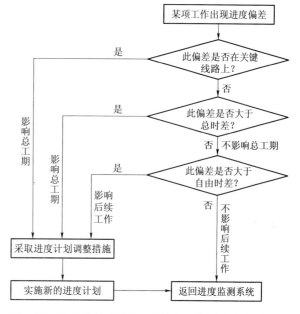

图 3-82　进度偏差对后续工作和总工期影响分析过程图

(二)进度计划的调整方法

当实际进度偏差影响到后续工作，总工期需要调整进度计划时，其调整方法主要有以下两种。

1. 改变某些工作之间的逻辑关系

当工程项目实施中产生的进度偏差影响到总工期，而且有关工作的逻辑关系允许改变时，可以改变关键线路和超过计划工期的非关键线路上的有关工作之间的逻辑关系，达到缩短工期的目的。例如，将顺序进行的工作改为平行作业、搭接作业以及分段组织流水作业等，都可以有效地缩短工期。

2. 缩短某些工作的持续时间

这种方法是不改变工程项目中各项工作之间的逻辑关系，而通过采取增加资源投入、提高劳动效率等措施来缩短某些工作的持续时间，使工程进度加快，以保证按计划工期完成该工程项目。这些被压缩持续时间的工作是位于关键线路和超过计划工期的非关键线路上的工作。同时，这些工作又是其持续时间可被压缩的工作。这种调整方法通常可以在网络图上直接进行。其调整方法限制条件及对其后续工作的影响程度的不同而有所区别，一般可分为以下两种情况：

(1)网络计划中某项工作进度拖延的时间已超过其自由时差但未超过其总时差。如前所述，此时该工作的实际进度不会影响总工期，而只对其后续工作产生影响。因此，在进行调整前，需要确定其后续工作允许拖延的时间限制，并以此作为进度调整的限制条件。该限制条件的确定常常较复杂，尤其是当后续工作由多个平行的承包单位负责实施时更是如此。后续工作如不能按原计划进行，在时间上产生的任何变化都可能使合同不能正常履行，而导致蒙受损失的一方

提出索赔。因此，寻求合理的调整方案，将进度拖延对后续工作的影响减少到最低程度，是监理工程师的一项重要工作。

（2）在网络计划中，某项工作进度拖延的时间超过其总时差。如果网络计划中某项工作进度拖延的时间超过其总时差，则无论该工作是否为关键工作，其实际进度都将对后续工作和总工期产生影响。此时，进度计划的调整方法又分为以下三种情况：

1）项目总工期不允许拖延。如果工程项目必须按照原计划工期完成，则只能采取缩短关键线路上后续工作持续时间的方法，来达到调整计划的目的。

2）项目总工期允许拖延。如果项目总工期允许拖延，则此时只需以实际数据取代原计划数据，并重新绘制实际进度检查日期之后的简化网络计划即可。

3）项目总工期允许拖延的时间有限。如果项目总工期允许拖延，但允许拖延的时间有限，则当实际进度拖延的时间超过此限制时，也需要对网络计划进行调整，以便满足要求。

具体的调整方法是以总工期的限制时间作为规定工期，对检查日期之后尚未实施的网络计划进行工期优化，即通过缩短关键线路上后续工作持续时间的方法，来使总工期满足规定工期的要求。

▶**任务实施**◀

一、实际进度与计划进度的比较

由于各种因素的影响，实际进度与计划进度存在着一些偏差，这些偏差需要一些方法及时予以调整。

（一）可以选用横道图法

某工程项目中的基槽开挖工作按施工进度计划安排需要 7 周完成，每周计划完成任务量百分比如图 3-83 所示。分析步骤如下：

（1）编制横道图进度计划，如图 3-84 所示。

（2）在横道线上方标出基槽开挖工作每周计划累计完成任务量百分比，分别为 10%、25%、45%、65%、80%、90% 和 100%。

（3）在横道线下方标出第 1 周至检查日期（第 4 周）每周实际累计完成任务量百分比，分别为 8%、22%、42%、60%。

（4）用涂黑粗线标出实际投入的时间。图 3-84 表明，该工作实际开始时间晚于计划开始时间，在开始后连续工作，没有中断。

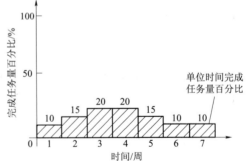

图 3-83 基槽开挖工作进展时间与完成任务量关系图

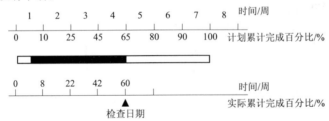

图 3-84 非匀速进展横道图比较图

（5）比较实际进度与计划进度。从图 3-84 中可以看出，该工作在第 1 周实际进度比计划进度拖后 2%，以后各周末累计拖后分别为 3%、3% 和 5%。

从上面的分析可以发现，横道图法虽有记录和比较简单、形象直观、易于掌握、使用方便等优点，但由于其以横道计划为基础，因而带有不可克服的局限性。在横道计划中，各项工作之间的逻辑关系表达不明确，关键工作和关键线路无法确定。一旦某些工作实际进度出现偏差，难以预测其对后续工作和工程总工期的影响，也就难以确定相应的进度计划调整方法。因此，横道图法主要用于工程项目中某些工作实际进度与计划进度的局部比较。

(二)可以选用S曲线法

某混凝土工程的浇筑总量为 2 000 m³，按照施工方案，计划 9 个月完成，每月计划完成的混凝土浇筑量如图 3-85 所示，试绘制该混凝土工程的计划 S 曲线。

分析步骤如下：

(1)确定单位时间计划完成任务量。在本例中，将每月计划完成混凝土浇筑量列于表 3-7 中。

(2)计算不同时间累计完成任务量。在本例中，依次计算每月计划累计完成的混凝土浇筑量，将其结果列于表 3-7 中。

表 3-7　完成工程量汇总表

时间/月	1	2	3	4	5	6	7	8	9
每月完成量/m³	80	160	240	320	400	320	240	160	80
累计完成量/m³	80	240	480	800	1 200	1 520	1 760	1 920	2 000

(3)根据累计完成任务量绘制 S 曲线。在本例中，根据每月计划累计完成混凝土浇筑量而绘制的 S 曲线，如图 3-86 所示。

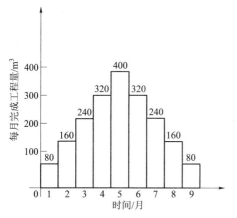

图 3-85　每月完成工程量图

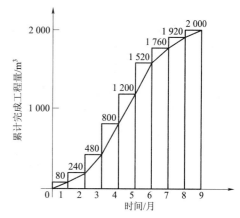

图 3-86　S 曲线图

(三)可以选用香蕉曲线比较法

某工程项目网络计划如图 3-87 所示。图中箭线上方括号内数字表示各项工作计划完成的任务量，以劳动消耗量表示；箭线下方数字表示各项工作的持续时间(周)，通过香蕉曲线进行比较。

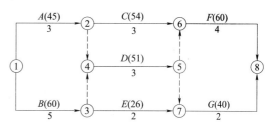

图 3-87　某工程项目网络计划

分析步骤如下：

假设各项工作均为匀速进展，即各项工作每周的劳动消耗量相等。

(1)确定各项工作每周劳动消耗量工作：

$$工作 A：45 \div 3 = 15 \qquad 工作 B：60 \div 5 = 12$$
$$工作 C：54 \div 3 = 18 \qquad 工作 D：51 \div 3 = 17$$
$$工作 E：26 \div 2 = 13 \qquad 工作 F：60 \div 4 = 15$$
$$工作 G：40 \div 2 = 20$$

（2）计算工程项目劳动消耗总量 Q：

$$Q = 45 + 60 + 54 + 51 + 26 + 60 + 40 = 336$$

（3）根据各项工作按最早开始时间安排的进度计划，确定工程项目每周计划劳动消耗量及各周累计劳动消耗量，如图 3-88 所示。

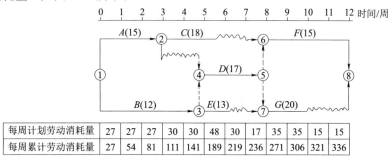

每周计划劳动消耗量	27	27	27	30	30	48	30	17	35	35	15	15
每周累计劳动消耗量	27	54	81	111	141	189	219	236	271	306	321	336

图 3-88　按工作最早开始时间安排的进度计划及劳动消耗量

（4）根据各项工作按最迟开始时间安排的进度计划，确定工程项目每周计划劳动消耗量及各周累计劳动消耗量，如图 3-89 所示。

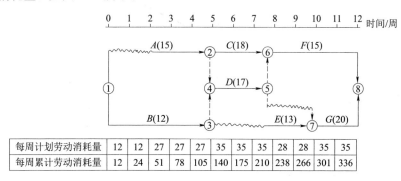

每周计划劳动消耗量	12	12	27	27	27	35	35	35	28	28	35	35
每周累计劳动消耗量	12	24	51	78	105	140	175	210	238	266	301	336

图 3-89　按工作的最迟开始时间安排的进度计划及劳动消耗量

（5）根据不同的累计劳动消耗量分别绘制 ES 曲线和 LS 曲线，得到香蕉曲线，如图 3-90 所示。

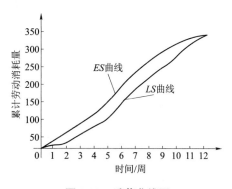

图 3-90　香蕉曲线图

(三)可以选用前锋线比较法

某工程项目时标网络计划如图 3-91 所示。该计划执行到第 6 周末检查实际进度时，发现工作 A 和 B 已经全部完成，工作 D、E 分别完成计划任务量的 20% 和 50%，工作 C 尚需 3 周完成，下面采用前锋线法进行实际进度与计划进度比较。

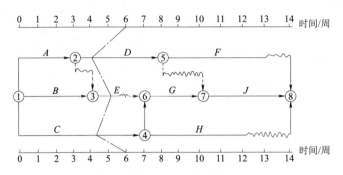

图 3-91 某工程前锋线比较图

分析步骤如下：

根据第 6 周末实际进度的检查结果绘制前锋线，如图 3-91 中的点画线所示。通过比较可以看出：

(1)工作 D 实际进度拖后 2 周，将使其后续工作 F 的最早开始时间推迟 2 周，并使总工期延长 1 周。

(2)工作 E 实际进度拖后 1 周，既不影响总工期，也不影响其后续工作的正常进行。

(3)工作 C 实际进度拖后 2 周，将使其后续工作 G、H、J 的最早开始时间推迟 2 周，由于工作 G、J 开始时间的推迟，从而使总工期延长 2 周。

综上所述，如果不采取措施加快进度，该工程项目的总工期将延长 2 周。

(四)可以选用列表比较法

某工程项目进度计划如图 3-91 所示。该计划执行到第 10 周末检查实际进度时，发现工作 A、B、C、D、E 已经全部完成，工作 F 已进行 1 周，工作 G 和 H 均已进行 2 周，下面采用列表比较法来进行分析。

分析结果见表 3-8。

表 3-8 工程进度检查比较表

工作代号	工作名称	检查计划时尚需作业周数	到计划最迟完成时尚余周数	原有总时差	尚有总时差	情况判断
⑤—⑧	F	4	4	1	0	拖后 1 周，但不影响工期
⑥—⑦	G	1	0	0	−1	拖后 1 周，影响工期 1 周
④—⑧	H	3	4	2	1	拖后 1 周，但不影响工期

根据工程项目进度计划及实际进度检查结果，可以计算出检查日期应进行工作的尚需作业时间、原有总时差及尚有总时差等，通过比较尚有总时差和原有总时差，即可判断目前工程实际进展状况。

二、进度计划的调整

(一)改变某些工作间的逻辑关系,调整进度计划

某工程项目基础工程包括挖基槽、做垫层、砌基础、回填土 4 个施工过程,各施工过程的持续时间分别为 21 天、15 天、18 天和 9 天。如果采取顺序作业方式进行施工,则其总工期为 63 天。但由于种种原因,导致工期拖延 20 天,那么要想在剩下的 43 天内完成基础工作,进度计划如何调整?

分析步骤如下:

将基础工程划分为工程量大致相等的 3 个施工段组织流水作业,如图 3-92 所示。

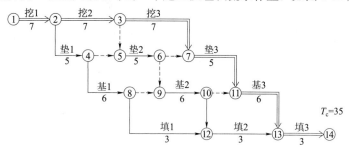

图 3-92　某基础工程流水施工网络计划

从图 3-92 中可以看出,通过组织流水作业,该基础工程的计算工期由 63 天缩短为 35 天。

(二)通过缩短某些工作的持续时间,来调整进度计划

(1)网络计划中某项工作进度拖延的时间已超过其自由时差,但未超过其总时差。某主体项目双代号时标网络计划如图 3-93 所示。该计划执行到第 35 天下班时刻检查时,其实际进度如图 3-93 中的前锋线所示。根据目前实际进度对后续工作和总工期的影响,能否进行相应的进度调整措施。

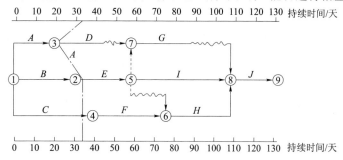

图 3-93　某主体项目双代号时标网络计划

分析步骤如下:

从图 3-93 中可以看出,目前只有工作 D 的开始时间拖后 15 天,而影响其后续工作 G 的最早开始时间,其他工作的实际进度均正常。由于工作 G 的总时差为 30 天,故此时工作 D 的实际进度不影响总工期。

该进度计划是否需要调整,取决于工作 D 和 G 的限制条件:

1)后续工作拖延的时间无限制。如果后续工作拖延的时间完全被允许,可将拖延后的时间参数代入原计划,并化简网络图(即去掉已执行部分,以进度检查日期为起点,将实际数据代入,绘制出未实施部分的进度计划),即可得调整方案。例如,在本工程项目中,以检查时刻第 35 天为起点,将工作 D 的实际进度数据及工作 G 被拖延后的时间参数代入原计划(此时工作 D、G 的

开始时间分别为 35 天和 65 天），可得如图 3-94 所示的调整方案。

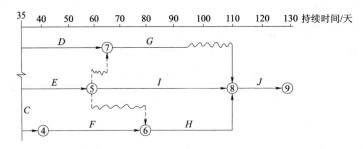

图 3-94　调整后的网络计划

2）后续工作拖延的时间有限制。如果后续工作不允许拖延或拖延的时间有限制，需要根据限制条件对网络计划进行调整，寻求最优方案。例如，在项目中，如果工作 G 的开始时间不允许超过 60 天，则只能将其紧前工作 D 的持续时间压缩为 25 天，调整后的网络计划如图 3-95 所示。如果在工作 D、G 之间还有多项工作，则可以利用工期优化的原理确定应压缩的工作，得到满足 G 工作限制条件的最优调整方案。

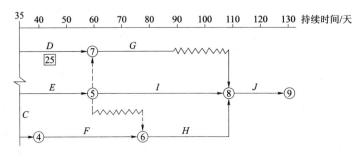

图 3-95　调整后的网络计划

（2）网络计划中某项工作进度拖延的时间超过其总时差。如果仍以图 3-93 所示网络计划为例，如果在计划执行到第 40 天下班时刻检查时，其实际进度如图 3-96 中的前锋线所示，试分析目前实际进度对后续工作和总工期的影响，并提出相应的进度调整措施。

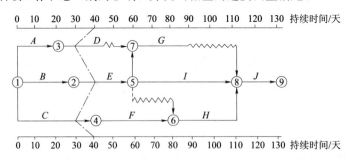

图 3-96　某工程实际进度前锋线

1）项目总工期不允许拖延。

分析步骤如下：

从图 3-96 中可以看出：

①工作 D 实际进度拖后 10 天，但不影响其后续工作，也不影响总工期。

②工作 E 实际进度正常，既不影响后续工作，也不影响总工期。

③工作C实际进度拖后10天，由于其为关键工作，故其实际进度将使总工期延长10天，并使其后续工作F、H和J的开始时间推迟10天。

如果该工程项目总工期不允许拖延，则为了保证其按原计划工期130天完成，必须采用工期优化的方法，缩短关键线路上后续工作的持续时间。现假设工作C的后续工作F、H和J均可以压缩10天，通过比较，压缩工作H的持续时间需付出的代价最小，故将工作H的持续时间由30天缩短为20天。调整后的网络计划如图3-97所示。从图中可以看出：

①工作D实际进度拖后10天，但不影响其后续工作，也不影响总工期。

②工作E实际进度正常，既不影响后续工作，也不影响总工期。

③工作C实际进度拖后10天，由于其为关键工作，故其实际进度将使总工期延长10天，并使其后续工作F、H和J的开始时间推迟10天。

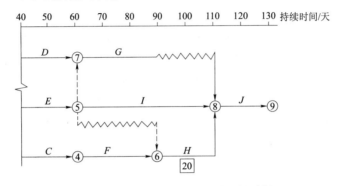

图3-97　调整后工期不拖延的网络计划

2)项目总工期允许拖延。以图3-96所示的前锋线为例，如果项目总工期允许拖延，此时只需以检查日期第40天为起点，用其后各项工作尚需作业时间取代相应的原计划数据，绘制出网络计划，如图3-98所示。方案调整后，项目总工期为140天。

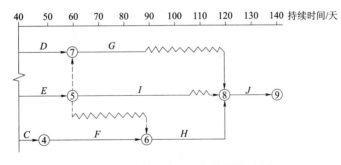

图3-98　调整后拖延工期的网络计划

3)项目总工期允许拖延的时间有限。以图3-96所示的前锋线为例，如果项目总工期只允许拖延至135天，则可按以下步骤进行调整：

①绘制化简的网络计划，如图3-98所示。

②确定需要压缩的时间。从图3-98中可以看出，在第40天检查实际进度时发现总工期将延长10天，该项目至少需要140天才能完成。而总工期只允许延长至135天，故需将总工期压缩5天。

③对网络计划进行工期优化。从图3-98中可以看出，此时关键线路上的工作为C、F、H和J。现假设通过比较，压缩关键工作H的持续时间所需付出的代价最小，故将其持续时间由原来的30天压缩为25天，调整后的网络计划如图3-99所示。

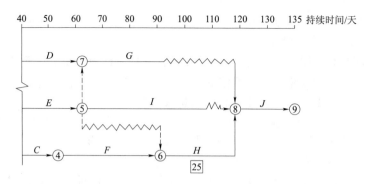

图 3-99　总工期拖延时间有限制时的网络计划

以上三种情况均是以总工期为限制条件调整进度计划的。值得注意的是，当某项工作实际进度拖延的时间越过其总时差而需要对进度计划进行调整时，除需考虑总工期的限制条件外，还应考虑网络计划中后续工作的限制条件，特别是对总进度计划的控制更应注意这一点。因为在这类网络计划中，后续工作也许就是一些独立的合同段。时间上的任何变化，都会带来协调上的麻烦或者引起索赔。因此，当网络计划中某些后续工作对时间的拖延有限制时，同样需要以此为条件，按前述方法进行调整。

> 知识链接

一、建筑工程施工阶段的进度控制

施工阶段是建筑工程实体的形成阶段，对其进度实施控制是建筑工程进度控制的重点。做好施工进度计划与项目建设总进度计划的衔接，并跟踪检查施工进度计划的执行情况，在必要时对施工进度计划进行调整，对于建筑工程进度控制总目标的实现具有十分重要的意义。

监理工程师受业主的委托在建筑工程施工阶段实施监理时，其进度控制的总任务就是在满足工程项目建设总进度计划要求的基础上，编制或审核施工进度计划，并对其执行情况加以动态控制，以保证工程项目按期竣工交付使用。

1. 施工进度控制目标体系

保证工程项目按期建成交付使用，是建筑工程施工阶段进度控制的最终目的。为了有效地控制施工进度，首先要将施工进度总目标从不同角度进行层层分解，形成施工进度控制目标体系，从而作为实施进度控制的依据。

建筑工程不但要有项目建成交付使用的确切日期这个总目标，还要有各单位工程交工动用的分目标以及按承包单位、施工阶段和不同计划期划分的分目标。各目标之间相互联系，共同构成建筑工程施工进度控制目标体系。其中，下级目标受上级目标的制约，下级目标保证上级目标的完成，最终保证施工进度总目标的实现。

(1)按项目组成分解，确定各单位工程开工及动用日期。各单位工程的进度目标在工程项目建设总进度计划及建筑工程年度计划中都有体现。在施工阶段应进一步明确各单位工程的开工和交工动用日期，以确保施工总进度目标的实现。

(2)按承包单位分解，明确分工条件和承包责任。在一个单位工程中有多个承包单位参加施工时，应按承包单位将单位工程的进度目标分解，确定出各分包单位的进度目标，列入分包合同，以便落实分包责任。并根据各专业工程交叉施工方案和前后衔接条件，明确不同承包单位工作面交接的条件和时间。

(3)按施工阶段分解，划定进度控制分界点。根据工程项目的特点，应将其施工分成几个阶段，如土建工程可分为基础、结构和内外装修阶段。每一阶段的起止时间都要有明确的标志。特别是不同单位承包的不同施工段之间，更要明确划定时间分界点，以此作为形象进度的控制标志，从而使单位工程动用目标具体化。

(4)按计划期分解，组织综合施工。将工程项目的施工进度控制目标按年度、季度、月(或旬)进行分解，并用实物工程量、货币工作量及形象进度表示，将更有利于监理工程师明确对各承包单位的进度要求。同时，还可以据此监督其实施，检查其完成情况。计划期越短、进度目标越细，进度跟踪就越及时，发生进度偏差时也就更能有效地采取措施予以纠正。这样，就形成一个有计划、有步骤协调施工、长期目标对短期目标自上而下逐渐控制、短期目标对长期目标自下而上逐级保证、逐步趋近进度总目标的局面，最终达到工程项目按期竣工交付使用的目的。

2. 施工进度控制目标的确定方法

为了提高进度计划的预见性和进度控制的主动性，在确定施工进度控制目标时，必须全面、细致地分析与建筑工程进度有关的各种有利因素和不利因素。只有这样，才能制订出一个科学、合理的进度控制目标。确定施工进度控制目标的主要依据有：建筑工程总进度目标对施工工期的要求；工期定额、类似工程项目的实际进度；工程难易程度和工程条件的落实情况等。

在确定施工进度分解目标时，还要考虑以下几个方面：

(1)对于大型建筑工程项目，应根据尽早提供可动用单元的原则，集中力量分期分批建设，以便尽早投入使用，尽快发挥投资效益。这时，为保证每一动用单元能形成完整的生产能力，就要考虑这些动用单元交付使用时所必需的全部配套项目。因此，要处理好前期动用和后期建设的关系、每期工程中主体工程与辅助及附属工程之间的关系等。

(2)合理安排土建与设备的综合施工。要按照它们各自的特点，合理安排土建施工与设备基础、设备安装的先后顺序及搭接、交叉或平行作业，明确设备工程对土建工程的要求和土建工程为设备工程提供施工条件的内容及时间。

(3)结合本工程的特点，参考同类建筑工程的经验来确定施工进度目标。避免只按主观愿望盲目确定速度目标，从而在实施过程中造成进度失控。

(4)做好资金供应能力、施工力量配备、物资(材料、构配件、设备)供应能力与施工进度的平衡工作，确保工程进度目标的要求而不使其落空。

(5)考虑外部协作条件的配合情况。包括施工过程中及项目竣工动用所需的水、电、气、通信、道路及其他社会服务项目的满足程序和满足时间。它们必须与有关项目的进度目标相协调。

(6)考虑工程项目所在地区的地形、地质、水文、气象等方面的限制条件。

总之，要想对工程项目的施工进度进行控制，就必须有明确、合理的进度目标(进度总目标和进度分目标)；否则，控制便失去了意义。

二、施工阶段进度控制的内容

建筑工程施工进度控制工作从审核承包单位提交的施工进度计划开始，直至建筑工程保修期满为止。其工作内容主要有以下几项。

1. 控制施工进度控制工作细则

施工进度控制工作细则是在建筑工程监理规划的指导下，由项目监理班子中进度控制部门的监理工程师负责编制的更具有实施性和操作性的监理业务文件。其主要内容包括以下几项：

(1)施工进度控制目标分解图。

(2)施工进度控制的主要工作内容和深度。

(3)进度控制人员的职责分工。

(4)与进度控制有关各项工作的时间安排及工作流程。

(5)进度控制的方法(包括进度检查周期、数据采集方式、进度报表格式、统计分析方法等)。

(6)进度控制的具体措施(包括组织措施、技术措施、经济措施及合同措施等)。

(7)施工进度控制目标实现的风险分析。

(8)尚待解决的有关问题。

事实上,施工进度控制工作细则是对建筑工程监理规划中有关进度控制内容的进一步深化和补充。如果将建筑工程监理规划比作开展监理工作的"初步设计",施工进度控制工作细则就可以看成开展建筑工程监理工作的"施工图设计",它对监理工程师的进度控制实务工作起着具体的指导作用。

2. 编制或审核施工进度计划

为了保证建筑工程的施工任务能够按期完成,监理工程师必须审核承包单位提交的施工进度计划。对于大型建筑工程,由于单位工程较多、施工工期长,且采取分期分批发包又没有一个负责全部工程的总承包单位时,就需要监理工程师编制施工总进度计划;或者当建筑工程由若干个承包单位平行承包时,监理工程师也有必要编制施工总进度计划。施工总进度计划应确定分期分批的项目组成;各批工程项目的开工、竣工顺序及时间安排;全场性准备工程,特别是首批准备工程的内容与进度安排等。

当建筑工程有总承包单位时,监理工程师只需对总承包单位提交的施工总进度计划进行审核即可。而对于单位工程施工进度计划,监理工程师只负责审核而不需要编制。

施工进度计划审核的内容主要有以下几项:

(1)进度安排是否符合工程项目建设总进度计划中总目标和分目标的要求,是否符合施工合同中开工、竣工日期的规定。

(2)施工总进度计划中的项目是否有遗漏,分期施工是否满足分批动用的需要和配套动用的要求。

(3)施工顺序的安排是否符合施工工艺的要求。

(4)劳动力、材料、构配件、设备及施工机具、水、电等生产要素的供应计划是否能保证施工进度计划的实现,供应是否均衡、需求高峰期是否有足够能力实现计划供应。

(5)总包、分包单位分别编制的各项单位工程施工进度计划之间是否相协调,专业分工与计划衔接是否明确、合理。

(6)对于业主负责提供的施工条件(包括资金、施工图纸、施工场地、采供的物资等),在施工进度计划中安排得是否明确、合理,是否有造成因业主违约而导致工程延期和费用索赔的可能存在。

如果监理工程师在审查施工进度计划的过程中发现问题,应及时向承包单位提出书面修改意见(也称整改通知书),并协助承包单位修改。其中,重大问题应及时向业主汇报。

应当说明,编制和实施施工进度计划是承包单位的责任。承包单位之所以将施工进度计划交给监理工程师审查,是为了听取监理工程师的建设性意见。因此,监理工程师对施工进度计划的审查或批准,并不解除承包单位对施工进度计划的任何责任和义务。另外,对监理工程师来讲,其审查施工进度计划的主要目的是防止承包单位计划不当,以及为承包单位保证实现合同规定的进度目标提供帮助。如果强制干预承包单位的进度安排或支配施工中所需要的劳动力、设备和材料,将是一种错误行为。

尽管承包单位向监理工程师提交实际施工进度计划,是为了听取建设性的意见,但施工进度计划一经监理工程师确认,即应当视为合同文件的一部分。它是以后处理承包单位提出的工程延期或费用索赔的一个重要依据。

3. 按年、季、月编制工程综合计划

在按计划期编制的进度计划中，监理工程师应着重解决各承包单位施工进度计划之间，施工进度计划与资源（包括资金、设备、机具、材料及劳动力）保障计划之间及外部协作条件的延伸性计划之间的综合平衡与相互衔接问题。并依据上期计划的完成情况，对本期计划作必要的调整，从而作为承包单位近期执行的指令性计划。

4. 下达工程开工令

监理工程师应根据承包单位和业主双方关于工程开工的准备情况，选择合适的时机发布工程开工令。工程开工令的发布，要尽可能及时。因为从发布工程开工令之日算起，加上合同工期后即为工程竣工日期。如果开工令发布拖延，就等于推迟了竣工时间，甚至可能引起承包单位的索赔。

为了检查双方的准备情况，一般情况下，应由监理工程师组织召开由业主和承包单位参加的第一次工地会议。业主应按照合同规定，做好征地拆迁工作，及时提供施工用地。同时，还应当完成法律及财务方面的手续，以便能及时向承包单位支付工程预付款。承包单位应当将开工所需要的人力、材料及设备准备好，同时，还要按合同规定为监理工程师提供各种条件。

5. 协助承包单位实施进度计划

监理工程师要随时了解施工进度计划执行过程中存在的问题，并帮助承包单位予以解决，特别是承包单位无力解决的内外关系协调问题。

6. 监督施工进度计划的实施

监督施工进度计划的实施是建筑工程施工进度控制的经常性工作。监理工程师不仅要及时检查承包单位报送的施工进度报表和分析资料，同时，还要进行必要的现场实地检查，核实所报送的已完项目的时间及工程量，杜绝虚报现象。

在对工程实际进度资料进行整理的基础上，监理工程师应将其与计划进度相比较，以判定实际进度是否出现偏差。如果出现进度偏差，监理工程师应进一步分析此偏差对进度控制目标的影响程度及其产生的原因，以便研究对策、提出纠偏措施。必要时，还应对后期工程进度计划作适当的调整。

7. 组织现场协调会

监理工程师应每月、每周定期组织召开不同层级的现场协调会议，以解决工程施工过程中的相互协调配合问题。在每月召开的高级协调会上，通报工程项目建设的重大变更事项，协商其后果处理，解决各个承包单位之间以及业主与承包单位之间的重大协调配合问题；在每周召开的管理层协调会上，通报各自进度状况、存在的问题及下周的安排，解决施工中的相互协调配合问题。通常包括：各承包单位之间的进度协调问题；工作面交接和阶段成品保护责任问题；场地与公用设施利用中的矛盾问题；某一方面断水、断电、断路、开挖要求对其他方面影响的协调问题以及资源保障、外协条件配合问题等。

在平行、交叉施工单位多，工序交接频繁且工期紧迫的情况下，现场协调会甚至需要每日召开。在会上通报和检查当天的工程进度，确定薄弱环节，部署当天的赶工任务，以便为次日正常施工创造条件。

对于某些未曾预料的突发变故或问题，监理工程师还可以通过发布紧急协调指令，督促有关单位采取应急措施，维护施工的正常秩序。

8. 签发工程进度款支付凭证

监理工程师应对承包单位申报的已完分项工程量进行核实，在质量监理人员检查验收后，签发工程进度款支付凭证。

9. 审批工程延期

造成工程进度拖延的原因有两个：一是由于承包单位自身的原因；二是由于承包单位以外

的原因。前者所造成的进度拖延，称为工程延误；后者所造成的进度拖延，称为工程延期。

（1）工程延误。当出现工期延误时，监理工程师有权要求承包单位采取有效措施加快施工进度。如果经过一段时间后，实际进度没有明显改进，仍然拖延于计划进度，而且显然影响工程按期竣工时，监理工程师应要求承包单位修改进度计划，并提交给监理工程师重新确认。

监理工程师对修改后的施工进度计划的确认，并不是对工程延期的批准，他只是要求承包单位在合理的状态下施工。因此，监理工程师对进度计划的确认，并不能接触承包单位应负的一切责任，承包单位需要承担赶工的全部额外开支和误期损失赔偿。

（2）工程延期。如果由于承包单位以外的原因造成工期拖延，承包单位有权提出延长工期的申请。监理工程师应根据合同规定，审批工程延期时间。经监理工程师核实批准的工程延期时间，应纳入合同工期，作为合同工期的一部分。即新的合同工期应等于原定的合同工期加上监理工程师批准的工程延期时间。

监理工程师对于施工进度的拖延，是否批准为工程延期，对承包单位和业主都十分重要。如果承包单位得到监理工程师批准的工程延期，不仅可以不赔偿由于工期延长而支付的误期损失费，而且要由业主承担由于工期延长所增加的费用。因此，监理工程师应按照合同的有关规定，公正区分工程延误和工程延期，并合理批准工程延期时间。

10. 向业主提供进度报告

监理工程师应随时调整进度资料，并做好工程记录，定期向业主提交工程进度报告。

11. 督促承包单位整理技术资料

监理工程师要根据工程进展情况，督促承包单位及时整理有关技术资料。

12. 签署工程竣工报验单、提交质量评估报告

当单位工程达到竣工验收条件后，承包单位在自行预验的基础上提交工程竣工报验单，申请竣工验收。监理工程师在对竣工资料及工程实体进行全面检查、验收合格后，签署工程竣工报验单，并向业主提出质量评估报告。

13. 整理工程进度资料

在工程完工以后，监理工程师应将工程进度资料收集起来，进行归类、编目和建档，以便为今后其他类似工程项目的进度控制提供参考。

14. 工程移交

监理工程师应督促承包单位办理工程移交手续，颁发工程移交证书。在工程移交后的保修期内，还要处理验收后质量问题的原因及责任等争议问题，并督促责任单位及时修理。当保修期结束且再无争议时，建筑工程进度控制的任务即告完成。

如某高架输水管道建筑工程中有20组钢筋混凝土支架，每组支架的结构形式及工程量相同，均由基础、柱和托梁三部分组成。如图3-100所示。业主通过招标，将20组钢筋混凝土支架的施工任务发包给某施工单位，并与其签订了施工合同，合同工期为190天。

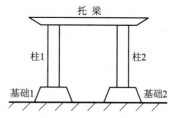

图 3-100　钢筋混凝土支架

在工程开工前，该承包单位向项目监理机构提交了施工方案及施工进度计划。

（1）施工方案。

施工流向：从第1组支架依次流向第20组支架。

劳动组织：基础、柱和托梁分别组织混合工种专业工作队。

技术间歇：柱混凝土浇筑后，需养护20天方能进行托梁施工。

物资供应：脚手架、模板、机具及商品混凝土等均按施工进度要求调度配合。

(2)施工进度计划如图 3-101 所示，时间单位为天。

试分析该施工进度计划，并判断监理工程师是否应批准该施工进度计划。

由施工方案及图 3-101 所示的施工进度计划可以看出，为了缩短工期，承包单位将 20 组支架的施工按流水作业进行组织。

1)任意相邻两组支架开工时间的差值等于两个柱基础的持续时间，即 4＋4＝8(天)。

2)每一组支架的计划施工时间为 4＋4＋3＋20＋5＝36(天)。

3)20 组钢筋混凝土支架的计划总工期为(20－1)×8＋36＝188(天)。

4)20 组钢筋混凝土支架施工进度计划中的关键工作是所有支架的基础工程及第 20 组支架的柱 2、养护和托梁。

5)由于施工进度计划中各项工作逻辑关系合理，符合施工工艺及施工组织要求，较好地采用了流水作业方式，而且计划总工期未超过合同工期，故监理工程师应批准施工进度计划。

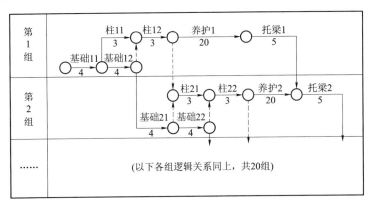

图 3-101　钢筋混凝土支架施工进度计划

本章小结

一、建筑工程项目进度控制的含义和目的
进度控制的目的是通过控制以实现工程的进度目标。
二、建筑工程项目进度控制的任务
三、建筑工程项目进度计划系统的概念
四、建筑工程项目进度计划的编制方法
(一)横道图进度计划的编制方法
(二)工程网络计划的类型和应用
五、工程网络计划有关时间参数的计算
六、关键工作和关键线路的概念
(1)关键工作指的是网络计划中总时差最小的工作。当计划工期等于计算工期时，总时差为零的工作就是关键工作。

(2)关键线路是自始至终全部由关键工作组成的线路或线路上总的工作持续时间最长的线路。

(3)当计算工期不能满足计划工期时，可设法通过压缩关键工作的持续时间，以满足计划工期要求。在选择缩短持续时间的关键工作时，宜考虑下述因素：

缩短持续时间而不影响质量和安全的工作。

有充足备用资源的工作。

缩短持续时间所需增加的费用相对较少的工作等。

七、时差的概念

八、建筑工程项目进度控制的方法

(一)建筑工程项目进度控制的组织措施

(二)建筑工程项目进度控制的管理措施

(三)建筑工程项目进度控制的经济措施

(四)建筑工程项目进度控制的技术措施

自我测评

一、建筑工程项目进度控制与进度计划系统

(一)单项选择题

参考答案

1. 代表不同利益方项目管理(业主方和项目参与各方)进度控制的(　　)具有明显的不同。

    A. 方法　　　　　B. 程序　　　　　C. 计算机软件　　　D. 目标

2. 如果进度计划的执行情况有偏差,则应该(　　),并视必要调整进度计划。

    A. 进度对比分析　　　　　　　　B. 引入风险评估

    C. 实施跟踪检查　　　　　　　　D. 采取纠偏措施

3. 建设项目进度控制的目的是,通过控制实现工程的(　　)。

    A. 进度目标　　　　B. 工期定额　　　　C. 计划工期　　　　D. 合同工期

4. 在工程施工实践中,必须树立和坚持一个最基本的工程管理原则,即在确保(　　)的前提下,控制工程的进度。

    A. 工程质量　　　　B. 投资规模　　　　C. 设计标准　　　　D. 经济效益

5. 建设项目进度控制是一个动态的管理过程,其中进度目标分析和论证的目的是(　　)。

    A. 落实进度控制的具体措施　　　B. 论证进度目标是否合理、能否实现

    C. 决定进度计划的不同层面　　　D. 分析进度计划系统内部的关系

6. 建设项目设计方进度控制的任务是依据(　　)对设计工作进度的要求,控制设计工作进度。

    A. 可行性研究报告　　　　　　　B. 设计标准和规范

    C. 设计总进度纲要　　　　　　　D. 设计任务委托合同

7. 在国际上,设计进度计划主要是各设计阶层的设计图纸的(　　),它是设计方进度控制的依据,也是业主方控制设计进度的依据。

    A. 出图计划　　　　　　　　　　B. 专业协调计划

    C. 数量计划　　　　　　　　　　D. 交底计划

8. 施工方进度控制的任务是依据(　　)施工进度的要求控制施工进度。

    A. 监理规划　　　　　　　　　　B. 施工任务委托合同

    C. 施工任务单　　　　　　　　　D. 设计任务书

9. 建筑工程项目进度计划系统是由多个相互关联的进度计划组成的,它可以由(　　)等不同周期的计划构成进度计划系统。

    A. 总进度计划　　　　　　　　　B. 实施性进度计划

    C. 年、季、月计划　　　　　　　D. 施工和设备安装进度计划

10. 根据项目进度控制不同的需要和不同的用途，一个建设项目可以由( )等不同周期的计划构成进度计划系统。
   A. 总进度计划
   B. 实施性进度计划
   C. 月度计划
   D. 施工和设备安装进度计划

11. 供货方进度计划应包括供货的采购、( )和运输等所有环节。
   A. 加工制造
   B. 保险
   C. 投标
   D. 仓储

12. 国内外用于进度计划编制的商业软件都是基于( )的原理编制的。
   A. 横道图进度计划
   B. 工程网络计划
   C. 责任矩阵图
   D. 形象进度

13. 为使项目参与各方便捷地获取进度信息，作为基于网络的信息处理平台辅助进度控制，可利用( )。
   A. Internet
   B. 局域网
   C. Extranet
   D. 项目信息门户

(二)多项选择题

1. 在建筑工程项目管理过程中，代表不同利益方的进度控制目标和时间范畴是不相同的，( )承担了进度控制的任务。
   A. 业主方
   B. 设计方
   C. 担保方
   D. 总承包方
   E. 营运方

2. 建筑工程项目进度控制是一个动态的管理过程，其主要包括( )。
   A. 进度计划的跟踪检查与调整
   B. 工期索赔条件的分析与比较
   C. 进度目标分析和认证
   D. 建立辅助进度控制的信息处理平台
   E. 进度计划的编制

3. 建设项目进度计划的跟踪检查与调整，主要包括的内容有( )。
   A. 必要时调整进度计划
   B. 计算确定网络计划的时间参数
   C. 定期跟踪检查进度计划执行情况
   D. 对发现的进度偏差采取纠偏措施
   E. 制定项目的工作编码系统

4. 业主方进度控制的任务是控制整个项目实施阶段的进度，包括控制( )。
   A. 设计准备阶段的工作进度
   B. 物资采购工作进度
   C. 征地拆迁工作进度
   D. 项目动用前准备阶段工作进度
   E. 设计工作进度

5. 根据项目进度控制不同的需要和用途，业主方和项目各参与方可以按( )构建建筑工程项目多个不同的进度计划系统。
   A. 不同计划深度
   B. 不同项目参与方
   C. 不同计划功能
   D. 不同计划方法
   E. 不同计划周期

6. 在业主方和项目参与各方建筑工程项目计划系统的建立过程中，计算机辅助网络计划编制的意义有( )。
   A. 有利于扩大工程网络计划的应用范围
   B. 确保工程网络计划计算的准确性
   C. 有利于工程网络计划及时调整
   D. 有利于编制资源需求计划
   E. 解决计算量大，而手工难以承担的困难

二、建筑工程项目进度计划的编制和调整方法

（一）单项选择题

1. 横道图进度计划法是传统的进度计划方法。关于横道图的表述中，下列正确的是（　　）。
   A. 工序之间的逻辑关系能够清楚地表达
   B. 能够确定计划的关键工作、关键线路与时差
   C. 计划的调整只能用手工方式进行，工作量大
   D. 可以适应于大型项目的进度计划系统

2. 我国常用的工程网络计划中，以箭线及其两端节点的编号表示工作的网络图称为（　　）。
   A. 双代号网络图   B. 单代号网络图
   C. 事件节点网络图   D. 单代号搭接网络图

3. 在双代号网络图中，需要应用虚箭线来表示工作之间的（　　）。
   A. 时间间歇   B. 搭接关系   C. 逻辑关系   D. 自由时差

4. 双代号网络计划中的虚箭线是实际工作中并不存在的一项虚设工作，其作用之一是表示工作之间的（　　）。
   A. 交叉   B. 汇合   C. 分流   D. 断路

5. 双代号网络计划中既有内向箭线，又有外向箭线的节点称为（　　）。
   A. 中间节点   B. 起点节点   C. 终点节点   D. 交叉节点

6. 在双代号网络计划中，如果两项非生产性工作 M 和 N 之间的先后顺序关系属于工艺关系，则说明它们的先后顺序由（　　）决定。
   A. 劳动力调配   B. 原材料供应   C. 工作程序   D. 资金需求

7. 某框架结构现浇钢筋混凝土柱施工双代号网络计划如下图所示，安排有钢筋、模板和混凝土三道施工工序，在平面上分为两个施工区域。图中，显示有组织关系的工作是（　　）。

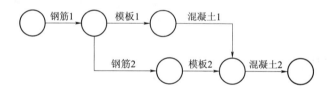

   A. 钢筋 1 和钢筋 2   B. 钢筋 1 和模板 1
   C. 模板 1 和钢筋 2   D. 模板 2 和混凝土 2

8. 在双代号网络图绘制过程中，要遵循一定的规则和要求，下列叙述正确的是（　　）。
   A. 必须有一条以上的虚箭线   B. 允许出现循环回路
   C. 不能出现交叉箭线   D. 一个起点节点和一个终点节点

9. 某双代号网络图有 A、B、C、D、E 五项工作，如下图所示。有关工作逻辑关系的选项中，下列说法正确的是（　　）。
   A. 工作 A、B 完成后，D 才能开始
   B. 工作 B、C 完成后，E 才能开始
   C. 工作 A、B、C 完成后，E 才能开始
   D. 工作 A、B、C 完成后，D 才能开始

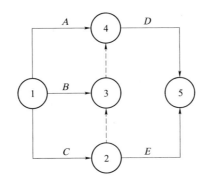

10. 根据下表给定的逻辑关系和绘图规则，检查下列给定的双代号网络图，寻找并发现绘图错误，下列表述正确的是(　　)。

工作名称	A	B	C	D	E	G	H
紧前工作	—	—	A	A	A、B	C、D	E

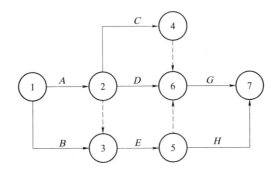

A. 虚工作表达不规范　　　　　B. 工作逻辑关系有错误
C. 有循环回路　　　　　　　　D. 有多个终点节点

11. 某分部工程双代号网络图如下图所示，下列表述错误的是(　　)。

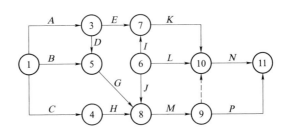

A. 存在循环回路　　　　　　　B. 节点编号有误
C. 存在多个起点节点　　　　　D. 存在多个终点节点

12. 在双代号时标网络计划中，代表工作的实箭线末端对应的时标值为(　　)。
A. 该工作的最早完成时间　　　B. 该工作的最迟完成时间
C. 紧后工作的最早开始时间　　D. 紧后工作的最迟开始时间

13. 在编制双代号时标网络计划时，先计算各工作的最早时间参数，再根据最早时间参数在时标计划表上确定节点位置，连线完成。这样的编制方法称为(　　)。
A. 直接法绘制　B. 间接法绘制　　C. 分段法绘制　　D. 连续法绘制

14. 双代号时标网络计划能够在图上直接显示出计划的时间进程及各项工作的(　　)。

    A. 开始时间和结束时间　　　　　　B. 总时差和自由时差

    C. 计划成本构成　　　　　　　　　D. 实际进度偏差

15. 双代号时标网络计划是以时间坐标为尺度编制的网络计划，网络图中以波形线表示工作的(　　)。

    A. 逻辑关系　　B. 关键线路　　　　C. 总时差　　　　　D. 自由时差

16. 下图为某工程的双代号时标网络计划，如果工作 B、E、G 使用同一台施工机械并依次施工，则图中该施工机械的总的闲置时间为(　　)天。

    A. 1　　　　　　B. 2　　　　　　　C. 3　　　　　　　D. 4

17. 在双代号时标网络计划中，关键线路是指(　　)。

    A. 各项工作持续时间之和最小的线路　B. 自始至终不出现波形线的线路

    C. 自始至终不出现虚工作的线路　　　D. 节点编号依次连续的线路

18. 单代号网络计划与双代号网络计划相比，具有的特点是(　　)。

    A. 工作逻辑关系不易表达　　　　　　B. 不出现虚箭线

    C. 工作持续时间表示直观　　　　　　D. 节点编号必须连续

19. 关于单代号网络图的说法中，下列正确的是(　　)。

    A. 节点表示工作之间的逻辑关系　　　B. 节点表示工作的开始点或完成点

    C. 箭线表示工作之间的逻辑关系　　　D. 箭线表示工作的持续时间

20. 当单代号网络图中有多项起点节点时，正确的做法是(　　)。

    A. 调整多项起点节点的逻辑关系　　　B. 合并多项起点节点作为起点节点

    C. 多项起点节点采用相同的编号　　　D. 设置一项虚工作作为起点节点

21. 在单代号搭接网络计划中，用来表示工作间逻辑关系的是(　　)。

    A. 箭线及其时距　　　　　　　　　　B. 节点及其编号

    C. 工作时差　　　　　　　　　　　　D. 时间参数

22. 在修一条堤坝的护坡时，一定要等土地自然沉降后才能开始修护坡，这种逻辑关系是(　　)。

    A. FTS　　　　B. STS　　　　　C. FTF　　　　　D. STF

23. 若相邻两工作搭接施工，紧前工作完成后才能为紧后工作留出工作面，保证紧后工作一定的施工时间，这种逻辑关系可表示为(　　)。

    A. FTS　　　　B. STS　　　　　C. FTF　　　　　D. STF

24. 在绘制单代号网络搭接网络图时，如果绑扎钢筋开始 5 天后，铺设电线管工作才能结束，这种逻辑关系可表示为(　　)。

    A. FTS　　　　B. STS　　　　　C. FTF　　　　　D. STF

25. 某道路工程 A、B、C 三段路面的回填土和铺垫层两项工作的横道图如下表所示。如果绘制单代号搭接网络图，则回填土和铺垫层两项工作的混合搭接关系应设置为（　　）。

施工过程	1	2	3	4	5	6	7
回填土	A			B		C	
铺垫层					A	B	C

  A. STS 和 FTS   B. STS 和 FTF
  C. STF 和 STF   D. STF 和 FTF

26. 如果 A、B 两项工作的最早开始时间分别为 6 天和 7 天，它们的持续时间分别为 4 天、5 天。则它们的共同紧后工作 C 的最迟开始时间为（　　）天。
  A. 10   B. 11   C. 12   D. 13

27. 在双代号网络计划中，某工作有三项紧后工作，它们的最迟开始时间分别为第 18 天、第 21 天和第 22 天，如果该工作的持续时间为 4 天，则其最迟开始时间为（　　）天。
  A. 14   B. 15   C. 18   D. 24

28. 已知下列双代号网络图，其中工作 J 的最早开始时间为（　　）天。
  A. 4   B. 5   C. 6   D. 8

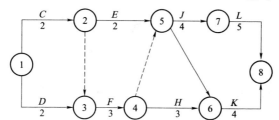

29. 某分部工程双代号网络计划如下图所示，由 7 项工作组成。其中，工作③—⑤的最迟开始时间为（　　）天。

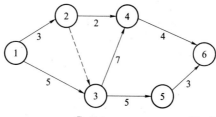

  A. 6   B. 8   C. 14   D. 16

30. 某承包人承担的会展中心装修工程局部双代号网络计划如下图所示。在工程施工过程中，由于业主方图纸修改，工作 K 施工时间延误 25 天，则会影响工期（　　）天。

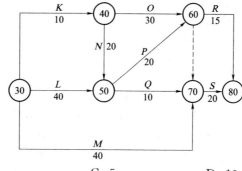

  A. 3   B. 4   C. 5   D. 10

31. 某工程双代号网络计划中 A 工作的持续时间为 5 天，总时差为 8 天，自由时差为 4 天，如果 A 工作实际进展拖延 12 天，则会影响工程计划工期（　　）天。

    A. 3 　　　　　　B. 4 　　　　　　C. 5 　　　　　　D. 10

32. 在双代号网络计划中，某工作 M 的最迟完成时间为第 25 天，其持续时间为 6 天。该工作共有 3 项紧前工作，它们的最早完成时间分别为第 10 天、第 12 天和第 13 天，则工作 M 的总时差为（　　）天。

    A. 6 　　　　　　B. 9 　　　　　　C. 12 　　　　　　D. 15

33. 某承包人在基础工程施工过程中，经检查发现网络计划中基坑验槽工作实际进度比计划进度拖后 5 天，影响总工期 2 天，则该工作原有的总时差为（　　）天。

    A. 2 　　　　　　B. 3 　　　　　　C. 5 　　　　　　D. 7

34. 某分部工程双代号网络图如下图所示，则工作 D 的总时差和自由时差依次为（　　）。

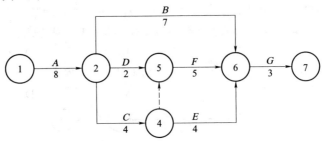

    A. 1 天和 1 天　　　　　　　　　　B. 1 天和 2 天
    C. 2 天和 1 天　　　　　　　　　　D. 2 天和 2 天

35. 已知某工程施工承包人在项目开工前，向业主提交的双代号网络计划如下图所示，其关键线路为（　　）。

    A. ①—②—④—⑦　　　　　　　　B. ①—②—③—⑥—⑦
    C. ①—②—③—⑤—⑦　　　　　　D. ①—③—⑥—⑦

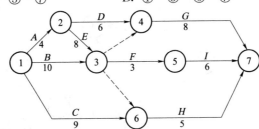

36. 在工程网络计划中，如果某项工作拖延的时间超过其自由时差，则（　　）。

    A. 影响紧后工作的最早开始　　　　B. 影响总工期
    C. 该工作变为关键工作　　　　　　D. 对紧后工作和总工期均无影响

37. 当双代号网络图中某一非关键工作的持续时间拖延 X，且大于该工作的总时差 TF 时，网络计划总工期将（　　）。

    A. 拖延 X 　　　　　　　　　　　B. 拖延 $X+TF$
    C. 拖延 $X-TF$ 　　　　　　　　　D. 拖延 $TF-X$

38. 在单代号网络计划中，工作之间的时间间隔为（　　）。

    A. 紧后工作的最早开始时间减去该工作的最迟完成时间
    B. 紧后工作的最早完成时间减去该工作的最迟完成时间
    C. 紧后工作的最早开始时间减去该工作的最早完成时间
    D. 紧后工作的最早完成时间减去该工作的最早完成时间

39. 已知下列单代号网络计划中各工作之间的时间间隔，则工作 B 的总时差为( )。

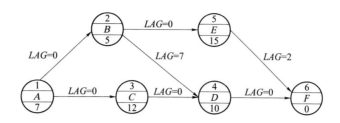

    A. 0   B. 2   C. 7   D. 9

40. 在单代号网络计划中，两项工作之间的时间间隔(LAG_{i-j})与工作时差的关系是( )。

    A. 工作的总时差等于该工作与其所有紧后工作时间间隔的最小值
    B. 工作的总时差等于该工作与其所有紧后工作时间间隔的最大值
    C. 工作的自由时差等于该工作与其所有紧后工作时间间隔的最小值
    D. 工作的自由时差等于该工作与其所有紧后工作时间间隔的最大值

41. 在单代号网络计划中，设 A 工作的紧后工作 B 和 C 的总时差分别为 3 天和 5 天，工作 A、B 之间的间隔时间为 8 天，工作 A、C 之间的间隔时间为 7 天，则工作 A 的总时差为( )天。

    A. 9   B. 10   C. 11   D. 12

42. 单代号网络计划工作 A 的最早开始时间(ES_1)、最早完成时间(EF_1)和工作持续时间如下图所示，则工作 B 的最早开始时间(ES_2)和最早完成时间(EF_2)分别为( )。

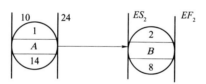

    A. 10 天和 18 天   B. 18 天和 32 天
    C. 18 天和 24 天   D. 24 天和 32 天

43. 如下图所示的单代号网络计划的关键线路有( )条。

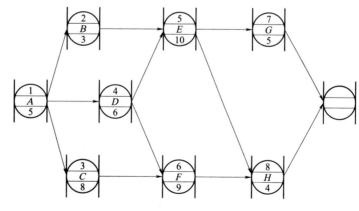

    A. 1   B. 2   C. 3   D. 4

44. 某工程单代号网络计划如下图所示，其关键线路为( )。
    A. ①—②—④—⑥   B. ①—③—④—⑥
    C. ①—③—⑤—⑥   D. ①—②—⑤—⑥

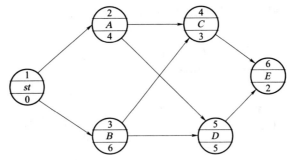

45. 下列单代号网络计划工期为(   )天。

    A. 23   B. 24   C. 31   D. 35

46. 在单代号搭接网络图中，工作 G 的持续时间为 4 天，与紧前工作 D 之间的搭接关系为 $STF=12$ 天，如果工作 D 的最早开始时间为 6 天，则工作 G 的最早开始时间为(   )天。

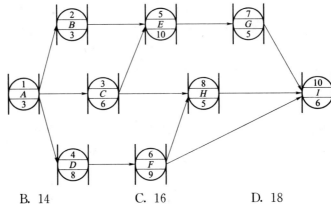

    A. 12   B. 14   C. 16   D. 18

47. 某混凝土地面工程分为回填土、铺垫层和浇混凝土三个施工过程，其单代号搭接网络图如下图所示，则铺垫层的最早开始时间为(   )天。

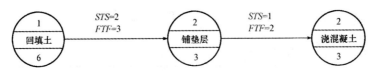

    A. 2   B. 4   C. 5   D. 6

48. 如下图所示的单代号搭接网络计划的关键工作有(   )。

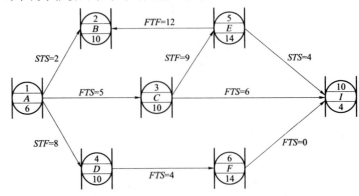

    A. 工作 A、工作 C 和工作 E B. 工作 B、工作 I 和工作 E

    C. 工作 A、工作 D 和工作 F D. 工作 D、工作 I 和工作 F

49. 某工程双代号时标网络计划如下图所示(单位：天)。其中，工作C的总时差为(   )天。
    A. 1   B. 2   C. 3   D. 4

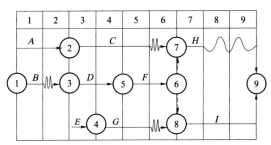

50. 当网络计划的计算工期不等于计划工期时，以下结论正确的是(   )。
    A. 关键线路的自由时差为0
    B. 关键线路上相邻工作的时间间隔为0
    C. 关键线路的最早开始时间等于最迟开始时间
    D. 关键线路的总时差为0

51. 在网络计划中，若工作A还需3天完成，但该工作距离最迟完成时间点的天数为2天，那么(   )。
    A. 该工作不影响总工期   B. 该工作可提前1天完成
    C. 该工作会影响总工期1天   D. 该工作会影响总工期2天

52. 在单代号网络计划中，工作A的最迟完成时间为55天，持续时间为8天，其3项紧前工作的最早完成时间为25天、30天和32天，那么工作A的总时差为(   )。
    A. 12   B. 14   C. 15   D. 19

53. 某工程双代号时标网络计划如下图所示，下列表述正确的是(   )。

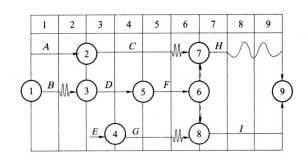

    A. 工作B为非关键工作   B. 工作C的总时差为3天
    C. 工作F的自由时差为3天   D. 工作H为非关键工作

54. 若计算工期不等于计划工期，当网络计划中工作A的紧后工作都是关键工作时，则工作A的(   )。
    A. 自由时差为0   B. 总时差为0
    C. 自由时差等于总时差   D. 自由时差大于总时差

55. 若项目总工期允许的拖延时间有限，那么网络计划中的规定工期应取(   )。
    A. 总工期的最后限制时间   B. 总工期和拖延时间之和
    C. 总工期减去拖延时间   D. 总工期

56. 在网络计划中，为了优化工期，可以缩短(   )。
    A. 要求工期   B. 计算工期   C. 计划工期   D. 合同工期

57. 在网络计划中，计算工期根据终点节点的( )而得出。
    A. 最迟完成时间的最小值
    B. 最早完成时间的最小值
    C. 最早完成时间的最大值
    D. 最迟完成时间的最大值

58. 在工程网络计划中，关键线路是指( )的线路。
    A. 双代号网络计划中由关键工作组成
    B. 单代号网络计划中由关键节点组成
    C. 单代号搭接网络计划中时距之和最大
    D. 双代号时标网络计划中由波形线组成

59. 在网络计划中，某工作在不影响其紧后工作最早开始时间的前提下，可以利用的机动时间，称为该工作的( )。
    A. 总时差   B. 持续时间   C. 自由时差   D. 搭接时间

60. 在网络计划中，总时差就是可以利用的机动时间，前提是不影响( )。
    A. 后续工作的最早开始时间
    B. 紧后工作的最早开始时间
    C. 紧后工作的最迟开始时间
    D. 紧后工作的最早完成时间

61. 在计划执行过程中，由于多种因素的影响，往往会造成实际进度与计划进度产生的偏差，需要及时调整计划。常见的网络计划调整方法有( )。
    A. 调整网络计划的关键线路
    B. 调整施工定额水平
    C. 调整进度目标的设置
    D. 调整网络图的表达形式

62. 当网络计划关键线路的实际进度比计划进度拖后时，应在尚未完成的关键工作中选择一些工作来缩短其持续时间，这些工作应该是( )。
    A. 资源强度小或费用低的工作
    B. 资源强度大或费用低的工作
    C. 资源强度小或费用高的工作
    D. 资源强度大或费用高的工作

63. 对于工程网络计划非关键线路时差的调整，应该移动的范围是( )。
    A. 最早开始时间和最早完成时间之间
    B. 最早开始时间和最早完成时间之间
    C. 最迟开始时间和最早完成时间之间
    D. 最早开始时间和最迟完成时间之间

64. 只有当实际情况要求改变施工方法和组织方法时，才可以调整网络计划的( )。
    A. 工作持续时间
    B. 工作逻辑关系
    C. 工作资源的投入
    D. 工作时差

(二)多项选择题

1. 根据横道图计划者的要求，工作可按照( )等进行排序。
    A. 逻辑关系   B. 责任   C. 项目对象
    D. 时间先后   E. 同类资源

2. 横道图进度计划中存在的问题包括( )。
    A. 工作之前的逻辑关系不易表达清楚
    B. 计划调整只能用手工方式进行
    C. 不能确定关键工作和关键线路

D. 难以适应大的进度计划系统

E. 不能计算资源需要量和资源曲线

3. 我国《工程网络计划技术规程》(JGJ/T 121—2015)推荐的常用工程网络计划类型包括（　　）。

A. 双代号网络计划　　　　　　B. 双代号时标网络计划

C. 双代号搭接网络计划　　　　D. 随机网络计划

E. 单代号网络计划

4. 双代号网络图的基本构成要素有（　　）。

A. 箭线　　　　B. 节点　　　　C. 虚工作　　　　D. 线路　　　　E. 编号

5. 双代号网络图中工作之间相互制约或相互依赖称为逻辑关系，它包括（　　）。

A. 工艺关系　　B. 组织工作　　C. 生产关系　　D. 技术关系　　E. 协调关系

6. 在双代号网络图绘制过程中，要遵循一定的规则和要求，下列叙述正确的有（　　）。

A. 一项工作只有唯一的一条箭线和相应的一个节点

B. 箭尾节点的编号小于其箭头节点的编号，即 $i < j$

C. 节点编号可不连续，但不允许重复

D. 箭线长度原则上可以任意画

E. 必须有一项以上的虚工作

7. 关于双代号网络图绘图规则的叙述，下列说法正确的有（　　）。

A. 当有虚工作出现时允许出现回路

B. 节点之间不能出现带双向箭头的连线

C. 箭线不能交叉

D. 不能出现没有箭头节点的箭线

E. 只有一个起点节点和一个终点节点

8. 已知下列双代号网络图，通过工作间的逻辑关系分析可知，工作 A 的紧后工作有（　　）。

A. 工作 I　　B. 工作 B　　C. 工作 C　　D. 工作 D　　E. 工作 G

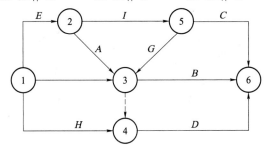

9. 在工程网络计划中，关键线路是指（　　）的线路。

A. 双代号网络计划中无虚箭线

B. 双代号时标网络计划中无波形线

C. 单代号网络计划中工作时间间隔为零

D. 双代号网络计划中持续时间最长

E. 单代号网络计划中自由时差为零的工作连起来

10. 单代号网络图的绘图规则包括（　　）。

A. 可以出现虚箭线　　　　　　B. 严禁出现循环线路

C. 可以有两个以上终点节点　　D. 不能出现双向箭头的连线

E. 箭线不能交叉

11. 下列单代号网络图中，违反绘图规则的错误地方有(　　)。
    A. 箭线交叉
    B. 出现循环线路
    C. 没有设置虚拟的起点工作
    D. 没有设置虚拟的终点工作
    E. 节点编号顺序颠倒

12. 双代号时标网络计划可以在图上直接显示出的内容有(　　)。
    A. 工作的最早开始时间
    B. 关键线路
    C. 工作的总时差
    D. 工作的最迟开始时间
    E. 工作的自由时差

13. 已知某基础工程经过调整的网络计划如下图所示，其表达的正确信息有(　　)。

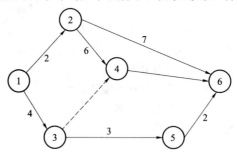

    A. 该计划的工期为 12 天
    B. 工作④—⑥最早开始时间为 4 天
    C. 关键线路为①—③—⑤—⑥
    D. 工作②—⑥为非关键工作
    E. 工作③—④为虚工作

14. 某工程双代号网络计划如下图所示，其中关键线路有(　　)。

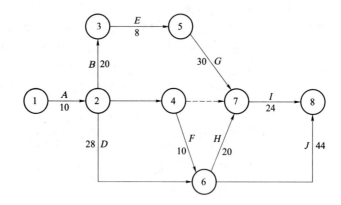

    A. ①—②—③—⑤—⑦—⑧
    B. ①—②—④—⑥—⑧
    C. ①—②—④—⑥—⑦—⑧
    D. ①—②—⑥—⑦—⑧
    E. ①—②—⑥—⑧

15. 某工程双代号时标网络图如下图所示，下列正确的答案有(　　)。
    A. 工作 F 的最早完成时间为第 7 天
    B. 工作 D 的总最时差为 1 天
    C. E 工作的自由时差为 2 天
    D. 工作 G 的最迟开始时间为第 5 天
    E. 工作 A 的总时差为 1 天

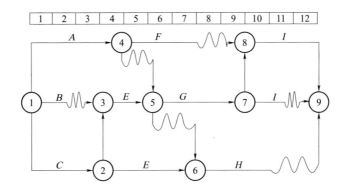

16. 在工程网络计划中，关键线路有各种不同的表达方式，它可以是指（   ）。

    A. 双代号网络计划中无虚箭线的线路

    B. 双代号时标网络计划中无波形线的线路

    C. 单代号网络计划中时间间隔为零的线路

    D. 双代号网络计划中持续时间最长的线路

    E. 单代号网络计划中全部关键工作组成的线路

17. 如下图所示的双代号网络图中非关键工作有（   ）。

    A. 工作 B B. 工作 C C. 工作 D D. 工作 E E. 工作 F

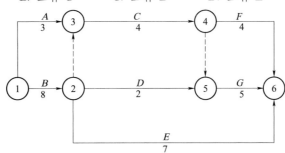

18. 如下图所示的双代号时标网络图中关键工作有（   ）。

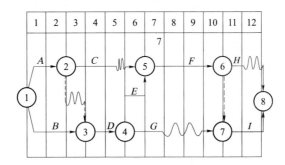

    A. 工作 A B. 工作 C C. 工作 D D. 工作 F E. 工作 I

19. 当计算工期不等于计划工期时，双代号网络计划中关键线路上的（   ）。

    A. 各工作的总时差均为零

    B. 各工作的自由时差均为零

    C. 各工作的持续时间之和最大

    D. 各工作的最早开始时间与最迟完成时间相等

    E. 各工作的持续时间之和最小

20. 当计算工期不能满足计划工期时，可设法通过压缩关键工作的持续时间，宜考虑的关键工作应该满足的要求有（   ）。
    A. 有充足备用资源
    B. 新近安排实施
    C. 平行线路比较少
    D. 所需增加的费用相对较少
    E. 不影响质量和安全

21. 对于单代号网络计划的关键线路和关键工作，以下说法正确的有（   ）。
    A. 关键线路只有一条
    B. 关键工作的自由时差为零
    C. 关键工作的机动时间最小
    D. 关键线路上各工作的时间间隔为零
    E. 关键线路上各工作持续时间之和最小

22. 在网络计划中若工作的先后关系属于组织关系，则决定这种关系的可能有（   ）。
    A. 工艺技术过程
    B. 劳动力调配
    C. 机械设备调配
    D. 原材料调配
    E. 施工搭接的需要

23. 网络计划如下图所示，可以判断关键工作为（   ）。
    A. 工作 B、C
    B. 工作 B、D
    C. 工作 C、F
    D. 工作 A、B
    E. 工作 E、H

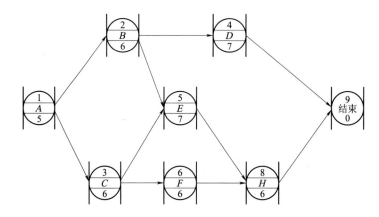

24. 在网络计划中，若某工作的最早和最迟开始时间分别为 8 天和 12 天，持续时间为 2 天，其紧后工作的最早开始时间为 15 天，则该工作的（   ）。
    A. 自由时差为 4 天
    B. 自由时差为 5 天
    C. 总时差为 4 天
    D. 总时差为 3 天
    E. 与紧后工作的时间间隔为 5 天

25. 在网络计划中，工作的总时差为 5 天，自由时差为 3 天。若该工作拖延了 4 天，则（   ）。
    A. 不影响紧后工作
    B. 不影响总工期
    C. 总工期拖后 1 天
    D. 总工期拖后 4 天
    E. 影响紧后工作 1 天

26. 在网络计划中，某工作的最早开始时间和最迟开始时间分别为 2 天和 5 天，持续时间为 7 天，其两个紧后工作的最早开始时间分别为 14 天和 19 天，则该工作的（   ）。
    A. 自由时差为 2 天
    B. 自由时差为 5 天

C. 总时差为 3 天   D. 总时差为 5 天

E. 与紧后工作的时间间隔为 2 天和 6 天

27. 在网络计划中，当计划工期等于计算工期时，关键工作应为(   )。

A. 总时差最小的工作

B. 自由时差最小的工作

C. 最早完成时间与最迟完成时间相等的工作

D. 最早完成时间与最迟开始时间相等的工作

E. 与紧后工作的时间间隔最小的工作

28. 当计算工期不能满足要求工期时，需要压缩关键工作的持续时间以满足工期要求，在选择缩短持续时间的关键工作时，宜考虑(   )。

A. 缩短持续时间对质量影响不大的工作

B. 缩短持续时间所需增加的费用最少的工作

C. 有充足备用资源的工作

D. 持续时间最长的工作

E. 缩短持续时间对安全影响不大的工作

29. 在网络计划中，若某项工作进度发生拖延，需要重新调整原进度计划的情况有(   )。

A. 该工作进度拖延已超过其自由时差，但其后续工作可以拖延

B. 该工作进度拖延已超过其总时差，但其后续工作不可以拖延

C. 该工作进度拖延已超过其自由时差，但总工期可以拖延

D. 该工作进度拖延已超过其总时差，但总工期不可以拖延

E. 该工作进度拖延已超过其总时差，但总工期可以拖延

30. 在网络计划中，若某项工作的拖延时间超过总时差，那么(   )。

A. 该项工作变为关键工作   B. 不影响其后续工作

C. 将使总工期延长   D. 不影响紧后工作的总时差

E. 不影响总工期

31. 某工程双代号时标网络计划执行到第 7 周末，检查其实际进度如下图前锋线所示，检查结果表明(   )。

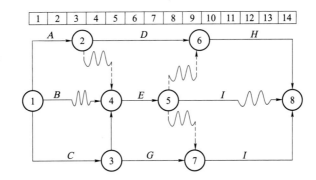

A. 工作 D 提前 1 天，不影响工期

B. 工作 D 拖后 1 天，影响工期 1 天

C. 工作 I 提前 2 天，不影响工期

D. 工作 I 拖后 1 天，但不影响工期

E. 工作 G 拖后 1 天，影响工期提前 1 天

三、建筑工程项目进度控制的方法

（一）单项选择题

1. 运用工程网络计划的方法编制进度计划，有利于实现进度控制的科学化，表现为（   ）。
    A. 采用先进的计算机软件   B. 合理确定工作编码
    C. 制定规范的工作时间定额   D. 分析工作之间的逻辑关系

2. 项目组织结构中应有专门的工作部门和符合进度控制岗位资格的专人负责进度控制工作，属于工程项目进度控制（   ）。
    A. 组织措施   B. 管理措施   C. 经济措施   D. 技术措施

3. 建筑工程项目进度控制的工作流程有（   ）。
    A. 技术程序   B. 招标程序   C. 采购程序   D. 审批程序

4. 建筑工程进度控制的组织和协调的重要手段之一是（   ）。
    A. 信息技术   B. 会议   C. 合同   D. 风险分析

5. 工程物资的采购模式对进度也有直接的影响，它属于（   ）。
    A. 组织措施   B. 管理措施   C. 经济措施   D. 技术措施

6. 对进度计划进行多方案比较和优选，体现合理使用资源，合理安排工作面，是属于项目进度控制的（   ）。
    A. 组织措施   B. 管理措施   C. 经济措施   D. 技术措施

7. 为了实现工程项目进度目标，应选择合理的合同结构，以避免过多的（   ）。
    A. 参与单位   B. 合同交界面   C. 资源投入   D. 技术风险

8. 对建筑工程项目控制而言，信息技术是一种重要的手段，它有利于（   ）。
    A. 提高进度信息的透明度   B. 降低进度信息处理的成本
    C. 减少进度控制的风险   D. 减少进度控制的管理环节

9. 建筑工程项目进度控制的经济措施的内容之一包括（   ）。
    A. 技术方案比选   B. 合同结构分析
    C. 资金供应条件   D. 会议组织设计

10. 建筑工程项目的可能的资金总供应量属于（   ）。
    A. 资金需求计划的内容   B. 资源风险分析的需要
    C. 资源供应条件的范畴   D. 合同条款的组成部分

11. 对设计技术与工程进度的关系作分析比较，这项工作的主要时间段应该在（   ）。
    A. 施工准备工作阶段   B. 设计工作的前期
    C. 招标采购节段   D. 设计工作的后期

（二）多项选择题

1. 建筑工程项目控制措施主要包括（   ）。
    A. 组织措施
    B. 管理措施
    C. 经济措施
    D. 技术措施
    E. 规划措施

2. 下列选项中，属于建筑工程项目进度控制组织措施的有（   ）。
    A. 专门的工作部门和符合进度控制岗位资格的专人
    B. 进度计划多方案比较和优选
    C. 项目进度控制的工作流程
    D. 项目合同进度的规划
    E. 项目管理组织设计的任务分工表

3. 有关建筑工程项目进度控制会议的组织设计，应明确(　　)。

　　A. 会议交通路线　　　　　　　B. 会议参加单位和人员

　　C. 会议文件的整理　　　　　　D. 会议成本控制

　　E. 会议类型

4. 下列选项中，属于建筑工程项目进度控制管理措施的有(　　)。

　　A. 选择适用的网络计划方法　　B. 选择合理的承发包模式

　　C. 选择合理的工程物资的采购模式　D. 重视信息技术的应用

　　E. 不考虑影响项目进度的风险

5. 下列选项中，属于建筑工程项目进度控制经济措施的有(　　)。

　　A. 编制资源需求计划　　　　　B. 审核设计预算

　　C. 明确资金供应条件　　　　　D. 应用价值工程方法

　　E. 落实资金激励措施

6. 建筑工程项目资金供应条件包括的内容有(　　)。

　　A. 资金的总供应量　　　　　　B. 资金来源

　　C. 资金的供应时间　　　　　　D. 资金的供应渠道

　　E. 资金的供应成本

第四章 建筑工程项目质量控制

岗位目标

工程质量是指满足人们需要所具备的那些自然属性或质量特性。

工程项目质量控制(Project Quality Control)是在质量计划的基础上，致力于满足工程项目质量要求的一系列落实、检查、纠偏等活动。

能力目标

◆ 能描述工程项目质量的特点；
◆ 能运用工程项目质量分析方法，查找质量原因；
◆ 能运用工程质量不合格处理方法和程序，对简单的工程质量问题和事故进行处理。

内容概要

工程项目质量控制的目的是使各项质量活动及结果均达到质量要求，其控制的过程、活动、技术和方法等，必须围绕这一目的展开(图 4-1)。

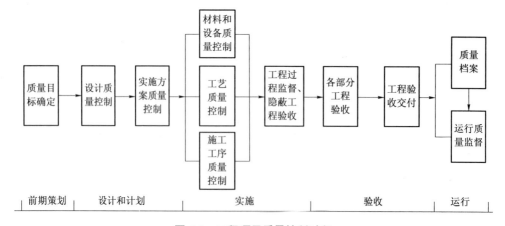

图 4-1　工程项目质量控制过程

第一节　建筑工程项目质量控制

◀任务导入▶

某厂总二车间扩建厂房工程质量控制。

◀任务分析▶

在本任务中要认识工程质量是指什么？什么对工程质量产生影响？如何对工程质量进行控制？

◀任务准备▶

一、建筑工程项目质量控制的含义

(1)质量控制是 GB/T 19000(等同采用 ISO 9000—2015)质量管理体系标准的一个质量术语。质量控制是质量管理的一部分，是致力于满足质量要求的一系列相关活动。

(2)质量控制包括采取的作业技术和管理活动。作业技术是直接产生产品或服务质量的条件；但并不是具备相关作业技术能力，都能产生合格的质量，在社会化大生产的条件下，还必须通过科学的管理，来组织和协调作业技术活动的过程，以充分发挥其质量形成能力，实现预期的质量目标。

(3)质量控制是质量管理的一部分，按照 GB/T 19000 的定义，质量管理是指确立质量方针及实施质量方针的全部职能与工作内容，并对其工作效果进行评价和改进的一系列工作。因此，两者的区别在于质量控制是在明确的质量目标条件下，通过行动方案和资源配置的计划、实施、检查和监督，来实现预期目标的过程。

(4)建筑工程项目从本质上说，是一项拟建的建筑产品，它与一般产品具有同样的质量内涵，即满足明确和隐含需要的特性的总和。其中，明确的需要是指法律法规技术标准和合同等所规定的要求；隐含的需要是指法律法规或技术标准尚未作出明确规定，然而随着经济的发展、科技进步及人们消费观念的变化，客观上已存在的某些需求。因此，建筑产品的质量也就需要通过市场和营销活动加以识别，以不断进行质量的持续改进。其社会需求是否得到满足或满足的程度如何，必须用一系列定量或定性的特性指标来描述和评价，这就是通常意义上的产品适用性、可靠性、安全性、经济性及环境的适宜性等。

(5)由于建筑工程项目是由业主(或投资者、项目法人)提出明确的需求，然后再通过一次性承发包生产，即在特定的地点建造特定的项目。因此，建筑工程项目的质量总目标，是业主建设意图通过项目策划，包括项目的定义及建设规模、系统构成、使用功能和价值、规格档次标准等的定位策划和目标决策来提出的。工程项目质量控制包括勘察设计、招标投标、施工安装、竣工验收各阶段，均应围绕着致力于满足业主要求的质量总目标而展开。

二、建筑工程项目质量形成的影响因素

(一)人的质量意识和质量能力

人的质量意识和质量能力是质量活动的主体，对于建筑工程项目而言，人是泛指与工程有关的单位、组织及个人，包括：建设单位；勘察设计单位；施工承包单位；监理及咨询服务单位；政府主管及工程质量监督、监测单位；策划者、设计者、作业者、管理者等。

建筑业实行企业经营资质管理、市场准入制度、执业资格注册制度、持证上岗制度以及质量责任制度等，规定按资质等级承包工程任务，不得越级，不得挂靠，不得转包，严禁无证设计、无证施工。

(二)建设项目的决策因素

没有经过资源论证、市场需求预测，盲目建设，重复建设，建成后不能投入生产或使用，所形成的合格而无用途的建筑产品，从根本上是社会资源的极大浪费，不具备质量的适用性特征。同样，盲目追求高标准，缺乏质量经济性考虑的决策，也将对工程质量的形成产生不利的影响。

(三)建筑工程项目勘察因素

建筑工程项目勘察包括建设项目技术经济条件勘察和工程岩土地质条件勘察。前者直接影响项目决策，后者直接关系工程设计的依据和基础资料。

(四)建筑工程项目的总体规划和设计因素

总体规划关系到土地的合理利用、功能组织和平面布局、竖向设计、总体运输及交通组织的合理性；工程设计具体确定建筑产品或工程目的物的质量目标值，直接将建设意图变成工程蓝图，将适用、经济、美观融为一体，为建设工程施工提供质量标准和依据。建筑构造与结构的设计合理性、可靠性及可施工性，都直接影响工程质量。

(五)建筑材料、构配件及相关工程用品的质量因素

建筑材料、构配件及相关工程用品是建筑生产的劳动对象。建筑质量的水平在很大程度上取决于材料工业的发展，原材料、建筑装饰装潢材料及其制品的开发，导致人们对建筑消费需求发生日新月异的变化，因此，正确合理选择材料，控制材料、构配件及工程用品的质量规格、性能特性是否符合设计规定标准，直接关系到工程质量形成。

(六)工程项目的施工方案

工程项目的施工方案包括施工技术方案和施工组织方案。

施工技术方案是指施工的技术、工艺、方法和机械、设备、模具等施工手段的配置，显然，如果施工技术落后、方法使用不当、机具有缺陷，都将对工程质量的形成产生影响。施工组织方案是指施工程序、工艺顺序、施工流向、劳动组织方面的决定和安排。通常，施工程序是先准备后施工，先场外后场内，先地下后地上，先深后浅，先主体后装修，先土建后安装等，都应在施工方案中明确，并编制相应的施工组织设计。这些都是对工程质量形成产生影响的重要因素。

(七)工程项目的施工环境

施工环境包括地质水文气候等自然环境及施工现场的通风、照明、安全卫生防护设施等劳动作业环境，以及由工程承发包合同结构所派生的多单位、多专业共同施工的管理关系，组织协调方式及现场施工质量控制系统等构成的管理环境，对工程质量的形成产生一定的影响。

三、建筑工程项目质量控制的基本原理

(一)PDCA 循环原理

PDCA 循环是人们在管理实践中形成的基本理论方法。从实践论的角度看，管理就是确定任务目标，并按照 PDCA 循环原理来实现预期目标。由此可见，PDCA 是目标控制的基本方法。

1. 计划 P(Plan)

计划可以理解为质量计划阶段，明确目标并制订实现目标的行动方案。在建筑工程项目的实施中，计划是指各相关主体根据其任务目标和责任范围，确定质量控制的组织制度、工作程序、技术方法、业务流程、资源配置、检验试验要求、质量记录方式、不合格处理、管理措施等具体内容和做法的文件。计划还须对其实现预期目标的可行性、有效性、经济合理性进行分析论证，按照规定的程序与权限审批执行。

2. 实施 D(Do)

实施包含两个环节，即计划行动方案的交底和按计划规定的方法与要求展开工程作业技术活动。计划行动方案的交底的目的是使具体的作业者和管理者，明确计划的意图和要求，掌握标准，从而规范行为，全面地执行计划的行动方案，步调一致地去努力实现预期的目标。

3. 检查 C(Check)

检查是指对计划实施过程进行的各种检查，包括作业者的自检、互检和专职管理者专检。各类检查都包含两大方面：一是检查是否严格执行了计划的行动方案，实际条件是否发生了变化，不执行计划的原因；二是检查计划执行的结果，即产出的质量是否达到标准的要求，对此进行确认和评价。

4. 处置 A(Action)

对于质量检查所发现的质量问题，及时进行原因分析，采取必要的措施予以纠正，保持质量形成的受控状态。处理可分为纠偏和预防两个步骤。前者是采取应急措施，解决当前的质量问题；后者是信息反馈管理部门，反思问题症结或计划时的不周，为今后类似问题的质量预防提供借鉴。

(二)三阶段控制原理

三阶段控制就是通常所说的事前控制、事中控制和事后控制。三阶段控制构成了质量控制的系统过程。

1. 事前控制

事前控制要求预先进行周密的质量计划。尤其是在工程项目施工阶段，制订质量、计划或编制施工组织设计或施工项目管理实施规划(目前这三种计划方式基本上并用)，都必须建立在切实可行、有效实现预期质量目标的基础上，作为一种行动方案进行施工部署。目前，有些施工企业，尤其是一些资质较低的企业在承建中小型的一般工程项目时，往往将施工项目经理责任制曲解成"以包代管"的模式，忽略了技术质量管理的系统控制，失去了企业整体技术和管理经验对项目施工计划的指导和支撑作用，这将造成质量预控的先天性缺陷。

事前控制的内涵包括两层意思：一是强调质量目标的计划预控；二是按质量计划进行质量活动前的准备工作状态的控制。

2. 事中控制

首先，是对质量活动的行为约束，即对质量产生过程中各项技术作业活动操作者在相关制度管理下的自我行为约束的同时，充分发挥其技术能力，完成预定质量目标的作业任务；其次，是对质量活动过程和结果来自他人的监督控制，这里包括来自企业内部管理者的检查检验和企业外部工程监理与政府质量监督部门等的监控。

事中控制虽然包含自控和监控两大环节，但其关键还是要增强质量意识，发挥操作者的自我约束、自我控制能力，即坚持质量标准是根本，监控或他人控制是必要的补充，没有前者或用后者取代前者都是不正确的。因此，在企业组织的质量活动中，通过监督机制和激励机制相结合的管理方法，来发挥操作者更好的自我控制能力，以达到质量控制的效果，是非常必要的。这也只有通过建立和实施质量体系来达到。

3. 事后控制

事后控制包括对质量活动结果的评价认定和对质量偏差的纠正。从理论上分析，计划预控过程所制订的行动方案考虑得越周密，事中约束监控的能力越强、越严格，实现质量预期目标的可能性就越大，理想的状况就是希望做到各项作业活动"一次成功""一次交验合格率100%"。但客观上相当部分的工程不可能达到，因为在此过程中不可避免地会存在一些计划时难以预料的影响因素，包括系统因素和偶然因素。因此，当出现质量实际值与目标值之间超出允许偏差时，必须分析原因，采取措施纠正偏差，保持质量受控状态。

以上三大环节，不是孤立和截然分开的，它们之间构成有机的系统过程，实质上也就是PDCA循环具体化，并在每一次滚动循环中不断提高，达到质量管理或质量控制的持续改进。

(三)三全控制管理

三全控制管理是来自全面质量管理(Total Quality Control，TQC)的思想，同时包融在质量体系标准(GB/T 19000—ISO 9000)中，其是指生产企业的质量管理应该是全面、全过程和全员参与的。这一原理对建筑工程项目的质量控制，同样具有理论和实践的指导意义。

1. 全面质量控制

全面质量控制是指工程(产品)质量和工作质量的全面控制，工作质量是工程(产品)质量的保证，工作质量直接影响工程(产品)质量的形成。对于建筑工程项目而言，全面质量控制还应该包括建筑工程各参与主体的工程质量与工作质量的全面控制，如业主、监理、勘察、设计、施工总包、施工分包、材料设备供应商等，任何一方任何一环节的怠慢疏忽或质量责任不到位，都会对建筑工程质量造成影响。

2. 全过程质量控制

全过程质量控制是指根据工程质量的形成规律，从源头抓起，全过程推进。GB/T 19000强调质量管理的"过程方法"管理原则，按照建设程序，建筑工程从项目建议书或建设构想提出，历经项目鉴别、选择、策划、科研、决策、立项、勘察、设计、发包、施工、验收、使用等各个有机联系的环节，构成了建设项目的总过程。其中，每个环节又由诸多相互关联的活动构成相应的具体过程，因此，必须掌握识别过程和应用"过程方法"进行全过程质量控制。主要过程有：项目策划与决策过程；勘察设计过程；施工采购过程；施工组织与准备过程；检测设备控制与计量过程；施工生产的检验、试验过程；工程质量的评定过程；工程竣工验收与交付过程；工程回访维修服务过程。

3. 全员参与质量控制

从全面质量管理的观点看，无论组织内部的管理者还是作业者，每个岗位都承担着相应的质量职能。一旦确定了质量方针目标，就应组织和动员全体员工参与到实施质量方针的系统活动中去，发挥自己的角色作用。全员参与质量控制作为全面质量所不可或缺的重要手段，就是目标管理。目标管理理论认为，总目标必须逐级分解，直到最基层岗位，从而形成自下到上、自岗位个体到部门团队的层层控制和保证关系，使质量总目标分解落实到每个部门和岗位。就企业而言，如果存在哪个岗位没有自己的工作目标和质量目标，说明这个岗位就是多余的，应予以调整。

▶任务实施◀

某厂总二车间扩建厂房。

一、工程质量

工程质量包括：

适用性：舒适，布局合理，适用方便，造型美观；

寿命：安全使用年限；

可靠性：强度、稳定性、抗震、防腐；

经济性：在保证质量的前提下成本最低；

安全性：保障劳动者和使用者的安全和健康，预防伤亡。

建设项目质量按照建设项目建设程序，经过建设项目可行性研究、项目决策、工程设计、工程施工、工程验收等各个阶段逐步形成，而不仅仅取决于施工阶段。

建设项目质量包含工序质量、分项工程质量、分部工程质量和单位工程质量。

建设项目质量不仅包括工程实物质量，而且包含工作质量。工作质量是指项目建设参与各方为了保证建设项目质量所从事技术、组织工作的水平和完善程度。

二、工程质量的特点

工程质量的特点包括：影响因素多；质量波动大；质量变异大；质量隐蔽；终检局限大。

三、建筑工程项目质量控制的基本原理

（一）PDCA循环原理

PDCA循环包括四个阶段、八个步骤。

1. 计划阶段（Plan）

查找问题；问题排列；分析问题产生的原因；制订对策和措施。

2. 实施阶段（Do）

执行计划。

3. 检查阶段（Check）

检查采取措施后的效果。

4. 处理阶段（Action）

建立巩固措施；确定遗留问题，转入下一循环。

四个阶段工作形成循环，不断重复，使工作不断改进，质量不断提高。同时，各级质量管理都有一个PDCA循环，可形成一个大环套小环、一环扣一环、互相制约、互为补充的有机整体(图4-2)。

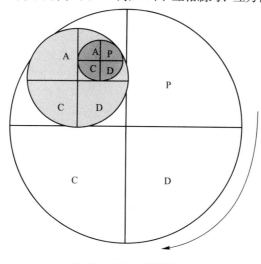

图4-2　PDCA循环原理

（二）三阶段控制原理

事前控制	→	注重质量目标的计划预控； 按质量计划进行质量活动前的准备工作状态控制。
事中控制	→	对质量活动主体、质量活动过程和结果进行自我约束和监督检查。
事后控制	→	对质量活动结果的评价认定和对质量偏差的纠正。

三阶段控制其实就是 PDCA 循环的具体应用。

(三)三全面控制管理(TQC)

1. 全面质量控制

全面质量控制包括工程(产品)质量和工作质量的全面控制。

2. 全过程质量控制

全过程包括项目决策—勘察设计—施工采购—施工组织—质量评定—竣工验收与交付—回访维修等。

3. 全员参与质量控制

开展全员参与质量控制的重要手段,就是运用目标管理的方法,将组织的总目标逐级进行分解,使其形成自上而下的质量目标分解体系和自下而上的质量目标保证体系。

▶知识链接◀

一、建设参与各方的质量责任和义务

(一)建设单位的质量责任和义务

(1)应当将工程发包给具有相应资质等级的单位,不得将建筑工程肢解发包。

(2)应当依法对建设项目的勘察、设计、施工、监理,以及与工程建设有关的重要设备、材料等的采购进行招标。

(3)必须向有关的勘察、设计、工程监理等单位提供与建筑工程有关的原始资料。原始资料必须真实、准确、齐全。

(4)不得迫使承包方以低于成本的价格竞标,不得任意压缩合理工期。建设单位不得明示或者暗示设计单位或者施工单位违反工程建设强制性标准,降低建筑工程质量。

(5)应当将施工图设计文件报县级以上人民政府住房城乡建设主管部门或者其他有关部门审查。施工图设计文件未经审查批准的,不得使用。

(6)实行监理的建筑工程,应当委托具有相应资质等级的工程监理单位进行监理,也可以委托具有工程监理相应资质等级,并与被监理工程的施工承包单位没有隶属关系或者其他利害关系的该工程的设计单位进行监理。

(7)在领取施工许可证或者开工报告前,应当按照国家的有关规定办理工程质量监督手续。

(8)按照合同约定,由建设单位采购建筑材料、建筑构配件和设备的,建设单位应当保证建筑材料、建筑构配件和设备符合设计文件与合同要求。

(9)涉及建筑主体和承重结构变动的装修工程,建设单位应当在施工前委托原设计单位或者具有相应资质等级的设计单位提出设计方案。没有设计方案的,不得施工。

房屋建筑使用者在装修过程中,不得擅自变动房屋建筑主体和承重结构。

(10)收到建筑工程竣工报告后,应当组织设计、施工、工程监理等有关单位进行竣工验收。建设项目经验收合格后,方可交付使用。

建筑工程竣工验收应当具备下列条件:

1)完成建筑工程设计和合同约定的各项内容。

2)有完整的技术档案和施工管理资料。

3)有工程使用的主要建筑材料、建筑构配件和设备的进场试验报告。

4)有勘察、设计、施工、工程监理等单位分别签署的质量合格文件。

5)有施工单位签署的工程保修书。

(11)应当严格按照国家有关档案管理的规定,及时收集、整理建设项目各环节的文件资料,建立、健全建设项目档案，并在建设项目竣工验收后，及时向住房城乡建设主管部门或者其他有关部门移交建设项目档案。

(二)勘察、设计单位的质量责任和义务

(1)应当依法取得相应等级的资质证书，并在其资质等级许可的范围内承揽工程。

(2)必须按照工程建设强制性标准进行勘察、设计，并对其勘察、设计的质量负责。

(3)勘察单位提供的地质、测量、水文等勘察成果必须真实、准确。

(4)设计单位应当根据勘察成果文件进行建筑工程设计。

(5)设计单位在设计文件中选用的建筑材料、建筑构配件和设备，应当注明规格、型号、性能等技术指标，其质量要求必须符合国家相关标准的规定。

(6)设计单位应当就审查合格的施工图设计文件，向施工单位作出详细说明。

(7)设计单位应当参与建筑工程质量事故分析，并对因设计造成的质量事故，提出相应的技术处理方案。

(三)施工单位的质量责任和义务

(1)应当依法取得相应等级的资质证书，并在其资质等级许可的范围内承揽工程。

(2)对建筑工程的施工质量负责。

(3)总承包单位依法将建筑工程分包给其他单位的，分包单位应当按照分包合同的约定对其分包工程的质量向总承包单位负责，总承包单位应当对其承包的建筑工程的质量承担连带责任。

(4)必须按照工程设计图纸和施工技术标准施工，不得擅自修改工程设计，不得偷工减料。

(5)必须按照工程设计要求、施工技术标准和合同约定，对建筑材料、建筑构配件、设备和商品混凝土进行检验，检验应当有书面记录和专人签字；未经检验或者检验不合格的，不得使用。

(6)必须建立、健全施工质量的检验制度，严格工序管理，做好隐蔽工程的质量检查和记录。隐蔽工程在隐蔽前，应当通知建设单位和建筑工程质量监督机构。

(7)施工人员对涉及结构安全的试块、试件及有关材料，应当在建设单位或者工程监理单位的监督下现场取样，并送具有相应资质等级的质量检测单位进行检测。

(8)对施工中出现质量问题的建筑工程或者竣工验收不合格的建筑工程，应当负责返修。

(9)应当建立、健全教育培训制度，加强对职工的教育培训；未经教育培训或者考核不合格的人员，不得上岗作业。

(四)工程监理单位的质量责任和义务

(1)应当依法取得相应等级的资质证书，并在其资质等级许可的范围内承担工程监理业务。禁止超越本单位资质等级许可的范围或者以其他工程监理单位的名义承担工程监理业务。禁止允许其他单位或者个人以本单位的名义承担工程监理业务，不得转让工程监理业务。

(2)与被监理工程的施工承包单位以及建筑材料、建筑构配件和设备供应单位有隶属关系或者其他利害关系的，不得承担该项建筑工程的监理业务。

(3)应当依照法律、法规及有关技术标准、设计文件和建筑工程承包合同，代表建设单位对施工质量实施监理，并对施工质量承担监理责任。

(4)应当选派具备相应资格的总监理工程师和监理工程师进驻施工现场。未经监理工程师签字，建筑材料、建筑构配件和设备不得在工程上使用或安装，施工单位不得进行下一道工序的施工；未经总监理工程师签字，建设单位不得拨付工程款，不得进行竣工验收。

(5)监理工程师应当按照工程监理规范的要求，采取旁站、巡视和平行检验等形式，对建筑工程实施监理。

二、建设项目质量控制

建设项目质量控制是指为达到建设项目质量要求所采取的作业技术和活动。在建设项目实施过程中，项目建设参与各方包括建设单位、设计单位、施工单位和材料设备供应单位都必须进行建设项目质量控制。

(一)建设单位项目质量控制的内容和措施

1. 建设单位项目质量控制的含义

建设单位项目质量控制的含义具体包括以下几项：

(1)项目质量控制的目的是建设项目质量符合建设要求、有关技术规范和标准。

(2)项目质量控制的关键工作是建立建设项目质量目标系统。

(3)项目质量控制将以动态控制原理为指导，进行质量计划值与实际值的比较。

(4)项目质量控制可采取组织、技术、经济、合同措施。

(5)有必要进行计算机辅助建设项目质量控制。

2. 建设单位项目质量目标

建设单位项目质量目标如图4-3所示。

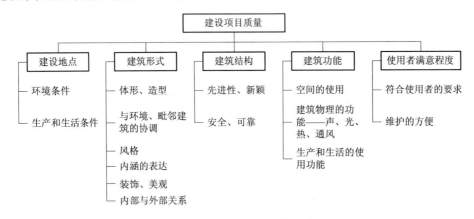

图4-3 建设单位项目质量目标

3. 建设单位项目质量控制的主要工作内容

(1)确定项目质量要求和标准(包括设计、施工、工艺、材料和设备等方面)。

(2)编制或组织编制设计竞赛文件，确定有关设计质量方面的评选原则。

(3)审核各设计阶段的设计文件(图纸与说明等)是否符合质量要求和标准。

(4)确定或审核招标文件和合同文件中的质量条款。

(5)审核或检测材料、成品、半成品和设备的质量。

(6)检查施工质量，组织或参与分部、分项工程和各隐蔽工程验收和竣工验收。

(7)审查或组织审查施工组织设计和施工安全措施。

(8)处理工程质量、安全事故的有关事宜。

(9)确认施工单位选择的分包单位，并审核施工单位的质量保证体系。

4. 设计准备阶段项目质量控制工作流程

设计准备阶段项目质量控制工作流程如图4-4所示。

5. 设计阶段项目质量控制工作流程

设计阶段项目质量控制工作流程如图4-5～图4-7所示。

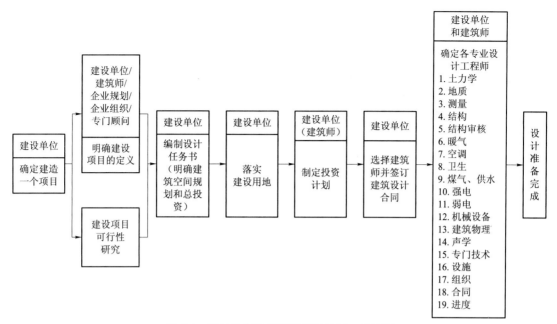

图4-4 设计准备阶段项目质量控制工作流程

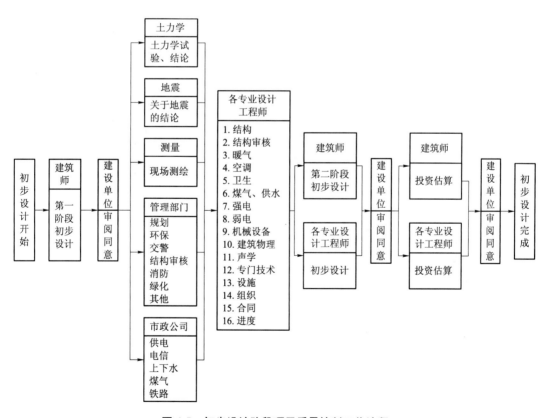

图4-5 初步设计阶段项目质量控制工作流程

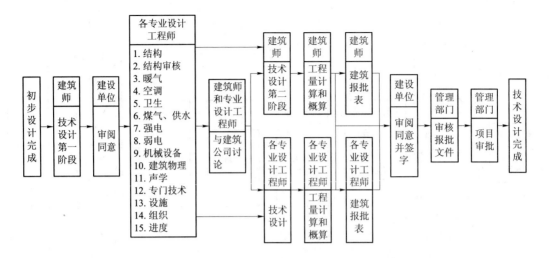

图 4-6　技术设计阶段项目质量控制工作流程

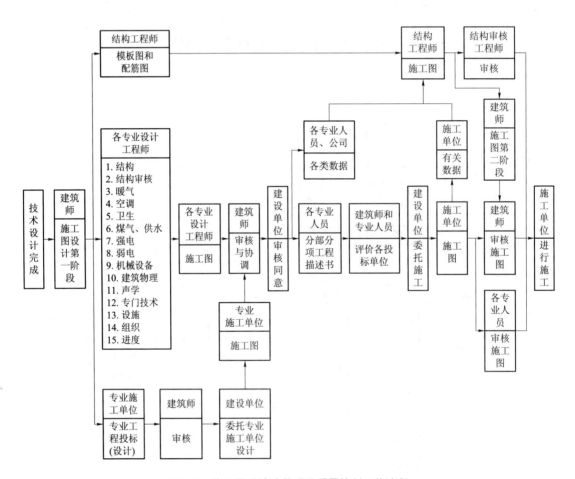

图 4-7　施工图设计阶段项目质量控制工作流程

6. 施工阶段项目质量控制工作流程

施工阶段项目质量控制工作流程如图4-8所示。

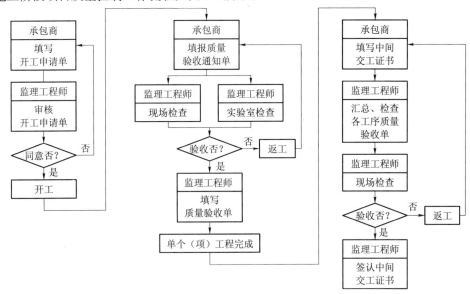

图 4-8　施工阶段项目质量控制工作流程

(二)工程施工质量控制的内容和措施

工程施工阶段的质量控制是工程质量控制的关键环节。工程施工是一个从对投入原材料的质量控制开始，直到完成工程质量检验验收和交工后服务的系统过程，分别为施工准备、施工、竣工验收交付和回访保修期四个阶段。

(1)施工准备阶段工作质量控制。

(2)施工阶段施工质量控制。

(3)竣工验收交付阶段工程质量控制。

(4)回访保修期工作质量控制。

三、建筑工程项目质量控制系统的构成

(1)工程项目质量控制系统是面向工程项目而建立的质量控制系统，它不同于企业按照GB/T 19000标准建立的质量管理体系。其不同点主要如下：

1)工程项目质量控制系统只用于特定的工程项目质量控制，而不是用于建筑企业的质量管理，即目的不同。

2)工程项目质量控制系统涉及工程项目实施中所有的质量责任主体，而不只是某一个建筑企业，即范围不同。

3)工程项目质量控制系统的控制目标是工程项目的质量标准，并非某一建筑企业的质量管理目标，即目标不同。

4)工程项目质量控制系统与工程项目管理组织相融，是一次性的，并非永久性的，即时效不同。

5)工程项目质量控制系统的有效性一般只做自我评价与诊断，不进行第三方认证，即评价方式不同。

(2)工程项目质量控制系统的构成。按控制内容可分为以下几项：

1)工程项目勘察设计质量控制子系统。

2)工程项目材料设备质量控制子系统。

3)工程项目施工安装质量控制子系统。

4)工程项目竣工验收质量控制子系统。

(3)工程项目质量控制系统构成,按实施的主体可分为以下几项:

1)建设单位建设项目质量控制系统。

2)工程项目总承包企业项目质量控制系统。

3)勘察设计单位勘察设计质量控制子系统(设计—施工分离式)。

4)施工企业(分包商)施工安装质量控制子系统。

5)工程监理企业工程项目质量控制子系统。

(4)工程项目质量控制系统构成,按控制原理可分为以下几项:

1)质量控制计划系统,确定建设项目的建设标准、质量方针、总目标及其分解。

2)质量控制网络系统,明确工程项目质量责任主体构成、合同关系和管理关系,控制的层次和界面。

3)质量控制措施系统,描述主要技术措施、组织措施、经济措施和管理措施的安排。

4)质量控制信息系统,进行质量信息的收集、整理、加工和文档资料的管理。

(5)工程质量控制系统的不同构成,只是提供全面认识其功能的一种途径,实际上它们是交互作用的,而且和工程项目外部的行业及企业的质量管理体系有着密切的联系,如政府实施的建筑工程质量监督管理体系、工程勘察设计企业及施工承包企业的质量管理体系、材料设备供应商的质量管理体系、工程监理咨询服务企业的质量管理体系、建设行业实施的工程质量监督与评价体系等。

四、建筑工程项目质量控制系统的建立

(1)根据实践经验,可以参照以下几条原则来建立工程项目质量控制系统:

1)分层次规划的原则,第一层次是建设单位和工程总承包企业,分别对整个建设项目和总承包工程项目进行相关范围的质量控制系统设计;第二层次是设计单位、施工企业(分包)、监理企业,在建设单位和总承包工程项目质量控制系统的框架内,进行责任范围内的质量控制系统设计,使总体框架更清晰、具体,落到实处。

2)总目标分解的原则,按照建设标准和工程质量总体目标,分解到各个责任主体,明示合同条件,由各责任主体制订质量计划,确定控制措施和方法。

3)质量责任制的原则,即贯彻谁实施谁负责、质量与经济利益挂钩的原则。

4)系统有效性的原则,即做到整体系统和局部系统的组织、人员、资源和措施落实到位。

(2)工程项目质量控制系统的建立程序。

1)确定控制系统各层面组织的工程质量负责人及其管理职责,形成控制系统网络架构。

2)确定控制系统组织的领导关系、报告审批及信息流转程序。

3)制订质量控制工作制度,包括质量控制例会制度、协调制度、验收制度和质量责任制度等。

4)部署各质量主体,编制相关质量计划,并按规定程序完成质量计划的审批,形成质量控制依据。

5)研究并确定控制系统内部质量职能交叉衔接的界面划分和管理方式。

五、建筑工程项目质量控制系统的运行

(一)控制系统运行的动力机制工程项目质量控制系统

控制系统运行的动力机制工程项目质量控制系统的活力在于它的运行机制,而运行机制的核心是动力机制,动力机制来源于利益机制。建筑工程项目的实施过程是由多主体参与的价值增值链,因此,只有保持合理的供方及分供方关系,才能形成质量控制系统的动力机制,这一点

对业主和总承包方同样重要。

(二)控制系统运行的约束机制

没有约束机制的控制系统是无法使工程质量处于受控状态的，约束机制取决于自我约束能力和外部监控效力。前者是指质量责任主体和质量活动主体，即组织及个人的经营理念、质量意识、职业道德及技术能力的发挥；后者是指来自实施主体外部的推动和检查监督。因此，加强项目管理文化建设，对于增强工程项目质量控制系统的运行机制不可忽视。

(三)控制系统运行的反馈机制

控制系统运行的反馈机制运行的状态和结果的信息反馈，是进行系统控制能力评价，并为及时做出处置提供决策依据，因此，必须保持质量信息的及时和准确，同时提倡质量管理者深入生产一线，掌握第一手资料。

(四)控制系统运行

控制系统运行的基本方式有在于建筑工程项目实施的各个阶段、不同的层面、不同的范围和不同的主体之间，应用 PDCA 循环原理，即计划、实施、检查和处置的方式展开控制，同时必须注重抓好控制点的设置，加强重点控制和例外控制。

第二节 建筑工程项目施工质量控制和验收的方法

▶ **任务导入** ◀

某建筑公司承接了一项综合楼任务，建筑面积为 109 828 m^2，地下 3 层，地上 26 层，箱形基础，主体为框架-剪力墙结构。该项目地处城市主要街道交叉路口，是该地区的标志性建筑物。因此，施工单位在施工过程中加强了对工序指令的控制。在第 5 层楼板钢筋隐蔽工程验收时，发现整个楼板受力钢筋型号不对、位置放置错误，施工单位非常重视，及时进行了返工处理。在第 10 层混凝土部分试块检测时，发现强度达不到设计要求；但实体经有资质的检测单位检测鉴定，强度达到了要求。由于加强了预防和检查，没有再发生类似情况。该楼最终顺利完工，达到验收条件后，建设单位组织了竣工验收。

问题：

(1)工序质量控制的内容有哪些？

(2)说出第 5 层钢筋隐蔽工程验收的要点。

(3)第 10 层的质量问题是否需要处理？请说明理由。

(4)该综合楼达到什么条件后方可竣工验收？

(5)如果第 10 层实体混凝土的强度经检测达不到要求，施工单位应如何处理？

▶ **任务分析** ◀

本节需要解决的问题包括：确定施工参与各方的控制目标；进行施工质量的过程控制；编制施工质量计划；施工生产要素的质量控制；施工生产要素的质量控制；施工质量验收。

▶ **任务准备** ◀

一、施工质量控制的目标

(1)施工质量控制的总体目标是贯彻执行建筑工程质量法规和强制性标准，正确配置施工生产要素并采用科学管理的方法实现工程项目预期的使用功能和质量标准。这是建筑工程参与各方的共同责任。

(2)建设单位的质量控制目标是通过施工全过程的全面质量监督管理、协调和决策，保证竣工项目达到投资决策所确定的质量标准。

(3)设计单位在施工阶段的质量控制目标，是通过对施工质量的验收签证、设计变更控制及纠正施工中所发现的设计问题，采纳变更设计的合理化建议等，保证竣工项目的各项施工结果与设计文件(包括变更文件)所规定的标准一致。

(4)施工单位的质量控制目标是通过施工全过程的全面质量自控，保证交付满足施工合同及设计文件所规定的质量标准(含工程质量创优要求)的建筑工程产品。

(5)监理单位在施工阶段的质量控制目标是通过审核施工质量文件、报告报表及现场旁站检查、平行检验、施工指令和结算支付控制等手段的应用，监控施工承包单位的质量活动行为，协调施工关系，正确履行工程质量的监督责任，以保证工程质量达到施工合同和设计文件规定的质量标准。

二、施工质量控制的过程

(1)施工质量控制的过程，包括施工准备质量控制、施工过程质量控制和施工验收质量控制。

1)施工准备质量控制是指工程项目开工前的全面施工准备和施工过程中各分部分项工程施工作业前的施工准备(或称施工作业准备)。另外，还包括季节性的特殊施工准备。施工准备质量属于工作质量范畴，但它会对建筑工程产品质量的形成产生重要的影响。

2)施工过程质量控制是指施工作业技术活动的投入与产出过程的质量控制，其内涵包括全过程施工生产及其中各分部分项工程的施工作业过程。

3)施工验收质量控制是指对已完工程验收时的质量控制，即工程产品质量控制。包括隐蔽工程验收、检验批验收、分项工程验收、分部工程验收、单位工程验收和整个建筑工程项目竣工验收过程的质量控制。

(2)施工质量控制的过程既有施工承包方的质量控制职能，也有业主方、设计方、监理方、供应方及政府的工程质量监督部门的控制职能，他们具有各自不同的地位、责任和作用。

1)自控主体。施工承包方和供应方在施工阶段是质量自控主体，他们不能因为监控主体的存在和监控责任的实施而减轻或免除其质量责任。

2)监控主体。业主、监理、设计单位及政府的工程质量监督部门，在施工阶段是依据法律和合同对自控主体的质量行为和效果实施监督控制。

自控主体和监控主体在施工全过程相互依存、各司其职，共同推动着施工质量控制过程的发展和最终工程质量目标的实现。

(3)施工方作为工程施工质量的自控主体，既要遵循本企业质量管理体系的要求，也要根据其在所承建工程项目质量控制系统中的地位和责任，通过具体项目质量计划的编制与实施，有效地实现自主控制的目标。一般情况下，对施工承包企业而言，无论工程项目的功能类型、结构形式及复杂程度存在着怎样的差异，其施工质量控制的过程都可归纳为相互作用的八个环节，即工程调研和项目承接：全面了解工程情况和特点，掌握承包合同中工程质量控制的合同条件；施工准备：图纸会审、施工组织设计、施工力量设备的配置等；材料采购；施工生产；试验与检验；工程功能检测；竣工验收；质量回访及保修。

三、施工质量计划的编制

(1)按照 GB/T 19000 质量管理体系标准，质量计划是质量管理体系文件的组成内容。在合同环境下质量计划是企业向顾客表明质量管理方针、目标及其具体实现的方法、手段和措施，体现企业对质量责任的承诺和实施的具体步骤。

（2）施工质量计划的编制主体是施工承包企业。在总承包的情况下，分包企业的施工质量计划是总包施工质量计划的组成部分。总包有责任对分包施工质量计划的编制进行指导和审核，并承担施工质量的连带责任。

（3）根据建筑工程生产施工的特点，目前我国工程项目施工的质量计划常用施工组织设计或施工项目管理实施规划的文件形式进行编制。

（4）在已经建立质量管理体系的情况下，质量计划的内容必须全面体现和落实企业质量管理体系文件的要求（也可引用质量体系文件中的相关条文），同时结合本工程的特点，在质量计划中编写专项管理要求。施工质量计划的内容一般应包括：工程特点及施工条件分析（合同条件、法规条件和现场条件）；履行施工承包合同所必须达到的工程质量总目标及其分解目标；质量管理组织机构、人员及资源配置计划；为确保工程质量所采取的施工技术方案、施工程序；材料设备质量管理及控制措施；工程检测项目计划及方法等。

（5）施工质量控制点的设置是施工质量计划的组成内容。

1）质量控制点是施工质量控制的重点，凡属关键技术、重要部位、控制难度大、影响大、经验欠缺的施工内容及新材料、新技术、新工艺、新设备等，均可列为质量控制点，实施重点控制。

2）施工质量控制点设置的具体方法是：根据工程项目施工管理的基本程序，结合项目特点，在制定项目总体质量计划后，列出各基本施工过程对局部和总体质量水平有影响的项目，作为具体实施的质量控制点。例如，在高层建筑施工质量管理中，可列出地基处理、工程测量、设备采购、大体积混凝土施工及有关分部分项工程中必须进行重点控制的专题等，作为质量控制重点。又如在工程功能检测的控制程序中，可设立建筑物构筑物防雷检测、消防系统调试检测、通风设备系统调试等专项质量控制点。

3）通过质量控制点的设定，质量控制的目标及工作重点就能更加明晰。加强事前预控的方向也就更加明确。事前预控包括明确控制目标参数、制定实施规程（包括施工操作规程及检测评定标准）、确定检查项目数量及跟踪检查或批量检查方法、明确检查结果的判断标准与信息反馈要求。

4）施工质量控制点的管理应该是动态的，一般情况下，在工程开工前、设计交底和图纸会审时，可确定一批整个项目的质量控制点，随着工程的展开、施工条件的变化，随时或定期进行控制点范围的调整和更新，始终保持重点跟踪的控制状态。

（6）施工质量计划编制完毕，应经企业技术领导审核批准，并按施工承包合同的约定提交工程监理或建设单位批准确认后执行。

四、施工生产要素的质量控制

（一）影响施工质量的五大要素

1. 劳动主体
劳动主体包括人员素质，即作业者、管理者的素质及其组织效果。

2. 劳动对象
劳动对象包括材料、半成品、工程用品、设备等的质量。

3. 劳动方法
劳动方法包括采取的施工工艺及技术措施的水平。

4. 劳动手段

劳动手段包括工具、模具、施工机械、设备等条件。

5. 施工环境

施工环境包括现场水文、地质、气象等自然环境，通风、照明、安全等作业环境以及协调配合的管理环境。

(二)劳动主体的控制

劳动主体的质量包括参与工程各类人员的生产技能、文化素养、生理体能、心理行为等方面的个体素质及经过合理组织充分发挥其潜在能力的群体素质。因此，企业应通过择优录用、加强思想教育及技能方面的教育培训；合理组织、严格考核，并辅以必要的激励机制，使企业员工的潜在能力得到最好的组合和充分的发挥，从而保证劳动主体在质量控制系统中发挥主体自控作用。

施工企业控制必须坚持对所选派的项目领导者、组织者进行质量意识教育和组织管理能力训练，坚持对分包商的资质考核和施工人员的资格考核，坚持工种按规定持证上岗制度。

原材料、半成品及设备是构成工程实体的基础，其质量是工程项目实体质量的组成部分。故加强原材料、半成品及设备的质量控制，不仅是提高工程质量的必要条件，也是实现工程项目投资目标和进度目标的前提。

对原材料、半成品及设备进行质量控制的主要内容为：控制材料设备性能、标准与设计文件的相符性；控制材料设备各项技术性能指标、检验测试指标与标准要求的相符性，控制材料设备进场验收程序及质量文件资料的齐全程度等。

施工企业应在施工过程中贯彻执行企业质量程序文件中明确材料设备在封样、采购、进场检验、抽样检测及质保资料提交等一系列明确规定的控制标准。

(三)施工工艺的控制

施工工艺的先进、合理，是直接影响工程质量、工程进度及工程造价的关键因素，施工工艺的合理、可靠还直接影响到工程施工安全。因此，在工程项目质量控制系统中，制订和采用先进、合理的施工工艺，是工程质量控制的重要环节。对施工方案的质量控制主要包括以下内容：全面、正确地分析工程特征、技术关键及环境条件等资料，明确质量目标、验收标准、控制的重点和难点；制订合理、有效的施工技术方案和组织方案，前者包括施工工艺和施工方法，后者包括施工区段划分、施工流向及劳动组织等；合理选用施工机械设备和施工临时设施，合理布置施工总平面图和各阶段施工平面图；选用和设计保证质量及安全的模具、脚手架等施工设备；编制工程所采用的新技术、新工艺、新材料的专项技术方案和质量管理方案；为确保工程质量，还应针对工程的具体情况，编写气象、地质等环境不利因素对施工的影响及其应对措施。

(四)施工设备的控制

(1)对施工所用的机械设备，包括起重设备、各项加工机械、专项技术设备、检查测量仪表设备及人货两用电梯等，应根据工程需要从设备选型、主要性能参数及使用操作要求等方面加以控制。

(2)对施工方案中选用的模板、脚手架等施工设备，除按适用的标准定型选用外，一般需按设计及施工要求进行专项设计，对其设计方案及制作质量的控制与验收应作为重点进行控制。

(3)按现行施工管理制度要求，对于工程所用的施工机械、模板、脚手架，特别是危险性较大的现场安装的起重机械设备，不仅要对其设计安装方案进行审批，而且安装完毕交付使用前必须经专业管理部门的验收，合格后方可使用。同时，在使用过程中尚需落实相应的管理制度，以确保其安全、正常使用。

(五)施工环境的控制

环境因素主要包括地质水文状况、气象变化和其他不可抗力因素，以及施工现场的通风、照明、安全卫生防护设施等劳动作业环境等内容。环境因素对工程施工的影响一般难以避免。要消除其对施工质量的不利影响，主要是采取预测、预防的控制方法。

(1)对地质水文等方面的影响因素的控制，应根据设计要求，分析基地地质资料，预测不利因素，并会同设计等方面采取相应的措施，如降水、排水、加固等技术控制方案。

(2)对天气气象方面的不利条件，应在施工方案中制订专项施工方案，明确施工措施，落实人员、器材等方面各项准备以紧急应对，从而控制其对施工质量的不利影响。

(3)对环境因素造成的施工中断，往往也会对工程质量造成不利影响，必须通过加强管理、调整计划等措施加以控制。

五、施工作业过程的质量控制

建筑工程施工项目是由一系列相互关联、相互制约的作业过程(工序)构成，控制工程项目施工过程的质量，必须控制全部作业过程，即各道工序的施工质量。

1. 施工作业过程质量控制的基本程序

(1)进行作业技术交底。进行作业技术交底包括作业技术要领、质量标准、施工依据、与前后工序的关系等。

(2)检查施工工序。检查施工工序的合理性、科学性，防止工序流程错误，导致工序质量失控。检查内容包括施工总体流程和具体施工作业的先后顺序，在正常的情况下，要坚持先准备后施工、先深后浅、先土建后安装、先验收后交工等顺序。

(3)检查工序施工条件。即检查每道工序投入的材料，使用的工具、设备及操作工艺与环境条件等，是否符合施工组织设计的要求。

(4)检查工序施工中人员操作程序、操作质量是否符合质量规程要求。

(5)检查工序施工中间产品的质量，即工序质量、分项工程质量。

(6)对工序质量符合要求的中间产品(分项工程)及时进行工序验收或隐蔽工程验收。

(7)质量合格的工序，经验收后可进入下一道工序施工。未经验收合格的工序，不得进入下一道工序施工。

2. 施工工序质量控制要求

工序质量是施工质量的基础，工序质量也是施工顺利进行的关键。为达到对工序质量控制的效果，在工序管理方面应做到：贯彻预防为主的基本要求，设置工序质量检查点，将材料质量状况、工具设备状况、施工程序、关键操作、安全条件、新材料新工艺应用、常见质量通病，甚至包括操作者的行为等影响因素列为控制点作为重点检查项目进行预控；落实工序操作质量巡查、抽查及重要部位跟踪检查等方法，及时掌握施工质量总体状况；对工序产品、分项工程的检查应按标准要求进行目测、实测及抽样试验的程序，做好原始记录，经数据分析后，及时作出合格及不合格的判断；对合格工序产品应及时提交监理进行隐蔽工程验收；完善管理过程的各项检查记录、检测资料及验收资料作为工程质量验收的依据，并为工程质量分析提供可追溯的依据。

六、施工质量验收的方法

(1)建筑工程质量验收是对已完工的工程实体的外观质量及内在质量按规定程序检查后，确认其是否符合设计及各项验收标准的要求，可交付使用的一个重要环节，正确进行工程项目质量的检查评定和验收，是保证工程质量的重要手段。

鉴于建筑工程施工规模较大、专业分工较多、技术安全要求高等，国家相关行政管理部门对各类工程项目的质量验收标准制订了相应的规范，以保证工程验收的质量，工程验收时应严格执行规范的要求和标准。

(2)工程质量验收可分为过程验收和竣工验收。其程序及组织包括以下内容：在施工过程中，隐蔽工程在隐蔽前通知建设单位(或工程监理)进行验收，并形成验收文件；分部分项工程完成后，应在施工单位自行验收合格后，通知建设单位(或工程监理)验收，重要的分部分项应请设计单位参加验收；单位工程完工后，施工单位应自行组织检查、评定，符合验收标准后，向建设单位提交验收申请；建设单位收到验收申请后，应组织施工、勘察、设计、监理单位等方面的人员进行单位工程验收，明确验收结果，并形成验收报告；按国家现行的管理制度，房屋建筑工程及市政基础设施工程验收合格后，尚需在规定时间内，将验收文件报政府管理部门备案。

(3)建筑工程施工质量验收应符合下列要求：工程质量验收均应在施工单位自行检查评定的基础上进行；参加工程施工质量验收的各方人员，应该具有规定的资格；建设项目的施工，应符合工程勘察、设计文件的要求；隐蔽工程应在隐蔽前，由施工单位通知有关单位进行验收，并形成验收文件；单位工程施工质量应符合相关验收规范的标准；涉及结构安全的材料及施工内容，应有按照规定对材料及施工内容进行见证取样检测的资料；对涉及结构安全和使用功能的重要分部工程、专业工程，应进行功能性抽样检测；工程外观质量应由验收人员通过现场检查后共同确认。

(4)建筑工程施工质量检查评定验收的基本内容及方法：分部分项工程内容的抽样检查；施工质量保证资料的检查，包括施工全过程的技术质量管理资料，其中又以原材料、施工检测、测量复核及功能性试验资料为重点检查内容；工程外观质量的检查。

(5)工程质量不符合要求时，应按规定进行处理：经返工或更换设备的工程，应重新检查验收；经有资质的检测单位检测鉴定，能达到设计要求的工程，应予以验收；经返修或加固处理的工程，虽局部尺寸等不符合设计要求，但仍然能满足使用要求，可按技术处理方案和协商文件进行验收；经返修和加固后仍不能满足使用要求的工程，严禁验收。

▶任务实施◀

一、生产要素的质量控制

生产要素：4M1E。

生产人员(劳动主体)、材料(劳动对象)、设备(劳动手段)、方法(劳动方法)、施工环境。

二、生产人员的质量控制

必须坚持对所选派的项目领导者、管理者进行质量意识教育和组织管理能力训练；坚持对分包商的资质考核和施工人员的资格考核；坚持工种按规定持证上岗制度。

三、材料的质量控制

控制材料设备的性能、标准和设计文件的相符性；材料的技术指标与标准要求的相符性；材料设备进场验收程序和质量文件的齐全程度。

四、施工工艺、方法的质量控制

制订合理、有效、有针对性的施工技术方案和组织方案；合理选用施工机械设备和施工临时设施，合理布置施工总平面图和各阶段施工平面图；编制工程所采用的新材料、新技术、新工艺的专项技术方案和质量管理方案。

五、设备的质量控制

根据工程需要，从设备选型、主要性能参数及使用操作要求等方面加以控制；对模板、脚手架进行专项设计，对设计方案及制作质量进行重点控制；危险性较大的起重机械设备，启用前必须经过专业管理部门验收，合格后方可使用。

六、施工环境的质量控制

根据设计文件要求，分析工程岩土地质资料，预测地质、水文的不利因素；对天气气象的不利条件，应在施工方案中设置专项施工方案，明确施工措施；施工质量控制点的设置与管理。

七、施工质量控制点的设置

施工质量控制点的设置，是施工质量控制的一个重要内容。施工质量控制点是施工质量控制的重点，凡属于关键技术、重要部位、控制难度大、影响大、经验欠缺的施工内容以及新材料、新技术、新工艺、新设备等，均可列入质量控制点，实施重点控制。

施工质量控制点的设置需要结合项目的特点，根据项目施工管理的程序，在制订项目总体计划后列出各基本施工过程对局部和总体质量水平有影响的项目作为具体实施的控制点。

质量控制点根据性质和重要程度，可分为以下三级：

(1)停止点。为该工序已经完工，必须经监理工程师检查、认可，方能进行下一工序施工的监控点。

(2)见证点。为工作进行中承包单位要请监理工程师检查的监控点。

(3)控制点。为监理工程师需过目或过问的工序或工作的监控点。

本工程桩基工程和主体工程停止点、见证点及控制点的位置见表 4-1。

表 4-1 桩基工程和主体工程停止点、见证点及控制点的位置

分项	控制点内容	分级	控制要点
桩基础	放线（轴线、标高、桩位）	停止点	按规划部门控制点校核
	钢筋焊接接头试验	控制点	试验单位试验报告
	试配报告审查	控制点	
	验筋	见证点	
	浇灌混凝土	见证点	旁站
	入持力层	控制点	核查施工记录、贯入度
	竣工资料审查	停止点	
主体结构	轴线、标高、垂直度	见证点	测量
	断面尺寸抽查	控制点	量测
	验筋	见证点	数量、直径、位置、接头
	混凝土的强度	见证点	配合比、坍落度、试验报告
	预埋件	控制点	型号、位置、数量、锚固

八、现场质量的检验方法

(1)目测法。看、摸、敲、照。

(2)实测法。靠、吊、量、套。

(3)试验法。理化试验,如力学试验、静载试验;无损试验,如混凝土无损检测等。

九、工程质量验收

根据《建筑工程施工质量验收统一标准》(GB 50300—2013),施工质量验收包括施工过程的质量验收和工程竣工质量验收。施工过程质量验收如图4-9所示。

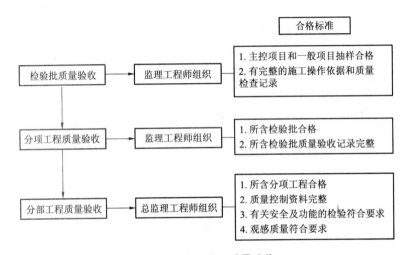

图 4-9 施工过程质量验收

(一)施工过程质量验收不合格的处理

施工过程质量验收不合格的处理如图4-10所示。

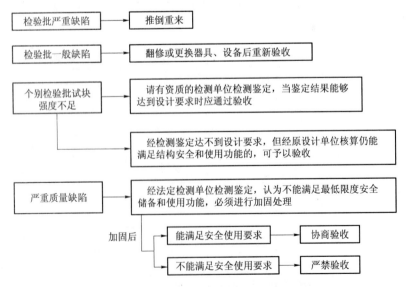

图 4-10 施工过程质量验收不合格的处理

(二)竣工质量验收

竣工质量验收如图 4-11 所示。

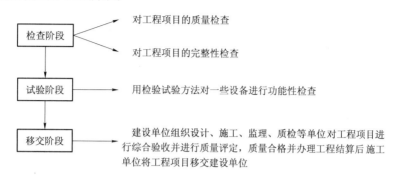

图 4-11　竣工质量验收

十、针对本任务分析

(1)工序质量控制的内容有哪些?

工序质量控制的内容主要有:制订工序质量控制的计划;严格遵守施工工艺规程;主动控制工序活动条件的质量;及时检查工序活动效果的质量;设置工序质量控制点。

(2)说出第 5 层钢筋隐蔽工程验收的要点。

第 5 层钢筋工程隐蔽验收要点:按施工图核查纵向受力钢筋,检查钢筋品种、直径、数量、位置、间距、形状;检查混凝土保护层厚度,构造钢筋是否符合构造要求;钢筋锚固长度,钢筋加密区及加密间距;检查钢筋接头:如绑扎搭接要检查搭接长度,接头位置和数量(错开长度、接头百分率);焊接接头或机械连接要检查外观质量、取样试件力学性能试验是否达到要求,接头位置(相互错开)数量(接头百分率)。

(3)第 10 层的质量问题是否需要处理? 请说明理由。

第 10 层的质量问题不需要处理,因为虽然达不到设计要求,但经有资质的检测单位鉴定强度满足要求可予以验收。

(4)该综合楼达到什么条件后方可竣工验收?

单位工程竣工验收应当具备下列条件:完成建筑工程设计和合同约定的各项内容;有完整的技术档案和施工管理资料;有工程使用的主要建筑材料、建筑构配件和设备的进场试验报告;有勘察、设计、施工、工程监理等单位分别签署的质量合格文件;有承包人签署的工程保修书。

(5)如果第 10 层实体混凝土的强度经检测达不到要求,施工单位应如何处理?

如果第 10 层实体混凝土的强度经检测达不到要求,施工单位应返工重做或者采取加固补强措施。

▶知识链接◀

一、建筑工程职业健康安全与环境管理的目的、任务和特点

(一)建筑工程职业健康安全与环境管理的目的和任务

1. 世界经济增长和科学技术发展带来的问题

(1)市场竞争日益加剧。随着经济的高速增长和科学技术的飞速发展,人们为了追求物质文

明，生产力得到了高速发展，许多新技术、新材料、新能源的涌现，使一些传统的产业和产品生产工艺逐渐消失、新的产业和生产工艺不断产生。但是，在这样一个生产力高速发展的背后，却出现了许多不文明的现象，尤其是在市场竞争日益加剧的情况下，人们往往专注于追求低成本、高利润，而忽视了劳动者的劳动条件和环境的改善，甚至以牺牲劳动者的职业健康安全和破坏人类赖以生存的自然环境为代价。

(2)生产事故和劳动疾病有增无减(市场竞争日益加剧是造成生产事故和劳动疾病有增无减的原因之一)。据国际劳工组织(ILO)统计，全球每年发生各类生产事故和劳动疾病约为 2.5 亿起，平均每天 68.5 万起，每分钟就发生 475 起，其中每年死于职业事故和劳动疾病的人数多达110 万人，远远多于交通事故、暴力死亡、局部战争以及艾滋病死亡的人数，特别是发展中国家的劳动事故死亡率比发达国家要高出一倍以上，有少数不发达的国家和地区要高出四倍以上。

(3)21 世纪人类面临的挑战。据有关专家预测，到 2050 年地球上的人口由现在的 60 亿增加到 100 亿。从目前发达国家的发展速度来看，能源的生产和消耗每 5～10 年就要翻一番，按如此的速度计算，到 2050 年全球的石油储量只够用 3 年，天然气只够用 4 年，煤炭只够用 15 年。由于资源的开发和利用而产生的废物严重威胁着人们的健康，21 世纪人类的生存环境将面临以下八大挑战：

1)森林面积锐减。现在全球森林覆盖率约为 25%(中国 13.4%)。

2)土地严重沙化。现在全球沙漠面积为 3 500 万 km^2，目前每年以几百万公顷的速度发展。

3)自然灾害频发。仅 1995 年，全球自然灾害损失为 18 000 亿美元，死亡人数为 50 万人。

4)淡水资源日益枯竭。目前全球有 2/3 以上的贫民得不到洁净的饮用水，每年至少有 1 200 万人因水污染失去生命。

5)"温室效应"造成气候严重失常。全球平均气温升高，海平面上升。

6)臭氧层遭破坏，紫外线辐射增加。

7)酸雨频繁，使土壤酸化，建筑和材料设备遭腐蚀，动植物生存受到危害。

8)化学废物排量剧增，海洋、河流遭化学物质和放射性废物污染。

2. 职业健康安全与环境管理的目的和任务

(1)建筑工程项目的职业健康安全管理的目的是保护产品生产者和使用者的健康与安全。控制影响工作场所内员工、临时工作人员、合同方人员、访问者和其他有关部门人员健康和安全的条件和因素。考虑和避免因使用不当对使用者造成的健康和安全的危害。

(2)建筑工程项目环境管理的目的是保护生态环境，使社会的经济发展与人类的生存环境相协调。控制作业现场的各种粉尘、废水、废气、固体废弃物以及噪声、振动对环境的污染和危害，考虑能源节约和避免资源的浪费(保护环境最有效的方法是减少污染物排量和减少资源的消耗水平)。

(3)职业健康安全与环境管理的任务是建筑生产组织(企业)为达到建筑工程的职业健康安全与环境管理的目的指挥和控制组织的协调活动，包括制定、实施、实现、评审和保持职业健康安全与环境方针所需的组织机构、计划活动、职责、惯例、程序、过程和资源，见表 4-2。表中有2 行 7 列，构成了实现职业健康安全和环境方针的 14 个方面的管理任务。不同的组织(企业)根据自身的实际情况制定方针，并为实施、实现、评审和保持(持续改进)来建立组织机构、策划活动、明确职责、遵守有关法律法规和惯例、编制程序控制文件，实行过程控制并提供人员、设备、资金和信息资源，保证职业健康安全与环境管理任务的完成。对于与职业健康安全与环境密切相关的任务，可一同完成。

表 4-2　职业健康安全与环境管理的任务

项目	组织机构	计划活动	职　责	惯　例 (法律法规)	程序文件	过　程	资　源
职业健康 安全方针							
环境方针							

(二)建筑工程职业健康安全与环境管理的特点

(1)建筑产品的固定性和生产的流动性及受外部环境影响因素多，决定了职业健康安全与环境管理的复杂性(决定因素：建筑产品生产过程中生产人员、工具与设备的流动性；建筑产品受不同外部环境影响的因素多)。

1)建筑产品生产过程中生产人员、工具与设备的流动性，主要表现如下：

①同一工地不同建筑之间流动。

②同一建筑不同建筑部位上流动。

③一个建筑工程项目完成后，又要向另一新项目动迁的流动。

2)建筑产品受不同外部环境影响的因素多，主要表现如下：

①露天作业多。

②气候条件变化的影响。

③工程地质和水文条件的变化。

④地理条件和地域资源的影响。

由于生产人员、工具与设备的交叉和流动作业，受不同外部环境的影响因素多，使健康安全与环境管理很复杂，稍有考虑不周就会出现问题。

(2)产品的多样性和生产的单件性决定了职业健康安全与环境管理的多样性。建筑产品的多样性决定了生产的单件性。每个建筑产品都要根据其特定要求进行施工，主要表现是：

1)不能按同一图纸、同一施工工艺、同一生产设备进行批量重复生产。

2)施工生产组织及机构变动频繁，生产经营的"一次性"特征特别突出。

3)生产过程中试验性研究课题多，所碰到的新技术、新工艺、新设备、新材料给职业健康安全与环境管理带来不少难题。

因此，对于每个建筑工程项目都要根据其实际情况，制订健康安全与环境管理计划，不可相互套用。

(3)产品生产过程的连续性和分工性决定了职业健康安全与环境管理的协调性。建筑产品不能像其他许多工业产品一样，可以分解为若干部分同时生产，而必须在同一固定场地按严格程序连续生产。上一道工序不完成，下一道工序不能进行(如基础—主体—屋顶)。上一道工序生产的结果往往会被下一道工序掩盖，而且每一道工序由不同的人员和单位来完成。因此，在职业健康安全与环境管理中，要求各单位和各专业人员横向配合和协调，共同注意产品生产过程接口部分的健康安全和环境管理的协调性。

(4)产品的委托性决定了职业健康安全与环境管理的不符合性。建筑产品在建造前就确定了买主，按建设单位特定的要求委托进行生产建造。而建筑工程市场在供大于求的情况下，业主经常会压低标价，造成产品的生产单位对职业健康安全与环境管理的费用投入的减少，不符合职业健康安全与环境管理有关规定的现象时有发生。这就要求建设单位和生产组织都必须重视对职业健康安全环保费用的投入(某些承包人健康安全环保费用投入不足的客观原因是：业主压低标价；建筑市场竞争激烈)，符合职业健康安全与环境管理的要求。

(5)产品生产的阶段性决定职业健康安全与环境管理的持续性。一个建筑工程项目从立项到投产使用要经历五个阶段，即设计前的准备阶段(包括项目的可行性研究和立项)、设计阶段、施工阶段、使用前的准备阶段(包括竣工验收和试运行)和保修阶段。这五个阶段都要十分重视项目的安全和环境问题，持续不断地对项目各个阶段可能出现的安全和环境问题实施管理，否则，一旦在某个阶段出现安全问题和环境问题，就会造成投资的巨大浪费，甚至造成工程项目建设的夭折。

(6)产品的时代性和社会性决定环境管理的多样性和经济性。

1)时代性。建筑工程产品是时代政治、经济、文化、风俗的历史记录，表现了不同时代的艺术风格和科学文化水平，反映了一定社会的、道德的、文化的、美学的艺术效果，成为可供人们观赏和旅游的景观。

2)社会性。建筑工程产品是否适应可持续发展的要求，工程的规划、设计、施工质量的好坏，受益和受害的不仅仅是使用者，而是整个社会，影响社会持续发展的环境。

3)多样性。除考虑各类建筑工程(民用住宅、工业厂房、道路、桥梁、水库、管线、航道、码头、港口、医院、剧院、博物馆、园林、绿化等)的使用功能与环境相协调外，还应考虑各类工程产品的时代性和社会性要求。其涉及的环境因素多种多样，应逐一加以评价和分析。

4)经济性。建筑工程不仅应考虑建造成本的消耗，还应考虑其寿命期内的使用成本消耗。环境管理包括工程使用期内的成本，如能耗、水耗、维护、保养、改建更新的费用。并通过比较分析，判定工程是否符合经济要求，一般采用生命周期法可作为对其进行管理的参考，另外，环境管理要求节约资源，以减少资源消耗来降低环境污染，两者是完全一致的。

(三)建筑工程施工安全控制的特点、程序和基本要求

1. 安全生产与安全控制的概念

(1)安全生产的概念。安全生产是指使生产过程处于避免人身伤害、设备损坏及其他不可接受的损害风险(危险)的状态。

不可接受的损害风险(危险)通常是指：超出了法律、法规和规章的要求；超出了方针、目标和企业规定的其他要求；超出了人们普遍接受的(通常是隐含的)要求。

因此，安全与否要对照风险接受程度来判定，是一个相对性的概念。

(2)安全控制的概念。安全控制是通过对生产过程中涉及的计划、组织、监控、调节和改进等一系列致力于满足生产安全所进行的管理活动。

2. 安全控制的方针与目标

(1)安全控制的方针。安全控制的目的是安全生产，因此，安全控制的方针也应符合安全生产的方针，即"安全第一，预防为主，综合治理"。

"安全第一"是把人身的安全放在首位，安全为了生产，生产必须保证人身安全，充分体现了"以人为本"的理念。

"预防为主"是实现"安全第一"的最重要手段，采取正确的措施和方法进行安全控制，从而减少甚至消除事故隐患，尽量把事故消灭在萌芽状态，这是安全控制最重要的思想。

(2)安全控制的目标。安全控制的目标是减少和消除生产过程中的事故，保证人员健康安全和财产免受损失。具体包括以下几项：

1)减少或消除人的不安全行为的目标。

2)减少或消除设备、材料的不安全状态的目标。

3)改善生产环境和保护自然环境的目标。

4)安全管理的目标。

3. 施工安全控制的特点

(1)控制面广。由于建筑工程规模较大，生产工艺复杂、工序多，在建造过程中流动作业多，高处作业多，作业位置多变，遇到的不确定因素多，安全控制工作涉及范围大，控制面广。

(2)控制的动态性。

1)由于建筑工程项目的单件性，使得每项工程所处的条件不同，所面临的危险因素和防范措施也会有所改变，员工在转移工地后，熟悉一个新的工作环境需要一定的时间，有些工作制度和安全技术措施也会有所调整，员工同样有个熟悉的过程。

2)建筑工程项目施工的分散性。因为现场施工是分散于施工现场的各个部位，尽管有各种规章制度和安全技术交底的环节，但是面对具体的生产环境时，仍然需要自己的判断和处理，有经验的人员还必须适应不断变化的情况。

(3)控制系统的交叉性。建筑工程项目是开放系统，受自然环境和社会环境影响很大，安全控制需要把工程系统和环境系统及社会系统结合。

(4)控制的严谨性。安全状态具有触发性，其控制措施必须严谨。一旦失控，就会造成损失和伤害。

(四)施工安全控制的程序

施工安全控制的程序如图4-12所示。

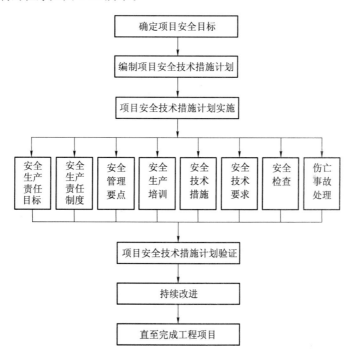

图4-12 施工安全控制的程序

(1)确定项目安全目标。按"目标管理"方法在以项目经理为首的项目管理系统内进行分解，从而确定每个岗位的安全目标，实现全员安全控制。

(2)编制项目安全技术措施计划。对生产过程中的不安全因素，用技术手段加以消除和控制，并用文件化的方式表示，这是落实"预防为主"方针的具体体现，是进行工程项目安全控制的指导性文件。

(3)项目安全技术措施计划实施。包括建立健全安全生产责任制度、设置安全生产设施、进行安全教育和培训、沟通和交流信息、通过安全控制使生产作业的安全状况处于受控状态。

(4)项目安全技术措施计划验证。包括安全检查、纠正不符合情况，并做好检查记录工作。根据实际情况补充和修改安全技术措施。

(5)持续改进，直至完成建筑工程项目的所有工作。

(五)施工安全控制的基本要求

(1)必须取得安全行政主管部门颁发的《安全施工许可证》后才可开工。

(2)总承包单位和每个分包单位都应持有《施工企业安全资格审查认可证》。

(3)各类人员必须具备相应的执业资格才能上岗。

(4)所有新员工必须经过三级安全教育，即进厂、进车间和进班组的安全教育。

(5)特殊工种作业人员必须持有特种作业操作证，并严格按规定定期进行复查。

(6)对查出的安全隐患要做到"五定"，即定整改责任人、定整改措施、定整改完成时间、定整改完成人、定整改验收人。

(7)必须把好安全生产"六关"，即措施关、交底关、教育关、防护关、检查关、改进关。

(8)施工现场安全设施齐全，并符合国家及地方有关规定。

(9)施工机械(特别是现场安设的起重设备等)必须经安全检查合格后方可使用。

二、掌握建筑工程施工安全控制的方法

(一)危险源的定义和分类

1. 危险源的定义

危险源是可能导致人身伤害或疾病、财产损失、工作环境破坏或这些情况组合的危险因素和有害因素。

危险因素强调突发性和瞬间作用的因素，有害因素强调在一定时期内的慢性损害和累积作用。

危险源是安全控制的主要对象，所以，有人把安全控制也称为危险控制或安全风险控制。

2. 两类危险源

在实际生活和生产过程中的危险源以多种多样的形式存在，危险源导致事故可归结为能量的意外释放或有害物质的泄漏。根据危险源在事故发生发展中的作用，将危险源分为两大类，即第一类危险源和第二类危险源。

(1)第一类危险源。可能发生意外释放能量的载体或危险物质，称作第一类危险源(如"炸药"是能够产生能量的物质；"压力容器"是拥有能量的载体)。能量或危险物质的意外释放，是事故发生的物理本质。通常把产生能量的能量源或拥有能量的能量载体，作为第一类危险源来处理。

(2)第二类危险源。造成约束、限制能量措施失效或破坏的各种不安全因素，称作第二类危险源(如"电缆绝缘层""脚手架""起重机钢丝绳"等)。

在生产、生活中，为了利用能源，人们制造了各种机器设备，让能量按照人们的意图在系统中流动、转换和做功为人类服务，而这些设备设施又可看成限制约束能量的工具。正常情况下，生产过程的能量或危险物质受到约束或限制，不会发生意外释放，即不会发生事故。但是，一旦这些约束或限制能量或危险物质的措施受到破坏或失效(故障)，则将发生事故。第二类危险源包括人的不安全行为、物的不安全状态和不良环境条件三个方面。

3. 危险源与事故

事故的发生是两类危险源共同作用的结果，第一类危险源是事故发生的前提；第二类危险源是第一类危险源导致事故的必要条件。在事故的发生和发展过程中，两类危险源相互依存，相辅相成。第一类危险源是事故的主体，决定事故的严重程度；第二类危险源出现的难易，决定事故发生的可能性大小。

(二)危险源控制的方法

1. 危险源辨识与风险评价

(1)危险源辨识的方法。

1)专家调查法。专家调查法是通过向有经验的专家咨询、调查，辨识、分析和评价危险源的一类方法。其优点是简便、易行；缺点是受专家的知识、经验和占有资料的限制，可能出现遗漏。常用的有头脑风暴法(Brainstorming)和德尔菲法(Delphi)。

①头脑风暴法是通过专家创造性的思考，从而产生大量的观点、问题和议题的方法。其特点是：多人讨论，集思广益，可以弥补个人判断的不足，常采取专家会议的方式来相互启发、交换意见，使危险、危害因素的辨识更加细致、具体。常用于目标比较单纯的议题，如果涉及面较广、包含因素多，可以分解目标，再对单一目标或简单目标使用本方法。

②德尔菲法是采用背对背的方式对专家进行调查，其特点是：避免了集体讨论中的从众性倾向，更代表专家的真实意见。要求对调查的各种意见进行汇总统计处理，再反馈给专家反复征求意见。

2)安全检查表(SCL)法。安全检查表(Safety Check List)实际上就是实施安全检查和诊断项目的明细表。运用编制好的安全检查表，进行系统的安全检查，辨识工程项目存在的危险源。检查表的内容一般包括分类项目、检查内容及要求、检查以后处理意见等。可以用"是""否"作回答或"√""×"符号作标记，同时注明检查日期，并由检查人员和被检单位同时签字。

安全检查表法的优点是：简单易懂、容易掌握，可以事先组织专家编制检查项目，使安全检查做到系统化、完整化；缺点是一般只能做出定性评价。

(2)风险评价方法。风险评价是评估危险源所带来的风险大小及确定风险是否可容许的全过程。根据评价结果对风险进行分级，按不同级别的风险有针对性地采取风险控制措施。以下介绍两种常用的风险评价方法：

1)方法1。将安全风险的大小用事故发生的可能性(p)与发生事故后果的严重程度(f)的乘积来衡量，即

$$R = p \cdot f$$

式中　R——风险大小；

　　　p——事故发生的概率(频率)；

　　　f——事故后果的严重程度。

根据上述的估算结果，可按表 4-3 对风险的大小进行分级。

表 4-3　风险分级表

后果	轻度损失 (轻微伤害)	中度损失 (伤害)	重大损失 (严重伤害)
风险级别 (大小)	Ⅲ	Ⅳ	Ⅴ
	Ⅱ	Ⅲ	Ⅳ
	Ⅰ	Ⅱ	Ⅲ
可能性	很大	中等	极小
注：表中，Ⅰ—可忽略风险；Ⅱ—可容许风险；Ⅲ—中度风险；Ⅳ—重大风险；Ⅴ—不容许风险。			

2)方法 2。将可能造成安全风险的大小用事故发生的可能性(L)、人员暴露于危险环境中的频繁程度(E)和事故产生的后果(C)三个自变量的乘积衡量，即

$$S = L \cdot E \cdot C$$

式中　S——风险大小；

　　　L——事故发生的可能性，按表 4-4 所给的定义取值；

　　　E——人员暴露于危险环境中的频繁程度，按表 4-5 所给的定义取值；

　　　C——事故产生的后果，按表 4-6 所给的定义取值。

此方法因为引用了 L、E、C 三个自变量，故也称为 LEC 方法。

表 4-4　事故发生的可能性(L)

分数值	事故发生的可能性	分数值	事故发生的可能性
10	必然发生的	0.5	很不可能，可以设想
6	相当可能	0.2	极不可能
3	可能，但不经常	0.1	实际不可能
1	可能性极小，完全意外		

表 4-5　人员暴露于危险环境中的频繁程度(E)

分数值	人员暴露于危险环境中的频繁程度	分数值	人员暴露于危险环境中的频繁程度
10	连续暴露	2	每月一次暴露
6	每天工作时间暴露	1	每年几次暴露
3	每周一次暴露	0.5	非常罕见的暴露

表 4-6　事故产生的后果(C)

分数值	事故产生的后果	分数值	事故产生的后果
100	大灾难，许多人死亡	7	严重，重伤
40	灾难，多人死亡	3	较严重，受伤较重
15	非常严重，一人死亡	1	引人关注，轻伤

根据经验，危险性(S)值在 20 分以下为可忽略风险；危险性值在 20～70，为可容许风险；危险性值在 70～160，为中度风险；危险性值在 160～320，为重大风险。当危险性值大于或等于 320 时为不容许风险(注意各分值所对应的风险级别)，见表 4-7。

表 4-7　危险性等级划分表

危险性量(S)	危险程度	危险性值(S)	危险程度
≥320	不容许风险，不能继续作业	20～70	可容许风险，需要注意
160～320	重大风险，需要立即整改	≤20	可忽略风险，可以接受
70～160	中度风险，需要整改		

2. 危险源的控制方法

(1)第一类危险源的控制方法。

1)防止事故发生的方法：消除危险源、限制能量或危险物质、隔离。

2)避免或减少事故损失的方法：隔离、个体防护、设置薄弱环节、使能量或危险物质按人们的意图释放、避难与援救措施。

(2)第二类危险源的控制方法。

1)减少故障。增加安全系数、提高可靠性、设置安全监控系统。

2)故障—安全设计。包括故障—消极方案(即故障发生后，设备、系统处于最低能量状态，直到采取校正措施前不能运转)；故障—积极方案(即故障发生后，在没有采取校正措施前使系统、设备处于安全的能量状态之下)；故障—正常方案(即保证在采取校正行动前，设备、系统正常发挥功能)。

3. 危险源控制的策划原则

(1)尽可能完全消除有不可接受风险的危险源，如用安全品取代危险品。

(2)如果不可能消除有重大风险的危险源，应努力采取降低风险的措施，如使用低压电器等。

(3)在条件允许时，应使工作适合于人，如考虑降低人的精神压力和体能消耗。

(4)应尽可能利用技术进步来改善安全控制措施。

(5)应考虑保护每个工作人员的措施。

(6)将技术管理与程序控制结合起来。

(7)应考虑引入诸如机械安全防护装置的维护计划的要求。

(8)在各种措施还不能绝对保证安全的情况下，作为最终手段，还应考虑使用个人防护用品。

(9)应有可行、有效的应急方案。

(10)预防性测定指标是否符合监视控制措施计划的要求。

不同的组织可根据不同的风险量选择适合的控制策略。表4-8为简单的风险控制策划表。

表 4-8　风险控制策划表

风　险	措　施
可忽略的	不采取措施且不必保留文件记录
可容许的	不需要另外的控制措施，应考虑投资效果更佳的解决方案或不增加额外成本的改进措施，需要监视来确保控制措施得以维持
中度的	应努力降低风险，但应仔细测定并限定预防成本，并在规定的时间期限内实现降低风险的措施。在中度风险与严重伤害后果相关的场合，必须进一步地评价，以更准确地确定伤害的可能性，以确定是否需要改进控制措施
重大的	直至风险降低后才能开始工作。为降低风险有时必须配给大量的资源。当风险涉及正在进行中的工作时，就应采取应急措施
不容许的	只有当风险已经降低时，才能开始或继续工作。如果无限的资源投入也不能降低风险，就必须禁止工作

(三)施工安全技术措施计划及其实施

1. 建筑工程施工安全技术措施计划

(1)建筑工程施工安全技术措施计划的主要内容包括工程概况、控制目标、控制程序、组织机构、职责权限、规章制度、资源配置、安全措施、检查评价、奖惩制度等。

(2)编制施工安全技术措施计划时，对于某些特殊情况应考虑以下几项：

1)对结构复杂、施工难度大、专业性较强的工程项目，除制订项目总体安全保证计划外，还必须制订单位工程或分部分项工程的安全技术措施。

2)对高处作业、井下作业等专业性强的作业，电器、压力容器等特殊工种作业，应制定单项安全技术规程，并应对管理人员和操作人员的安全作业资格和身体状况进行检查。

(3)制定和完善施工安全操作规程，编制各施工工种，特别是危险性较大工种的安全施工操作要求，作为规范和检查考核员工安全生产行为的依据。

(4)施工安全技术措施：施工安全技术措施包括安全防护设施的设置(建筑工程施工安全技术措施计划，必须包括"安全防护设施的设置")和安全预防措施，主要有17方面的内容，如防火、防毒、防爆、防洪、防尘、防雷击、防触电、防坍塌、防物体打击、防机械伤害、防起重设备滑落、防高空坠落、防交通事故、防寒、防暑、防疫、防环境污染等方面的措施。

2. 施工安全技术措施计划的实施

(1)安全生产责任制。建立安全生产责任制是施工安全技术措施计划实施的重要保证。安全生产责任制是指企业对项目经理部各级领导、各个部门、各类人员所规定的在他们各自职责范围内对安全生产应负责任的制度。这是首要任务。

(2)安全教育。安全教育的要求如下：

1)广泛开展安全生产的宣传教育，使全体员工真正认识到安全生产的重要性和必要性，懂得安全生产和文明施工的科学知识，牢固树立"安全第一"的思想，自觉地遵守各项安全生产法律法规和规章制度。

2)把安全知识、安全技能、设备性能、操作规程、安全法规等作为安全教育的主要内容。

3)建立经常性的安全教育考核制度，考核成绩要记入员工档案。

4)电工、电焊工、架子工、司炉工、爆破工、机操工、起重工、机械司机、机动车辆司机等特殊工种工人，除一般安全教育外，还要经过专业安全技能培训，经考试合格持证后，方可独立操作。

5)采用新技术、新工艺、新设备施工和调换工作岗位时，也要进行安全教育，未经安全教育培训的人员不得上岗操作。

3. 安全技术交底

(1)安全技术交底的基本要求。

1)项目经理部必须实行逐级安全技术交底制度，纵向延伸到班组全体作业人员。

2)技术交底必须具体、明确，针对性强。

3)技术交底的内容应针对分部分项工程施工中给作业人员带来的潜在危害和存在问题。

4)应优先采用新的安全技术措施。

5)应将工程概况、施工方法、施工程序、安全技术措施等向工长、班组长进行详细交底。

6)定期向由两个以上作业队和多工种进行交叉施工的作业队伍进行书面交底。

7)保持书面安全技术交底签字记录。

(2)安全技术交底的主要内容。

1)本工程项目的施工作业特点和危险点。

2)针对危险点的具体预防措施。

3)应注意的安全事项。

4)相应的安全操作规程和标准。

5)发生事故后应及时采取的避难和急救措施。

(四)安全检查

工程项目安全检查的目的是消除隐患、防止事故、改善劳动条件及提高员工安全生产意识,工程项目安全检查是安全控制工作的一项重要内容。通过安全检查可以发现工程中的危险因素,以便有计划地采取措施,保证安全生产。施工项目的安全检查应由项目经理组织,定期进行。

1. 安全检查的类型

安全检查可分为日常性检查、专业性检查、季节性检查、节假日前后的检查和不定期检查。

(1)日常性检查。日常性检查即经常的、普遍的检查。企业一般每年进行 1~4 次;工程项目组、车间、科室每月至少进行 1 次;班组每周、每班次都应进行检查。专职安全技术人员的日常检查应该有计划,针对重点部位周期性地进行。

(2)专业性检查。专业性检查是针对特种作业、特种设备、特殊场所进行的检查,如电焊、气焊、起重设备、运输车辆、锅炉压力容器、易燃易爆场所等。

(3)季节性检查。季节性检查是指根据季节特点,为保障安全生产的特殊要求所进行的检查。如春季风大,要着重防火、防爆;夏季高温多雨雷电,要着重防暑、降温、防汛、防雷击、防触电;冬季着重防寒、防冻等。

(4)节假日前后的检查。节假日前后的检查是针对节假日期间容易产生麻痹思想的特点而进行的安全检查,包括节日前进行安全生产综合检查,节日后要进行遵章守纪的检查等。

(5)不定期检查。不定期检查是指在工程或设备开工和停工前、检修中、工程或设备竣工及试运转时进行的安全检查。

2. 安全检查的注意事项

(1)安全检查要深入基层、紧紧依靠职工,坚持领导与群众相结合的原则,组织好检查工作。

(2)建立检查的组织领导机构,配备适当的检查力量,挑选具有较高技术业务水平的专业人员参加。

(3)做好检查的各项准备工作,包括思想、业务知识、法规政策和检查设备、奖金的准备。

(4)明确检查的目的和要求。既要严格要求,又要防止一刀切,要从实际出发,分清主次矛盾,力求实效。

(5)将自查与互查有机结合起来,基层以自检为主,企业内相应部门之间互相检查,取长补短,相互学习和借鉴。

(6)坚持查改结合。检查不是目的,只是一种手段,整改才是最终目的。发现问题,要及时采取切实有效的防范措施。

(7)建立检查档案。结合安全检查表的实施,逐步建立健全检查档案,收集基本的数据,掌握基本安全状况,为及时消除隐患提供数据,同时,也为以后的职业健康安全检查奠定基础。

(8)在制定安全检查表时,应根据用途和目的具体确定安全检查表的种类。安全检查表的主要种类有设计用安全检查表、厂级安全检查表、车间安全检查表、班组及岗位安全检查表、专业安全检查表等。制定安全检查表要在安全技术部门的指导下,充分依靠职工来进行。初步制定出来的检查表要经过群众的讨论,反复试行,再加以修订,最后由安全技术部门审定后方可正式实行。

3. 安全检查的主要内容

(1)查思想。主要检查企业的领导和职工对安全生产工作的认识。

(2)查管理。主要检查工程的安全生产管理是否有效。主要内容包括安全生产责任制、安全技术措施计划、安全组织机构、安全保证措施、安全技术交底、安全教育、持证上岗、安全设施、安全标识、操作规程、违规行为、安全记录等。

(3)查隐患。主要检查作业现场是否符合安全生产、文明生产的要求。

(4)查整改。主要检查对过去提出问题的整改情况。

(5)查事故处理。对安全事故的处理应达到查明事故原因、明确责任并对责任者作出处理、明确和落实整改措施等要求。同时，还应检查对伤亡事故是否及时报告、认真调查、严肃处理。

安全检查的重点是违章指挥和违章作业。安全检查后应编制安全检查报告，说明已达标项目、未达标项目、存在问题、原因分析、纠正和预防措施。

4. 项目经理部安全检查的主要规定

(1)定期对安全控制计划的执行情况进行检查、记录、评价和考核，对作业中存在的不安全行为和隐患，签发安全整改通知，由相关部门制定整改方案，落实整改措施，实施整改后应予以复查。

(2)根据施工过程的特点和安全目标的要求，确定安全检查的内容。

(3)安全检查应配备必要的设备或器具，确定检查负责人和检查人员，并明确检查的方法和要求。

(4)检查应采取随机抽样、现场观察和实地检测的方法，并记录检查结果，纠正违章指挥和违章作业。

(5)对检查结果进行分析，找出安全隐患，确定危险程度。

(6)编写安全检查报告并上报。

三、掌握建筑工程职业健康安全事故的分类和处理

(一)建筑施工伤亡事故的主要类别

国务院《生产安全事故报告和调查处理条例》中建筑施工伤亡事故的主要类别见表4-9。

表4-9　建筑施工伤亡事故的主要类别

事故类别	直接经济损失	重伤/人	死亡/人
一般事故	＜1 000万元	≤9	≤2
较大事故	≥1 000万元、＜5 000万元	10～49	3～9
重大事故	≥5 000万元、＜1亿元	50～99	10～29
特别重大事故	≥1亿元	≥100	≥30

(二)建筑工程职业健康安全事故的分类

职业健康安全事故分两大类型，即职业伤害事故与职业病。

1. 职业伤害事故

职业伤害事故是指因生产过程及工作原因或与其相关的其他原因造成的伤亡事故。

(1)按事故发生的原因分类。按照《企业职工伤亡事故分类》(GB 6441—1986)的规定，职业伤害事故分为20类。

物体打击：指落物、滚石、锤击、碎裂、崩块、砸伤等造成的人身伤害，不包括因爆炸而引起的物体打击。

车辆伤害：指被车辆挤、压、撞和车辆倾覆等造成的人身伤害。

机械伤害：指被机械设备或工具绞、碾、碰、割、戳等造成的人身伤害，不包括车辆、起重设备引起的伤害。

起重伤害：指从事各种起重作业时发生的机械伤害事故，不包括上下驾驶室时发生的坠落伤害，起重设备引起的触电及检修时制动失灵造成的伤害。

触电：由于电流经过人体导致的生理伤害，包括雷击伤害。

淹溺：由于水或液体大量从口、鼻进入肺内，导致呼吸道阻塞，发生急性缺氧而窒息死亡。

灼烫：指火焰引起的烧伤、高温物体引起的烫伤、强酸或强碱引起的灼伤、放射线引起的皮肤损伤，不包括电烧伤及火灾事故引起的烧伤。

火灾：在火灾时造成的人体烧伤、窒息、中毒等。

高处坠落：由于危险势能差引起的伤害，包括从架子、屋架上坠落以及平地坠入坑内等。

坍塌：指建筑物、堆置物倒塌以及土石塌方等引起的事故伤害。

冒顶片帮：指矿井作业面、巷道侧壁由于支护不当、压力过大造成的坍塌(片帮)以及顶板垮落(冒顶)事故。

透水：指从矿山、地下开采或其他坑道作业时，有压地下水意外大量涌入而造成的伤亡事故。

放炮：指由于放炮作业引起的伤亡事故。

火药爆炸：指在火药的生产、运输、储藏过程中发生的爆炸事故。

瓦斯爆炸：指可燃气体、瓦斯、煤粉与空气混合，接触火源时引起的化学性爆炸事故。

锅炉爆炸：指锅炉由于内部压力超出炉壁的承受能力而引起的物理性爆炸事故。

容器爆炸：指压力容器内部压力超出容器壁所能承受的压力引起的物理爆炸，容器内部可燃气体泄漏与周围空气混合遇火源而发生的化学爆炸。

其他爆炸：包括化学爆炸、炉膛、钢水包爆炸等。

中毒和窒息：指煤气、油气、沥青、化学、一氧化碳中毒等。

其他伤害：包括扭伤、跌伤、冻伤、野兽咬伤等。

(2)按事故后果严重程度分类。

1)轻伤事故：造成职工肢体或某些器官功能性或器质性轻度损伤，表现为劳动能力轻度或暂时丧失的伤害，一般每个受伤人员休息1个工作日以上，105个工作日以下。

2)重伤事故：一般指受伤人员肢体残缺或视觉、听觉等器官受到严重损伤，能引起人体长期存在功能障碍或劳动能力有重大损失的伤害，或者造成每个受伤人损失105个工作日以上的失能伤害。

3)死亡事故：一次死亡1~2人的事故。

4)重大伤亡事故：一次死亡3人以上(含3人)的事故。

5)特大伤亡事故：一次死亡10人以上(含10人)的事故。

6)急性中毒事故：指生产性毒物一次或短期内通过人的呼吸道、皮肤或消化道大量进入体内，使人体在短时间内发生病变，导致职工立即中断工作，并须进行急救或死亡的事故；急性中毒的特点是发病快，一般不超过1个工作日，有的毒物因毒性有一定的潜伏期，可在下班后数小时发病。

2. 职业病

经诊断因从事接触有毒有害物质或不良环境的工作而造成的急慢性疾病，属职业病。

2002年，卫生部会同劳动和社会保障部发布的《职业病目录》列出的法定职业病为10大类，共115种。该目录中所列的10大类职业病如下：

尘肺：矽肺、石棉肺、滑石尘肺、水泥尘肺、陶瓷尘肺、电焊尘肺、其他尘肺等。职业性放射性疾病：外照射放射病、内照射放射病、放射性皮肤疾病、放射性肿瘤、放射性骨损伤等；职业中毒：铅、汞、锰、钢及其化合物、苯、一氧化碳、二硫化碳等。物理因素所致职业病：中暑、减压病、高原病、手臂振动病。生物因素所致职业病：炭疽、森林脑炎、布氏杆菌病。职业性皮肤病：接触性皮炎、光敏性皮炎、电光性皮炎、黑变病、痤疮、溃疡、化学灼伤、职业性角化过度、皲裂、职业性痤疮等。职业性眼病：化学性眼部灼伤、电光性眼炎、职业性白内障。职业性耳鼻喉口腔疾病：噪声聋、铬鼻病、牙酸蚀病。职业性肿瘤：石棉所致肺癌、间皮瘤、苯所致白血病、砷所致肺癌、皮肤癌、氯乙烯所致肝血管肉瘤、铬酸盐制造业工人肺癌等。其他职业病：金属烟热、职业性哮喘、职业性变态反应性肺泡炎、棉尘病、煤矿井下工人滑囊炎等。

(三)建筑工程职业健康安全事故的处理

1. 安全事故处理的原则(四不放过的原则)

(1)事故原因不清楚不放过。

(2)事故责任者和员工没有受到教育不放过。

(3)事故责任者没有处理不放过。

(4)没有指定防范措施不放过。

2. 安全事故处理程序

(1)报告安全事故。

(2)处理安全事故，抢救伤员，排除险情，防止事故蔓延扩大，做好标识，保护好现场等。

(3)安全事故调查。

(4)对事故责任者进行处理。

(5)编写调查报告并上报。

3. 安全事故统计规定

(1)企业职工伤亡事故统计实行地区考核为主的制度。各级隶属关系的企业和企业主管单位，要按当地安全生产行政主管部门规定的时间报送报表。

(2)安全生产行政主管部门对各部门的企业职工伤亡事故情况实行分级考核。企业报送主管部门的数字，要与报送当地安全生产行政主管部门的数字一致，各级主管部门应如实向同级安全生产行政主管部门报送。

(3)省级安全生产行政主管部门和国务院各有关部门及计划单列的企业集团的职工伤亡事故统计月报表、年报表，应按时报到国家安全生产行政主管部门。

4. 伤亡事故处理规定

(1)事故调查组提出的事故处理意见和防范措施建议，由发生事故的企业及其主管部门负责处理。

(2)因忽视安全生产、违章指挥、违章作业、玩忽职守或者发现事故隐患、危害情况而不采取有效措施以致造成伤亡事故的，由企业主管部门或者企业按照国家有关规定，对企业负责人和直接责任人员给予行政处分；构成犯罪的，由司法机关依法追究刑事责任。

(3)在伤亡事故发生后隐瞒不报、谎报、故意迟延不报、故意破坏事故现场，或者以不正当理由，拒绝接受调查以及拒绝提供有关情况和资料的，由有关部门按照国家的有关规定，对有关单位负责人和直接责任人员给予行政处分；构成犯罪的，由司法机关依法追究刑事责任。

(4)伤亡事故处理工作应当在 90 日内结案，特殊情况不得超过 180 日。伤亡事故处理结案后，应当公开宣布处理结果。

5. 工伤认定

《中华人民共和国工伤保险条例》第三章规定："在工作时间和工作场所内，因工作原因受到事故伤害的"应认定为工伤；按照无过错补偿的原则，不论作业者是否有自己应负的责任，只要不是因犯罪或者违反治安管理条例伤亡、醉酒导致伤亡、自残或者自杀的，都应认定为工伤。

(1)职工有下列情形之一的，应当认定为工伤：

1)在工作时间和工作场所内，因工作原因受到事故伤害的。

2)工作时间前后在工作场所内，从事与工作有关的预备性或者收尾性工作受到事故伤害的。

3)在工作时间和工作场所内，因履行工作职责受到暴力等意外伤害的。

4)患职业病的。

5)因工外出期间，由于工作原因受到伤害或者发生事故下落不明的。

6)在上下班途中，受到非本人主要责任交通事故或者城市轨道交通、客运轮渡、火车事故伤害的。

7)法律、行政法规规定应当认定为工伤的其他情形。

(2)职工有下列情形之一的，视同工伤：

1)在工作时间和工作岗位，突发疾病死亡或者在48小时之内经抢救无效死亡的。

2)在抢险救灾等维护国家利益、公共利益活动中受到伤害的。

3)职工原在军队服役，因战、因公负伤致残，已取得革命伤残军人证，到用人单位后旧伤复发的。

(3)职工符合第(1)、(2)条规定，但有下列情形之一的，不得认定为工伤或者视同工伤：

1)故意犯罪的。

2)醉酒或者吸毒的。

3)自残或者自杀的。

6. 职业病的处理

(1)职业病报告。

1)地方各级卫生行政部门指定相应的职业病防治机构或卫生防疫机构负责职业病统计和报告工作。职业病报告实行以地方为主、逐级上报的办法。

2)一切企业、事业单位发生的职业病，都应按规定要求向当地卫生监督机构报告，由卫生监督机构统一汇总上报。

(2)职业病处理。

1)职工被确诊患有职业病后，其所在单位应根据职业病诊断机构的意见，安排其医疗或疗养。

2)在医治或疗养后被确认不宜继续从事原有害作业或工作的，应自确认之日起的两个月内将其调离原工作岗位，另行安排工作；对于因工作需要暂不能调离的生产、工作技术骨干，调离期限最长不得超过半年。

3)患有职业病的职工变动工作单位时，其职业病待遇应由原单位负责或两个单位协调处理，双方商妥后方可办理调转手续。并将其健康档案、职业病诊断证明及职业病处理情况等材料全部移交新单位。调出、调入单位都应将情况报告所在地的劳动卫生职业病防治机构备案。

4)职工到新单位后，新发生的职业病无论与现工作有无关系，其职业病待遇由新单位负责。劳动合同制工人、临时工终止或解除劳动合同后，在待业期间新发现的职业病，与上一个劳动合同期工作有关时，其职业病待遇由原终止或解除劳动合同的单位负责，如原单位已与其他单位合并，由合并后的单位负责；如原单位已撤销，应由原单位的上级主管机关负责。

四、文明施工和环境保护的要求

(一)文明施工与环境保护的概念和意义

1. 文明施工与环境保护的概念

(1)文明施工是保持施工现场良好的作业环境、卫生环境和工作秩序。文明施工主要包括以下几个方面的工作：

1)规范施工现场的场容，保持作业环境的整洁、卫生。

2)科学组织施工，使生产有序进行。

3)减少施工对周围居民和环境的影响。

4)保证职工的安全和身体健康。

(2)环境保护是按照法律法规、各级主管部门和企业的要求，保护和改善作业现场的环境，控制现场的各种粉尘、废水、废气、固体废弃物、噪声、振动等对环境的污染和危害。环境保护也是文明施工的重要内容之一。

2. 文明施工的意义

(1)文明施工能促进企业综合管理水平的提高。保持良好的作业环境和秩序，对促进安全生产、加快施工进度、保证工程质量、降低工程成本、提高经济效益和社会效益有较大作用。文明施工涉及人、财、物各个方面，贯穿于施工全过程之中，体现了企业在工程项目施工现场的综合管理水平。

(2)文明施工是适应现代化施工的客观要求。现代化施工更需要采用先进的技术、工艺、材料、设备和科学的施工方案，需要严密组织、严格要求、标准化管理和较好的职工素质等。文明施工能适应现代化施工的要求，是实现优质、高效、低耗、安全、清洁、卫生的有效手段。

(3)文明施工代表企业的形象。良好的施工环境与施工秩序，可以得到社会的支持和信赖，提高企业的知名度和市场竞争力。

(4)文明施工有利于员工的身心健康，有利于培养和提高施工队伍的整体素质。文明施工可以提高职工队伍的文化、技术和思想素质，培养尊重科学、遵守纪律、团结协作的大生产意识，促进企业精神文明建设，还可以促进施工队伍整体素质的提高。

3. 保护环境的意义

(1)保护环境是保证人们身体健康和社会文明的需要。采取专项措施防止粉尘、噪声和水源污染，保护好作业现场及其周围的环境，是保证职工和相关人员身体健康、体现社会总体文明的一项利国利民的重要工作。

(2)保护环境是消除对外部干扰保证施工顺利进行的需要。随着人们的法制观念和自我保护意识的增强，尤其在城市中施工扰民问题反映突出，应及时采取防治措施，减少对环境的污染和对市民的干扰，也是施工生产顺利进行的基本条件。

(3)保护环境是现代化大生产的客观要求。现代化施工广泛应用新设备、新技术、新生产工艺，对环境质量要求很高。如果粉尘、振动超标，就可能损坏设备、影响功能发挥，使设备难以发挥作用。

(4)保护环境是保证社会和企业可持续发展的需要。人类社会面临环境污染和能源危机的挑战，为了保护子孙后代赖以生存的环境条件，每个公民和企业都有责任和义务来保护环境。良好的环境和生存条件，也是每个公民和企业发展的基础和动力。

(二)文明施工的组织与管理

1. 组织和制度管理

(1)施工现场应成立以项目经理为第一责任人的文明施工管理组织。分包单位应服从总包单位的文明施工管理组织的统一管理，并接受监督检查。

(2)各项施工现场管理制度应有文明施工的规定。包括个人岗位责任制、经济责任制、安全检查制度、持证上岗制度、奖惩制度、竞赛制度和各项专业管理制度等。

(3)加强和落实现场文明检查、考核及奖惩管理，以促进施工文明管理工作提高。检查范围和内容应全面、周到，包括生产区、生活区、场容场貌、环境文明及制度落实等内容。检查发现的问题应采取整改措施。

2. 建立收集文明施工的资料及其保存的措施

(1)上级关于文明施工的标准、规定、法律法规等资料。

(2)施工组织设计(方案)中对文明施工的管理规定,各阶段施工现场文明施工的措施。

(3)文明施工自检资料。

(4)文明施工教育、培训、考核计划的资料。

(5)文明施工活动各项记录资料。

3.加强文明施工的宣传和教育

(1)在坚持岗位练兵的基础上,要采取派出去、请进来、短期培训、上技术课、登黑板报、广播、看录像、看电视等方法狠抓教育工作。

(2)要特别注意对临时工的岗前教育。

(3)专业管理人员应熟悉掌握文明施工的规定。

(三)现场文明施工的基本要求

(1)施工现场必须设置明显的标牌,标明工程项目名称、建设单位、设计单位、施工单位、项目经理和施工现场总代表人的姓名,开工、竣工日期,施工许可证批准文号等。施工单位负责施工现场标牌的保护工作。

(2)施工现场的管理人员在施工现场应当佩戴证明其身份的证卡。

(3)应当按照施工总平面布置图设置各项临时设施。现场堆放的大宗材料、成品、半成品和机具设备,不得侵占场内道路及安全防护等设施。

(4)施工现场的用电线路、用电设施的安装和使用必须符合安装规范和安全操作规程,并按照施工组织设计进行架设,严禁任意拉线接电。施工现场必须设有保证施工安全要求的夜间照明;危险、潮湿场所的照明以及手持照明灯具,必须采用符合安全要求的电压。

(5)施工机械应当按照施工总平面布置图规定的位置和线路设置,不得任意侵占场内道路。施工机械进场须经过安全检查,经检查合格后方能使用。施工机械操作人员必须建立机组责任制,并依照有关规定持证上岗,禁止无证人员操作。

(6)应保证施工现场道路畅通,排水系统处于良好的使用状态;保持场容、场貌的整洁,随时清理建筑垃圾。在车辆、行人通行的地方施工,应当设置施工标志,并对沟、井、坎、穴进行覆盖。

(7)施工现场的各种安全设施和劳动保护器具,必须定期进行检查和维护,及时消除隐患,保证其安全、有效。

(8)施工现场应当设置各类必要的职工生活设施,并符合卫生、通风、照明等要求。职工的膳食、饮水等,应当符合卫生要求。

(9)应当做好施工现场安全保护工作,采取必要的防盗措施,在现场周边设立围护设施。

(10)应当严格依照《中华人民共和国消防条例》的规定,在施工现场建立和执行防火管理制度,设置符合消防要求的消防设施,并保持完好的备用状态。在容易发生火灾的地区施工,或者储存、使用易燃易爆器材时,应当采取特殊的消防安全措施。

第三节 工程质量统计分析方法的应用

▶任务导入◀

质量统计管理是20世纪30年代发展起来的科学管理理论与方法,它将数理统计方法应用于生产过程的抽样检验,利用样本质量特性数据的分布规律,分析和推断生产过程总体质量的状况,改变了传统的事后把关的质量控制方式,为工业生产的事前质量控制和过程质量控制提供有效的科学手段。

通过对常见的工程质量统计分析方法的应用，分门别类地进行，以便准确、有效地找出工程质量问题及其原因，然后进行有的放矢的处置和管理。

任务准备

建筑业虽然是现场型的单件型建筑产品生产，数理统计方法直接在现场生产过程工序质量检验中的应用，受到客观条件的限制，但在进场材料的抽样检验、试块试件的检测试验等方面，仍然有广泛的用途。

一、常见的工程质量统计分析方法的应用

(一)分层法

1. 分层法的基本思想

由于工程质量形成的影响因素多，因此，对工程质量状况的调查和质量问题的分析，必须分门别类地进行，以便准确、有效地找出问题及其原因。

如一个焊工班组有 A、B、C 三位工人实施焊接作业，共抽检 60 个焊接点，发现有 18 个点不合格，占 30%，较高的不合格率究竟问题在哪里？根据分层调查的统计数据表 4-10 可知，主要是作业工人 C 的焊接质量影响了总体的质量水平。

表 4-10　分层调查表

作业工人	抽检点数	不合格点数	个体不合格率/%	占不合格点总数的百分率/%
A	20	2	10	11
B	20	4	20	22
C	20	12	60	67
合计	60	18	—	100

通过分层法分析，可以得出结论：焊接作业的主要质量问题在于作业工人 C 的操作质量问题。

2. 调查分析的层次划分

根据管理需要和统计目的，通常可按照以下分层法取得原始数据：

(1)按时间分：月、日、上午、下午、白天、晚间、季节。

(2)按地点分：地域、城市、乡村、楼层、外墙、内墙。

(3)按材料分：产地、厂商、规格、品种。

(4)按测定分：方法、仪器、测定人、取样方式。

(5)按作业分：工法、班组、工长、工人、分包商。

(6)按工程分：住宅、办公楼、道路、桥梁、隧道。

(7)按合同分：总承包、专业分包、劳务分包。

(二)因果分析图法

因果分析图法也称为质量特性要因分析法(鱼刺图法)，其基本原理是对每一个质量特性或问题，逐层深入排查可能的原因。然后，确定其中的最主要原因，进行有的放矢的处置和管理。

图 4-13 表示混凝土强度不合格的原因分析。其中，第一层面从人、机械、材料、施工方法和施工环境进行分析；第二层面、第三层面，依此类推。

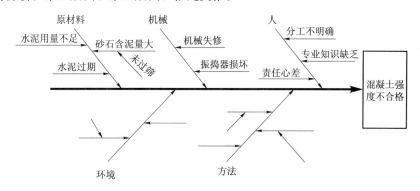

图 4-13　混凝土强度不合格的原因分析

使用因果分析图法时的注意事项：一个质量特性或一个质量问题使用一张图分析；通常采用 QC 小组活动的方式进行，集思广益，共同分析；必要时可以邀请小组以外的有关人员参与，广泛听取意见；分析时要充分发表意见，层层深入，列出所有可能的原因；在充分分析的基础上，由各参与人员采用投票或其他方式，从中选择 1～5 项多数人达成共识的最主要原因。

（三）排列图法——主次图、帕累托图

意大利经济学家帕累托提出"关键的少数和次要的多数间的关系"，后来美国质量专家朱兰将这一原则引入质量管理中。

将影响质量的因素按次序排列，绘制条形图，并根据条形图绘制累计曲线（帕累托曲线）。

1. 绘图步骤

排列图必须具有相当数量准确而可靠的数据做基础，不能凭"想当然""大概"起作用。

(1)按影响质量因素确定排列图的分类项目。

(2)要明确所取数据的时间和范围。

(3)做好各种影响因素的频数统计和计算。

(4)作横坐标、纵坐标。其中，一条横坐标：排列各影响因素；两条纵坐标：一条是频数总和，另一条是百分比累计频率。

(5)根据各影响因素发生的频数和累计频率标在相应的坐标上，并连成一条折线。

(6)对排列图进行分析：A、B、C 三类因素。

A 为主要因素：主要问题，进行重点管理，累计百分比在 80％以下。

B 为次要因素：次要问题，作为次重点管理，累计百分比在 80％～90％。

C 为一般因素：一般问题，按照常规适当加强管理，累计百分比在 90％～100％。

A 类因素为影响质量的主要因素，为首选因素，一般 1～3 个。A 类因素解决好后，然后才解决 B 类、C 类因素。

2. 在采取了系列措施后，可能出现的几种情况

(1)各种问题都减少，措施有效。

(2)顺序不变，问题没解决，措施无效。

(3)有两个问题同时解决，这两个因素相关。

(4)顺序改变、水平不变、生产过程有问题，生产工艺不稳定。

（三）直方图法（统计直方图）

根据质量特性数据的集中或离散状况，判断生产过程是否处于正常、受控状态。

1. 直方图控制原理和控制程序

(1)直方图控制原理。直方图又叫作频数分布直方图，是统计方法中比较重要的工具。在直方图中，以直方形的高度表示一定范围内数值所发生的频数。据此可掌握产品质量的波动情况，了解质量特征的分布规律，以便对质量情况进行分析判断。

(2)直方图控制程序。

1)根据抽样数据，画出直方控制图。

2)若图形符合正常正态分布，并满足质量标准要求，则说明质量在控制范围内。

3)若图形出现异常现象，如双峰形、孤岛形、绝壁形、折齿形等，说明工序质量或生产过程存在质量问题。

4)进一步用排列图、因果分析图、相关图、鱼刺图等寻找存在质量问题的原因。

5)分析质量原因，采取措施，保证质量控制在有效范围内。

2. 直方图作图步骤

(1)收集数据(X)。

(2)计算数据极差值 $R(R=X_{\max}-X_{\min})$。

(3)对数据分组。

(4)计算组距 h。

(5)计算各组上、下界限值。

(6)编制频数分布表。

(7)绘制频数分布图。

(8)分析直方图。

3. 直方图法的应用

首先，收集当前生产过程质量特性抽检的数据；然后，制作直方图进行观察分析，判断生产过程的质量状况和能力。

(1)直方图分布形状观察分析。所谓形状观察分析，是指将绘制好的直方图形状与正态分布图的形状进行比较分析，一看形状是否相似，二看分布区间的宽窄。直方图的分布形状及分布区间宽窄，由质量特性统计数据的平均值和标准偏差决定。

1)正常状态下的直方图应是中间高、两侧低，接近对称。图 4-14 所示为某工程混凝土强度的直方图。从直方图的分布特点可以初步判断其强度分布基本正常，符合正态分布的特点。正常直方图反映生产过程质量处于正常、稳定状态。数理统计研究证明，当随机抽样方案合理且样本数量足够大时，生产能力处于正常、稳定状态，质量特性检测数据趋于正态分布。

2)异常直方图呈偏态分布。常见的异常直方图有折齿形、孤岛形、双峰形、峭壁形，如图 4-15 所示。出现异常的原因可能是生产过程存在影响质量的系统因素，

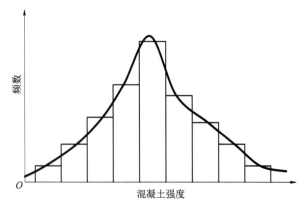

图 4-14　正常状态下的直方图

或收集整理数据制作直方图的方法不当，应具体分析。如可能由于分组不当或者组距确定不当引起，可能由于将两组数据混在一起造成，可能由于对上限(或下限)控制太严原因造成，或有意识地剔除上限(或下限)以外的数据造成。

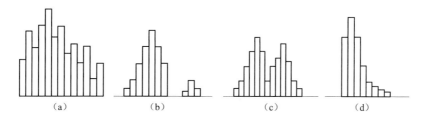

图 4-15 异常状态下直方图
(a)折齿形；(b)孤岛形；(c)双峰形；(d)峭壁形

(2)直方图位置观察分析。所谓直方图位置观察分析，是指将直方图的分布位置与质量控制标准的上下限范围进行比较分析。若用 $\mu\pm3\sigma$ 作为控制界限，当生产处于稳定状态时，质量数据落在控制界限外的概率为 0.27%。具体如图 4-16 所示的直方图与质量标准上下限。

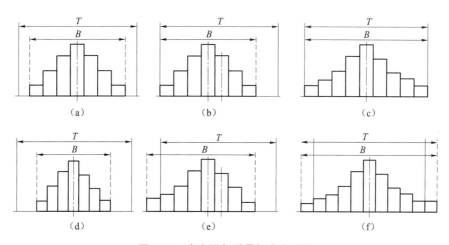

图 4-16 直方图与质量标准上下限
(a)正常；(b)分布偏下限，易出现不合格；(c)处于临界状态，易出现不合格；
(d)边界与上、下限有较大距离，不经济；(e)、(f)边界超出了上、下限，存在质量不合格

从图 4-16 中可以看出：

图 4-16(a)所示生产过程的质量正常、稳定和受控，还必须在公差标准上、下界限范围内达到质量合格的要求。只有这样的正常、稳定和受控，才是经济、合理的受控状态。

图 4-16(b)中质量特性数据分布偏下限，易出现不合格，在管理上必须提高总体能力。

图 4-16(c)中质量特性数据的分布充满上、下限，质量能力处于临界状态，易出现不合格，必须分析原因，采取措施。

图 4-16(d)中质量特性数据的分布居中且边界与上、下限有较大的距离，说明质量能力偏大、不经济。

图 4-16(e)、(f)中均已出现超出上、下限的数据，说明生产过程存在质量不合格，需要分析其原因，采取措施进行纠偏。

(四)控制图法

控制图法是一种典型的动态分析方法，是用数理统计方法来确定工程或产品质量的控制界限，来分析和反映质量波动情况及其数据的图，如图 4-17 所示。

质量管理有静态分析方法和动态分析方法两大类。前述方法(排列图法、直方图法)属静态分析方法，然而项目都在动态的生产过程中形成，因此，在质量管理中还必须有动态分析方法。控

制图法属于动态分析方法。"质量始于控制图，也终于控制图。"控制图法也称管理图法，它是质量管理中的重要方法，供监测控制工序用。采用此方法，可随时了解生产过程中质量的变化情况，判断生产过程和工序质量是否存在质量问题，及时采取措施，使生产处于稳定状态。

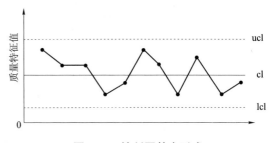

图 4-17　控制图基本形式

该方法是 1924 年由美国贝尔实验室的休哈特提出的，控制图法适用于大批量生产的单位和产品，并且具有相对稳定的生产过程。

1. 控制程序

(1)根据已知的抽样数据，制作质量控制图，画出质量控制图的上限、中限和下限。

(2)在控制图上放点，以点是否在控制线内或点的排列是否存在问题来判断工序或生产过程是否存在质量问题。

(3)若样点跳出控制界线外，或虽未跳出控制界线外，但在点的排列上有缺陷，则说明工序或生产过程存在质量问题。

(4)用排列图、因果分析图、相关图等，进一步寻找质量原因。

(5)找出质量原因后采取措施，重新再画控制图，使质量控制在有效范围内。

2. 控制图的作用

(1)判断生产中工序或产品的稳定性。

(2)重要的技术档案。

(3)质量评比的依据。

(4)分析质量问题的原因：系统性因素、偶然性因素。

3. 控制图的原理和形式

(1)原理。五条控制线（图 4-18）：UCL（控制上限）、TU（公差上限）、CL（控制中心线）、TL（公差下限）、LCL（控制下限）。

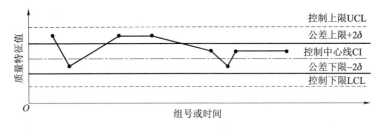

图 4-18　控制图形成

其中　控制上限＝样本平均值＋3S；

　　　S——样本的标准偏差；

　　　控制下限＝样本平均值－3S；

　　　控制上下限内——正常区；

　　　控制上下限与公差上下限之间——警戒区；

　　　公差上下限外——废品区。

(2)形式。

4. 控制图的分类

(1)计量值数据控制图。控制对象为计量值，即连续型控制图，如长度、重量、强度、时间。

常用：平均值——极差控制图、单值控制图等。

其中：平均值——极差控制图最常用，判断工序异常的效率最高。

(2)计数值数据控制图。控制对象为计数值，即离散型的数据，如疵点数、不合格品件数、不合格品率等。

5. 分析用控制图的判断标准

准则一：连续 25 点没有一点在界限外，或连续 35 点最多一点在界限外，或连续 100 点最多 2 点在界限外。

准则二：控制界限内的点的排列无下列异常现象：

(1)连续 7 点或更多点在控制中心线的同一侧。

(2)连续 7 点或更多点有上升或下降趋势。

(3)连续 11 点中至少有 10 点在控制中心线的同一侧。

(4)连续 14 点中至少有 12 点在控制中心线的同一侧。

(5)连续 17 点中至少有 14 点在控制中心线的同一侧。

(6)连续 20 点中至少有 16 点在控制中心线的同一侧。

(7)连续 3 点中至少有 2 点和连续 7 点中至少有 3 点落在二倍标准偏差与三倍标准偏差控制界限之间。

(8)点呈周期性变化。

6. 控制用控制图的判断标准

准则一：无点落在控制界限外或控制界限上。

准则二：与分析用控制图准则二相同。

7. 控制图应用注意事项

选用恰当的控制图；作为管理用的控制图应在工序经过充分管理达到稳定后，再收集数据计算控制界限；管理用的控制图所依据的生产条件应与实际分析工序状态时具体的条件相一致。

二、建筑工程项目设计质量控制的内容和方法

(一)建筑工程项目设计质量控制的内容

(1)正确贯彻执行国家建设法律法规和各项技术标准，其主要内容如下：

1)有关城市规划、建设批准用地、环境保护、"三废"治理及建筑工程质量监督等方面的法律、行政法规及各地方政府、专业管理机构发布的法规规定。

2)有关工程技术标准、设计规范、规程、工程质量检验评定标准、有关工程造价方面的规定文件等。其中，特别注意对国家及地方强制性规范的执行。

3)经批准的工程项目的可行性研究、立项批准文件及设计纲要等文件。

4)勘察单位提供的勘察成果文件。

(2)保证设计方案的技术经济合理性、先进性和实用性，满足业主提出的各项功能要求，控制工程造价，达到项目技术计划的要求。

(3)设计文件应符合国家规定的设计深度要求，并注明工程合理使用年限。设计文件中选用的建筑材料、构配件和设备，应当注明规格、型号、性能等技术指标，其质量必须符合国家规定的标准。

(4)设计图纸必须按规定具有国家批准的出图印章及建筑师、结构工程师的执业印章，并按规定经过有效的审图程序。

(二)建筑工程项目设计质量控制的方法

(1)根据项目建设要求和有关批文、资料，组织设计招标及设计方案竞赛。通过对设计单位

编制的设计大纲或设计方案竞赛文件的比较，优选设计方案及设计单位。

（2）对勘察、设计单位的资质业绩进行审查。优选勘察、设计单位，签订勘察设计合同，并在合同中明确有关设计范围、要求、依据及设计文件深度与有效性要求。

（3）保证设计成果的质量。根据建设单位对设计功能、等级等方面的要求，根据国家有关建设法规、标准的要求及建设项目环境条件等方面的情况，控制设计输入，做好建筑设计、专业设计、总体设计等不同工种的协调，保证设计成果的质量。

（4）工程造价符合投资计划的要求。控制各阶段的设计深度，并按规定组织设计评审，按法规要求对设计文件进行审批（如对扩大初步设计、设计概预算、有关专业设计等），保证各阶段设计符合项目策划阶段提出的质量要求，提交的施工图满足施工的要求，工程造价符合投资计划的要求。

（5）组织施工图图纸会审。吸取建设单位、施工单位、监理单位等方面对图纸问题提出的意见，以保证施工的顺利进行。

（6）落实设计变更审核，控制设计变更质量，确保设计变更不导致设计质量的下降。按规定在工程竣工验收阶段，在对全部变更文件、设计图纸校对及施工质量检查的基础上，出具质量检查报告，确认设计质量及工程质量满足设计要求。

▶任务实施◀

一、排列图法的应用

对某主体工程墙面进行检查，统计结果见表 4-11。

表 4-11　墙面粉刷质量问题检查表

墙面粉刷质量问题	不合格数	不合格率/%	累　计
A 起砂	78	$78 \div 138 = 56.5$	56.5
B 开裂	30	21.7	78.2
C 空鼓	15	10.9	89.1
D 不平	10	7.2	96.3
E 其他	5	3.7	100
合计	138	100	

绘制排列图如图 4-19 所示。

分析发现：A 起砂、B 开裂和 C 空鼓的累计频率均在 80% 以下，它们是产生粉刷质量问题的主要原因，即 A 类因素；D 不平的累计频率在 80%～90%，这属于次要原因，即 B 类因素；而 E 其他累计频率在 90% 以上，这属于一般因素，即 C 类因素。

二、因果分析图法的应用

同样对某主体工程墙面进行检查，如果我们采用因果分析图法，从材料、设备、人员素质、工艺顺序、施工环境五个方面查找原因，也会分析如图 4-20 所示的问题。

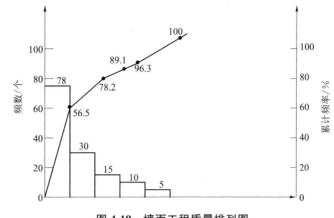

图 4-19 墙面工程质量排列图

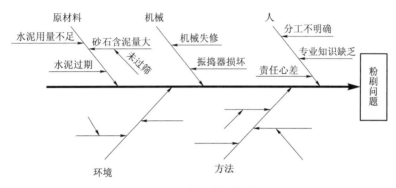

图 4-20 墙面粉刷问题

▶知识链接◀

一、建筑工程项目质量政府监督的依据和职能

(一)加强对建筑工程质量管理的目的

《中华人民共和国建筑法》及《建筑工程质量管理条例》明确政府行政主管部门设立专门机构对建筑工程质量行使监督职能,其目的是保证建筑工程质量、保证建筑工程的使用安全及环境质量。国务院建设行政主管部门对全国建筑工程质量实行统一监督管理,国务院铁路、交通、水利等有关部门按照规定的职责分工,负责对全国有关专业建筑工程质量的监督管理。

(二)各级政府质量监督机构对建筑工程质量监督的依据

各级政府质量监督机构对建筑工程质量监督的依据是国家、地方和各专业建设管理部门颁发的法律、法规及各类规范和强制性标准。

(三)政府对建筑工程质量监督的职能

政府对建筑工程质量监督的职能包括两大方面:一是监督工程建设的各方主体(包括建设单位、施工单位、材料设备供应单位、设计勘察单位和监理单位等)的质量行为是否符合国家法律法规及各项制度的规定;二是监督检查工程实体的施工质量,尤其是地基基础、主体结构、专业设备安装等涉及结构安全和使用功能的施工质量。

二、建筑工程项目质量政府监督的实施

(一)建筑工程质量监督申报

在工程项目开工前，监督机构接受建筑工程质量监督的申报手续，并对建设单位提供的文件资料进行审查，审查合格签发有关质量监督文件。

(二)开工前的质量监督

开工前召开项目参与各方参加的首次监督会议，公布监督方案，提出监督要求，并进行第一次监督检查。监督检查的主要内容为工程参与各方的工程质量保证体系建立和是否完善情况的审查。具体内容如下：

(1)检查项目参与各方的质保体系，包括组织机构、质量控制方案及质量责任制等制度。

(2)审查施工组织设计、监理规划等文件及审批手续。

(3)各方人员的资质证书。

(4)检查的结果记录保存。

(三)施工过程中的质量监督(全过程监督)

(1)在工程建设全过程，监督机构按照监督方案对项目施工情况进行不定期的检查。其中，在基础和结构阶段每月安排监督检查。检查内容为工程参与各方的质量行为及质量责任制的履行情况、工程实体质量和质保资料的检查。

(2)对建筑工程项目结构主要部位(如桩基、基础、主体结构)除常规检查外，在分部工程验收时进行监督，即建设单位将施工设计、监理、建设方分别签字的质量验收证明在验收后3天内报监督机构备案。

(3)对施工过程中发生的质量问题、质量事故进行查处。根据质量检查状况，对查实的问题签发"质量问题整改通知单"或"局部暂停施工指令单"，对问题严重的单位，也可根据问题情况发出"临时收缴资质证书通知书"等处理意见。

(4)竣工阶段的质量监督。按规定对工程竣工验收备案工作实施监督。

竣工验收前，对质量监督检查中提出质量问题的整改情况进行复查，了解其整改情况。

参与竣工验收会议，对验收过程进行监督。

编制单位工程质量监督报告，在竣工验收之日起5天内提交竣工验收备案，对不符合验收要求的责令改正。对存在问题进行处理，并向备案部门提出书面报告。

(5)建立建筑工程质量监督档案。建筑工程质量监督档案按单位工程建立。要求归档及时、资料记录等各类文件齐全，经监督机构负责人签字后归档，按规定年限保存。

📁 ➤ 本章小结

一、建筑工程项目质量控制的含义
二、建筑工程项目质量形成的影响因素
(一)人的质量意识和质量能力

(二)建设项目的决策因素

(三)建筑工程项目勘察因素

(四)建筑工程项目的总体规划和设计因素

(五)建筑材料、构配件及相关工程用品的质量因素

(六)工程项目的施工方案

(七)工程项目的施工环境

三、建筑工程项目质量控制的基本原理

(一)PDCA循环原理

计划P(Plan);实施D(Do);检查C(Check);处置A(Action)。

(二)三阶段控制原理

事前控制、事中控制和事后控制。

(三)三全控制管理

(1)全面质量控制。

(2)全过程质量控制。

(3)全员参与质量控制。

四、常见的工程质量统计分析方法的应用

(一)分层法

(二)因果分析图法

(三)排列图法

(四)直方图法

1.直方图控制原理和控制程序

2.直方图作图步骤

3.直方图法的应用

(1)直方图分布形状观察分析。

(2)直方图位置观察分析。

(五)控制图法

五、建筑工程项目设计质量控制的内容和方法

> **自我测评**

一、质量管理与质量控制

(一)单项选择题

1. 建筑工程项目质量目标的确定和实现过程,需要系统有效地应用(　　)和质量控制的基本原理和方法,通过建筑工程项目各参与方的质量责任和职能活动的实施来达到。

A. 科学管理　　　　B. 质量管理　　　　C. 技术措施　　　　D. 目标管理

2. 按照质量管理的概念,组织必须通过建立(　　)实施质量管理。

A. 规章制度　　　　B. 技术交底　　　　C. 质量管理体系　　　　D. 岗位责任制

3. (　　)是组织最高管理者的质量宗旨、经营理念和价值观的反映。

A. 利益最大化　　　　B. 质量方针　　　　C. 市场占有率　　　　D. 经营战略

4. 质量控制所致力的一系列相关活动,包括(　　)和管理活动。

A. 施工生产　　　　B. 项目策划　　　　C. 作业技术活动　　　　D. 技术支持

5. 在长期的生产实践过程和理论研究中形成的PDCA循环,是确立质量管理和建立(　　)的基本原理。

A. 质量体系　　　　B. 施工方案　　　　C. 过程监控　　　　D. 质量检查

6. 在PDCA循环中,C代表(　　)。

A. 检查　　　　B. 计划　　　　C. 处置　　　　D. 实施

参考答案

7. 质量管理的计划职能包括确定或明确质量目标和(　　)两个方面。

    A. 开展质量活动　　　　　　　　　　B. 加强过程管理

    C. 制定实现质量目标的行动方案　　　D. 组织落实

8. 在PDCA循环中，C这一环节是指对计划实施过程中进行各种检查，包括作业者的自检、互检和(　　)。

    A. 整改　　　　　　　　　　　　　　B. 提高

    C. 专职管理者专检　　　　　　　　　D. 消项

9. 质量控制的基本原理是运用全面过程质量管理的思想和动态控制的原理，进行质量的事前控制、事中控制和(　　)。

    A. 事后控制　　B. 阶段验收　　　　C. 加强管理　　　　D. 狠抓落实

10. TQC即全面质量管理，其基本原理就是强调在企业或组织的最高管理者(　　)的指引下，实行全面、全过程和全员参与的质量管理。

    A. 战略目标　　B. 发展方向　　　　C. 目标市场　　　　D. 质量方针

(二)多项选择题

1. 在质量方针的指导下，通过组织的(　　)的制定，并通过组织制度的落实，管理人员资源的配置。质量活动的责任分工与权限界定等，形成组织质量管理体系的运行机制。

    A. 方针策略　　　　　　　　　　　　B. 质量手册

    C. 管理文件　　　　　　　　　　　　D. 程序性管理文件

    E. 质量记录

2. 质量控制是在明确的质量目标和具体的条件下，通过行动方案和资源配置的计划、实施、检查和监督，进行质量目标的(　　)，实现预期质量目标的系统过程。

    A. 策划分解　　B. 事前预控　　　　C. 可行性研究　　　D. 事中控制

    E. 事后控制

3. 建筑工程项目的质量控制，在工程(　　)等各个阶段，项目干系人均应用围绕着致力于满足业主要求的质量总目标而开展。

    A. 勘察设计　　B. 规划审批　　　　C. 招标采购　　　　D. 施工安装

    E. 竣工验收

4. 在PDCA循环中，D为实施，实施职能在于将质量的目标值通过(　　)或形成过程转换为质量实际值。

    A. 生产要素的投入 B. 目标管理　　　C. 作业技术　　　　D. 产出

    E. 目标分解

5. 依照全面质量管理(TQC)的思想，建筑工程项目的质量管理，应贯彻(　　)三全控制管理的思想和方法。

    A. 全心全意抓管理　　　　　　　　　B. 全面质量控制

    C. 全过程质量控制　　　　　　　　　D. 全面推行职业道德建设

    E. 全员参与质量控制

6. 全过程质量控制的主要过程有：(　　)；检测设备与控制和计量过程；施工生产的检验试验过程；工程质量评定过程；工程竣工验收与交付过程；工程回访维修服务过程等。

    A. 工程立项过程　　　　　　　　　　B. 工程策划与决策过程

    C. 工程筹备过程　　　　　　　　　　D. 施工采购过程

    E. 施工组织与准备过程

二、建筑工程项目质量的形成过程和影响因素

(一)单项选择题

1. 由于建筑产品的多样性和( )生产的组织方式,决定了各建筑工程项目的质量特殊和目标的差异,但它们的质量形成过程和影响因素有共同的规律。
   A. 特殊性　　　　B. 单件性　　　　C. 普遍性　　　　D. 一般性

2. 建筑工程项目从本质上说,是一项拟建或在建的建筑产品,它和一般产品具有同样的( ),即一组固有特性满足需要的程度。
   A. 施工方法　　　B. 操作手段　　　C. 管理核心　　　D. 质量内涵

3. 按照现代质量管理理念,功能性质量必须以( )为焦点,通过需求的识别进行定义。
   A. 顾客关注　　　B. 企业战略　　　C. 经营理念　　　D. 质量方针

4. 可靠性质量必须在满足功能性质量需求的基础上,结合技术标准、规范,特别是( )的要求进行确定与实施。
   A. 国家标准　　　B. 施工规范　　　C. 专家论证　　　D. 强制性条文

5. 建筑工程项目艺术文化特性的质量来自设计的设计理念、创意和创新,以及施工者对( )的领会与精益生产。
   A. 设计意图　　　B. 设计标准　　　C. 生产标准　　　D. 施工部署

6. 从一般意义上说,建筑工程项目是建设项目可以独立发包组织设计和施工的( )。
   A. 单件工程　　　B. 群体工程　　　C. 重点工程　　　D. 交工系统

7. ( )的需求和法律法规的要求,是决定建筑工程项目质量目标的主要依据。
   A. 施工企业　　　B. 业主　　　　　C. 政府　　　　　D. 操作者

8. 建筑工程项目质量目标实现的最重要和最关键的过程是在( )。
   A. 设计阶段　　　B. 施工阶段　　　C. 验收阶段　　　D. 使用阶段

9. 建筑工程项目质量的形成过程,贯彻于建筑工程项目的决策过程和( ),这些过程的各个重要环节构成了工程建设的基本程序,它是工程建设客观规律的体现。
   A. 施工过程　　　B. 投资准备　　　C. 工程验收　　　D. 立项审批

10. 在建筑工程项目质量形成过程中,( )的项目管理,担负着对整个建筑工程项目质量总目标的策划、决策和实施监控的任务。
    A. 施工方　　　　B. 监理方　　　　C. 设计方　　　　D. 业主方

11. 在建筑工程项目质量形成过程中,建筑工程各参与方直接承担着相关建筑工程项目( )的控制职能和相应的质量责任。
    A. 经济目标　　　B. 质量目标　　　C. 环境目标　　　D. 安全目标

12. 人的因素对建筑工程项目质量形成的影响,包括两方面的含义:其中之一是指直接承担建筑工程项目质量职能的( )、管理者和作业个人的质量意识及质量活动能力。
    A. 领导者　　　　B. 决策者　　　　C. 规划者　　　　D. 监督者

13. 影响建筑工程项目质量技术因素涉及的内容十分广泛,包括直接的工程技术和辅助的( )。
    A. 生产技术　　　B. 电子技术　　　C. 四新技术　　　D. 创新技术

14. 影响建筑工程项目质量的管理因素,主要是决策因素和( )。
    A. 生产因素　　　B. 技术因素　　　C. 科学因素　　　D. 组织因素

15. 管理因素中的决策因素首先是( )的建筑工程项目决策,其次是建筑工程项目实施过程中,实施主体的各项技术决策和管理决策。
    A. 施工方　　　　B. 业主方　　　　C. 监理方　　　　D. 设计方

16. 管理因素中的组织因素，包括建筑工程项目实施的管理组织和(　　)。

　　A. 规划组织　　　B. 任务组织　　　　C. 施工生产　　　　D. 施工计划

17. 管理组织指建筑工程项目管理的(　　)、管理制度及其营运机制，三者有机联系构成了一定的组织管理模式。

　　A. 管理模式　　　B. 总体目标　　　　C. 组织构架　　　　D. 目标分解

18. 一个建设项目的决策、立项和实施，受到经济、政治、社会、技术等多方面因素的影响，是建设项目可行性研究、风险识别与管理所必须考虑的(　　)。

　　A. 技术因素　　B. 管理因素　　　　C. 环境因素　　　　D. 人的因素

19. 影响建筑工程项目质量的社会因素，表现在建设(　　)的健全程度及其执法力度。

　　A. 法律法规　　B. 规章制度　　　　C. 组织构架　　　　D. 项目管理

20. (　　)存在于建筑工程项目系统之外，一般情形下对于建筑工程项目管理者而言，属于不可控制因素，但可以通过自身的努力，尽力能做到趋利去弊。

　　A. 技术因素　　B. 环境因素　　　　C. 人的因素　　　　D. 社会因素

(二)多项选择题

1. 建筑工程项目质量的基本特性，是指产品的(　　)以及环境的适应性。

　　A. 实用性　　　　B. 不可复制性　　　C. 可靠性　　　　D. 安全性

　　E. 经济性

2. 在工程管理实践和理论研究中，也有把建筑工程项目质量的基本特性概括为(　　)。

　　A. 反映风土人情　　B. 反映使用功能　　C. 反映安全可靠　　D. 反映艺术文化

　　E. 反映建筑环境

3. 建筑环境质量包括项目用地范围内的(　　)更追求其与周边环境的协调性或适宜性。

　　A. 规划布局　　　B. 道路交通组织　　C. 绿化景观　　　　D. 环境保护

　　E. 景观照明

4. 在建设项目决策阶段，主要工作包括建设项目的(　　)。

　　A. 发展决策　　　B. 规划立项　　　　C. 可行性研究　　　D. 建设方案论证

　　E. 投资决策

5. 对于大型建设项目尤其是群体工程构成的建设项目，建设项目管理和建筑工程项目管理，在(　　)方面存在区别和联系。

　　A. 管理范围　　　B. 管理目标　　　　C. 管理核心　　　　D. 管理主体

　　E. 投资决策

6. 建筑工程质量和形成过程分为(　　)。

　　A. 质量需求的识别过程　　　　　　　B. 质量管理的监督过程

　　C. 质量目标的定义过程　　　　　　　D. 质量目标的实现过程

　　E. 实现质量目标的策划过程

7. 通过建筑工程的(　　)和施工图设计等环节，对建筑工程项目各细部的质量特性指标进行明确定义，即确定质量目标值。

　　A. 方案设计　　　B. 扩大初步设计　　C. 技术设计　　　　D. 施工组织

　　E. 施工准备

8. (　　)和环境因素，对于建筑工程项目而言，是可控制因素。

　　A. 材料因素　　　B. 人的因素　　　　C. 设备因素　　　　D. 技术因素

　　E. 管理因素

三、建筑工程项目质量控制系统

(一)单项选择题

1. 为了有效进行系统、全面的质量控制，必须由建筑工程项目实施的总负责单位，负责质量控制系统的建立和运行，实施(　　)的控制。
   A. 工程资金　　　　B. 工程预算　　　　C. 工程合同　　　　D. 质量目标

2. 建筑工程项目的现场质量控制，除承包单位和监理机构外，业主(　　)及供货商的质量责任和控制职能，仍然必须纳入工程项目的质量控制系统。
   A. 设计　　　　　　B. 勘察　　　　　　C. 分包商　　　　　D. 规划

3. 建筑工程项目质量控制系统既不是建设单位的质量管理体系或质量保证体系，也不是工程承包企业的质量管理体系或质量保证体系，而是建筑工程项目(　　)的一个工作系统。
   A. 目标控制　　　　B. 合约管理　　　　C. 资金管理　　　　D. 工期管理

4. 建筑工程项目质量控制系统是以(　　)为对象，由工程项目实施的总组织者负责建立的面向对象开展质量控制的工作体系。
   A. 工程设计　　　　B. 工程项目　　　　C. 工程勘察　　　　D. 工程规划

5. 建筑工程项目质量控制系统依据工程项目管理的实际需要而建立，随着建筑工程项目的完成和项目管理组织的解体而消失，是一个(　　)的质量控制工作体系，不同于企业的质量管理体系。
   A. 持续改进　　　　B. 一次性　　　　　C. 螺旋上升　　　　D. 循序渐进

6. 项目质量控制系统涉及的工程范围，一般根据项目的定义或工程(　　)来确定。
   A. 立项审批　　　　B. 前期筹划　　　　C. 承包合同　　　　D. 采购合同

7. 建筑工程项目质量控制系统，一般情况下形成(　　)多单元的结构形态，这由其实施任务的委托方式和合同结构决定。
   A. 多工种　　　　　B. 多层次　　　　　C. 多环节　　　　　D. 多主体

8. 建筑工程项目质量控制系统只用于特定的建筑工程项目质量控制，而不是用于建筑企业或组织的质量管理，即建立的(　　)不同。
   A. 方式　　　　　　B. 构架　　　　　　C. 目的　　　　　　D. 层次

9. 建筑工程项目质量控制系统与建筑工程项目管理组织系统相融合，是一次性的质量工作系统，并非永久性的质量管理体系，即作用的(　　)不同。
   A. 目标　　　　　　B. 时效　　　　　　C. 结果　　　　　　D. 过程

10. 建筑工程项目质量控制系统的有效性一般由建筑工程项目管理的总组织者进行自我评价与诊断，不需要第三方认证，即评价的(　　)不同。
    A. 对象　　　　　　B. 方式　　　　　　C. 结果　　　　　　D. 过程

11. 建筑工程项目质量控制系统的建立，应按照《中华人民共和国建筑法》和(　　)有关建筑工程质量责任的规定，界定各方的质量责任范围和控制要求。
    A.《建筑工程质量验收规范》　　　　B.《建筑工程质量评定标准》
    C.《建筑工程质量管理流程》　　　　D.《建筑工程质量管理条例》

12. 建筑工程项目质量控制系统的运行，实际上就是系统功能的(　　)，也是质量活动职能和效果的控制过程。
    A. 发挥过程　　　　B. 建立过程　　　　C. 检验过程　　　　D. 改进过程

13. 质量控制系统能有效运行，有赖于系统内部的(　　)和运行机制的完善。
    A. 体系构架　　　　B. 运行环境　　　　C. 管理制度　　　　D. 管理层次

14. 运行机制是质量控制系统的生命，（　　）是造成系统运行无序、失效和失控的重要原因。
    A. 质量缺陷　　　B. 体系缺陷　　　　　　C. 机制缺陷　　　　　D. 管理缺陷

15. 没有约束机制的控制是无法使工程质量处于受控状态的，约束机制取决于各主体内部的自我约束能力和外部的（　　）。
    A. 监控效力　　　B. 监控体系　　　　　　C. 监控职能　　　　　D. 监控环境

（二）多项选择题

1. 建筑工程的实施，涉及（　　）供应商等多方主体的活动，他们各自承担建设项目的不同实施任务和质量责任。
    A. 体系认证机构　B. 业主　　　　　　　　C. 施工单位　　　　　D. 设计单位
    E. 监理单位

2. 建筑工程项目质量控制系统是建筑工程项目管理组织的一个目标控制体系，它与项目（　　）等目标控制体系，共同依托于同一项目管理的组织机构。
    A. 投资控制　　　　　　　　　　　　　　B. 规划定位
    C. 进度控制　　　　　　　　　　　　　　D. 职业健康安全与环境管理
    E. 成本控制

3. 项目质量控制系统的范围有（　　）。
    A. 系统涉及的资金范围　　　　　　　　　B. 系统涉及的工程范围
    C. 系统涉及的任务范围　　　　　　　　　D. 系统涉及的主体范围
    E. 工程使用的权属范围

4. 工程项目质量控制系统的质量控制工作制度包括（　　）。
    A. 报告审批制度　B. 例会制度　　　　　　C. 协调制度　　　　　D. 质量验收制度
    E. 质量责任制度

5. 建筑工程项目质量控制系统建立的原则有（　　）。
    A. 分层次规划的原则　　　　　　　　　　B. 分地域设置的原则
    C. 总目标分解的原则　　　　　　　　　　D. 质量责任制的原则
    E. 系统有效性的原则

6. 建筑工程项目质量控制系统建立的程序有（　　）。
    A. 推行组织管理制度　　　　　　　　　　B. 确定系统质量控制网络
    C. 制定系统质量控制制度　　　　　　　　D. 分析系统质量控制
    E. 编制系统质量控制计划

7. 建筑工程项目质量控制系统的运行机制有（　　）。
    A. 动力机制　　　B. 约束机制　　　　　　C. 培训机制　　　　　D. 反馈机制
    E. 持续改进机制

四、建筑工程项目施工质量控制

（一）单项选择题

1. 《建筑工程质量管理条例》规定，施工单位对建筑工程的施工质量负责，分包单位应当按照分包合同的约定对其分包工程的质量向总承包单位负责，总承包单位与分包单位对分包工程的质量承担（　　）责任。
    A. 全部　　　　　B. 部分　　　　　　　　C. 连带　　　　　　　D. 一半

2. 《中华人民共和国建筑法》规定：建筑工程监理人员认为工程施工不符合工程设计要求、施工技术标准和（　　）的，有权要求建筑施工企业改正。
    A. 监理例会中规定　B. 监理行为规范　　　C. 监理合同　　　　　D. 合同约定

3. 施工质量的自控和监控是相辅相成的系统过程。自控主体的质量意识和能力是关键，是施工质量的(   )。

    A. 主要因素   B. 次要因素   C. 决定因素   D. 一般因素

4. 施工质量控制的基本方式可以概括为自主控制与监督相结合的方式、(   )相结合的方式、动态跟踪与纠偏控制相结合的方式。

    A. PDCA 与 TQC   B. 目标管理与过程控制

    C. 事前预控与事中控制   D. 目标管理与持续改进

5. 在工程项目质量控制系统中，按照(   )的原则明确施工质量控制的主体构成及其各自的控制制度范围。

    A. 百年大计，质量第一   B. 施工单位负责制

    C. 监理单位负责制   D. 谁施工，谁负责

6. 施工质量计划应由自控主体即(   )进行编制。

    A. 业主单位   B. 监理单位   C. 施工承包企业   D. 设计单位

7. 质量计划是质量管理体系标准的一个质量术语和职能，在建筑施工企业的质量管理体系中，以施工项目为对象的质量计划称为(   )。

    A. 施工组织设计   B. 施工技术方案

    C. 施工总控计划   D. 施工质量计划

8. 按照我国建筑工程监理规范的规定，施工承包单位必须填写《施工组织设计(方案)报审表》并附施工组织设计(方案)，报送项目监理机构(   )。

    A. 审批   B. 审定   C. 校准   D. 审查

9. 施工质量控制点的设置，是根据工程项目施工管理的基本程序，结合项目的特点，在制定项目总体质量计划后，列出(   )对局部和总体质量水平有影响的项目，作为具体实施的质量控制点。

    A. 主体结构   B. 装饰工程   C. 各基本施工过程   D. 基础工程

10. 施工质量控制点的实施主要是通过控制点的(   )和动态跟踪管理来实现的。

    A. 动态运行   B. 动态设置   C. 动态控制   D. 动态变化

11. 实施建筑工程监理的施工项目，应根据现场工程监理机构的要求，对施工作业质量控制点，按照不同的性质和管理要求，细分为(   )和"待检点"进行施工质量的监督和检查。

    A. 旁站点   B. 见证点   C. 验收点   D. 整改点

12. (   )的先进合理是直接影响工程质量、工程进度及工程造价的关键因素。

    A. 施工规范   B. 施工计划   C. 施工工艺   D. 施工图案

13. 技术交底是施工组织设计和施工方案的具体化，施工作业技术交底的内容必须具有可行性和(   )。

    A. 宏观指引性   B. 可操作性   C. 前瞻性   D. 宏观调控性

14. 施工质量的自控主体和监控主体，在施工全过程(   )，各司其职，共同推动着施工质量控制过程的展开和最终实现工程项目的质量总目标。

    A. 相互制约   B. 相互依存   C. 相互监督   D. 相互对立

(二)多项选择题

1. 施工质量控制目标，可具体表述为：建设单位的控制目标、(   )。

    A. 质量监督单位的控制目标   B. 设计单位的控制目标

    C. 施工单位的控制目标   D. 供货单位的控制目标

    E. 监理单位的控制目标

2. 建设施工监理单位在施工阶段，通过审核施工质量文件、报告、报表及采取(　　)等形式进行施工过程质量监理。

A. 现场旁站　　　B. 组织施工　　　C. 巡视　　　D. 项目管理

E. 平行检测

3. 在合同环境下，质量计划是企业向顾客表明(　　)及其具体实现的方法、手段和措施，体现企业对质量责任的承诺和实施的具体步骤。

A. 企业核心竞争力　　　　　　B. 质量管理方针

C. 质量管理目标　　　　　　　D. 企业品牌影响力

E. 企业成本目标

4. 建筑工程项目的施工质量计划，应在(　　)等方面形成一个有机的质量计划系统，确保项目质量总目标和各分解目标的控制能力。

A. 施工程序　　　B. 控制组织　　　C. 控制措施　　　D. 合同管理

E. 控制方式

5. 现行施工质量计划的方式有(　　)。

A. 工程项目专项施工方案

B. 工程项目施工质量计划

C. 工程项目施工技术交底

D. 工程项目施工组织设计(含施工质量计划)

E. 施工项目管理实施规划(含施工质量计划)

6. 工程采用的新材料、新技术、新工艺、新设备要有具体的(　　)等，也必须列入专项治理控制点。

A. 施工组织计划　　　　　　　B. 施工方案

C. 技术标准　　　　　　　　　D. 材料要求

E. 质量检验措施

7. 施工生产要素的质量控制具体为劳动主体的控制、(　　)。

A. 成本的控制　　　　　　　　B. 工程设计要求

C. 施工技术标准　　　　　　　D. 合同约定

E. 施工成本要求

8. 我国《建筑法》和《建筑工程质量管理条例》规定：建筑施工企业对工程的施工质量负责；建筑施工企业必须按照(　　)，对建筑材料、建筑构配件和设备进行检验，不合格的不得使用。

A. 工程投资要求　　　　　　　B. 工程设计要求

C. 施工技术标准　　　　　　　D. 合同约定

E. 施工成本要求

9. 施工作业质量自控程序包括(　　)。

A. 施工总控计划的编制　　　　B. 施工作业技术交底

C. 施工作业活动的实施　　　　D. 施工作业质量的检验

E. 施工变更洽商的管理

10. 施工作业质量自控的要求为(　　)。

A. 预防为主　　　　　　　　　B. 重点控制

C. 质量第一　　　　　　　　　D. 坚持标准

E. 记录完整

11. 施工质量控制的途径包括( )。

A. 事前控制途径   B. 事中控制途径

C. 事后控制途径   D. 事前预控途径

E. 事后整改途径

12. 施工质量检查验收作为事后质量控制的途径,强调按照施工质量验收统一标准规定的质量验收划分,从施工作业工序开始,依次做好( )的施工质量验收。

A. 三检制   B. 检验批

C. 分项工程   D. 分部工程

E. 单位工程

五、建筑工程项目质量验收

(一)单项选择题

1. 建筑工程项目质量验收是对已完工程实体的内在及外观施工质量,按规定程序检查后,确认其是否符合( )的要求,是否可交付使用的一个重要环节。

A. 上级主管部门   B. 业主期望值

C. 质量监督部门   D. 设计及各项验收标准

2. 根据《建筑工程施工质量验收统一标准》(GB 50300—2013),施工质量验收包括( )的质量验收及工程竣工时的质量验收。

A. 多方面   B. 业主组织   C. 工程过程   D. 监理组织

3. ( )和分项工程是质量验收的基本单元。

A. 验收记录   B. 抽样检查   C. 见证取样   D. 检验批

4. ( )是在所含全部分项工程验收的基础上进行验收的,这是在施工过程中随完工随验收,并留下完成的质量验收记录和资料。

A. 检验批   B. 工序交验   C. 分部工程   D. 见证取样

5. 单位工程作为具有( )功能的完整的建筑产品,进行竣工质量验收。

A. 配合使用   B. 独立使用   C. 节能环保   D. 配套设施

6. 检验批是指按同一的生产条件或按规定的方式汇总起来供检验用的,由一定数量( )组成的检验体。

A. 样板   B. 样本   C. 试块   D. 试件

7. 检验批、分项工程应由( )组织施工单位项目专业质量(技术)负责人等进行验收。

A. 项目经理   B. 项目责任师

C. 设计负责人   D. 监理工程师或建设单位项目技术负责人

8. 主控项目的验收必须从严要求,不允许有不符合要求的验收结果,主控项目的检查具有( )。

A. 指导性   B. 否决权   C. 前瞻性   D. 一般性

9. 除主控项目外的检查项目称为( )。

A. 次控项目   B. 次要项目   C. 一般项目   D. 免检项目

10. ( )可由一个或若干检验批组成。

A. 分部工程   B. 分项工程   C. 分体工程   D. 单位工程

11. 通过返修或加固后处理仍不能满足安全使用要求的分部工程、单位(子单位)工程( )。

A. 勉强验收   B. 缓期验收   C. 严禁验收   D. 严格验收

12. 竣工工程质量验收过程涉及建设单位、设计单位、监理单位及施工单位总分包各方的工作，必须按照工程项目质量控制系统的职能分工，以( )为核心进行竣工验收的组织协调。

A. 设计负责人 B. 监理工程师

C. 项目业主负责人 D. 施工单位负责人

13. 建设单位应在竣工验收前( )个工作日，将验收时间、地点、验收组名单通知该工程的质量监督机构。

A. 3 B. 5 C. 7 D. 14

14. 工程质量监督机构应对工程竣工验收工作进行( )。

A. 组织 B. 协调 C. 裁决 D. 监督

15. 新建、扩建和改建的各类房屋建筑工程和市政基础设施工程的竣工验收，均应按( )规定进行备案。

A.《建筑法》 B. 工程质量验收规范

C. 施工工艺标准 D.《建筑工程质量管理条例》

(二)多项选择题

1. 施工过程验收的内容是( )。

A. 检验批质量验收 B. 施工工艺质量验收

C. 分项工程质量验收 D. 分部工程质量验收

E. 节能环保验收

2. 主控项目是指建筑工程中对( )和公众利益起决定性作用的检查项目。

A. 运行 B. 安全 C. 卫生 D. 环境保护

E. 收益

3. 按照《建筑工程质量验收统一标准》(GB 50300—2013)规定：分部工程的划分应按专业性质、建筑部位确定。当分部工程较大或较复杂时，可按( )及类别等分为若干子分部工程。

A. 材料种类 B. 施工特点 C. 工程难点 D. 施工程序

E. 专业系统

4. 检验批质量不合格的原因主要为( )等。

A. 使用材料不合格 B. 业主资金不到位

C. 施工作业质量不合格 D. 质量控制资料不完整

E. 施工成本低

5. 承包人之间所进行的建筑工程项目竣工验收，通常分为( )三个环节进行。

A. 资料验收 B. 验收准备 C. 实体验收 D. 初步验收

E. 正式验收

6. 当初步验收检查结果符合竣工验收要求时，监理工程师应将施工单位的竣工申请报告送建设单位，着手组织( )等单位和其他方面的专家组成竣工验收小组并制定验收方案。

A. 物业 B. 勘察 C. 设计 D. 施工

E. 监理

六、建筑工程项目质量的政府监督

(一)单项选择题

1. 工程项目质量的政府监督有监督工程建设的各个主体的质量行为和监督检查( )两个方面的职能。

A. 地基基础 B. 主体结构 C. 工程实体 D. 专业设备

2. 在工程项目开工前，政府质量监督机构在受理建筑工程质量监督的申报手续时，对建设单位提供的(　　)进行审查，审查合格签发有关质量监督文件。

    A. 规划审批　　　　B. 立项说明　　　　C. 投资要点　　　　D. 文件资料

3. (　　)召开项目参与各方的首次监督会议，公布监督方案，提出监督要求，并进行第一次监督检查。

    A. 土方工程完成后　　　　　　　　B. 基础垫层施工前

    C. 开工前　　　　　　　　　　　　D. 混凝土底板浇筑前

4. 政府质量监督部门的第一次监督检查的主要内容为工程项目(　　)及各施工方的质量保证体系是否已经监理以及完善程度。

    A. 质量计划　　　　B. 质量控制系统　　C. 质量验收标准　　D. 规范执行情况

5. 在建筑工程施工期间，质量监督机构按照(　　)对工程项目施工情况进行不定期的检查。

    A. 行业惯例　　　　B. 国家标准　　　　C. 监督制度　　　　D. 监督方案

6. 质量监督机构在(　　)阶段每月安排监督检查。

    A. 装饰安装　　　　B. 外墙装饰　　　　C. 竣工调试　　　　D. 基础和结构

7. 工程质量监督报告作为(　　)的组成部分，提交竣工验收备案部门。

    A. 竣工验收工作会　B. 竣工验收资料　　C. 工程结算依据　　D. 工程施工总结

8. 建筑工程质量监督档案按(　　)建立，要求归档及时，资料记录等各类文件齐全，经监督机构负责人签字后归档，按规定年限保存。

    A. 工程名称　　　　B. 工程规模　　　　C. 工程造价　　　　D. 单位工程

(二)多项选择题

1. 各级政府质量监督机构对建筑工程质量监督的依据是国家、地方和各专业建设管理部门颁发的(　　)。

    A. 法律　　　　　　B. 法规　　　　　　C. 实施细则　　　　D. 规范

    E. 强制性标准

2. 政府建筑工程质量监督部门，对建筑工程项目结构主要部位(如桩基、基础、主体、结构)除了常规检查外，还要在分部工程验收时，要求建设单位将(　　)方分别签字的质量验收证明在验收后 3 天内报监督机构备案。

    A. 施工　　　　　　B. 规划　　　　　　C. 设计　　　　　　D. 监理

    E. 建设

3. 竣工阶段政府建筑工程质量监督的主要内容为(　　)。

    A. 竣工验收前的质量复查　　　　　B. 参与竣工验收会议

    C. 编制竣工报告　　　　　　　　　D. 编制单位工程监督报告

    E. 建立建筑工程质量监督档案

4. 政府建筑工程质量监督部门参与竣工验收会议，对竣工工程的(　　)等进行监督。

    A. 质量整改情况　　　　　　　　　B. 质量验收程序

    C. 验收组织方法　　　　　　　　　D. 验收过程

    E. 财务审计

七、工程质量统计方法

(一)单项选择题

1. 由于工程质量形成的影响因素多，因此，对工程质量状况的调查和质量问题的分析，必须分门别类地进行，以便准确、有效地找出问题及其原因，这就是(　　)的基本思想。

    A. 质量检查　　　　B. 分层法　　　　　C. 因果分析法　　　D. 排列图法

2. 因果分析法，也称为质量特性（　　　），其基本原理是对每一个质量特性或问题，利用此法逐层深入排查可能的原因。

A. 分层法　　　　B. 排列图法　　　　C. 要因分析法　　　　D. 直方图法

3. 因果分析图法应用时，一个质量特性或一个质量问题使用（　　　）分析。

A. 一张图　　　　B. 两张图　　　　C. 三张图　　　　D. 四张图

4. 因果分析图法应用时，通常采用（　　　）小组活动的方式进行。

A. 技改　　　　B. 攻坚　　　　C. QC　　　　D. 专题

5. 按照排列图法分析：依照累计频率，定位 A 类问题即主要问题，重点管理；B 类问题即次要问题，作为次重点管理；C 类问题即一般问题，适当加强管理。以上方法称为（　　　）管理法。

A. 分层　　　　B. 主次　　　　C. ABC　　　　D. 关注重点

6. 利用直方图整理统计数据，了解统计数据的分布特征，即数据分布的（　　　）状况。

A. 综合　　　　B. 异常　　　　C. 集中或离散　　　　D. 合理

7. 在直方图法的观察分析中，所谓形状观察分析是指绘制好的直方图形状与（　　　）的形状进行比较的分析。

A. 负态分布图　　　　B. 正态分布图　　　　C. 标准　　　　D. 样板

8. 直方图的分布形状及分布区间宽窄由质量特性（　　　）的平均值和标准偏差所决定。

A. 统计理论　　　　B. 统计方式　　　　C. 统计数据　　　　D. 统计结果

9. 所谓位置观察分析，是指将直方图的分布位置与质量控制标准的（　　　）进行比较分析。

A. 要素　　　　B. 程序　　　　C. 上下限范围　　　　D. 取值标准

10. 生产过程的质量正常、稳定和受控，还必须在（　　　）上下界限范围内达到质量合格的要求。

A. 合格标准　　　　B. 公差标准　　　　C. 取值标准　　　　D. 质量标准

11. 在直方图中，质量特性数据分布偏下限，易出现（　　　）。

A. 不经济　　　　B. 不合格　　　　C. 不实用　　　　D. 好品质

12. 在直方图中，质量特性数据分布宽度达到质量标准的上下界限，其质量处于临界状态，易出现（　　　）。

A. 不经济　　　　B. 不合格　　　　C. 不实用　　　　D. 好品质

13. 在直方图中质量特性数据分布居中且边界与质量标准的上下界限有较大的距离，说明其质量能力偏大、（　　　）。

A. 不经济　　　　B. 不合格　　　　C. 不实用　　　　D. 好品质

14. 在直方图中，质量特性数据分布均已出现超出质量标准的上下界限，这些数据说明生产过程存在质量（　　　）。

A. 不经济　　　　B. 不合格　　　　C. 不实用　　　　D. 好品质

15. 在因果分析图法应用时应注意分析时要充分发表意见，层层深入，排查所有（　　　）。

A. 工序　　　　B. 工艺流程　　　　C. 可能的原因　　　　D. 标准

（二）多项选择题

1. 分层法在实际应用中，按产品材料分为（　　　）。

A. 产地　　　　B. 厂商　　　　C. 规格　　　　D. 品种

E. 名称

2. 分层法在实际应用中，按检测方法分为（　　　）。

A. 目测　　　　　　B. 方法　　　　　　C. 仪器　　　　　　D. 测定人

E. 取样方式

3. 分层法在实际应用中，按工程类型分为住宅、（　　　）。

A. 火车站　　　　　B. 办公楼　　　　　C. 道路　　　　　　D. 桥梁

E. 隧道

4. 分层法在实际应用中，按合同结构分为（　　　）。

A. 业主单位　　　　B. 总承包　　　　　C. 专业分包　　　　D. 劳务分包

E. 设计单位

5. 在质量管理过程，通过抽样检查或检验试验所得到的（　　　）等统计数据，以及造成质量问题的原因分析统计数据，均可采用排列图法进行状况描述。

A. 质量问题　　　B. 偏差　　　　　　C. 缺陷　　　　　　D. 不合格

E. 质量事故

6. 直方图法主要是观察分析生产过程质量是否处于（　　　）以及质量水平是否保持在公差允许的范围内。

A. 不合格　　　　B. 偏差大　　　　　C. 正常　　　　　　D. 稳定

E. 受控状态

7. 正常直方图呈正态分布，其形状特征有（　　　）。

A. 两边高　　　　B. 中间高　　　　　C. 中间低　　　　　D. 两边低

E. 呈对称

8. 异常直方图呈偏态分布，常见的异常直方图有折齿形、（　　　）。

A. 鱼刺形　　　　B. 缓坡形　　　　　C. 孤岛形　　　　　D. 双峰形

E. 峭壁形

第五章 建筑工程合同管理

了解建筑工程招标、投标以及合同的概念和特点，合同策划的概念和内容。理解建筑工程合同在工程项目中的作用，合同管理的重要性和工作过程。重点掌握从承包人角度进行的合同策划与管理以及索赔。

能力目标

◆ 能编制招标文件；

◆ 能编制投标文件；

◆ 能够发现合同中存在的问题；

◆ 能够解释建设施工合同文件组成和解释顺序；

◆ 能够依据索赔证据、条件合理处理索赔事件。

内容概要

本章详细介绍了招标、投标的工作流程，合同的订立，贷款时资产的抵押、担保、担保人应承担的责任，合同的管理以及索赔和反索赔等（图 5-1），通过工作流程、任务驱动的形式完成本章的教学。

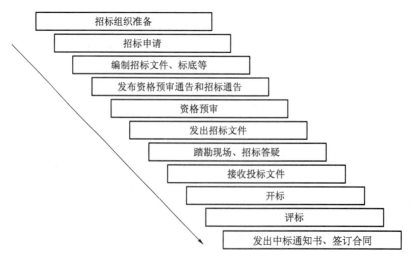

图 5-1　建筑工程招标、投标程序

第一节 建筑工程招标、投标

任务导入

　　某重点工程项目计划于 2008 年 11 月 5 日开工，由于工程复杂，技术难度高，一般的施工队伍难以胜任，因此，业主自行决定采取邀请招标方式并于 2004 年 9 月 8 日向通过资格预审的 A、B、C、D、E 五家施工承包企业发出了投标邀请书。这五家企业均接受了邀请，并于规定时间 9 月 20—22 日购买了招标文件。招标文件中规定，10 月 18 日下午 4 时是投标截止时间，11 月 10 日发出中标通知书。

　　在投标截止时间之前，A、B、D、E 四家企业提交了投标文件，但 C 企业因中途堵车于 10 月 18 日下午 5 时才送达；10 月 21 日下午由当地招投标监督管理办公室主持进行了公开开标。

　　评标委员会成员共有 7 人，其中当地招投标监督管理办公室 1 人，公证处 1 人，招标人 1 人，技术经济方面专家 4 人。评标时，发现 E 企业投标文件虽无法定代表人签字和委托人授权书，但均已有项目经理签字并加盖了公章。评标委员会于 10 月 28 日提出了评标报告。B、A 两家企业分别综合得分第一名、第二名。由于 B 企业投标报价高于 A 企业，11 月 10 日招标人向 A 企业发出了中标通知书，并于 12 月 12 日签订了书面合同。

任务分析

　　就本任务来讲，业主自行决定采取邀请招标方式的做法是否妥当？C 企业和 E 企业的投标文件是否有效？开标工作有无不妥之处？评标委员会的成员组成有无不妥之处？招标人确定 A 企业为中标人是否违规？合同签订的日期是否违规？以上问题就是本节需要解决的问题。

任务准备

一、建筑工程招标

(一)建筑工程招标的概念

　　建筑工程招标是指招标人率先提出工程条件和要求，发布招标广告吸引或直接邀请众多投标人自愿参加投标，并按照规定程序从中选择中标人的行为，如勘察招标、设计招标、工程监理招标、施工招标等(建筑工程招标的程序如图 5-2 所示)。

(二)建筑工程招标的必备条件

(1)招标人已经依法成立。

(2)初步设计及概算应当履行审批手续的，已经批准。

(3)招标范围、招标方式和招标组织形式等应当履行核准手续的，已经核准。

(4)有相应资金或资金来源已经落实。

(5)有招标所需的设计图纸及技术资料。

(三)建筑工程招标的范围和规模标准(额度)

1. 建筑工程招标的范围

　　大型基础设施、公用事业等关系社会公众利益、公众安全的项目；全部或部分使用国有资金投资或者国家融资的项目；使用国际组织或外国政府贷款、援助资金的项目；法律和行政法规规定的其他项目。

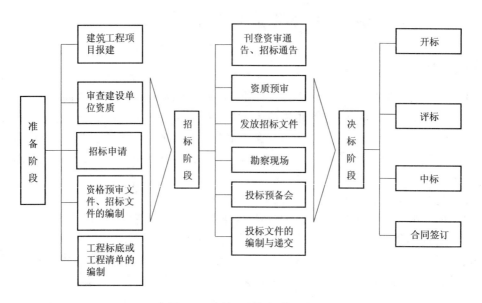

图 5-2　建筑工程招标的程序

2. 建筑工程招标的规模标准(额度)

施工单项合同估算价在 400 万元人民币以上的；重要设备、材料等货物的采购，单项合同估算价在 200 万元人民币以上的；勘察、设计、监理等服务，单项合同估算价在 100 万元人民币以上的；各省可以根据实际情况，自行规定本地区必须进行工程招标的具体范围和规模标准，但不得缩小国家规定的必须进行工程招标的范围和规模。

(四)建筑工程招标的方式(竞争程度)

1. 公开招标

公开招标也称无限竞争性招标，是指招标人以招标公告的方式邀请不特定的法人或者其他组织投标。建筑工程招标一般应采用公开招标方式。

(1)优点：投标的承包人多、范围广、竞争激烈，业主有较大的选择余地，有利于降低工程造价，提高工程质量和缩短工期。

(2)缺点：由于投标的承包人多，招标工作量大，组织工作复杂，需投入较多的人力、物力，故招标过程所需时间较长。

因而，此类招标方式主要适用于投资额度大，工艺、结构复杂的较大型工程建设项目。

注意：招标公告应当载明：招标人的名称、地址；招标项目的性质和数量；招标项目实施的地点和时间；获取招标文件的办法等。

2. 邀请招标

邀请招标也称有限竞争性招标，是指招标人以投标邀请书的方式邀请特定的法人或者其他组织投标。

有下列情形之一的，经批准可以进行邀请招标：

(1)项目技术复杂或有特殊要求，只有少量几家潜在投标人可供选择的。

(2)受自然地域环境限制的。

(3)涉及国家安全、国家秘密或者抢险救灾，适宜招标但不宜公开招标的。

(4)拟公开招标的费用与项目的价值相比，不值得的。

(5)法律、法规规定不宜公开招标的。

（五）建筑工程招标文件的编制

1. 招标文件的内容

建筑工程名称、地址、占地面积、建筑面积等；已批准的项目建议书或者可行性研究报告；工程经济技术要求；城市规划管理部门确定的规划控制条件和用地红线图；可供参考的工程地质、水文地质、工程测量等建设场地勘察成果报告；供水、供电、供气、供热、环保、市政道路等方面的基础资料；招标文件答疑、踏勘现场的时间和地点；投标文件的编制要求及评标原则；投标文件送达的截止时间；拟签订合同的主要条款；未中标方案的补偿办法。

2. 工程建设项目施工招标文件

工程建设项目施工招标文件一般包括下列内容：投标邀请书；投标人须知；合同主要条款；投标文件格式；采用工程量清单招标的，应当提供工程量清单；技术条款；设计图纸；评标标准和方法；投标辅助材料。

3. 招标时限

招标人应当确定投标人编制投标文件所需要的合理时间。但是，依法必须进行招标的项目，自招标文件开始发出之日起至投标人提交投标文件截止之日止，最短不得少于 20 日。

（六）资格预审

在公开招标和邀请招标的程序中，均需对投标人进行资格审查。不同的是，在公开招标的程序中，要预先发售资格预审文件以进行资格预审，而在邀请招标的程序中，虽不进行资格预审，但实际上在评标过程中仍然要对投标人进行资格审查，相对公开招标而言，这种审查称为资格后审。

1. 资格预审的要求

(1)资格预审应主要审查潜在投标人或者投标人是否符合下列条件：具有独立订立合同的权利；具有履行合同的能力，包括专业、技术资格和能力，资金、设备和其他物质设施状况，管理能力，经验、信誉和相应的从业人员；没有处于被责令停业，投标资格被取消，财产被接管、冻结，破产状态；在最近三年内没有骗取中标和严重违约及重大工程质量问题；法律、行政法规规定的其他资格条件。

(2)招标人在进行资格预审时，不得以不合理的条件限制、排斥潜在投标人或者投标人，不得对潜在投标人或者投标人实行歧视待遇。任何单位和个人不得以行政手段或者其他不合理的方式限制投标人的数量。

2. 资格预审程序

(1)发布资格预审通告。

(2)发售资格预审文件。

(3)资格预审资料分析并发出资格预审合格通知书。

（七）建筑工程招标文件的澄清与修改

(1)招标人对已发出的招标文件进行必要的澄清或者修改的，应当在招标文件要求提交投标文件截止时间至少15日前，以书面形式通知所有招标文件收受人。该澄清或者修改的内容为招标文件的组成部分。

(2)招标人应保管好证明澄清或修改通知已发出的有关文件(如邮件回执等)；投标单位在收到澄清或修改通知后，应书面予以确认，该确认书应由双方妥善保管。

（八）开标

1. 开标的时间和地点

开标应当在招标文件确定的提交投标文件截止时间的同一时间公开进行；开标地点应当为招标文件中确定的地点。

2. 废标的条件

(1)逾期送达或者未送达指定地点的。

(2)未按招标文件要求密封的。

(3)无单位盖章并无法定代表人或法定代表人授权的代理人签字或盖章的。

(4)未按规定的格式填写，内容不全或关键字迹模糊、无法辨认的。

(5)投标人递交两份或多份内容不同的投标文件，或在一份投标文件中对同一招标项目报有两个或多个报价，且未声明哪一个有效的(按招标文件规定提交备选投标方案的除外)。

(6)投标人名称或组织机构与资格预审时不一致的。

(7)未按招标文件要求提交投标保证金的。

(8)联合体投标未附联合体各方共同投标协议的。

(九)评标

1. 评标的准备与初步评审工作

评标的准备与初步评审工作包括：编制表格，研究招标文件；投标文件的排序和汇率风险的承担；投标文件的澄清、说明或补正；废标处理；投标偏差；有效投标不足的法律后果。

2. 详细评审内容

详细评审内容包括：确定评标方法(最低投标价法、综合评标法、法律或行政法规允许的其他评标方法)；备选标的确定；决定招标项目是否作为一个整体合同授予中标人；决定投标有效期可否延长。

3. 评标报告内容

评标报告内容包括：基本情况和数据表；评标委员会成员名单；开标记录；符合要求的投标一览表；废标情况说明；评标标准；评标方法或者评标因素一览表；经评审的价格或者评分比较一览表；经评审的投标人排序；推荐的中标候选人名单与签订合同前要处理的事宜；澄清、说明、补正事项纪要。

4. 推荐中标候选人

评标委员会推荐的中标候选人应当限定在1~3人，并标明排列顺序。中标人的投标应当符合下列条件之一：能够最大限度地满足招标文件中规定的各项综合评价标准；能够满足招标文件的实质性要求，并且经评审的投标价格最低；但是投标价格低于成本的除外。

(十)中标

1. 确定中标的时间

评标委员会提出书面评标报告后，招标人一般应当在15日内确定中标人，但最迟应当在投标有效期结束日前30个工作日内确定。

2. 发出中标通知书

(1)招标人和中标人应当自中标通知书发出之日起30日内，按照招标文件和中标人的投标文件订立书面合同。

(2)中标人应按照招标人要求提供履约保证金或其他形式履约担保，招标人也应当同时向中标人提供工程款支付担保。

(3)招标人与中标人签订合同后5个工作日内，应当向中标人和未中标的投标人退还投标保证金。

3. 招标投标情况的书面报告

(1)依法必须进行施工招标的项目，招标人应当自发出中标通知书之日起15日内，向有关行政监督部门提交招标投标情况的书面报告。

(2)书面报告的内容应包括：招标范围；招标方式和发布招标公告的媒介；招标文件中投标人须知、技术条款、评标标准和方法、合同主要条款等；评标委员会的组成和评标报告；中标结果。

二、建筑工程投标

(一)建筑工程投标的概念

建筑工程投标是指投标人在同意招标人拟订好的招标文件的前提下,对招标项目提出自己的报价和相应条件,通过竞争,以求获得招标项目的行为。

(二)建筑工程投标程序

建筑工程投标程序如图 5-3 所示。

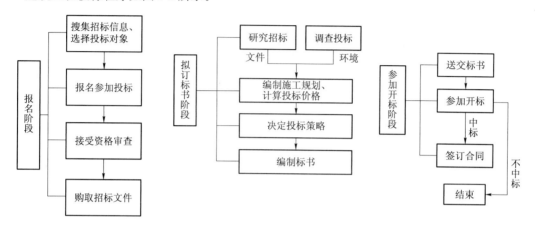

图 5-3　建筑工程投标程序

1. 编制投标文件

(1)步骤。结合现场踏勘和投标预备会的结果,进一步分析招标文件;校核招标文件中的工程量清单;根据建筑工程类型编制施工规划或施工组织设计,根据工程价格构成进行工程估价,确定利润方针,计算和确定报价;形成投标文件;进行投标担保。

(2)投标文件内容一般包括:投标函;投标报价;施工组织设计;商务和技术偏差表。

(3)投标担保。招标人可以在招标文件中要求投标人提交投标保证金。投标保证金除现金外,也可以是银行出具的银行保函、保兑支票、银行汇票或现金支票。

2. 投标文件的送达

(1)投标人应当在招标文件要求提交投标文件的截止时间前,将投标文件密封送达投标地点。

(2)投标人在招标文件要求提交投标文件的截止时间前,可以补充、修改或者撤回已提交的投标文件,并书面通知招标人。补充、修改的内容为投标文件的组成部分。

(3)在提交投标文件截止时间后到招标文件规定的投标有效期终止前,投标人不得补充、修改、替代或者撤回其投标文件。投标人补充、修改、替代投标文件的,招标人不予接受;投标人撤回投标文件的,其投标保证金将会被没收。没收投标保证金有以下几种情形:

1)投标单位在投标有效期内撤回其投标文件。

2)中标单位未在规定期限内提交履约保证金。

3)中标单位未在规定期限内签订合同。

3. 有关投标人的法律禁止性规定

(1)禁止投标人之间相互串通投标。有下列情形之一的,属于投标人相互串通投标:

1)投标人之间相互约定抬高或压低投标报价。

2)投标人之间相互约定,在招标项目中分别以高、中、低价位报价。

3）投标人之间先进行内部竞价，内定中标人，然后再参加投标。

4）投标人之间其他串通投标报价的行为。

（2）禁止投标人与招标人之间串通投标。有下列情形之一的，属于投标人与招标人之间串通投标：

1）招标人在开标前开启投标文件，并将投标情况告知其他投标人，或者协助投标人撤换投标文件，更改报价。

2）招标人向投标人泄露标底。

3）招标人与投标人商定，投标时压低或抬高标价，中标后再给投标人或招标人额外补偿。

4）招标人预先内定中标人。

（3）其他串通投标行为如下：

1）投标人不得以行贿的手段谋取中标。

2）投标人不得以低于成本的报价竞标。

3）投标人不得以非法手段骗取中标。

（4）其他禁止行为如下：

1）非法挂靠或借用其他企业的资质证书参加投标。

2）投标文件中故意在商务上和技术上采用模糊的语言骗取中标，中标后提供低档劣质货物、工程或服务。

3）投标时递交假业绩证明、资格文件；假冒法定代表人签名，私刻公章，递交假的委托书等。

▶任务实施◀

一、业主自行决定采取邀请招标方式的做法是否妥当

根据《中华人民共和国招标投标法》（以下简称《招标投标法》）第十一条规定，国务院发展计划部门确定的国家重点项目和省、自治区、直辖市人民政府确定的地方重点项目不适宜公开招标的，经国务院发展计划部门或者省、自治区、直辖市人民政府批准，可以进行邀请招标。因此，本案业主对省重点工程项目自行决定采取邀请招标方式的做法不妥。

二、C企业和E企业的投标文件是否有效

根据《招标投标法》第二十八条规定，在招标文件要求提交投标文件的截止时间后送达的投标文件，招标人应当拒收。本案C企业的投标文件送达时间迟于投标截止时间，因此，该投标文件应被拒收。

根据《招标投标法》和国家发改委、住建部等共同颁布的《评标委员会和评标方法暂行规定》，投标文件若没有法定代表人签字和加盖公章，则属于重大偏差。本案E企业投标文件没有法定代表人签字，项目经理也未获得委托人授权书，无权代表本企业投标签字。尽管有单位公章，仍属于存在重大偏差，应作废标处理。

三、开标工作有无不妥之处

根据《招标投标法》第三十四条规定，开标应当在投标文件确定的提交投标文件截止时间的同一时间公开进行，本案招标文件规定的投标截止时间是10月18日下午4时，但迟至10月21日下午才开标，是不妥之处一；根据《招标投标法》第三十五条规定，开标应由招标人主持，本案由属于行政监督部门的当地招投标监督管理办公室主持，是不妥之处二。

四、评标委员会的成员组成有无不妥之处

根据《招标投标法》和国家发改委、住建部等共同颁布的《评标委员会和评标方法暂行规定》，评标委员会由招标人或其委托的招标代理机构熟悉相关业务的代表，以及有关技术、经济等方面的专家组成，并规定项目主管部门或者行政监督部门的人员不得担任评标委员会成员。一般而言，公证处人员不熟悉工程项目相关业务，当地招投标监督管理办公室属于行政监督部门，显然，由招投标监督管理办公室人员和公证处人员担任评标委员会成员是不妥的。《招标投标法》还规定，评标委员会技术、经济等方面的专家不得少于成员总数的 2/3。本案技术、经济等方面的专家比例为 4/7，低于规定的比例要求。

五、招标人确定 A 企业为中标人是否违规

根据《招标投标法》第四十一条规定，能够最大限度地满足招标文件中规定的各项综合评价标准的中标人的投标应当中标。因此，中标人应当是综合评分最高或投标价最低的投标人。本案中 B 企业综合评分是第一名应当中标，以 B 企业投标报价高于 A 企业为由，让 A 企业中标是违规的。

六、合同签订的日期是否违规

《招标投标法》第四十六条规定，招标人和中标人应当自中标通知书发出之日起 30 日内，按照招标文件和中标人的投标文件订立书面合同。本案于 11 月 10 日发出中标通知书，迟至 12 月 12 日才签订书面合同，两者的时间间隔已超过 30 天，违反了《招标投标法》的相关规定。

▶ 知识链接 ◀

《中华人民共和国招标投标法》

第二节　建筑工程合同订立

▶ 任务导入 ◀

某大学根据学校合并规划，在某市开发区的新校址进行建设，投资 2 亿元，建设 4 栋教学楼、6 栋学生宿舍楼、2 栋食堂、1 栋浴室、3 栋家属楼等一揽子工程。建设周期为 2 年。该工程项目经过招标后，某市建筑工程总公司中标。关于工程施工，双方在施工合同中约定：首先，该项目是国家投资项目，必须保证工程质量合格；其次，必须保证工期，确保工程建设不影响学校的正常工作并能及时投入使用。对于工程施工，承包方可以在自己的下属分公司中选择施工队伍，无须与发包人另行签订合同。

《某大学群楼建筑工程承包合同》签订后，作为总包单位，某市建筑工程总公司遂安排下属施

工能力强、施工工艺水平高的二、三、五、六建设分公司参与工程建设，并分别与这些参建分公司签订了《某单体工程内部承包协议书》，对工程工期和施工质量作了约定，并对施工提前奖励和延期罚款作了说明。

在以后的工程建设过程中，二建设分公司为了加快施工进度，将其中一栋单体工程转交给了某具有三级施工资质的A施工公司，并收取该单体工程预算造价的20%作为管理费。五建设分公司为争取提前奖励，将自己负责的部分工程分包给了临时组织的B农民施工队。

◣任务分析◥

合同法是适用于合同的最重要的法律，是调整合同关系的法律文件，是市场经济条件下的基本法律。1999年3月15日，第九届全国人民代表大会第二次会议通过并颁布了《中华人民共和国合同法》（以下简称《合同法》），自1999年10月1日开始施行。建筑工程项目也要遵照法律程序，不能违法。本任务中是否存在违法行为？是否可以由两个以上的承包单位联合共同承包？两个以上不同资质等级的单位实行联合共同承包的，应当按照哪个单位的业务许可范围承揽工程？总承包单位是否可以自行将承包工程中的部分工程发包给具有相应资质条件的分包单位，无须经建设单位认可？建筑工程总承包单位按照总承包合同的约定对建设单位负责，分包单位按照分包合同的约定是否也应对建设单位负责？分包工程出现的质量问题，应由分包单位自己负责，总承包单位是否无须承担任何责任等？以上问题就是本节需要解决的问题。

◣任务准备◥

一、建筑工程合同谈判与签约

(一)建筑工程合同谈判的主要内容

(1)关于工程内容和范围的确认。

1)合同的"标的"是合同最基本的要素，建筑工程合同的标的量化就是工程承包内容和范围。对于在谈判讨论中经双方确认的内容及范围方面的修改或调整，应和其他所有在谈判中双方达成一致的内容一样，以文字方式确定下来，并以"合同补遗"或"会议纪要"方式作为合同附件，且说明它是构成合同的一部分。

2)对于为监理工程师提供的建筑物、家具、车辆以及各项服务，也应逐项详细地予以明确。

3)对于一般的单价合同，如发包人在原招标文件中未明确工程量变更部分的限度，则谈判时应要求与发包人共同确定一个"增减量幅度"。当超过该幅度时，承包人有权要求对工程单价进行调整。

(2)关于技术要求、技术规范和施工技术方案。

(3)关于合同价格条款。合同依据计价方式的不同，主要有总价合同、单价合同和成本加酬金合同，在谈判中根据工程项目的特点加以确定。

(4)关于价格调整条款。一般建筑工程工期较长，易遭受货币贬值或通货膨胀等因素的影响，可能给承包人造成较大损失。价格调整条款可以比较公正地解决这一非承包人可控制的风险损失问题。可以说，是价格调整和合同单价(对"单价合同")及合同总价共同确定了工程承包合同的实际价格，直接影响着承包人的经济利益。在建筑工程实践中，价格向上调整的机会远远大于价格下调，有时最终价格调整金额会高达合同总价的10%，甚至达15%以上，因此，承包人在投标过程中，尤其是在合同谈判阶段，务必对合同的价格调整条款予以充分的重视。

（5）关于合同款支付方式的条款。工程合同的付款分为四个阶段进行，即预付款、工程进度款、最终付款和退还保修金。

发包人在承包人的工程款中预先扣留保修金，是发包人为了约束承包人在工程保修期内严格履行保修义务而采取的一种措施。保修金连同其产生的利息，实际上仍然是属于承包人的，发包人最终还是要退还给承包人的。退还的条件是承包人及时、圆满地完成了保修任务，退还的原则是"多退少补"。

（6）关于工期和维修期。

1）被授标的承包人首先应根据投标文件中自己填报的工期及考虑因工程量变动而产生的影响，与发包人最后确定工期。关于开工日期，如可能，应根据承包人的项目准备情况、季节和施工环境因素等，洽商一个适当的时间。

2）对于单项工程较多的项目，应当争取（如原投标书中未明确规定时）在合同中明确允许分部位或分批提交发包人验收。例如，成批的房建工程，应允许分栋验收；分多段的公路维修工程，应允许分段验收；分多片的大型灌溉工程，应允许分片验收等，并从该批验收时开始计算该部分的维修期，应规定在发包人验收并接收前，承包人有权不让发包人随意使用等条款，以缩短自己的责任期限，最大限度地保障自己的利益。

3）承包人应通过谈判（如原投标书中未明确规定时），使发包人接受并在合同文本中明确承包人保留由于工程变更（发包人在工程实施中增减工程或改变设计）、恶劣的气候影响，以及种种"作为一个有经验的承包人也无法预料的工程施工过程中条件（如地质条件、超标准的洪水等）的变化"等原因对工期产生不利影响时，要求合理延长工期的权利。

4）合同文本中，应当对保修工程的范围和保修责任及保修期的开始时间和结束时间有明确的说明，承包人应该只承担由于材料和施工方法及操作工艺等不符合合同规定而产生的缺陷。如承包人认为发包人提供的投标文件（事实上将构成合同文件）中对它们说明得不满意时，应该与发包人谈判清楚，并落实在"合同补遗"上。

5）承包人应力争以维修保函来代替发包人扣留的保修金，维修保函对承包人有利，主要是因为可提前取回被扣留的现金，而且保函是有时效的，期满将自动作废。同时，它对发包人并无风险，真正发生维修费用，发包人可凭保函向银行索回款项。因此，这一做法是比较公平的。维修期满后，承包人应及时从发包人处撤回保函。

（7）关于完善合同条件的问题。其主要包括：关于合同图纸；关于合同的某些措辞；关于违约罚金和工期提前奖金；工程量验收和衔接工序以及隐蔽工程施工的验收程序；关于施工占地；关于开工和工期；关于向承包人移交施工现场和基础资料；关于工程交付；预付款保函的自动减额条款。

（二）建筑工程合同最终文本的确定和合同签订

1. 合同文件内容

（1）建筑工程合同文件构成。建筑工程合同文件包括：合同协议书；工程量及价格单；合同条件，由合同一般条件和合同特殊条件两部分构成；投标人须知；合同技术条件（附投标图纸）；发包人授标通知；双方代表共同签署的合同补遗（有时也以合同谈判会议纪要形式表示）；中标人投标时所递交的主要技术和商务文件（包括原投标书的图纸、承包人提交的技术建议书和投标文件的附图）；其他双方认为应该作为合同一部分的文件，如投标阶段发包人发出的变动和补遗，发包人要求投标人澄清问题的函件和承包人所做的文字答复，双方往来函件以及投标时的降价信等。

（2）对所有在招标投标及谈判前后各方发出的文件、文字说明、解释性资料进行清理。对凡是与上述合同构成相矛盾的文件，应宣布作废。可以在双方签署的合同补遗中，对此做出排除性质的声明。

2. 关于合同协议的补遗

(1)在合同谈判阶段双方谈判的结果一般以合同补遗的形式，有时也可以合同谈判纪要的形式，形成书面文件。这一文件将成为合同文件中极为重要的组成部分，因为它最终确认了合同签订人之间的意志，所以，它在合同解释中优先于其他文件。为此不仅承包人对它重视，发包人也极为重视，它一般是由发包人或其监理工程师起草。因合同补遗或合同谈判纪要会涉及合同的技术、经济、法律等所有方面，作为承包人主要是核实其是否忠实于合同谈判过程中双方达成的一致意见以及文字的准确性。对于经过谈判更改了招标文件中条款的部分，应说明已就某某条款进行修正，合同实施按照合同补遗某某条款执行。

(2)同时应该注意的是，建筑工程承包合同必须遵守法律。对于违反法律的条款，即使由合同双方达成协议并签了字，也不受法律保护。因此，为了确保协议的合法性，应由律师核实，才可对外确认。

3. 合同签订

发包人或监理工程师在合同谈判结束后，应按上述内容和形式完成一个完整的合同文本草案，并经承包人授权代表认可后正式形成文件，承包人代表应认真审核合同草案的全部内容。当双方认为满意并核对无误后，由双方代表草签，至此合同谈判阶段即告结束。此时，承包人应及时准备和递交履约保函，准备正式签署承包合同。

二、建筑工程合同的类型

按《合同法》理解，建筑工程合同包括：勘察合同、设计合同、施工合同。而建筑工程委托监理合同属于委托合同；建筑工程物资采购合同属于买卖合同。

(一)按照工程建设阶段分类

建筑工程的建设大体上需要经过勘察、设计、施工三个阶段，应围绕不同阶段订立相应的合同。建筑工程合同按照所处的阶段所完成的承包内容进行划分，可分为建筑工程勘察合同、建筑工程设计合同、建筑工程施工合同。

(1)建筑工程勘察，是指根据建筑工程的要求，查明、分析、评价建设场地的地质地理环境特征和岩土工程条件，编制建筑工程勘察文件的活动。建筑工程勘察合同即发包人与勘察人就完成商定的勘察任务，明确双方权利义务的协议。

(2)建筑工程设计，是指根据建筑工程的要求，对建筑工程所需的技术、经济、资源、环境等条件进行综合分析、论证，编制建筑工程设计文件的活动。建筑工程设计合同即发包人与设计人就完成商定的工程设计任务，明确双方权利义务的协议。

(3)建筑工程施工，是指根据建筑工程设计文件的要求，对建筑工程进行新建、扩建、改建的活动。建筑工程施工合同即发包人与承包人为完成商定的建筑工程项目的施工任务，明确双方权利义务的协议。

(二)按照承发包方式(范围)分类

1. 勘察、设计或施工总承包合同

勘察、设计或施工总承包，是指发包人将全部勘察、设计或施工的任务发包给一个勘察、设计单位或一个施工单位。作为总承包人，经发包人同意，可以将勘察、设计或施工任务的一部分分包给其他符合资质的分包人。据此明确各方权利义务的协议，即勘察、设计或施工总承包合同。在这种模式中，发包人与总承包人订立总承包合同，总承包人与分包人订立分包合同，总承包人与分包人就工作成果对发包人承担连带责任。

2. 单位工程施工承包合同

单位工程施工承包是指在一些大型、复杂的建筑工程中，发包人可以将专业性很强的单位

工程发包给不同的承包人，与承包人分别签订土木工程施工合同、电气与机械工程承包合同，这些承包人之间为平行关系。单位工程施工承包合同常见于大型工业建筑安装工程，大型、复杂的建筑工程。据此明确各方权利义务的协议，即单位工程施工承包合同。

3. 工程项目总承包合同

工程项目总承包是指建设单位将包括工程设计、施工、材料和设备采购等一系列工作全部发包给一家承包单位，由其进行实质性设计、施工和采购工作，最后向建设单位交付具有使用功能的工程项目。工程项目总承包实施过程可依法将部分工程分包。按照规定可分包的工程包括：工程的次要部分；群体工程(指结构技术要求相同的)半数以下的单位工程；门窗制作安装等。据此明确各方权利义务的协议，即工程项目总承包合同。

4. BOT(Build—Operate—Transfer，建设—经营—转让)合同(又称特许权协议书)

BOT承包模式是指由政府或政府授权的机构授予承包人在一定的期限内，以自筹资金建设项目并自费经营和维护，向东道国出售项目产品或服务，收取价款或酬金，期满后将项目全部无偿移交东道国政府的工程承包模式。据此明确各方权利义务的协议，即BOT合同。

(三)按照承包工程计价方式(或付款方式)分类

1. 总价合同

总价合同一般要求投标人按照招标文件要求报一个总价，在这个价格下完成合同规定的全部项目。总价合同还可以分为固定总价合同、调价总价合同等。其中，固定总价合同一般可以理解为一次包死、不可调的总价合同，这就需要对工程项目的工程量和造价进行合理、确切的计算，对各种风险做到合理预见。

适用条件：工程项目的施工图设计符合要求，项目范围及工程量计算依据确切，无较大的设计变更，报价工程量与实际完成工程量无较大的差异；对规模较小、技术不太复杂的中、小型工程，承包方可以合理预见实施过程中遇到的各种风险；合同工期一般较短(一般为12个月内的工程)。

2. 单价合同

单价合同是指根据发包人提供的资料，双方在合同中确定每项工程单价，结算则按实际完成工程量乘以每项工程的单价计算。

单价合同还可以分为：估计工程量单价合同；纯单价合同；单价与包干混合式合同等。

3. 成本加酬金合同

成本加酬金合同是指按承包人的实际支出由发包人支付成本费，发包人同时另外向承包人支付一定数额或百分比的管理费和商定的利润。

适用条件：承、发包双方之间高度信任，承包方在某些方面拥有独特的技术、特长和经验；工程内容及技术指标尚未全面确定，投标报价的依据尚不充分，发包方工期要求紧迫，必须发包的工程。

(四)与建筑工程有关的其他合同

1. 建筑工程委托监理合同

建筑工程委托监理合同是指委托人(发包人)与监理人签订，为了委托监理人承担监理业务而明确双方权利义务关系的协议。

2. 建筑工程物资采购合同

建筑工程物资采购合同是指出卖人转移建筑工程物资所有权于买受人，买受人支付价款的明确双方权利义务关系的协议。

3. 建筑工程保险合同

建筑工程保险合同是指发包人或承包人为防范特定风险而与保险公司明确权利义务关系的协议。

4. 建筑工程担保合同

建筑工程担保合同是指义务人(发包人或承包人)或第三人(保险公司)与权利人(承包人或发包人)签订，为保证建筑工程合同全面、正确履行而明确双方权利义务关系的协议。

三、建筑工程总承包合同的主要内容

(一)建筑工程总承包合同的主要条款

1. 建筑工程总承包合同的词语含义及合同文件

建筑工程总承包合同双方当事人应对合同中常用的或容易引起歧义的词语进行解释，赋予它们明确的含义。对合同文件的组成、顺序、使用的标准，也应作出明确的规定。

2. 建筑工程总承包合同的内容

建筑工程总承包合同双方当事人应对总承包的内容作出明确规定，一般包括从工程立项到交付使用的工程建设全过程，具体应包括勘察设计、设备采购、施工管理、试车考核(或交付使用)等内容。具体的承包内容由当事人约定，如约定设计—施工的总承包、投资—设计—施工的总承包等。

3. 双方当事人的权利义务

(1)发包人一般应当承担以下义务：按照约定向承包人支付工程款；向承包人提供现场；协助承包人申请有关许可、执照和批准；若发包人单方要求终止合同后，没有经过承包人的同意，在一定时期内不得重新开始实施该工程。

(2)承包人一般应当承担以下义务：完成满足发包人要求的工程以及相关的工作；提供履约保证；负责工程的协调与恰当实施；按照发包人的要求终止合同。

4. 合同履行期限

合同应当明确规定交工的时间，同时，也应对各阶段的工作期限作出明确规定。

5. 合同价款

合同应规定合同价款的计算方式、结算方式以及价款的支付期限等。

6. 工程质量与验收

合同应当明确规定对工程质量的要求，对工程质量的验收方法、验收时间及确认方式。工程质量检验的重点应当是竣工验收，通过竣工验收后，发包人可以接收工程。

7. 合同的变更

工程建设的特点决定了建筑工程总承包合同在履行中，往往会出现一些事先没有估计到的情况。一般在合同期限内的任何时间，发包人代表可以通过发布指示或者要求承包人以递交建议书的方式提出变更。如果承包人认为这种变更有价值，也可以在任何时候向发包人代表提交此类建议书。当然，最后的批准权在发包人。

8. 风险、责任和保险

承包人应当保障和保护发包人、发包人代表以及雇员免遭因工程导致的一切索赔、损害和开支。对应由发包人承担的风险也应作出明确的规定。合同对保险的办理、保险事故的处理等都应作出明确的规定。

9. 工程保修

合同应按国家的规定写明保修项目、内容、范围、期限及保修金额和支付办法。

10. 对设计、分包人的规定

承包人进行并负责工程的设计时，设计应当由合格的设计人员进行。承包人还应当编制足够详细的施工文件，编制和提交竣工图、操作和维修手册。承包人应对所有分包方遵守合同的全部规定负责，任何分包方、分包方的代理人或者雇员的行为或者违约，均完全视为承包人自己的行为或者违约，并负全部责任。

11. 索赔和争议的处理

合同应明确索赔的程序和争议的处理方式。对争议的处理，一般应以仲裁作为解决的最终方式。

12. 违约责任

合同应明确双方的违约责任。违约责任包括发包人不按时支付合同价款的责任、超越合同规定干预承包人工作的责任等；也包括承包人不能按合同约定的期限和质量完成工作的责任等。

(二)建筑工程总承包合同的订立和履行

1. 建筑工程总承包合同的订立

建筑工程总承包合同通过招标投标方式订立。承包人一般应当根据发包人对项目的要求编制投标文件，可包括设计方案、施工方案、设备采购方案、报价等。双方在合同上签字盖章后，合同即告成立。

2. 建筑工程总承包合同的履行

(1)建筑工程总承包合同订立后，双方都应按合同的规定严格履行。

(2)总承包单位可以按合同规定对工程项目进行分包，但不得倒手转包。

(3)建筑工程总承包单位可以将承包工程中的部分工程发包给具有相应资质条件的分包单位，但是除总承包合同中约定的工程分包外，必须经发包人认可。

四、施工总承包合同的主要内容

《建设工程施工合同(示范文本)》(GF－2017－0201)(以下简称《示范文本》)主要适用于施工总承包合同。该《示范文本》由《合同协议书》《通用合同条款》和《专用合同条款》三部分组成。

(一)《合同协议书》内容

(1)工程概况：工程名称；工程地点；工程立项批准文号；资金来源；工程内容；工程承包范围。

(2)合同工期：计划开工日期；计划竣工日期；工期总日历天数。

(3)质量标准：工程质量必须达到国家标准规定的合格标准，双方也可以约定达到国家标准规定的优良标准。

(4)签约合同价与合同价格形式。其中签约合同价包括：安全文明施工费；材料和工程设备暂估价金额；专业工程暂估价金额；暂列金额。

(5)项目经理：承包人项目经理。

(6)合同文件构成：本协议书与下列文件一起构成合同文件：

1)中标通知书(如果有)；

2)投标函及其附录(如果有)；

3)专用合同条款及其附件；

4)通用合同条款；

5)技术标准和要求；

6)图纸；

7)已标价工程量清单或预算书；

8)其他合同文件。

在合同订立及履行过程中形成的与合同有关的文件均构成合同文件组成部分。

(7)承诺。

1)发包人承诺按照法律规定履行项目审批手续、筹集工程建设资金并按照合同约定的期限和方式支付合同价款。

2)承包人承诺按照法律规定及合同约定组织完成工程施工，确保工程质量和安全，不进行转包及违法分包，并在缺陷责任期及保修期内承担相应的工程维修责任。

3)发包人和承包人通过招标投标形式签订合同的，双方理解并承诺不再就同一工程另行签订与合同实质性内容相背离的协议。

(8)词语含义。本协议书中词语含义与第二部分通用合同条款中赋予的含义相同。

(9)签订时间。合同签订的年、月、日。

(10)签订地点。合同签订的地点。

(11)补充协议。对于合同未尽事宜，合同当事人另行签订补充协议，补充协议是合同的组成部分。

(12)合同生效。

(13)合同份数。

(二)《通用合同条款》内容

通用合同条款共计20条，具体条款分别为一般约定，发包人，承包人，监理人，工程质量，安全文明施工与环境保护，工期和进度，材料与设备，试验与检验，变更，价格调整，合同价格、计量与支付，验收和工程试车，竣工结算，缺陷责任与保修，违约，不可抗力，保险，索赔和争议解决。前述条款安排既考虑了现行法律法规对工程建设的有关要求，也考虑了建设工程施工管理的特殊需要。

(三)《专用合同条款》内容

专用合同条款是对通用合同条款原则性约定的细化、完善、补充、修改或另行约定的条款。合同当事人可以根据不同建设工程的特点及具体情况，通过谈判、协商对相应的专用合同条款进行修改、补充。在使用专用合同条款时，应注意以下事项：

(1)专用合同条款的编号应与相应的通用合同条款的编号一致；

(2)合同当事人可以通过对专用合同条款的修改，满足具体建设工程的特殊要求，避免直接修改通用合同条款；

(3)在专用合同条款中有横道线的地方，合同当事人可针对相应的通用合同条款进行细化、完善、补充、修改或另行约定；如无细化、完善、补充、修改或另行约定，则填写"无"或画"/"。

五、工程分包合同的主要内容

(一)工程分包的概念

工程分包是相对总承包而言的。工程分包是指施工总承包企业将所承包建筑工程中的专业工程或劳务作业，发包给其他建筑企业完成的活动。分包分为专业工程分包和劳务作业分包两类。

(二)分包资质管理

《建筑法》第二十九条和《合同法》第二百七十二条同时规定，禁止(总)承包人将工程分包给不具备相应资质条件的单位，这是维护建设市场秩序和保证建筑工程质量的需要。

1. **专业承包序列企业资质**

专业承包序列企业资质设36个资质类别。其中，常用类别包括地基与基础、建筑装饰装修、建筑幕墙、钢结构、机电设备安装、电梯安装、消防设施、建筑防水、防腐保温、园林古建筑、爆破与拆除、电信工程、管道工程等。

2. 劳务分包序列企业资质

劳务分包序列不分类别和等级。

(三)总包、分包的连带责任

《建筑法》第二十九条规定,建筑工程总承包单位按照总承包合同的约定对建设单位负责;分包单位按照分包合同的约定对总承包单位负责。总承包单位和分包单位就分包工程,对建设单位承担连带责任。

(四)关于分包的法律禁止性规定

《建筑工程质量管理条例》第二十五条明确规定,施工单位不得转包或违法分包工程。

1. 违法分包

根据《建筑工程质量管理条例》的规定,违法分包指下列行为:总承包单位将建筑工程分包给不具备相应资质条件的单位,这里包括不具备资质条件和超越自身资质等级承揽业务两类情况;建筑工程总承包合同中未有约定,又未经建设单位认可,承包单位将其承包的部分建筑工程交由其他单位完成的;施工总承包单位将建筑工程主体结构的施工分包给其他单位的;分包单位将其承包的建筑工程再分包的。

2. 转包

转包是指承包单位承包建筑工程后,不履行合同约定的责任和义务,将其承包的全部建筑工程转给他人或者将其承包的全部建筑工程肢解后以分包的名义分别转给他人承包的行为。

3. 挂靠

挂靠是与违法分包和转包密切相关的另一种违法行为。挂靠指下列行为:转让、出借资质证书或者以其他方式允许他人以本企业名义承揽工程的;项目管理机构的项目经理、技术负责人、项目核算负责人、质量管理人员、安全管理人员等不是本单位人员,与本单位无合法的人事或者劳动合同、工资福利以及社会保险关系的;建设单位的工程款直接进入项目管理机构财务的。

(五)《建设工程施工专业分包合同(示范文本)》的主要内容

原建设部和原国家工商行政管理总局于2003年发布了《建设工程施工专业分包合同(示范文本)》(GF-2003-0213)。该文本由《协议书》《通用条款》《专用条款》三部分组成。

1.《协议书》内容

(1)分包工程概况:分包工程名称;分包工程地点;分包工程承包范围。

(2)分包合同价款。

(3)工期:开工日期;竣工日期;合同工期总日历天数。

(4)工程质量标准。

(5)组成分包合同的文件:本合同协议书;中标通知书(如有时);分包人的报价书;除总包合同工程价款之外的总包合同文件;本合同专用条款;本合同通用条款;本合同工程建设标准、图纸及有关技术文件;合同履行过程中,承包人和分包人协商一致的其他书面文件。

(6)本协议书中有关词语的含义与本合同第二部分《通用条款》中分别赋予它们的定义相同。

(7)分包人向承包人承诺,按照合同约定的工期和质量标准,完成本协议书第一条约定的工程(以下简称"分包工程"),并在质量保修期内承担保修责任。

(8)承包人向分包人承诺,按照合同约定的期限和方式,支付本协议书第二条约定的合同价款(以下简称"分包合同价"),以及其他应当支付的款项。

(9)分包人向承包人承诺，履行总包合同中与分包工程有关的承包人的所有义务，并与承包人承担履行分包工程合同以及确保分包工程质量的连带责任。

(10)合同的生效。

2.《通用条款》内容

(1)词语定义及合同文件。包括词语定义，合同文件及解释顺序，语言文字和适用法律、行政法规及工程建设标准，图纸。

(2)双方一般权利和义务。包括总包合同、指令和决定、项目经理、分包项目经理、承包人的工作、分包人的工作、总包合同解除、转包与再分包。

(3)工期。

(4)质量与安全。包括质量检查与验收和安全施工。

(5)合同价款与支付。包括合同价款及调整、工程量的确认和合同价款的支付。

(6)工程变更。

(7)竣工验收及结算。

(8)违约、索赔及争议。

(9)保障、保险及担保。

(10)其他。包括材料设备供应、文件、不可抗力、分包合同解除、合同生效与终止、合同价数和补充条款等规定。

3.《专用条款》内容

(1)词语定义及合同文件。

(2)双方一般权利和义务。

(3)工期。

(4)质量与安全。

(5)合同价款与支付。

(6)工程变更。

(7)竣工验收及结算。

(8)违约、索赔及争议。

(9)保障、保险及担保。

(10)其他。

《专用条款》与《通用条款》是相对应的，《专用条款》具体内容是承包人与分包人协商将工程的具体要求填写在合同文本中，建筑工程专业分包合同《专用条款》的解释优于《通用条款》。

六、劳务分包合同的主要内容

原建设部和原国家工商行政管理总局于2003年发布了《建设工程施工劳务分包合同(示范文本)》(GF—2003—0214)，规范了劳务分包合同的主要内容。

(一)劳务分包合同主要条款

劳务分包合同主要包括：劳务分包人资质情况；劳务分包工作对象及提供劳务内容；分包工作期限；质量标准；合同文件及解释顺序；标准规范；总(分)包合同；图纸；项目经理；工程承包人义务；劳务分包人义务；安全施工与检查；安全防护；事故处理；保险；材料、设备供应；劳务报酬；工时及工程量的确认；劳务报酬的中间支付；施工机具、周转材料供应；施工变更；施工验收；施工配合；劳务报酬最终支付；违约责任；索赔；争议；禁止转包或再分包；不可抗力；文物和地下障碍物；合同解除；合同终止；合同份数；补充条款；合同生效。

(二)工程承包人与劳务分包人的义务

1. 工程承包人的义务

(1)组建与工程相适应的项目管理班子,全面履行总(分)包合同,组织实施施工管理的各项工作,对工程的工期和质量向发包人负责。

(2)除非本合同另有约定,工程承包人应完成劳务分包人施工前期的下列工作并承担相应费用:向劳务分包人交付具备本合同劳务作业开工条件的施工场地;完成水、电、热、电信等施工管线和施工道路,并满足完成本合同劳务作业所需的能源供应、通信及施工道路畅通的时间和质量要求;向劳务分包人提供相应的工程地质和地下管网线路资料;办理各种证件、批件、规费的工作手续,但涉及劳务分包人自身的手续除外;向劳务分包人提供相应的水准点与坐标控制点的位置;向劳务分包人提供生产、生活临时设施。

(3)负责编制施工组织设计,统一制定各项管理目标,组织编制年、季、月施工计划、物资需用量计划表,实施对工程质量、工期、安全生产、文明施工、计量检测、实验化验的控制、监督、检查和验收。

(4)负责工程测量定位、沉降观测、技术交底,组织图纸会审,统一安排技术档案资料的收集整理及交工验收。

(5)统筹安排、协调解决非劳务分包人独立使用的生产、生活临时设施,工作用水、用电及施工场地。

(6)按时提供图纸,及时交付应供材料、设备,所提供的施工机械设备、周转材料、安全设施保证施工需要。

(7)按本合同约定,向劳务分包人支付劳动报酬。

(8)负责与发包人、监理、设计及有关部门联系,协调现场工作关系。

2. 劳务分包人的义务

(1)对本合同劳务分包范围内的工程质量向工程承包人负责,组织具有相应资格证书的熟练工人投入工作;未经工程承包人授权或允许,不得擅自与发包人及有关部门建立工作联系;自觉遵守法律法规及有关规章制度。

(2)劳务分包人根据施工组织设计总进度计划的要求按约定的日期(一般为每月底前若干天)提交下月施工计划,有阶段工期要求的提交阶段施工计划,必要时按工程承包人要求提交旬、周施工计划,以及与完成上述阶段、时段施工计划相应的劳动力安排计划,经工程承包人批准后严格实施。

(3)严格按照设计图纸、施工验收规范、有关技术要求及施工组织设计精心组织施工,确保工程质量达到约定的标准;科学安排作业计划,投入足够的人力、物力,保证工期;加强安全教育,认真执行安全技术规范,严格遵守安全制度,落实安全措施,确保施工安全;加强现场管理,严格执行建设主管部门及环保、消防、环卫等有关部门对施工现场的管理规定,做到文明施工;承担由于自身责任造成的质量修改、返工、工期拖延、安全事故、现场脏乱造成的损失及各种罚款。

(4)自觉接受工程承包人及有关部门的管理、监督和检查;接受工程承包人随时检查其设备、材料保管、使用情况及其操作人员的有效证件、持证上岗情况;与现场其他单位协调配合,照顾全局。

(5)按照工程承包人的统一规划堆放材料、机具,按照工程承包人的标准化工地要求设置标牌,搞好生活区的管理,做好自身责任区的治安保卫工作。

(6)按时提交报表、完整的原始技术经济资料,配合工程承包人办理交工验收。

(7)做好施工场地周围建筑物、构筑物和地下管线以及已完工部分的成品保护工作。因劳务分包人责任发生损坏，劳务分包人自行承担由此引起的一切经济损失及各种罚款。

(8)妥善保管、合理使用工程承包人提供或租赁给劳务分包人使用的机具、周转材料及其他设施。

(9)劳务分包人须服从工程承包人转发的发包人及工程师的指令。

(10)除非本合同另有约定，劳务分包人应对其作业内容的实施、完工负责，劳务分包人应承担并履行总(分)包合同约定的、与劳务作业有关的所有义务及工作程序。

3. 安全防护及保险

(1)安全防护。

1)劳务分包人在动力设备、输电线路、地下管道、密封防振车间、易燃易爆地段以及临街交通要道附近施工时，施工开始前应向工程承包人提出安全防护措施，经工程承包人认可后实施，防护措施费用由工程承包人承担。

2)实施爆破作业，在放射、毒害性环境中工作(含储存、运输、使用)及使用毒害性、腐蚀性物品施工时，劳务分包人应在施工前10天，以书面形式通知工程承包人，并提出相应的安全防护措施，经工程承包人认可后实施，由工程承包人承担安全防护措施费用。

3)劳务分包人在施工现场内使用的安全保护用品(如安全帽、安全带及其他保护用品)，由劳务分包人提供使用计划，经工程承包人批准后，由工程承包人负责供应。

(2)保险。

1)在劳务分包人施工开始前，工程承包人应获得发包人为施工场地内的自有人员及第三方人员生命财产办理的保险，且不需劳务分包人支付保险费用。

2)运至施工场地用于劳务施工的材料和待安装设备，由工程承包人办理或获得保险，且不需劳务分包人支付保险费用。

3)工程承包人必须为租赁或提供给劳务分包人使用的施工机械设备办理保险，并支付保险费用。

4)劳务分包人必须为从事危险作业的职工办理意外伤害保险，并为施工场地内自有人员生命财产和施工机械设备办理保险，支付保险费用。

5)保险事故发生时，劳务分包人和工程承包人有责任采取必要的措施，防止或减少损失。

4. 劳务报酬

(1)劳务报酬采用的计算方式：

1)固定劳务报酬(含管理费)；

2)约定不同工种劳务的计时单价(含管理费)，按确认的工时计算；

3)约定不同工作成果的计件单价(含管理费)，按确认的工程量计算。

(2)劳务报酬，除本合同约定或法律政策变化，导致劳务价格变化的，均为一次包死，不再调整。

(3)劳务报酬最终支付。

1)全部工作完成，经工程承包人认可后14天内，劳务分包人向工程承包人递交完整的结算资料，双方按照本合同约定的计价方式，进行劳务报酬的最终支付。

2)工程承包人收到劳务分包人递交的结算资料后14天内进行核实，给予确认或者提出修改意见。工程承包人确认结算资料后14天内，向劳务分包人支付劳务报酬尾款。

3)劳务分包人和工程承包人对劳务报酬结算价款发生争议时，按本合同关于争议的约定处理。

5. 违约责任

(1)当发生下列情况之一时，工程承包人应承担违约责任：工程承包人违反合同的约定，不按时向劳务分包人支付劳务报酬；工程承包人不履行或不按约定履行合同义务的其他情况。

(2)工程承包人不按约定核实劳务分包人完成的工程量或不按约定支付劳务报酬或劳务报酬尾款时，应按劳务分包人同期向银行贷款时的利率向劳务分包人支付拖欠劳务报酬的利息，并按拖欠金额向劳务分包人支付违约金。

(3)工程承包人不履行或不按约定履行合同的其他义务时，应向劳务分包人支付违约金。工程承包人尚应赔偿因其违约给劳务分包人造成的经济损失，顺延延误的劳务分包人工作时间。

(4)当发生下列情况之一时，劳务分包人应承担违约责任：劳务分包人因自身原因延期交工的；劳务分包人施工质量不符合本合同约定的质量标准，但能够达到国家规定的最低标准时；劳务分包人不履行或不按约定履行合同的其他义务时，劳务分包人尚应赔偿因其违约给工程承包人造成的经济损失，延误的劳务分包人工作时间不予顺延。

(5)一方违约后，另一方要求违约方继续履行合同时，违约方承担上述违约责任后，仍应继续履行合同。

任务实施

一、本任务中是否存在违法行为

二建设分公司的行为属于非法转包行为，五建设分公司把部分工程分包给临时组织的农民施工队的行为也是违法的。

根据我国法律法规规定，违法分包行为主要有以下几项：

(1)总承包单位将建筑工程分包给不具备相应资质条件单位的。

(2)建筑工程总承包合同中未约定，又未经建设单位认可，承包单位将其承包的部分建筑工程，交由其他单位完成的。

(3)施工总承包单位将建筑工程主体结构的施工分包给其他单位的。

二、是否可以由两个以上的承包单位联合共同承包

根据《建筑法》第二十七条规定：大型建筑工程或者结构复杂的建筑工程，可以由两个以上的承包单位联合共同承包。但共同承包的各方对承包合同的履行承担连带责任。

三、两个以上不同资质等级的单位实行联合共同承包的，应当按照哪个单位的业务许可范围承揽工程

根据《建筑法》第二十七条规定：两个以上不同资质等级的单位实行联合共同承包的，应当按照资质等级低的单位的业务许可范围承揽工程。

四、总承包单位是否可以自行将承包工程中的部分工程发包给具有相应资质条件的分包单位，无须经建设单位认可

根据《建筑法》第二十九条规定：建筑工程总承包单位可以将承包工程中的部分工程发包给具有相应资质条件的分包单位；但是，除总承包合同中约定的分包外，必须经建设单位认可。施工总承包的，建筑工程主体结构的施工必须由总承包单位自行完成。禁止总承包单位将工程分包给不具备相应资质条件的单位。禁止分包单位将其承包的工程再分包。

根据《合同法》第二百七十二条规定：总承包人或者勘察、设计、施工承包人经发包人同意，

可以将自己承包的部分工作交由第三人完成。

因此，总承包单位将承包工程中的部分工程发包给具有相应资质条件的分包单位，必须经建设单位认可。

五、建筑工程总承包单位按照总承包合同的约定对建设单位负责，分包单位按照分包合同的约定是否也应对建设单位负责；分包工程出现的质量问题，应由分包单位自己负责，总承包单位是否无须承担任何责任

在总包合同和分包合同的联系结构中，建设单位与分发包人之间存在合同法律关系，故分发包人按照总包合同的约定对发包人负责。分发包人与分承包人之间也存在合同法律关系，分承包人按分包合同的约定对分发包人负责。这两个合同关系彼此相对独立。然而，分包人与发包人之间，则不存在合同法律关系。按照传统民法中的合同相对性原则，合同关系是当事人之间的特别关系，债务人仅仅对债权人负有对待给付义务及附随义务，其他第三人不能享有权利和承担义务，进而会导致：如果因为分承包人的行为引起总包合同的不履行或不适当履行，分发包人须向建设单位承担违约等责任，分发包人只有在向建设单位承担责任后，才有权向分承包人追偿，但建设单位却无权直接追究分承包人不履行行为的违约责任。

但是，《合同法》第二百七十二条规定："……，第三人就其完成的工作成果与总承包人或者勘察、设计、施工承包人向发包人承担连带责任。……"《建筑法》第二十九条第二款同时规定："……总承包单位和分包单位就分包工程对建设单位承担连带责任。……"这里所谓连带责任，是指对分包工程发生的违约等责任。建设单位既可以向分发包人请求赔偿，也可以向分承包人请求赔偿。分发包人或分承包人进行赔偿后，有权利根据分包合同对不属于自己的责任赔偿向另一方追偿。很显然，这里已突破了合同相对性原则。这无疑增大了分发包人的赔偿责任，故能提交分承包人的履约意识并加强管理。另外，这种连带责任关系，在上述两部法律中均属强制性规定，不以当事人的约定而排除，如分包合同中有相反约定，则属无效条款。上述规定显然对建设单位有利，在我国实施的建筑工程，如有外国（总）承包人参加，我国的建设单位应当在选择合同适用法律时力争选择我国法律。一般情况下，依赖于总包合同而存在的分包合同与总包合同适用相同的法律，故分包人也须对建设单位负责。

然而，如果是建设单位的过错导致分包合同不能履行给分包人造成损失，则分承包人只能向分发包人请求赔偿；分发包人赔偿后，有权根据总包合同向发包人追偿。

▶知识链接◀

《中华人民共和国合同法》

第三节　建筑工程担保

　　2002 年 2 月 16 日，为解决某住宅楼工程中资金严重不足，出现"烂尾"的问题，甲方（某建设方）与丙方（某公司）签订了《借款协议》，该协议约定："丙方同意借给甲方港币 1 420 万元或同等价值美元，期限为 9 个月，即从 2002 年 8 月 16 日至 2003 年 5 月 16 日"，还款方式及期限为"采取借款期内分期在香港还款方式，即自 2002 年 10 月 16 日起，借款人须向丙方还款港币 100 万元，所有借款本息及违约金等款项必须在 2003 年 5 月 16 日前还清"，"若甲方逾期清还借款本金或未按期支付利息的，则应以未偿还的总借款额的 20％向丙方支付违约金；另外，每逾期一日还应按借款余额的千分之一向丙方支付逾期利息"。协议还约定："乙方（某担保方）和某个人同意对甲方在某楼盘项下所欠丙方的债务（包括借款本金、利息、税费、违约金、诉讼费、律师费、调查鉴定费、评估费和拍卖费等）承担连带担保责任。担保责任期限为从 2002 年 8 月 16 日起至 2005 年 12 月 31 日止"。甲方还在协议中承诺："若甲方在本协议约定的还款期限届满未能依约清还丙方全部借款本息时，则甲方将甲方在某楼盘项下工程项目及该合同项下的权益全部无条件转让给丙方"。同时，为了更好地明确乙方和某个人在协议中承诺的内容，乙方和某个人还与丙方签订了《权益转让协议》，该《权益转让协议》进一步担保被告甲方与丙方的《借款协议》的履行。另外，乙方和某个人也同意为上述借款提供担保，并分别出具了《担保书》，承担连带担保责任，担保期限为 2002 年 8 月 16 日起至 2005 年 12 月 31 日止。上述《借款协议》《权益转让协议》签订以后，丙方依约向甲方支付借款本金美金 1 470 000 元及港币 2 470 000 元，甲方对上述借款出具了收据予以确认，同时乙方和某个人也出具了确认书予以确认。但甲方却只支付从 2002 年 9 月 16 日至 2004 年 9 月 23 日期间的部分利息，其余全部借款本金及利息至今未清偿。经原告多次催讨，甲方于 2005 年 5 月 25 日共同出具《欠款确认函》确认：截至 2005 年 5 月 15 日甲方尚欠原告借款本金及利息总计美金 1 688 801.50 元、港币 2 796 825.36 元。而乙方也于 2005 年 6 月 14 日出具《担保确认书》确认：截至 2005 年 5 月 15 日，甲方尚欠原告借款本金及利息总计美金 1 688 801.50 元、港币 2 796 825.36 元。丙方认为，甲方未依约履行还款义务，乙方和某个人未依约履行担保义务，甲方、乙方和某个人三方的行为侵犯了丙方的合法权益。

　　本任务首先是一个贷款违约案件。但本任务主要解决的是担保方面存在的问题。

　　担保的合同是否有效？"若甲方在本协议约定的还款期限届满未能依约清还丙方全部借款本息时，则甲方将甲方在某楼盘项下工程项目及该合同项下的权益全部无条件转让给丙方"的承诺能否兑现？乙方是否承担连带责任？以上问题就是本节需要解决的问题。

一、投标担保

(一)投标担保(投标保证金)的概念

投标担保（投标保证金），是指投标人按照招标文件的要求向招标人出具的，以一定金额表示的投标责任担保，保证其投标被接受后对其投标书中规定的责任不得撤销或者反悔；否则，招标人将对投标保证金予以没收，投标保证金的数额一般为投标价的 2% 左右，但最高不得超过 80 万元人民币。投标保证金有效期应当超出投标有效期 30 天。其目的是当招标人在需要索取保证金时，有足够的时间采取行动，保护招标人的利益。投标人不按招标文件要求提交投标保证金的，该投标文件将被拒绝，做废标处理。

(二)投标保证金的形式

投标保证金的形式有很多种，通常的做法有：交付现金；支票；银行汇票；不可撤销信用证；银行保函；由保险公司或者担保公司出具的投标保证书。其具体形式如图 5-4 所示。

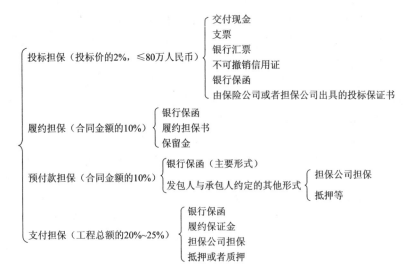

图 5-4 投标保证金的形式

(三)作用

投标保证金主要用于筛选投标人。投标担保要确保合格者投标以及中标者将签约和提供发包人所要求的履约、预付款担保。

(四)世界银行《采购指南》关于投标保证金的规定

投标保证金应当根据投标商的意愿，采用保付支票、信用证或者由信用好的银行出具保函等形式。应允许投标商提交由其选择的任何合格国家的银行直接出具的银行保函。投标保证金应当在投标有效期满后 28 天内一直有效，其目的是给借款人在需要索取保证金时，有足够的时间采取行动。一旦确定不能对其授予合同，应及时将投标保证金退还给落选的投标人。

二、履约担保

(一)履约担保的概念

履约担保是指发包人在招标文件中规定的要求承包人提交的保证履行合同义务的担保。其费用由承包方承担。

(二)履约担保的形式

由于履约担保的担保金额较高，很少采用现金作为担保的方式；否则，可能会对承包人的资金流动造成很大的影响。

履约担保一般有银行履约保函、履约担保书和保留金三种形式。

1. 银行履约保函

银行履约保函是由商业银行开具的担保证明，通常为合同金额的 10% 左右。银行履约保函可分为有条件的银行履约保函和无条件的银行履约保函。

(1)有条件的银行履约保函。有条件的银行履约保函是指下述情形:在承包人没有实施合同或者未履行合同义务时,由发包人或监理工程师出具证明说明情况,并由担保人对合同已执行部分和未执行部分加以鉴定,确认后才能收兑银行保函,由招标人得到保函中的款项。建筑行业通常倾向于采用这种形式的保函。

(2)无条件的银行履约保函。无条件的银行履约保函是指下述情形:在承包人没有实施合同或者未履行合同义务时,发包人不需要出具任何证明和理由。只要看到承包人违约,就可对银行保函进行收兑。

当采用无条件的银行履约保函时,承包人面临的发包人恶意兑现保险的风险很大,因此FIDIC 合同建议,采用有条件的银行履约保函,同时,也要求发包人在按照履约担保提出索赔前,应通知承包人。

2. 履约担保书

通常对履约担保书的金额要求比对银行履约保函的金额要求高。

(1)履约担保书的担保方式是:当承包人在履行合同中违约时,开出担保书的担保公司或者保险公司用该项担保金去完成施工任务或者向发包人支付该项保证金。工程采购项目保证金提供担保形式的,其金额一般为合同价的 30%～50%。

(2)承包人违约时,由工程担保人代为完成工程建设的担保方式,有利于工程建设的顺利进行,因此,是我国工程担保制度探索和实践的重点内容。

3. 保留金

(1)保留金是指发包人根据合同的约定,每次支付工程进度款时扣除一定数目的款项,作为承包人完成其修补缺陷义务的保证。保留金一般为每次工程进度款的 10%,但总额一般应限制在合同总价款的 5%(通常最高不得超过 10%)。一般在工程移交时,发包人将保留金的一半支付给承包人;质量保修期满 1 年(一般最高不超过 2 年)后 14 天内,将剩下的一半支付给承包人。

(2)履约保证金额的大小取决于招标项目的类型与规模,但必须保证:承包人违约时,发包人不受损失。在投标须知中,发包人要规定使用哪一种形式的履约担保。发包人应当按照招标文件中的规定提交履约担保。没有按照上述要求提交履约担保的发包人,将把合同授予次低标者,并没收投标保证金。

(三)世界银行《采购指南》对履约担保的规定

工程的招标文件要求一定金额的保证金,其金额足以抵偿借款人(发包人)在承包人违约时所遭受的损失。该保证金应当按照借款人在招标文件中的规定以适当的格式和金额采用履约担保书或者银行履约保函形式提供。履约担保书或者银行履约保函的金额将根据提供保证金的类型和工程的性质及规模有所不同。该保证金的一部分应展期至工程竣工日之后,以覆盖截至借款人最终验收的缺陷责任期或维修期;另一种做法是,在合同规定从每次定期付款中扣留一定百分比作为保留金,直到最终验收为止。可允许承包人在临时验收后,用等额保证金来代替保留金。

(四)世界银行贷款项目招标文件范本《土建工程国内竞争性招标文件》对履约担保的规定

(1)中标人应在接到中标通知书 14 天内,按合同专用条款中规定的数额向发包人提交履约保证金。缺陷责任期结束后 28 天履约保证金应保持有效,并应按规定的格式或发包人可接受的其他格式,由在中华人民共和国注册经营的银行开具。

(2)如果没有理由再需要履约保证金,在缺陷责任期结束后的 28 天内,发包人应将履约保证金退还给承包人。

(3)发包人应将从保证金的开出机构所获得的索赔通知承包人。

(4)如果下述情况发生 42 天或以上，则发包人可从履约保证金中获得索赔；项目监理指出承包人有违反合同的行为后，承包人仍继续该违反合同的行为或承包人未将应支付给发包人的款项支付给发包人。

(5)FIDIC(国际咨询工程师联合会)《土木工程施工合同条件》对履约担保的规定。

1)如果合同要求承包人为其正确履行合同取得担保时，承包人应在收到中标函之后 28 天内，按投标书附件中注明的金额取得担保，并将此保函提交给发包人。该保函应与投标书附件中规定的货币种类及其比例一致。当向发包人提交此保函时，承包人应将这一情况通知工程师。该保函采取附件中的格式或由发包人和承包人双方同意的格式。提供担保的机构须经发包人同意。除非合同另有规定，执行本款时所发生的费用应由承包人负担。

2)在承包人根据合同完成施工和竣工，并修补了任何缺陷之前，履约担保将一直有效。在发出缺陷责任证书之后，即不应对该担保提出索赔，并应在上述缺陷责任证书发出后 14 天内，将该保函退还给承包人。

3)在任何情况下，发包人在按照履约担保提出索赔之前，均应通知承包人，说明导致索赔的违约性质。

三、预付款担保

(一)预付款担保的概念

预付款担保是指承包人与发包人签订合同后，承包人正确、合理使用发包人支付的预付款的担保，建筑工程合同签订以后，发包人给承包人一定比例的预付款，一般为合同金额的 10％，但需由承包人的开户银行向发包人出具预付款担保。

(二)预付款担保的形式

1. 银行保函

预付款担保的主要形式即银行保函。预付款担保的担保金额，通常与发包人的预付款等值。预付款一般逐月从工程预付款中扣除，预付款担保的担保金额也相应逐月减少。承包人在施工期间，应当定期从发包人处取得同意此保函减值的文件，并送交银行确认。承包人还清全部预付款后，发包人应退还预付款担保，承包人将其退回银行注销，解除担保责任。

2. 发包人与承包人约定的其他形式

预付款担保可由担保公司担保，或采取抵押等担保形式。

(三)预付款担保的作用

预付款担保的主要作用在于保证承包人能够按合同规定进行施工，偿还发包人已支付的全部预付金额。如果承包人中途毁约、中止工程，使发包人不能在规定期限内从应付工程款中扣除全部预付款，则发包人作为保函的受益人有权凭预付款担保向银行索赔该保函的担保金额作为补偿。

(四)国际工程承包市场关于预付款担保的规定

在国际工程承包市场，世界银行《采购指南》、世界银行贷款项目招标文件范本《土建工程国内竞争性招标文件》《亚洲开发银行贷款采购准则》和 FIDIC《土木工程施工合同条件》中，均对预付款担保作出相应规定。

(1)世界银行《采购指南》规定，货物或土建工程合同签字后支付的任何动员预付款及类似的支出应参照这些支出的估算金额，并应在招标文件中予以规定。对其他预付款的支付金额和时间，例如，对于为交运到现场用于土建工程的材料所做的材料预付款担保，也应有明确规定。招标文件应规定为预付款所需的任何保证金所应做出的安排。

(2)世界银行贷款项目招标文件范本《土建工程国内竞争性招标文件》规定：

1)由在中华人民共和国注册并经营的银行开出与预付款相同数额的保函后，发包人将按合同专用条款中规定的金额和日期向承包人支付预付款。预付款保函应在预付款全部扣回之前保持有效，但其担保金额应随投标人返还的金额而逐渐减少。预付款不计利息。

2)承包人应将预付款专用于实施本合同所需的施工机械、设备、材料及动员费用，并且应向项目监理人提交发票和其他证明文件的副本，以证明预付款确实如此使用。

3)根据以支付额计算的完成工程的比例表，预付款将从支付给承包人的款项中按合同专用条款中规定的比例数额扣回。在评估所完成的工程、变更、价格调整、补偿事件或误期赔偿费的价值时，不应考虑预付款的支付和扣回。

(3)《亚洲开发银行贷款采购准则》规定：建设项目合同应当预先支付一定数额的预付款，用于支付迁移费及因为工程需要而将材料运到工地的费用。招标文件应规定每项预付金额基数，支付的时间和方法，所要求的资金种类以及承包人还款方式。对于预付的迁移费、所迁移的物品应在数量单中加以说明，预付款的支付仅限于这些物品。一般情况下，预付金额仅限于合同总额的10%，至于配合工程需要所运的材料，预付款数量取决于工程的类型，在通常情况下可预付部分材料费。

(4)FIDIC《土木工程施工合同条件》在证书与支付中规定：如想包括预付款条款，可增加一款："投标书附件中规定的预付款数额，应在承包人根据发包人呈交或认可的履约保证书和已经发包人认可的条件对全部预付款价值进行担保的保函之后，由工程师开具证明支付给承包人。"上述担保额应按照工程师根据本款颁发的临时证书中的指示，用承包人偿还的款项逐渐冲抵。该预付款不受保留金约束。

注意：预付款的支付与工程是否正式开工或材料设备是否到场无关。

四、支付担保

(一)支付担保的概念

支付担保是指应承包人的要求，发包人提交的保证履行合同中约定的工程款支付义务的担保。

(二)支付担保的形式

支付担保的形式有银行保函、履约保证金、担保公司担保、抵押或者质押。

发包人支付担保应是金额担保。对于大型工程，可实行履约金分段滚动担保。担保额度为工程总额的20%～25%。本段清算后进入下段。已完成担保额度，发包人未能按时支付，承包人可依据担保合同暂停施工，并要求担保人承担支付责任和相应的经济损失。

(三)支付担保的作用

支付担保的主要作用是通过对发包人资信状况进行严格审查并落实各项反担保措施，确保工程费用及时支付到位；一旦发包人违约，付款担保人将代为履约。上述对工程款支付担保的规定，对解决我国建筑市场上工程款拖欠现象具有重要的意义。

◣任务实施◢

一、担保的合同是否有效

甲、乙、丙三方借贷关系，属于民间借贷。根据《合同法》的规定：只要双方当事人意思表示真实，即可认定有效。甲、乙、丙三方的借款合同，是三方当事人的真实意思表示，内容不违反现行禁止性、强制性法律、法规的规定，应认定为有效的合同。且丙方已依约履行了贷款义务，借款人未依约还款，已构成违约，应承担还本付息的义务。

二、"若甲方在本协议约定的还款期限届满未能依约清还丙方全部借款本息时，则甲方将甲方在某楼盘项下工程项目及该合同项下的权益全部无条件转让给丙方"的承诺能否兑现

该《权益转让协议》虽名为"转让"，实为质押，且该质押协议约定：若债务人未按约清偿款项，用作质押的权益则归债权人所有，即约定了流质条款。而我国相关法律明文禁止流质条款，该转让协议违反了我国法律的强行性规定，应为无效。

三、乙方是否承担连带责任

借款合同中虽然约定以甲方在建房作为借款抵押，但双方未进一步办理相关抵押登记手续，故可认定双方的抵押担保合同关系未成立。乙方在借款协议中约定，为本案借款本息承担连带担保责任，并分别向原告出具了担保函，表示愿意为甲方向丙方的借款本息承担连带责任担保。该借款协议及担保函意思表示真实，现行法律法规并未禁止对境外个人提供担保的行为，上述借款协议及担保函均应认定为有效。丙方据此在保证期间内，向保证人主张连带保证责任，理据充分。根据《中华人民共和国担保法》的规定：关于两个以上保证人对同一债务同时或分别提供保证时，各保证人与债权人没有约定保证份额的，应当认定为连带共同保证的规定，各保证人应对借款人的债务承担共同保证责任。

▶ 知识链接 ◀

《中华人民共和国担保法》

第四节　建筑工程索赔

▶ 任务导入 ◀

某汽车制造厂建设施工土方工程中，承包人在合同中标明有松软石的地方没有遇到松软石，因此工期提前1个月。但在合同中另一未标明有坚硬岩石的地方遇到很多坚硬岩石，使开挖工作变得更加困难，由此造成了实际生产率降低的后果，经测算将影响工期3个月。由于施工速度减慢，使得部分施工任务拖到雨季进行，按一般公认标准推算，又影响工期2个月。为此承包人准备提出索赔。

▶ 任务分析 ◀

该项施工索赔能否成立？在该索赔事件中，应提出的索赔内容包括哪些方面？在工程施工中，通常可以提供的索赔证据有哪些？承包人应提供的索赔文件有哪些？承包人应如何拟定索赔通知？以上问题是本节需要解决的问题。

一、建筑工程索赔的主要内容

(一)建筑工程索赔的起因和分类

1. 索赔的概念

索赔是指在合同的实施过程中，合同一方因对方不履行或未能正确履行合同所规定的义务或未能保证承诺的合同条件实现而遭受损失后，向对方提出的补偿要求。索赔是相互的、双向的。承包人可以向发包人索赔，发包人也可以向承包人索赔。

2. 建筑工程索赔的起因

(1)发包人违约，包括发包人和工程师没有履行合同责任、没有正确地行使合同赋予的权力，工程管理失误，不按合同支付工程款等。

(2)合同错误，如合同条文不全、错误、矛盾、有二义性，设计图纸、技术规范错误等。

(3)合同变更，如双方签订新的变更协议、备忘录、修正案，发包人下达工程变更指令等。

(4)工程环境变化，包括法律、市场物价、货币兑换率、自然条件的变化等。

(5)不可抗力因素，如恶劣的气候条件、地震、洪水、战争状态、禁运等。

3. 建筑工程索赔的分类

(1)按索赔当事人分类。承包人与发包人之间索赔；承包人与分包人之间索赔；承包人与供货人之间索赔；承包人与保险人之间索赔。

(2)按索赔事件的影响分类。

1)工期拖延索赔。由于发包人未能按合同规定提供施工条件，如未及时交付设计图纸、技术资料、场地、道路等；或非承包人原因发包人指令停止工程实施；或由于其他不可抗力因素作用等原因，造成工程中断，或工程进度放慢，使工期拖延，承包人对此提出索赔。

2)不可预见的外部障碍或条件索赔。如果在施工期间，承包人在现场遇到一个有经验的承包人通常不能预见到的外部障碍或条件，例如，地质与预计的(发包人提供的资料)不同，出现未预见到的岩石、淤泥或地下水等。

3)工程变更索赔。由于发包人或工程师指令修改设计、增加或减少工程量、增加或删除部分工程、修改实施计划、变更施工次序，造成工期延长和费用损失，承包人对此提出索赔。

4)工程终止索赔。由于某种原因，如不可抗力因素影响、发包人违约，使工程被迫在竣工前停止实施，并不再继续进行，使承包人蒙受经济损失，因此提出索赔。

5)其他索赔。如货币贬值、汇率变化、物价和工资上涨、政策法令变化、发包人推迟支付工程款等原因引起的索赔。

(3)按索赔要求分类。

1)工期索赔。即要求发包人延长工期，推迟竣工日期。

2)费用索赔。即要求发包人补偿费用损失，调整合同价格。

(4)按索赔所依据的理由分类。

1)合同内索赔。合同内索赔即索赔以合同条文作为依据，发生了合同规定给承包人以补偿的干扰事件，承包人根据合同规定提出索赔要求。这是最常见的索赔。

2)合同外索赔。合同外索赔是指工程过程中发生的干扰事件的性质已经超过合同范围。在合同中找不出具体的依据，一般必须根据适用于合同关系的法律解决索赔问题。

3)道义索赔。道义索赔是指由于承包人失误(如报价失误、环境调查失误等)，或发生承包人应负责的风险而造成承包人重大的损失恳请发包人给予救助的索赔。

(5)按索赔的处理方式分类。

1)单项索赔。单项索赔是针对某一干扰事件提出的。索赔的处理是在合同实施过程中,干扰事件发生时,或发生后立即进行。它由合同管理人员处理,并在合同规定的索赔有效期内,向发包人提交索赔意向书和索赔报告。

2)总索赔。总索赔又叫作一揽子索赔或综合索赔。总索赔是在国际工程中经常采用的索赔处理和解决方法。一般在工程竣工前,承包人将工程过程中未解决的单项索赔集中起来,提出一份总索赔报告。合同双方在工程交付前或交付后进行最终谈判,以一揽子方案解决索赔问题。

(二)建筑工程索赔的成立条件及应具备的理由

1. 建筑工程索赔的成立条件

(1)与合同对照,事件已造成了承包人工程项目成本的额外支出,或直接工期损失。

(2)造成费用增加或工期损失的原因,按合同约定不属于承包人的行为责任或风险责任。

(3)承包人按合同规定的程序提交索赔意向通知和索赔报告。

2. 建筑工程索赔应具备的理由

(1)发包人违反合同给承包人造成时间、费用的损失。

(2)因工程变更(含设计变更、发包人提出的工程变更、监理工程师提出的工程变更,以及承包人提出并经监理工程师批准的变更)造成的时间、费用损失。

(3)由于监理工程师对合同文件的歧义解释、技术资料不确切,或由于不可抗力导致施工条件的改变,造成了时间、费用的增加。

(4)发包人提出提前完成项目或缩短工期而造成承包人的费用增加。

(5)发包人延误支付期限造成承包人的损失。

(6)合同规定以外的项目进行检验,且检验合格,或非承包人的原因导致项目缺陷的修复所发生的损失或费用。

(7)非承包人的原因导致工程暂时停工。

(8)物价上涨、法规变化及其他。

(三)常见的建筑工程索赔

1. 因合同文件引起的索赔

(1)有关合同文件的组成问题引起的索赔。

(2)关于合同文件有效性引起的索赔。

(3)因图纸或工程量表中的错误而索赔。

2. 有关工程施工的索赔

(1)地质条件变化引起的索赔。

(2)工程中人为障碍引起的索赔。

(3)增减工程量的索赔。

(4)各种额外试验和检查费用偿付。

(5)工程质量要求的变更引起的索赔。

(6)关于变更命令有效期引起的索赔或拒绝。

(7)指定分包商违约或延误工期造成的索赔。

(8)其他有关施工的索赔。

3. 关于价款方面的索赔

(1)关于价格调整方面的索赔。

(2)关于货币贬值和严重经济失调导致的索赔。

(3)拖延支付工程款的索赔。

4. 关于工期的索赔

(1)关于延误工期的索赔。

(2)由于延误工期产生损失的索赔。

(3)赶工费用的索赔。

5. 特殊风险和不可抗力因素的索赔

(1)特殊风险的索赔。特殊风险一般是指战争、敌对行动、入侵、敌人的行为、核污染及冲击波破坏、叛乱、革命、暴动、军事政变或篡权、内战等。

(2)不可抗力因素的索赔。不可抗力因素主要是指自然灾害，由这类灾害造成的损失应向承保的保险公司索赔。在许多合同中，承包人以发包人和承包人共同的名义投保工程一切险，这种索赔可同发包人一起进行。

6. 工程暂停、中止合同的索赔

(1)施工过程中，工程师有权下令暂停全部工程或任何部分工程，只要这种暂停命令并非由承包人违约或其他意外风险造成的，承包人不仅可以得到要求工期延展的权利，而且可以就其停工损失获得合理的额外费用补偿。

(2)中止合同和暂停工程的意义是不同的。有些中止的合同是由于意外风险造成的损害十分严重，另一种中止合同是由于"错误"引起的中止。例如，发包人认为承包人不能履约而中止合同，甚至从工地驱逐该承包人。

7. 财务费用补偿

财务费用补偿是指因各种原因使承包人财务开支增大而导致贷款利息等财务费用增加而提出的补偿要求。

(四)建筑工程索赔的依据

1. 合同文件

合同文件是建筑工程索赔的最主要依据，包括：本合同协议书；中标通知书；投标书及其附件；本合同专用条款；本合同通用条款；标准、规范及有关技术文件；图纸；工程量清单；工程报价单或预算书。

在合同履行中，发包人与承包人有关工程的洽商、变更等书面协议或文件视为本合同的组成部分。

2. 订立合同所依据的法律法规

(1)适用法律和法规。建筑工程合同文件适用国家的法律和行政法规。需要明示的法律、行政法规，由双方在专用条款中约定。

(2)适用标准、规范。双方在专用条款内约定适用国家标准、规范的名称。

3. 相关证据

(1)证据是指能够证明案件事实的一切材料。在企业维护自身权利的过程中，根本的目的就是要明确对方的责任和自身的权利，减轻自己的责任和减少甚至消除对方的权利。但这一切都必须依法进行。

(2)可以作为证据使用的材料有以下七种：

1)书证。书证是指以文字或数字记载的内容起证明作用的书面文本和其他载体。如合同文本、财务账册、欠据、收据、往来信函以及确定有关权利的判决书、法律文件等。

2)物证。物证是指以其存在、存放的地点外部特征及物质特性来证明案件事实真相的证据。如购销过程中封存的样品，被损坏的机械、设备，有质量问题的产品等。

3)证人证言。证人证言是指知道、了解事实真相的人所提供的证词，或向司法机关所作的陈述。

4)视听材料。视听材料是指能够证明案件真实情况的音像资料，如录音带、录像带等。

5)被告人供述和有关当事人陈述。被告人供述和有关当事人陈述包括：犯罪嫌疑人、被告人向司法机关所作的承认犯罪并交代犯罪事实的陈述或否认犯罪或具有从轻、减轻、免除处罚的辩解、申诉；被害人、当事人就案件事实向司法机关所作的陈述。

6)鉴定结论。鉴定结论是指专业人员就案件有关情况向司法机关提供的专门性的书面鉴定意见。如损伤鉴定、痕迹鉴定、质量责任鉴定等。

7)勘验、检验笔录。勘验、检验笔录是指司法人员或行政执法人员对与案件有关的现场物品、人身等进行勘察、试验或检查的文字记载。这项证据也具有专门性。

(3)在工程索赔中的证据。在工程索赔中的证据包括：招标文件、合同文本及附件，其他各种签约(备忘录、修正案等)，发包人认可的工程实施计划，各种工程图纸(包括图纸修改指令)，技术规范等；来往信件，如发包人的变更指令，各种认可信、通知、对承包人问题的答复信等；各种会谈纪要；施工进度计划和实际施工进度记录；施工现场的工程文件；工程照片；气候报告；工程中的各种检查验收报告和各种技术鉴定报告；工地的交接记录(应注明交接日期，场地平整情况，水、电、路情况等)，图纸和各种资料交接记录；建筑材料和设备的采购、订货、运输、进场、使用方面的记录、凭证和报表等；市场行情资料，包括市场价格、官方的物价指数、工资指数、中央银行的外汇比率等公布材料；各种会计核算资料；国家法律、法令、政策文件。

(五)建筑工程索赔的程序和方法

1. 建筑工程索赔的程序

(1)提出索赔要求。当出现索赔事项时，承包人以书面的索赔通知书形式，在索赔事项发生后的 28 天以内，向工程师正式提出索赔意向通知。

(2)报送索赔资料。在索赔通知书发出后的 28 天内，向工程师提出延长工期和(或)补偿经济损失的索赔报告及有关资料。

(3)工程师答复。工程师在收到承包人送交的索赔报告及有关资料后，于 28 天内给予答复，或要求承包人进一步补充索赔理由和证据。

(4)工程师逾期答复后果。工程师在收到承包人送交的索赔报告及有关资料后 28 天未予答复或未对承包人作进一步要求，视为该项索赔已经认可。

(5)持续索赔。当索赔事件持续进行时，承包人应当阶段性向工程师发出索赔意向，在索赔事件终了后 28 天内，向工程师送交索赔的有关资料和最终索赔报告，工程师应在 28 天内给予答复或要求承包人进一步补充索赔理由和证据。逾期未答复，视为该项索赔成立。

(6)仲裁与诉讼。工程师对索赔的答复，承包人或发包人不能接受，即进入仲裁或诉讼程序。

2. 索赔文件的编制方法

(1)总述部分。总述部分概要论述索赔事项发生的日期和过程；承包人为该索赔事项付出的努力和附加开支；承包人的具体索赔要求。

(2)论证部分。论证部分是索赔报告的关键部分，其目的是说明自己有索赔权，是索赔能否成立的关键。

(3)索赔款项(或工期)计算部分。如果说合同论证部分的任务是解决索赔权能否成立，则款项计算部分的任务是解决能得到多少款项。前者定性，后者定量。

(4)证据部分。要注意引用的每个证据的效力或可信程度，对重要的证据资料最好附以文字说明，或附以确认件。

(六)建筑工程反索赔的概念和特点

1. 建筑工程反索赔的概念

反索赔是相对索赔而言的，是对提出索赔的一方的反驳(回应、索赔)。发包人可以针对承包人的索赔进行反索赔，承包人也可以针对发包人的索赔进行反索赔。通常的反索赔主要是指发包人向承包人的反索赔。

2.建筑工程反索赔的特点

(1)索赔与反索赔具有同时性。

(2)技巧性强，处理不当将会引起诉讼。

(3)在反索赔时，发包人处于主动的有利地位，发包人在经工程师证明承包人违约后，可以直接从应付工程款中扣回款项，或从银行保函中得到补偿。

3.发包人相对承包人反索赔的内容

(1)工程质量缺陷反索赔。

(2)拖延工期反索赔。

(3)保留金的反索赔。

(4)发包人其他损失的反索赔。

▶任务实施◀

一、该项施工索赔能否成立

该项施工索赔能成立。施工中在合同未标明有坚硬岩石的地方遇到很多坚硬岩石，属于施工现场的施工条件与原来的勘察有很大差异，属于甲方的责任范围。

二、在该索赔事件中，应提出的索赔内容包括哪些方面

本事件中，由于意外地质条件造成施工困难，导致工期延长，相应产生额外工程费用，因此，应提出的索赔内容包括费用索赔和工期索赔。

三、在工程施工中，通常可以提供的索赔证据有哪些

(1)招标文件、工程合同及附件、业主认可的施工组织设计、工程图纸、技术规范等。

(2)工程各项有关设计交底记录、变更图纸、变更施工指令等。

(3)工程各项经业主或监理工程师签认的签证。

(4)工程各项往来信件、指令、信函、通知、答复等。

(5)工程各项会议纪要。

(6)施工计划及现场实施情况记录。

(7)施工日报及工长工作日志、备忘录。

(8)工程送电、送水、道路开通、封闭的日期及数量记录。

(9)工程停水、停电和干扰事件影响的日期及恢复施工的日期记录。

(10)工程预付款、进度款拨付的数额及日期记录。

(11)工程图纸，图纸变更、交底记录的送达份数及日期记录。

(12)工程有关施工部位的照片及录像等。

(13)工程现场气候记录，有关天气的温度、风力、降雨雪量记录等。

(14)工程验收报告及各项技术鉴定报告等。

(15)工程材料采购、订货、运输、进场、验收、使用等方面的凭据。

(16)工程会计核算资料。

(17)国家、省、市有关影响工程造价、工期的文件、规定等。

四、承包人应提供的索赔文件有哪些；承包人应如何拟定索赔通知

承包人应提供的索赔文件如下：

(1)索赔信。

(2)索赔报告。

(3)索赔证据与详细计算书等附件。

索赔通知的参考形式如下：

索 赔 通 知

致甲方代表(或监理工程师)：

我方希望你方对工程地质条件变化问题引起重视：在合同文件未标明有坚硬岩石的地方遇到很多坚硬岩石，致使我方实际生产率降低，而引起进度拖延，并不得不在雨期施工。

上述施工条件变化，造成我方施工现场设计与原设计有很大不同，为此向你方提出工期索赔及费用索赔要求，具体工期索赔及费用索赔依据与计算书附在随后的索赔报告中。

承包人：×××

××年××月××日

▶知识链接◀

一、工程变更价款的确定程序

合同中综合单价因工程量变更需调整时，除合同另有约定外，应按照下列办法确定：

(1)工程量清单漏项或设计变更引起的新的工程量清单项目，其相应综合单价由承包人提出，经发包人确认后作为结算的依据。

(2)由于工程量清单的工程数量有误或设计变更引起工程量增减，属合同约定幅度以内的，应执行原有的综合单价；属合同约定幅度以外的，其增加部分的工程量或减少后剩余部分的工程量的综合单价由承包人提出，经发包人确认后作为结算的依据。

二、工程变更价款的确定方法

1. 我国现行工程变更价款的确定方法

《建设工程施工合同(示范文本)》约定的工程变更价款的确定方法如下：

(1)合同中已有适用于变更工程的价格，按合同已有的价格变更合同价款。

(2)合同中只有类似于变更工程的价格，可以参照类似价格变更合同价款。

(3)合同中没有适用或类似于变更工程的价格，由承包人提出适当的变更价格，经工程师确认后执行。

1)采用合同中工程量清单的单价和价格。合同中工程量清单的单价和价格由承包人投标时提供，用于变更工程，容易被业主、承包人及监理工程师所接受，从合同意义上讲，也比较公平。

2)采用合同中工程量清单的单价或价格。采用合同中工程量清单的单价或价格有几种情况：

①直接套用，即从工程量清单上直接拿来使用；

②间接套用，即依据工程量清单，通过换算后采用；

③部分套用，即依据工程量清单，取其价格中的某一部分使用。

例如，某合同中，钻孔桩的工程情况是：直径为 1.0 m 的共计长 1 501 m；直径为 1.2 m 的共计长 8 178 m；直径为 1.3 m 的共计长 2 017 m。原合同规定，选择直径为 1.0 m 的钻孔桩做静载破坏试验。显然，如果选择直径为 1.2 m 的钻孔桩做静载破坏试验对工程更具有代表性和指导意义。因此，监理工程师决定变更；但在原工程量清单中仅有直径为 1.0 m 的钻孔桩静载破坏试验的价格，没有直接或其他可套用的价格供参考。经过认真分析，监理工程师认为，钻孔桩做静载破坏试验的费用主要由两部分构成，一部分为试验费用，另一部分为桩本身的费用，而试验方法及设备并未因试验桩直径的改变而发生变化。因此，可认为试验费用没有增减，费用的增减主要取决于由钻孔桩直径变化而引起的桩本身的费用的增减。直径为 1.2 m 的普通钻孔桩的单价，在工程量清单中就可以找到，且地理位置和施工条件相近。因此，采用直径为 1.2 m 的钻孔桩做静载破坏试验的费用为直径为 1.0 m 的钻孔桩静载破坏试验费＋直径为 1.2 m 的钻孔桩的清单价格。

3)协商单价和价格。协商单价和价格是基于合同中没有(适用或类似)或者有但不合适的情况而采取的一种方法。

例如，某合同中，路堤土方工程完成后，发现原设计在排水方面考虑不周，为此业主同意在适当位置增设排水管涵。在工程量清单上有 100 多道类似管涵，但承包人却拒绝直接从中选择适合的作为参考依据。理由是变更设计提出时间较晚，其土方已经完成并准备开始路面施工，新增工程不但打乱了其进度计划，而且二次开挖土方难度较大，特别是重新开挖用石灰土处理过的路堤，与开挖天然表土不能等同。监理工程师认为承包人的意见可以接受，不宜直接套用清单中的管涵价格。经与承包人协商，决定采用工程量清单上的几何尺寸、地理位置等条件相近的管涵价格作为新增工程的基本单价，但对其中的"土方开挖"一项在原报价基础上按某个系数予以适当提高，将提高的费用叠加在基本单价上，构成新增工程价格。

2.FIDIC 施工合同条件下工程变更的估价

工程师应通过 FIDIC(1999 年第一版)第 12.1 款和第 12.2 款商定或确定的测量方法和适宜的费率及价格，对各项工作的内容进行估价，再按照 FIDIC 第 3.5 款，商定或确定合同价格。

各项工作内容的适宜费率或价格，应为合同对此类工作内容规定的费率或价格，如合同中无某项内容，应取类似工作的费率或价格。但在以下情况下，宜对有关工作内容采用新的费率或价格。

第一种情况：如果此项工作实际测量的工程量比工程量表或其他报表中规定的工程量的变动大于 10%；工程量的变化与该项工作规定的费率的乘积超过了中标的合同金额的 0.01%；由此工程量的变化直接造成该项工作单位成本的变动超过 1%；这项工作不是合同中规定的"固定费率项目"。

第二种情况：此工作是根据变更与调整的指示进行的；合同没有规定此项工作的费率或价格；由于该项工作与合同中的任何工作没有类似的性质或不在类似的条件下进行，故没有一个规定的费率或价格适用。

每种新的费率或价格应考虑以上描述的有关事项对合同中相关费率或价格加以合理调整后得出。如果没有相关的费率或价格可供推算新的费率或价格，应根据实施该工作的合理成本和合理利润，并考虑其他相关事项后得出。

工程师应在商定或确定适宜费率或价格前，确定用于期中付款证书的临时费率或价格。

三、索赔费用的组成

索赔费用的主要组成部分，同工程款的计价内容相似。按我国现行规定(参见建标 44 号文件《建筑安装工程费用项目组成》)，建安工程合同价包括分部分项工程费、措施项目费、其他项目费、规费和税金。我国的这种规定，与国际上通行的做法并不完全一致。按国际惯例，建筑安装工程直接费包括人工费、材料费和施工机具使用费；间接费包括现场管理费、保险费、利息等。一般承包人可索赔的具体费用内容如图5-5所示。

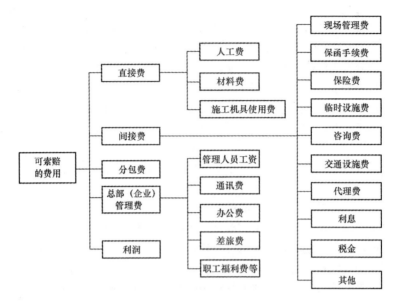

图 5-5　承包人可索赔的费用

从原则上说，承包人有索赔权利的工程成本增加，都是可以索赔的费用。但是，对于不同原因引起的索赔，承包人可索赔的具体费用内容是不完全一样的。对于可索赔的内容，要按照各项费用的特点、条件进行分析论证，现概述如下：

(1)人工费。人工费包括施工人员的基本工资、工资性质的津贴、加班费、奖金以及法定的安全福利等费用。

对于索赔费用中的人工费部分而言，人工费是指完成合同之外的额外工作所花费的人工费用、由于非承包人责任的工效降低所增加的人工费用、超过法定工作时间加班劳动费、法定人工费增长以及非承包人责任工程延期导致的人员窝工费和工资上涨费等。

(2)材料费。材料费的索赔包括由于索赔事项材料实际用量超过计划用量而增加的材料费；由于客观原因材料价格大幅度上涨而增加的材料费；由于非承包人责任工程延期导致的材料价格上涨和超期储存费用。材料费中应包括运输费、仓储费以及合理的损耗费用。

(3)施工机具使用费。施工机具使用费包括：由于完成额外工作增加的机械使用费；非承包人责任工效降低增加的机械使用费；由于业主或监理工程师原因导致机械停工的窝工费。窝工费的计算，如租赁设备，一般按实际租金和调进调出费的分摊计算；如承包人自有设备，一般按台班折旧费计算，而不能按台班费计算，因台班费中包括了设备使用费。

(4)分包费。分包费索赔是指分包商的索赔费，一般也包括人工、材料、机械使用费的索赔。分包商的索赔应如数列入总承包人的索赔款总额内。

(5)现场管理费。索赔款中的现场管理费是指承包人完成额外工程、索赔事项工作以及工期延长期间的现场管理费，包括管理人员工资、办公、通信、交通费等。

(6)利息。利息的索赔通常发生于下列情况：拖期付款的利息；错误扣款的利息。

主要有这样的几种规定：按当时的银行贷款利率；按当时的银行透支利率；按合同双方协议的利率；按中央银行贴现率加三个百分点。

（7）总部（企业）管理费。总部管理费主要是指工程延期期间所增加的管理费。

（8）利润。一般来说，由于工程范围的变更、文件有缺陷或技术性错误、业主未能提供现场等引起的索赔，承包人可以将其列入利润。但对于工程暂停的索赔，一般监理工程师很难同意在工程暂停的费用索赔中加进利润损失。

利润索赔的款额计算通常与原报价单中的利润百分率保持一致。

四、索赔费用的计算方法

索赔费用的计算方法有实际费用法、总费用法和修正的总费用法。

（1）实际费用法。实际费用法是计算工程索赔时最常用的一种方法。这种方法的计算原则是以承包人为某项索赔工作所支付的实际开支为根据，向业主要求费用补偿。

用实际费用法计算时，在直接费的额外费用部分的基础上，再加上应得的间接费和利润，即承包人应得的索赔金额。由于实际费用法所依据的是实际发生的成本记录或单据，所以，在施工过程中，系统而准确地积累记录资料非常重要。

（2）总费用法。总费用法就是当发生多次索赔事件以后，重新计算该工程的实际总费用，实际总费用减去投标报价时的估算总费用，即为索赔金额，即

$$索赔金额＝实际总费用－投标报价估算总费用 \qquad (5-1)$$

不少人对采用该方法计算索赔费用持批评态度，因为实际发生的总费用中可能包括了承包人的原因，如施工组织不善而增加的费用；同时，投标报价估算的总费用也可能为了中标而过低。所以，这种方法只有在难以采用实际费用法时才应用。

（3）修正的总费用法。修正的总费用法是对总费用法的改进，即在总费用计算的原则上，去掉一些不合理的因素，使其更合理。修正的内容如下：将计算索赔款的时段局限于受到外界影响的时间，而不是整个施工期；只计算受影响时段内的某项工作所受影响的损失，而不是该时段内所有施工工作所受的损失；与该项工作无关的费用，不列入总费用中；对投标报价费用重新进行核算，按受影响时段内该项工作的实际单价进行核算，乘以实际完成的该项工作的工程量，得出调整后的报价费用。

按修正的总费用法计算索赔金额的公式如下：

$$索赔金额＝某项工作调整后的实际总费用－该项工作的报价费用 \qquad (5-2)$$

修正的总费用法与总费用法相比，有了实质性的改进，它的准确程度已接近于实际费用法。

在某高速公路工程施工过程中，由于业主修改高架桥设计，监理工程师下令承包人工程暂停一个月。试分析在这种情况下，承包人可索赔哪些费用？

分析：可索赔如下费用：

1）人工费：对于不可辞退的工人，索赔人工窝工费，应按人工日成本计算；对于可以辞退的工人，可索赔人工上涨费。

2）材料费：可索赔超期储存费用或材料价格上涨费。

3）施工机械使用费：可索赔机械窝工费或机械台班上涨费。自有机械窝工费一般按台班折旧费索赔；租赁机械窝工费一般按实际租金和调进调出的分摊费计算。

4）分包费：分包费指由于工程暂停分包商向总包索赔的费用。总包向业主索赔应包括分包商向总包索赔的费用。

5）现场管理费：由于全面停工，可索赔增加的工地管理费。可按日计算，也可按直接成本的百分比计算。

6）保险费：可索赔延期一个月的保险费。按保险公司保险费费率计算。

7）保函手续费：可索赔延期一个月的保函手续费。按银行规定的保函手续费费率计算。

8)利息：可索赔延期一个月增加的利息支出。按合同约定的利率计算。

9)总部(企业)管理费：由于全面停工，可索赔延期增加的总部(企业)管理费。可按总部规定的百分比计算。如果工程只是部分停工，监理工程师可能不会同意总部(企业)管理费的索赔。

五、工程结算的方法

1. 承包工程价款的主要结算方式

承包工程价款结算可以根据不同情况，采取多种方式。

(1)按月结算。即先预付部分工程款，在施工过程中按月结算工程进度款，竣工后进行竣工结算。

(2)竣工后一次结算。建设项目或单项工程全部建筑安装工程建设期在 12 个月以内，或者工程承包合同价值在 100 万元以下的，可以实行工程价款每月月中预支，竣工后一次结算的方式。

(3)分段结算。即当年开工，当年不能竣工的单项工程或单位工程按照工程形象进度，划分不同阶段进行结算。分段结算可以按月预支工程款。

(4)结算双方约定的其他结算方式。实行竣工后一次结算和分段结算的工程，当年结算的工程款应与分年度的工作量一致，年终不另清算。

2. 工程预付款

工程预付款是建筑工程施工合同订立后由发包人按照合同约定，在正式开工前预先支付给承包人的工程款。其是施工准备和所需材料、结构件等流动资金的主要来源，国内习惯上又称为预付备料款。工程预付款的具体事宜，由承、发包双方根据住房和城乡建设主管部门的规定，结合工程款、建设工期和包工包料情况在合同中约定。在《建设工程施工合同(示范文本)》(GB—2017—0201)中，对有关工程预付款作了如下约定："实行工程预付款的，双方应当在专用条款内约定发包人向承包人预付工程款的时间和数额，开工后按约定的时间和比例逐次扣回。预付时间应不迟于约定的开工日期前 7 天。发包人不按约定预付，承包人在约定预付时间 7 天后向发包人发出要求预付的通知，发包人收到通知后仍不能按要求预付，承包人可在发出通知后 7 天停止施工，发包人应从约定应付之日起向承包人支付应付款的贷款利息，并承担违约责任。"

工程预付款额度，各地区、各部门的规定不完全相同，主要是保证施工所需材料和结构件的正常储备。一般是根据施工工期、建筑安装工作量、主要材料和结构件费用占建筑安装工作量的比例以及材料储备周期等因素经测算来确定。发包人根据工程的特点、工期长短、市场行情、供求规律等因素，招标时在合同条件中约定工程预付款的百分比。

3. 工程预付款的扣回

发包人支付给承包人的工程预付款，其性质是预支。随着工程进度的推进，拨付的工程进度款数额不断增加，工程所需主要材料、结构件的用量逐渐减少，原已支付的预付款应以抵扣的方式予以陆续扣回。扣款的方法由发包人和承包人通过洽商用合同的形式予以确定，可采用等比率或等额扣款的方式。也可针对工程实际情况具体处理，如有些工程工期较短、造价较低，就无须分期扣还；有些工期较长，如跨年度工程，其备料款的占用时间很长，根据需要可以少扣或不扣。

4. 工程进度款

(1)工程进度款的计算。工程进度款的计算，主要涉及两个方面：一是工程量的计量[参见《建设工程工程量清单计价规范》(GB 50500—2013)]；二是单价的计算方法。

单价的计算方法，主要根据发包人和承包人事先约定的工程价格的计价方法决定。目前，一般来说，我国工程价格的计价方法可以分为工料单价和综合单价两种方法。两者在选择时，既可采取可调价格的方式(发包单位承担通货膨胀因素的风险)，即工程价格在实施期间可随价格变化而调整，也可采取固定价格的方式，即工程价格在实施期间不因价格变化而调整。在工程价格中，已考虑价格风险因素，并在合同中明确了固定价格所包括的内容和范围。

1)工程价格的计价方法。可调工料单价法将人工、材料、机械再配上预算价作为直接成本单价(固定单价合同中，施工期的主要风险由承包人承担)，其他直接成本、间接成本、利润、税金分别计算；因为价格是可调的，其人工、材料等费用在竣工结算时按工程造价管理机构公布的竣工调价系数或按主材计算差价(单项调差法)或主材用抽料法、次要材料按系数计算差价进行调整；固定综合单价法是包含了风险费用在内的全费用单价，故不受时间价值的影响。由于两种计价方法的不同，因此，工程进度款的计算方法也不同。

2)工程进度款的计算。当采用可调工料单价法计算工程进度款时，在确定已完工程量后，可按以下步骤计算工程进度款：

根据已完工程量的项目名称、分项编号、单价得出合价；将本月所完全部项目合价相加，得出直接工程费小计；按规定计算措施费、间接费、利润；按规定计算主材差价或差价系数；按规定计算税金；累计本月应收工程进度款。

采用固定综合单价(完全价格法)计算工程进度款，比用可调工料单价法更方便、省事。工程量得到确认后，只要将工程量与综合单价相乘得出合价，再累加即可完成本月工程进度款的计算工作。

(2)工程进度款的支付。工程进度款一般按当月实际完成工程量进行结算，工程竣工后办理竣工结算。

5.竣工结算

工程竣工验收报告经发包人认可后28天内，由承包人向发包人递交竣工结算报告及完整的结算资料，双方按照协议书约定的合同价款及专用条款约定的合同价款调整内容，进行工程竣工结算。专业监理工程师审核承包人报送的竣工结算报表并与发包人、承包人协商一致后，签发竣工结算文件和最终的工程款支付证书。

6.建筑安装工程价款的动态结算

建筑安装工程价款的动态结算就是要把各种动态因素渗透到结算过程中，使结算大体能反映实际的消耗费用。下面介绍几种常用的动态结算办法：

(1)按实际价格结算法(按实际价格计算差价)。

(2)按主材计算差价。发包人在招标文件中列出需要调整差价的主要材料及其基期价格(一般采用当时当地工程造价管理机构公布的信息价或结算价)，工程竣工结算时按竣工当时当地工程造价管理机构公布的材料信息价或结算价，与招标文件中列出的基期价比较计算材料差价。

(3)竣工调价系数法。按工程价格管理机构公布的竣工调价系数及调价计算方法计算差价。

(4)调值公式法(又称动态结算公式法)。即在发包方和承包方签订的合同中明确规定了调值公式。

价格调整的计算工作比较复杂，其程序如下：

第一，确定计算物价指数的品种，一般来说，品种不宜太多，只需确定那些对项目投资影响较大的因素即可，如设备、水泥、钢材、木材和工资等。这样便于计算。

第二，要明确以下两个问题：一是合同价格条款中，应写明经双方商定的调整因素，在签订合同时要写明考核几种物价波动到何种程度才需进行调整，一般都在±10%左右；二是考核的地点和时点：地点一般在工程所在地，或指定的某地市场；时点指的是某月某日的市场。这里要确定两个时点价格，即基准日期的市场价格（基础价格）和与特定付款证书有关的期间最后一天的49天前的时点价格。这两个时点价格就是计算调值的依据。

第三，确定各成本要素的系数和固定系数，各成本要素的系数要根据各成本要素对总价的影响程度而定。各成本要素系数之和加上固定系数应该等于1。

建筑安装工程费用的价格调值公式如下：

建筑安装工程费用价格调值公式包括固定部分、材料部分和人工部分三项。但因建筑安装工程的规模增大和复杂性增加，公式也变得更长更复杂。典型的材料成本要素有钢筋、水泥、木材、钢构件、沥青制品等费用。同样，人工成本要素可包括普通工费用和技术工费用。其调值公式一般为

$$P = P_0 \left(a_0 + a_1 \frac{A}{A_0} + a_2 \frac{B}{B_0} + a_3 \frac{C}{C_0} + a_4 \frac{D}{D_0} \right) \qquad (5-3)$$

式中　　P——调值后合同价款或工程实际结算款；

P_0——合同价款中工程预算进度款；

a_0——固定要素，代表合同支付中不能调整的部分；

a_1、a_2、a_3、a_4——代表有关成本要素（如人工费用、钢材费用、水泥费用、运输费等）在合同总价中所占的比重 $a_0 + a_1 + a_2 + a_3 + a_4 = 1$；

A_0、B_0、C_0、D_0——基准日期与 a_1、a_2、a_3、a_4 对应的各项费用的基期价格指数或价格；

A、B、C、D——与特定付款证书有关的期间最后一天的49天前，与 a_1、a_2、a_3、a_4 对应的各成本要素的现行价格指数或价格。

各部分成本的比重系数在许多标书中，要求承包方在投标时即提出，并在价格分析中予以论证。但也有的是由发包方在标书中规定一个允许范围，由投标人在此范围内选定。

第五节　建筑工程物资采购合同的管理

▶任务导入◀

某市机场是经批准建设的国家重点工程，工程总投资为12亿元人民币，建设工期为36个月。建设内容包括航站楼、栈桥、跑道、照明、电子信息、供油工程等。其中，航站楼建筑面积为64 000 m²，其建筑安装工程合同估算额为31 000万元人民币；飞行区指标4C，其中的飞行区跑道、滑行道地基处理工程，即"地基强夯工程"，合同估算额为9 800万元人民币，机场场道工程合同估算额为4 200万元人民币；机场空管工程合同估算额为2 800万元人民币。

项目审批核准单位对该机场建设中的航站楼、跑道和机场空管等工程及设备安装工程，核准的招标方式为公开招标。建设单位组织完成了工程现场地质勘察报告，其深度满足工程设计及施工需要，但航站楼部分内容需要进行施工深化设计。另外，项目建设期间物价有较大幅度波动，须选择适当的合同形式降低风险。现对以上三个项目施工及设备采购进行招标。

▶任务分析◀

该项目航站楼、地基处理、机场跑道和机场空管工程的合同形式是什么？如何选择航站楼、地基处理、机场跑道和机场空管工程施工投标人的资质名称及相应等级？航站楼客梯为8部，其中，人字梯6部，选择进口产品，合同估算额为1 200万元人民币；货梯2部，合同估算额为80万元人民币，是否均可以直接签订采购合同？

一、建筑工程物资采购合同管理的内容

(一)材料采购合同的管理

1. 材料采购合同订立的方式

(1)公开招标。

(2)邀请招标。

(3)直接采购方式(如对大量价格低、品种多的零星建筑材料的采购,可以直接采购且可不需签书面供应合同)。

2. 材料采购合同的主要内容

标的(在建筑工程物资采购合同履行中,非经买方同意,卖方必须交付合同规定的标的物,这是合同实际履行原则的反映);数量;质量;包装;运输方式;价格;结算;违约责任;争议解决方式等。

(二)设备采购合同的管理

1. 设备采购合同订立方式

招标投标;委托承包人配套供应;按设备包干。

2. 设备采购合同的主要内容

产品(成套设备)的名称、品种、型号、规格、等级、技术标准或技术性能指标;数量和计量单位;包装标准及包装物的供应与回收的规定;交货单位、交货方式、运输方式、到货地点(包括专用线、码头等)、接(提)货单位;交(提)货期限;验收方法;产品价格;结算方式、开户银行、账户名称、账号、结算单位;违约责任;争议解决的方式(协商、调解、仲裁或诉讼)等。

二、国际建筑工程承包合同的管理

(一)合同的订立形式

招标是国际建筑工程承包合同订立的最主要形式。

1. 对投标者资格预审的推荐程序

(1)邀请承包人参加资格预审。发包人一般在合适的地方发布资格预审公告。

(2)向承包人颁发资格预审文件。

(3)对资格预审文件进行分析,挑选并通知已入选的投标人。

2. 得到投标的推荐程序(注意前后顺序)

准备招标文件;颁发招标文件;发包人陪同投标人考察施工现场;招标文件的修改;投标人质疑(提交标书前);投标书的提交和接收。

3. 开标和评标的推荐程序

开标;评标;授予合同。

(二)合同的履行要求

国际工程承包合同订立后,即进入合同的履行阶段。对于国际工程承包人来说,实施阶段的工作内容包括以下几个方面。

1. 合同管理

合同管理的中心任务就是利用合同的正当手段防范风险、维护自身的正当利益,并获取尽可能多的利润。

2. 计划管理

计划管理是工程实施阶段的中心，也是项目经营目标的具体化。

3. 成本管理

成本管理是国际工程承包人在获得合同后所面临的极为重要的工作。

4. 财务管理

财务管理包括资金的筹集、运用和回收，银行保函（国内工程承包财务管理通常不包括）和信用证的开出，工程付款的办理，银行往来，成本会计等工作。

5. 物资采购管理

物资采购管理是实施工程管理并取得利润的重要手段，包括各种建筑材料、施工机械设备、永久（生产）设备、模板、工器具的计划、采购、储运、保管、分发和回收等，还有组织材料的试验、送审，设备的验收等。

6. 质量管理

质量管理是进入合同履行阶段承包人的一项重要的管理工作。国际工程施工中的质量管理通常由承包人的项目经理或其指定的技术副经理或总工程师主管，主要内容是技术管理和质量保证。

7. 分包商管理

获得整个工程合同的总承包人将该工程按专业性质或工程范围再分包（指定分包，须征得发包人的同意）给若干个承包人分担实施任务，是国际工程承包活动中普遍采用的方式。

8. 移交和竣工验收管理

在工程接近完工时，组织工程的移交和验收是十分重要和严肃认真的工作，关系施工阶段合同履行的终止、合同价款的收取以及缺陷责任期（开始于工程的移交和竣工验收后）的开始等。

（三）合同争议的解决方式

国际工程承包合同争议解决的方式一般包括协商、调解、仲裁和诉讼等。

在国际工程承包合同纠纷中，尤其是涉及较大项目的建筑施工纠纷，往往并不适于用诉讼的方式解决。在大型建筑工程中，当事人普遍不愿意将纠纷提交诉讼，而是倾向于通过在合同中规定的非诉讼纠纷解决程序（Alternative Dispute Resolution，ADR）解决纠纷。

国际工程承包合同争议解决常用的 ADR 方式有以下几种。

1. 仲裁

由于诉讼在解决国际工程承包合同纠纷方面存在明显的缺陷，大型建筑工程的纠纷很少采用诉讼方式解决。大型的建筑工程，特别是国际贷款项目，常常在合同中要求将纠纷提交有关国际仲裁机构，仲裁已经广泛运用于国际工程承包合同纠纷解决中。

2. FIDIC 合同条件下的工程师准仲裁

FIDIC 合同条件下工程师具有"准仲裁"的职能，他不仅是发包人的代理人，负责项目的施工监理，而且也在发包人和承包人发生纠纷时，充当准仲裁员的角色。

FIDIC 合同条件（纠纷的解决）规定的程序分为记录纠纷、工程师准仲裁、友好协商和正式仲裁四个步骤。

3. 纠纷审议委员会（Dispute Review Board，DRB）方式

（1）DRB 委员的选任与工作程序。

1）DRB 委员的选任和报酬。DRB 委员必须是在工程施工、法律和合同文件解释方面具有经验的专家，而且除担任本工程的 DRB 委员外，每位委员与发包人和承包人之间不得有任何经济利益关系，并且在三年内未被发包人或承包人聘用过。支付给 DRB 委员的费用包括聘请费和酬金（发包人、承包人各承担一半）两部分。

2）工作程序。现场访问、纠纷提交、听证会、定期会和解决纠纷建议书。

(2)DRB 的优点。

1)DRB(并不能取代监理工程师的作用)委员可以在项目开始时就介入项目，了解项目管理情况及其存在的问题。

2)对 DRB 委员公正性、中立性的规定，在通常情况下可以保证他们的决定不带有任何主观倾向或偏见。DRB 委员有较高的业务素质和实践经验，特别是具有项目工程施工方面的丰富经验。

3)可以及时解决纠纷。

4)费用较低。

5)DRB 委员是发包人和承包人自己选择的，容易为他们所接受。

6)由于 DRB 提出的建议不是强制性的，不具有终局性和约束力。

4. 新工程合同(New Engineering Contract，NEC)裁决程序

(1)早期预警程序。早期预警是指一旦发现可能出现诸如增加合同价款、推迟竣工、工程使用功能降低等问题，发包人和承包人均应立即向对方发出警告。合同各方共同召开早期预警会议。在会议中，各方研究并提出解决措施，以避免或降低该问题的影响，寻求对将受影响的各方均有利的解决办法，并决定最终应采取的措施。

(2)补偿事件程序。补偿事件是指并非因承包人的过失而引起的事件，如发包人要求改变工程以及出现双方难以控制的情况等，承包人有权根据补偿事件对合同价款和工期的影响要求补偿，包括获得额外付款或延长工期。

(3)裁决人程序。在工程施工过程中出现分歧乃至产生纠纷是难免的。而且，由于工程师代表的是发包人的利益，处理补偿事件可能引发承包人对其公正性的怀疑。在此种情况下，就要依靠裁决人来解决纠纷。

三、《建设工程监理合同》的主要内容

一、协议书

(一)工程概况

1. 工程名称：＿＿＿＿＿＿＿＿＿＿＿＿＿＿＿；

2. 工程地点：＿＿＿＿＿＿＿＿＿＿＿＿＿＿＿；

3. 工程规模：＿＿＿＿＿＿＿＿＿＿＿＿＿＿＿；

4. 工程建筑安装工程费：＿＿＿＿＿＿万元。

(二)词语限定

协议书中相关词语的含义与通用条件中的定义与解释相同。

(三)组成本合同的文件

1. 协议书；

2. 中标通知书(适用于招标工程)或委托书(适用于非招标工程)；

3. 投标文件(适用于招标工程)或监理与相关服务建议书(适用于非招标工程)；

4. 专用条件；

5. 通用条件；

6. 附录，即：

附录 A　相关服务的范围和内容

附录 B　委托人派遣的人员和提供的房屋、资料、设备

本合同签订后，双方依法签订的补充协议也是本合同文件的组成部分。

(四)总监理工程师

总监理工程师姓名：_____，身份证号码：_____，注册号：_____。

(五)签约酬金

签约酬金(大写)：_____元整(¥_____元)。包括：

1. 监理酬金：_____元 。

2. 相关服务酬金：__/__。

其中：

(1)勘察阶段服务酬金：__/__。

(2)设计阶段服务酬金：__/__。

(3)保修阶段服务酬金：__/__。

(4)其他相关服务酬金：__/__。

(六)期限

1. 监理期限：

自____年____月____日始，至____年____月____日止。

2. 相关服务期限：

(1)勘察阶段服务期限自__/__年__/__月__/__日始，至__/__年__/__月__/__日止。

(2)设计阶段服务期限自__/__年__/__月__/__日始，至__/__年__/__月__/__日止。

(3)保修阶段服务期限自__/__年__/__月__/__日始，至__/__年__/__月__/__日止。

(4)其他相关服务期限自__/__年__/__月__/__日始，至__/__年__/__月__/__日止。

(七)双方承诺

1. 监理人向委托人承诺，按照本合同约定提供监理与相关服务。

2. 委托人向监理人承诺，按照本合同约定派遣相应的人员，提供房屋、资料、设备，并按本合同约定支付酬金。

(八)合同订立

1. 订立时间：_____年_____月_____日。

2. 订立地点：_____。

3. 本合同一式_____份，具有同等法律效力，双方各执_____份。

委托人：_____（盖章）　　　　监理人：_____（盖章）

住所：_____　　　　住所：_____

邮政编码：_____　　　　邮政编码：_____

法定代表人或其授权的代理人：　　　　法定代表人或其授权的代理人：

（签字）_____　　　　（签字）_____

开户银行：_____　　　　开户银行：_____

账号：_____　　　　账号：_____

电话：_____　　　　电话：_____

传真：_____　　　　传真：_____

电子邮箱：_____　　　　电子邮箱：_____

支付监理酬金的时间和数额，支付监理酬金所采用的货币币种、汇率等内容应详细定明。另外，其他与费用有关的事项，如第三人对监理单位的收费、有争议的发票的解决、独立的审计等，也需详细定明。

二、通用条件

通用条件包括：定义与解释；监理人的义务；委托人的义务；违约责任；支付；合同生效、变更、暂停、解除与终止；争议解决；其他。

三、专用条件

专用条件不能单独使用，其内容包括：定义与解释；监理人义务；委托人义务；违约责任；支付；合同生效、变更、暂停、解除与终止；争议解决；其他。

任务实施

一、该项目航站楼、地基处理、机场跑道和机场空管工程的合同形式是什么

工程承包合同有三种，即固定价格合同；可调价格合同；成本加酬金合同。其中，固定价格合同又分为固定单价合同和固定总价合同两类。

根据本任务要求，合同形式选择如下：

(1)航站楼工程：航站楼工程的施工期较长，考虑到背景材料给出的条件，即建设期间物价波动较大以及航站楼部分内容需要进行施工深化设计，为降低合同风险，其施工承包合同宜选择固定单价合同。

(2)地基处理工程：地基处理工程受市场物价波动影响较小，考虑到工程地质勘察报告深度满足工程设计及施工需要，宜选择固定总价合同。

(3)机场跑道工程：机场跑道工程的施工期较短，受市场物价波动影响较小，加之其施工工艺相对简单，宜选择固定总价合同。

(4)机场空管工程：机场空管工程的建设工期相对较短，涉及设备选型及安装、集成以及配套的施工深化设计等，宜选择固定总价合同。

二、如何选择航站楼、地基处理、机场跑道和机场空管工程施工投标人的资质名称及相应等级

投标人资质名称及相应等级选择如下：

(1)航站楼工程：房屋建筑工程总承包一级及以上资质，且企业注册资金在 6 200 万元人民币以上。

(2)地基处理工程：地基与基础工程施工专业承包一级资质。

(3)机场跑道工程：飞行区指标 4C，须选择机场场道工程专业承包二级及以上资质。

(4)机场空管工程：飞行区指标 4C，须选择机场空管工程及航站楼弱电系统工程专业承包一级资质，因该专业仅一级、二级两个资质等级。其中，二级资质仅允许承揽飞行区指标在 4D 及以下的机场空管工程和航站楼弱电系统工程的施工。

三、航站楼客梯 8 部，其中人字梯 6 部，选择进口产品，合同估算额为 1 200 万元人民币；货梯 2 部，合同估算额为 80 万元人民币，是否均可以直接签订采购合同

依据商务部《机电产品国际招标投标实施办法》(商务部令 2014 年第 1 号)，电梯采购属于其规定的 79 种产品之一，故对 6 部人字梯不能直接签订采购合同，须在机电产品进出口管理部门科技产业的监督下对这 6 部电梯组织国际招标采购。

根据《招标投标法》和 2018 年 6 月 1 日起施行的《必须招标的工程项目规定》的规定，在中华人民共和国境内进行下列工程建设项目包括项目的勘察、设计、施工、监理以及与工程建设有关的重要设备、材料等的采购，必须进行招标：

(1)全部或者部分使用国有资金投资或者国家融资的项目，包括以下几项：

1)使用预算资金 200 万元人民币以上，并且该资金占投资额 10%以上的项目；

2)使用国有企业事业单位资金，并且该资金占控股或者主导地位的项目。

(2)使用国际组织或者外国政府贷款、援助资金的项目，包括：

1)使用世界银行、亚洲开发银行等国际组织贷款、援助资金的项目；

2)使用外国政府及其机构贷款、援助资金的项目。

(3)不属于上述第(1)条和第(2)条规定情形的大型基础设施、公用事业等关系社会公共利益、公众安全的项目，必须招标的具体范围由国务院发展改革部门会同国务院有关部门按照确有必要、严格限定的原则制订，报国务院批准。

(4)上述第(1)条到第(3)条规定范围内的项目，其勘察、设计、施工、监理以及与工程建设有关的重要设备、材料等的采购达到下列标准之一的，必须招标：

1)施工单项合同估算价在 400 万元人民币以上；

2)重要设备、材料等货物的采购，单项合同估算价在 200 万元人民币以上；

3)勘察、设计、监理等服务的采购，单项合同估算价在 100 万元人民币以上。

同一项目中可以合并进行的勘察、设计、施工、监理以及与工程建设有关的重要设备、材料等的采购，合同估算价合计达到前款规定标准的，必须招标。

因此，虽然 2 部货梯的合同估算额为 80 万元，也不可以直接签订采购合同，而需要组织国内公开招标。

▶知识链接◀

一、国际工程承包合同的概念

(一)国际工程的概念

国际工程通常是指一项允许由国外公司来承包建造的工程项目，即面向国际进行招标的工程。在许多发展中国家，根据项目建设资金的来源(如国外政府贷款、国际金融机构贷款等)和技术复杂程度，以及本国工程公司的能力局限等情况，允许国外公司承包某些工程，国际工程包含咨询和承包两大行业。

(二)国际工程咨询

国际工程咨询包括对工程项目前期的投资机会研究、预可行性研究、可行性研究、项目评估、勘察、设计、招标文件编制、监理、管理、后评价等，是以高水平的智力劳动为主的行业，一般都是为建设单位(发包人)提供服务的，也可应承包人聘请为其进行施工管理、成本管理等。

(三)国际工程承包

国际工程承包包括对工程项目进行投标、施工、设备采购及安装调试、分包、提供劳务等。按照发包人的要求，有时也做施工详图的设计和部分永久工程的设计。

(四)国际工程承包合同

国际工程承包合同是指国际工程的参与主体之间为了实现特定目的而签订的明确彼此权利义务关系的协议。

二、FIDIC 系列合同条件的适用范围和特点

(一)FIDIC 简介

FIDIC 即 Fédération International Des Ingénieurs Conseils(国际咨询工程师联合会)的缩写。它于 1913 年在欧洲成立。FIDIC 是世界上多数独立的咨询工程师的代表,是最具权威的咨询工程师组织。FIDIC 专业委员会编制了一系列规范性合同条件,构成了 FIDIC 合同条件体系。

(二)FIDIC 系列合同条件适用范围

1999 年,FIDIC 在原合同条件基础上又出版了 4 份新的合同条件,是迄今为止 FIDIC 合同条件的最新版本。

(1)施工合同条件(Condition of Contract for Construction,简称"新红皮书")是典型的单价合同,以单价合同为基础。"新红皮书"与"原红皮书"相对应,但其名称改变后合同的适用范围更大。该合同主要用于由发包人设计的或由咨询工程师设计的房屋建筑工程(Building Works)和土木工程(Engineering Works)。施工合同条件的主要特点表现为,以竞争性招标投标方式选择承包人,合同履行过程中采用以工程师为核心的工程项目管理模式,其适于整个土木工程。

(2)永久设备和设计—建造合同条件(Conditions of Contract for Plant and Design-Build,简称"新黄皮书")。"新黄皮书"与"原黄皮书"相对应,其名称的改变便于与"新红皮书"相区别。在"新黄皮书"条件下,承包人的基本义务是完成永久设备的设计、制造和安装。

(3)EPC 交钥匙项目合同条件(Conditions of Contract for EPC Turnkey Projects,简称"银皮书")。"银皮书"又可译为"设计—采购—施工交钥匙项目合同条件",它与"橘皮书"相似但不完全相同。它适于工厂建设之类的开发项目,是包含了项目策划、可行性研究、具体设计、采购、建造、安装、试运行等在内的全过程承包方式。承包人"交钥匙"时,提供的是一套配套完整的可运行设施。

(4)合同的简短格式(Short Form of Contract)。该合同条件主要适用于价值较低的,或形式简单,或重复性的,或工期短的房屋建筑和土木工程。

(三)FIDIC 系列合同条件特点

FIDIC 系列合同条件具有国际性、通用性和权威性。其合同条款公正合理,职责分明,程序严谨,易于操作。考虑到工程项目的一次性、唯一性等特点,FIDIC 合同条件分成了"通用条件"(General Conditions)和"专用条件"(Conditions of Particular Application)两部分。通用条件适于某一类工程。如"红皮书"适于整个土木工程(包括工业厂房、公路、桥梁、水利、港口、铁路、房屋建筑等)。专用条件则针对一个具体的工程项目,是在考虑项目所在国法律法规不同、项目特点和发包人要求不同的基础上,对通用条件进行的具体化修改和补充。

FIDIC 合同条件的应用方式通常有以下几种:

(1)国际金融组织贷款和一些国际项目直接采用。

(2)合同管理中对比分析使用。

(3)在合同谈判中使用。

(4)部分选择使用。

三、NEC 系列合同条件体系和特点

NEC 合同条件是由英国土木工程师协会编制的工程合同体系。其包括:六种主要选项条款(合同形式);九项核心条件;十五项次要选项条款。发包人可以从中选择适合自己项目的条款。

(一)NEC 合同条件体系

1. 六种主要条款(合同形式)

NEC 的六种主要条款(合同形式)包括:总价合同;单价合同;目标总价合同;目标单价合同;

成本加酬金合同；工程管理合同。

发包人可以从中做出选择。

2. 九项核心条款

NEC的九项核心条款包括：总则；承包人的主要职责；工期；检验与缺陷；支付；补偿；权利；风险与保险；争端与终止。

关于支付，发包人可根据自己的需求，从上述六种合同形式中选择一种。NEC可以提供总价合同、单价合同、成本加酬金合同、目标成本合同和工程管理合同。因此，NEC不是某种标准的合同条件，而是内涵广泛的系列合同条件。

3. 十五项次要条款

NEC含有十五项次要选择，分别为：完工保证；总公司担保；工程预付款；结算币种（多币种结算）；部分完工；设计责任；价格波动；保留（留置）；提前完工奖励；工期延误赔偿；工程质量；法律变更；特殊条件；责任赔偿；附加条款。

发包人可根据工程特点、工程要求和计价方式做出选择。

(二)NEC合同条件特点

与现有的其他标准合同条件相比，NEC合同条件具有如下特点：

(1)适用范围广。NEC合同立足于工程实践，主要条款都使用非技术语言编写，避免特殊的专业术语和法律术语；设计责任不是固定地由发包人或者承包人承担，可根据项目的具体情况由发包人或承包人按一定的比例承担责任；六种主要条款和十五项次要条款可以根据需要自行选择。在这个意义上讲，NEC的灵活性体现在了自助餐式的合同条件，适用范围广泛，并且可以减少争端。

(2)为项目管理提供动力。随着新的项目采购方式的应用和项目管理模式的发展和变化，现有的合同条件不能为项目的参与各方提供令人满意的内容。NEC强调沟通、合作与协调，通过对合同条款和各种信息清晰地定义，促进对项目目标进行有效的控制。

(3)简明清晰。NEC的合同语言简明清晰，避免使用法律的和专业的技术语言，合同语句言简意赅。

四、AIA系列合同条件及其特点

(一)AIA系列合同条件

美国建筑师协会(AIA)成立于1857年。100多年来，AIA一直在出版标准的项目设计和施工方面的合约文件，用于机关业务和项目管理。

AIA文件分为A、B、C、D、F、G系列。其中，A系列文件，是关于发包人与承包人的合约文件；B系列文件，是关于发包人与提供专业服务的建筑师的合约文件；C系列文件，是关于建筑师与提供专业服务顾问的合约文件；D系列文件，是建筑师行业所用的文件；F系列文件，是财务管理表格；G系列文件，是合同和办公管理表格。

A系列文件包括：发包人—承包人合约及该合约的通用条款和附加条款；发包人—设计/建筑商合约；总承包人—分包商合约、投标程序说明、其他文件(如投标和洽商文件、承包人资格预审文件等)。其中，工程承包合同通用条款(A201)包括14章内容，分别是一般条款、发包人、承包人、合同的管理、分包商、发包人或独立承包人负责的施工、工程变更、期限、付款与完工、人员与财产的保护、保险与保函、剥露工程及其返修、混合条款、合同终止或停止。

(二)AIA系列合同条件特点

(1)AIA系列合同条件主要用于私营的房屋建筑工程，并专门编制用于小型项目的合同条件。

(2)美国建筑师协会作为建筑师的专业社团已经有160多年的历史，成员总数达56 000多名，遍布全世界。AIA出版的系列合同条件在美国建筑业界及国际工程承包界，特别是在美洲地区具有较高的权威性，应用广泛。

（3）AIA 系列合同条件的核心是"通用条件"。采用不同的工程项目管理、不同的计价方式时，只需选用不同的"协议书格式"与"通用条件"结合。AIA 系列合同条件的计价方式主要有总价、成本补偿合同及最高限定价格法。

▶ 本章小结

一、建筑工程招标

（一）建筑工程招标的概念

（二）建筑工程招标的必备条件

（三）建筑工程招标的范围和规模标准（额度）

（1）建筑工程招标的范围。

（2）建筑工程招标的规模标准（额度）。

（四）建筑工程招标的方式（竞争程度）

（1）公开招标。

（2）邀请招标。

（五）建筑工程招标文件的编制

（1）招标文件的内容。

（2）工程建设项目施工招标文件。

（3）招标时限。

（六）资格预审

（1）资格预审的要求。

（2）资格预审程序。

（七）建筑工程招标文件的澄清与修改

（八）开标

（1）开标的时间和地点。

（2）废标的条件。

（九）评标

（1）评标的准备与初步评审工作。

（2）详细详审内容。

（3）评标报告内容。

（4）推荐中标候选人。

（十）中标

（1）确定中标的时间。

（2）发出中标通知书。

（3）招标投标情况的书面报告。

二、建筑工程投标

三、建筑工程合同谈判与签约

（一）建筑工程合同谈判的主要内容

（二）建筑工程合同最终文本的确定和合同签订

四、建筑工程合同的类型

(一)按照工程建设阶段分类

(二)按照承发包方式(范围)分类

(三)按照承包工程计价方式(或付款方式)分类

(四)与建筑工程有关的其他合同

五、建筑工程总承包合同的主要内容

(一)建筑工程总承包合同的主要条款

(二)建筑工程总承包合同的订立和履行

六、施工总承包合同的主要内容

(一)《合同协议书》内容

(二)《通用合同条款》内容

(三)《专用合同条款》内容

七、工程分包合同的主要内容

(一)工程分包的概念

(二)分包资质管理

(三)总包、分包的连带责任

(四)关于分包的法律禁止性规定

(五)《建设工程施工专业分包合同(示范文本)》的主要内容

八、劳务分包合同的主要内容

(一)劳务分包合同主要条款

(二)工程承包人与劳务分包人的义务

九、投标担保

(一)投标担保(投标保证金)的概念

(二)投标保证金的形式

(三)作用

(四)世界银行《采购指南》关于投标保证金的规定

十、履约担保

(一)履约担保的概念

(二)履约担保的形式

(三)世界银行《采购指南》对履约担保的规定

(四)世界银行贷款项目招标文件范本《土建工程国内竞争性招标文件》对履约担保的规定

十一、预付款担保

(一)预付款担保的概念

(二)预付款担保的形式

(三)预付款担保的作用

(四)国际工程承包市场关于预付款担保的规定

十二、支付担保

(一)支付担保的概念

(二)支付担保的形式

(三)支付担保的作用

十三、建筑工程索赔的主要内容

(一)建筑工程索赔的起因和分类

(1)索赔的概念。

(2)建筑工程索赔的起因。

(3)建筑工程索赔的分类。

(二)建筑工程索赔的成立条件及应具备的理由

(1)建筑工程索赔的成立条件。

(2)建筑工程索赔应具备的理由。

(三)常见的建筑工程索赔

(1)因合同文件引起的索赔。

(2)有关工程施工的索赔。

(3)关于价款方面的索赔。

(4)关于工期的索赔。

(5)特殊风险和不可抗力因素的索赔。

(6)工程暂停、中止合同的索赔。

(7)财务费用补偿。

(四)建筑工程索赔的依据

(1)合同文件。

(2)订立合同所依据的法律法规。

(3)相关证据。

(五)建筑工程索赔的程序和方法

(1)建筑工程索赔的程序。

(2)索赔文件的编制方法。

(六)建筑工程反索赔的概念和特点

(1)建筑工程反索赔的概念。

(2)建筑工程反索赔的特点。

(3)发包人相对承包人反索赔的内容。

 ➤ 自我测评

一、建筑工程招标、投标

(一)单项选择题 参考答案

1. 按照我国的招标投标法规定,下列项目中可以不采用招标的方式确定承包人的项目是(   )。

   A. 某市利用某国际组织的援助资金修建一座现代化污水处理厂

   B. 某市对一座年久失修的桥梁进行加固改造

   C. 某单位新建一座试验楼,该项目合同金额为 140 万元人民币

   D. 某民营开发商利用自有资金投资开发商品住宅小区

2. 关于公开招标,下列说法中不正确的是(   )。

   A. 公开招标也称无限竞争性招标,可以分为国际竞争性招标和国内竞争性招标

   B. 公开招标时,招标人应在公共媒体中发布招标公告,提出招标项目和要求

   C. 公开招标时招标人有较大的选择范围,可在众多投标人中选择保价合理、工期较短、技术可靠、资信良好的中标人

   D. 为减少资格审查和评标的工作量,公开招标时,招标人可以在招标文件中设定合理条

件，在一定程度上限制本地区以外的法人或组织参加投标

3. 招标人拟发布的招标公告应当(　　)。

　　A. 至少在两家指定的媒介发布

　　B. 只能在指定报刊发布，不能将招标公告抄送指定网络

　　C. 由招标人或其委托的招标代理机构的主要负责人签名并加盖公章

　　D. 招标人或其委托的招标代理机构在两个以上媒介发布的同一招标项目的招标公告的内容允许有区别，以互相补充

4. 自招标文件或者资格预审文件出售之日起至停止出售之日止，最短不得少于(　　)。

　　A. 5 日　　　　　　　　B. 5 个工作日　　　　　　C. 7 日　　　　　　　　D. 7 个工作日

5. 关于招标信息的修正，下列说法中正确的是(　　)。

　　A. 招标文件经发布之后，对招标人和潜在投标人即具有约束力，任何一方不得对招标文件进行修改，但招标人可进行必要的说明或澄清

　　B. 招标人可以对已经发布的招标文件进行必要的澄清或者修改，但该种修改或澄清应在招标文件要求提交投标文件截止时间至少 15 个工作日前发出

　　C. 招标人对招标文件的澄清既可以以书面文件形式进行，也可以通过口头形式进行，但通过口头形式进行澄清时，要确保所有招标文件收受人得到通知

　　D. 该澄清或修改内容应为招标文件的有效组成部分

6. 标前会议是招标人按投标须知规定的时间和地点召开的会议。有关标前会议，下列说法中正确的是(　　)。

　　A. 招标人可以在标前会议上介绍工程概况，但不能对招标文件的某些内容进行修改或补充说明

　　B. 投标人可以在标前会议上就有关招投标事宜提出问题，招标人应立即给予解答，会议结束后，招标人对问题的解答应以会议纪要或其他书面形式发给每一个获得投标文件的投标人

　　C. 招标人在标前会议上对个别投标人书面提出的问题进行解答时，应该说明问题来源

　　D. 在标前会议上，招标人只对招标文件进行交底说明，不再确定是否延长投标截止时间

7. 下列审查中，(　　)不是初步审评阶段审查的内容。

　　A. 投标文件是否完整，投标担保是否有效

　　B. 投标文件中报价计算是否正确

　　C. 投标文件的正本和副本是否一致

　　D. 投标文件中所列取费标准和税费是否符合法律法规及政府主管部门的规定

8. 评标委员会推荐的中标候选人应当限定在(　　)人，并标明排列顺序。

　　A. 1～3　　　　　　　　B. 1～5　　　　　　　　C. 2～4　　　　　　　　D. 3～5

9. 下列文件内容，没有包含在"投标人须知"部分的是(　　)。

　　A. 工程概况　　　　B. 技术规范　　　　C. 投标文件组成　　　　D. 报价原则

10. 投标人取得投标资格，获得招标文件后，应认真仔细研究招标文件，下列说法中不正确的是(　　)。

　　A. 此时应重点研究投标者须知，对于招标文件中合同条款、设计图纸、工程量表等内容可暂不研究

　　B. 投标人要注意投标文件的组成，避免因提供材料不全而被作为废标处理

　　C. 投标人要注意招标答疑时间、投标截止时间等时间安排

　　D. 投标人要注意招标工程的详细内容的范围

11. 投标书的提交有固定要求，其基本内容是(　　)。

    A. 签章　　　　　　B. 密封　　　　　　C. 签章及密封　　　　D. 印刷

12. 招标文件中一般都会提供工程量清单，尽管如此，投标人仍需进行复核。有关复核工程量，下列处理不正确的是(　　)。

    A. 对于总价固定合同，投标人更应该仔细核对工程量，避免因工程量估算错误可能带来无法弥补的经济损失

    B. 对于总价固定合同，如果业主在投标前对争议工程量不予更正，而且是对投标者不利的情况，投标者可以在投标时附上相关声明，强调施工结算应按实际完成量进行

    C. 对于单价合同，由于合同约定以实测工程量结算工程款，故投标人根据图纸核算工程量发现相差较大时，可以不向投标人要求澄清

    D. 投标人在核算工程量时，要结合招标文件中的技术规范弄清每一细目的具体内容，避免出现计算单位、工程量或价格方面的错误与遗漏

13. 建筑工程合同的订立采取要约和承诺的方式，下列属于要约的是(　　)。

    A. 招标人通过媒体发布招标公告

    B. 招标人向符合条件的特定投标人发出招标文件

    C. 投标人按照文件的内容在约定日期内向招标人提交投标文件

    D. 招标人通过评标确定中标人，发出中标通知书，并要求与中标人按中标通知书的内容签订合同

14. 关于建筑工程合同采用何种计价方式，一般在(　　)明确。

    A. 招标文件中

    B. 招标人在招标书中

    C. 中标通知书中

    D. 中标通知书下发后，双方协商签订合同时

15. 依据(　　)的不同，建筑工程施工合同可分为总价合同、单价合同和成本加酬金合同。

    A. 承包内容　　　B. 支付方式　　　　C. 计价方式　　　　D. 招标方式

16. 关于建筑工程合同价格调整，下列说法中不正确的是(　　)。

    A. 在单价合同中可以约定价格调整条款，在总价合同中不能约定价格调整条款

    B. 无论是单价合同还是总价合同，都可以约定价格调整条款

    C. 价格调整条款主要约定合同价格是否进行调整及如何调整

    D. 承包人在投标过程中，尤其在合同谈判阶段务必对合同的价格调整条款予以充分重视

17. 经业主和承包人签订的某建筑工程合同中支付条款约定，该工程无预付款，业主每月用工程款支付当月完成工程量的60%，等完成竣工验收备案后6个月内双方确认工程结算，结算确认后6个月内业主支付至结算金额的95%，5%余款等保修期满后一次付清。上述约定，你认为(　　)。

    A. 无效，因为没有约定预付款，而建筑工程合同中一般应约定业主支付一定比例的预付款

    B. 无效，因为约定的工程进度款支付比例较低，明显损害了承包人合法权益

    C. 无效，因为确定工程结算及结算后尾款支付时间较长，明显损害了承包人合法权益

    D. 有效，因为双方就有关支付时间，支付方式，支付条件已经协商一致，且上述约定不违反法律及行政法规的强制性规定

18. 某建筑工程在施工过程中，先后发生了如下情况导致工期延长：①由于暂未办理施工许可证，被当地住房和城乡建设主管部门通知停止施工；②主体结构施工期间因夏季农业

抢收，收购分包现场劳动力不足导致结构工期迟延；③业主指定专业承包人招标工作滞后，专业承包人迟迟不能进场；④工程施工过程中业主下发的设计变更频繁，新增工作较多；⑤由于分包的施工质量问题导致隐蔽工程拆除并重新施工。问：以上情况中，应由业主承担工期延长责任的是(　　)。

    A. ①和②　　　　B. ③和④　　　　C. ①③和④　　　　D. ②③和⑤

19. 建筑工程在保修范围和保修期限内发生质量问题，施工单位(　　)。

    A. 只对本单位负责施工的部分履行保修义务

    B. 先区分质量问题原因，再做决定是否履行保修义务

    C. 应当履行保修义务，但对造成的其他损失不承担赔偿责任

    D. 应当履行保修义务，但对造成的其他损失承担赔偿责任

20. 建筑工程合同风险评估主要指(　　)。

    A. 在签订合同之前，承包人对合同的合法性、完备性，合同双方的责任、权益以及合同风险进行的评审、认定和评价

    B. 在签订合同之前，发包人对承包人履约能力进行的审查

    C. 在合同履行过程中，承包人主动与发包商展开协商，争取将合同中约定的对承包人不利的条款予以修改

    D. 在合同履行过程中，发包人主动与承包人展开协商，争取将合同中约定的对发包人不利的条款予以修改

(二)多项选择题

1. 按照招投标法及相关部门规章规定，下述项目中应该采用招标方式确定承包人的包括(　　)。

    A. 大型基础设施、公共事业等关系社会公共利益、公众安全的项目

    B. 全部使用国有资金投资或者国家融资的项目

    C. 某建筑设备的采购，单项合同估算价为 80 万元人民币

    D. 某建筑设计合同，单项合同估算价为 30 万元人民币

2. 根据我国有关规定，以下项目经批准可以进行邀请招标的有(　　)。

    A. 项目有特殊技术要求，但可供选择的潜在投标人较多

    B. 受自然地域环境限制的

    C. 涉及国家安全、国家机密或者抢险救灾，适宜招标但不宜公开招标的

    D. 拟公开招标的费用与项目的价值相比，不值得的

    E. 法律、法规规定不宜公开招标的

3. 关于招标代理机构，下列说法中正确的有(　　)。

    A. 招标人在招标活动中必须委托招标代理机构代为办理招标事宜

    B. 工程招标代理机构必须在其资质许可范围内从事代理活动，工程代理机构的资质分为一、二两级

    C. 工程招标代理机构资质分为甲、乙两级

    D. 乙级工程招标代理机构只能承担工程投资额为(不含征地费、大市政配套费与拆迁补偿费)3 000 万元以下的工程招标代理业务

    E. 工程招标代理机构可以跨省、自治区、直辖市承担工程招标代理业务

4. 招标人在招标文件已经发布后，发现有问题需要进一步澄清或修改，则下列说法正确的有(　　)。

    A. 应当在招标文件要求提交招标文件截止时间至少 15 个工作日前发出

B. 应当在招标文件要求提交招标文件截止时间至少15日前发出

C. 所有澄清文件既可以是书面形式，特殊情况下也允许以口头形式澄清

D. 澄清文件只通知提出疑问的投标人

E. 所有澄清文件必须直接通知所有招标文件收受人

5. 详细评审是对标书进行实质性的审查，下列属于详细评审的有(　　)。

A. 对投标人的投标资格进行审查

B. 对投标文件的完整性、投标担保的有效性进行审查

C. 对投标书的技术方案、技术措施、技术手段的先进性、合理性、安全性等进行分析评价

D. 对投标书的人员配备，组织结构，进度计划的可靠性、经济性等进行分析评价

E. 对投标书的报价高低、报价构成、计价方式、取费标准、价格调整等进行分析评审

6. "投标人须知"是招标人向投标人传递基础信息的文件，研究"投标者须知"应注意的事项有(　　)。

A. 投标人需要注意招标工程的详细内容和范围，避免遗漏或多报

B. 注意投标文件的组成，避免因提供的资料不全而被作为废标处理

C. 注意合同条款中投标人在中标后享有的权利和义务条款约定是否公平

D. 注意招标答疑时间、投标截止时间的安排

E. 注意其中的报价原则规定

7. 招标人在投标过程中，应注意将永久性工程之外的项目报价列入工程总造价中，下列属于招标人对投标人提出要求，投标人可将其列入永久性工程之外的项目报价包括(　　)。

A. 施工现场水、电、燃气费用

B. 对旧有建筑物和设施的拆除费用

C. 监理工程师现场办公电话费、印刷耗材费

D. 工程模型制作及广告费

E. 工程照片及项目推广费

8. 投标人在研究招标文件的同时，还可以对工程其他情况进行研究调查，以避免投标及履约风险。这些调查研究可能包括(　　)。

A. 工程业主方与当地政府关系调查 　　B. 工程现场地质情况考察

C. 工程所在地区自然环境考察 　　D. 工程业主方资信状况调查

E. 工程竞争对手履约能力调查

9. 投标书中的施工方案应由投标人的技术负责人主持制定，编制施工方案中应考虑的因素包括(　　)。

A. 施工方法，主要施工机具的配置

B. 各工种劳动力的安排及现场施工人员的平衡

C. 施工进度计划及分批竣工的安排，安全措施

D. 工程量核算是否准确

E. 工程业主的资信状况

10. 投标人按照招标人的要求完成标书的准备与填报之后，就可以向招标人正式提交投标文件。在正式投标中需要注意的事项包括(　　)。

A. 在投标截止日期之前提交投标书

B. 投标书应当对招标书提出的实质性要求和文件作出响应

C. 如有正当理由，投标人可在招标范围以外提出新的要求

D. 投标人应当按照投标文件的编制要求编制投标文件

E. 投标书正本和副本的内容允许有差别

11. 关于建筑工程价格调整，下列说法中正确的有(　　)。

A. 建筑工程一般周期较长，容易遭受各种风险影响，可能给承包人造成较大损失。如合同中约定了价格调整条款，可以比较公正地解决这一承包人无法控制的风险损失问题

B. 在单价合同中可以约定价格调整条款，在总价合同中不能约定价格调整条款

C. 无论是单价合同还是总价合同，都可以约定价格调整条款，即是否调整以及如何调整等

D. 合同计价方式以及价格调整方式共同确定了工程承包合同的实际价格，直接影响着承包人的经济利益

E. 即使合同中没有约定价格调整条款，但从公正的角度出发，发包人也必须对承包人因价格变动导致的成本增加予以补偿

12. 承包人应力争以维修保函来代替业主扣留的保修金。与保修金相比，维修保函的特征有(　　)。

A. 开具维修保函后，承包人可以与业主谈判提前收回被扣留保修金，增加承包人的现金收入

B. 维修保函是有时效的，期满将自动作废

C. 维修保函免除了承包人的维修责任

D. 维修保函加大了业主的维修风险，发生的维修费用可能无法从承包人处扣除

E. 如工程中发生了维修费用，在承包人拒不支付的情况下，业主可凭维修保函向银行索取款项

二、建筑工程合同的内容

(一)单项选择题

1. 建筑工程施工合同分为(　　)。

A. 工程总承包合同和工程分包合同　　B. 工程总承包合同和专业承包合同

C. 施工总承包合同和施工分包合同　　D. 施工总承包合同和专业承包合同

2. 施工分包合同分为(　　)。

A. 土建施工分包合同、机电安装施工分包合同和装饰施工分包合同

B. 承包人自行分包合同和业主指定分包合同

C. 业主与承包人联合招标分包合同和承包人单独招标分包合同

D. 专业工程分包合同和劳务作业分包合同

3. 各种施工合同示范文本一般由(　　)组成。

A. 协议书、通用条款、专用条款

B. 协议书、专用条款、投标书

C. 协议书、通用条款、投标书

D. 协议书、中标通知书、专用条款、投标书

4. 作为建筑工程合同组成部分的各个文件，其优先解释顺序是不同的，解释合同文件优先顺序的规定一般在合同通用条款内。按合同通用条款规定，以下合同文件的解释顺序中，正确的是(　　)。

A.1. 协议书(包括补充协议)；2. 专业合同条款；3. 通用合同条款

B. 1. 协议书(包括补充协议)；2. 中标通知书；3. 专用合同条款

C. 1. 协议书(包括补充协议)；2. 投标书及附件；3. 专用合同条款

D. 1. 协议书(包括补充协议)；2. 中标通知书；3. 投标书及附件

5. 按照建筑工程示范合同文本的词语定义，工程师为(　　)。

A. 承包人指定的项目技术负责人

B. 工程监理单位委派的监理工程师

C. 工程监理单位委派的总监理工程师或发包人指定的履行合同代表

D. 政府主管部门派驻工地的代表

6. 按照建筑工程示范合同文本的词语定义，费用为(　　)。

A. 包含在合同价款之内的应当由发包人承担的经济支出

B. 包含在合同价款之内的应当由发包人或承包人承担的经济支出

C. 不包含在合同价款之内的应当由发包人承担的经济支出

D. 不包含在合同价款之内的应当由发包人或承包人承担的经济支出

7. 按照建筑工程示范合同文本通用条款的相关规定，发包人应按专用条款约定的日期和套数，向承包人提供图纸。发包人对合同有保密要求的，应在专用条款中提出保密要求，保密措施费用由(　　)。

A. 承包人承担，承包人在约定保密期限内履行保密任务

B. 发包人承担，承包人在约定保密期限内履行保密任务

C. 承包人承担，且承包人须永久履行保密任务

D. 发包人承担，且承包人须永久履行保密任务

8. 根据《建设工程合同示范文本》约定(GF—2017—0201)，工程师发出的指令、通知的生效时间为(　　)。

A. 一经送达项目经理即行生效

B. 由其本人签字后，以书面形式交给项目经理，项目经理在回执上签署姓名和收到时间后生效

C. 由其本人签字并加盖本单位公章后，以书面形式交给项目经理，项目经理在回执上签署姓名和收到时间后生效

D. 由其本人签字并加盖本单位公章后，送承包方有权签收文件的人，承包人代表签收后生效

9. 根据《建设工程施工合同(示范文本)》(GF—2017—0201)约定，下列不属于承包人应完成的工作的有(　　)。

A. 根据发包人委托，在其设计资质等级和业务允许的范围内，完成施工图设计或与工程配套的设计

B. 将施工所需水、电、电信线路从施工场地外部接至专用条款约定地点，保证施工的需要

C. 根据工程需要，提供和维修非夜间使用的照明、围栏设施，并负责安全保卫

D. 保证施工场地清洁，符合环境卫生管理的有关规定

10. 某工程按合同要求全部完成后，承包人向发包人提出竣工验收报告，发包人组织竣工验收时有部分工程因施工质量原因未通过验收。承包人按发包人要求修改后再次提请发包人验收，此次验收通过。则该工程的竣工日期为(　　)。

A. 实际完工之日　　　　　　　　B. 承包人提出竣工报告之日

C. 发包人组织第二次验收通过之日　　D. 承包人第二次提请验收之日

11. 某工程承包人按合同专用条款约定的时间向工程师提交了施工组织设计，工程师经审查对该组织设计予以确认，承包人按该施工组织设计安排施工。之后在施工过程中，分包

搭设脚手架时发生倒塌事故，经调查是承包人施工组织设计中脚手架方案不符合规范所致。按《建设工程施工合同(示范文本)》(GF—2017—0201)约定，下列有关事故责任的说法中正确的是(   )。

A. 由承包人负责，因其编制的施工组织设计不符合规范

B. 由工程师所在单位负责，因该施工组织设计经过了工程师确认

C. 由发包人负责，因工程师是发包人委托在现场履行监理职能的人，且该施工组织设计经过了工程师确认

D. 由分包负责，脚手架倒塌事故发生在具体搭设过程中

12. 按照《建设工程施工合同(示范文本)》(GF—2017—0201)约定，工程师认为确有必要暂停施工，下列做法中正确的是(   )。

A. 以书面形式要求承包人暂停施工，并在提出要求后24小时内提出书面处理意见

B. 以书面形式要求承包人暂停施工，并在提出要求后48小时内提出书面处理意见

C. 承包人收到了工程师的暂停通知，但其认为组织施工无误，不需要暂停，故承包人致函工程师不同意暂停并继续组织施工

D. 承包人收到了工程师的暂停通知，但其以工期紧张为由，致函工程师不同意暂停并继续组织施工

13. 按照《建设工程施工合同(示范文本)》(GF—2017—0201)约定，发包人收到承包人的竣工验收报告后应在____内组织验收，并在验收后____内予以认可或者提出修改意见。以下选项正确的是(   )。

A. 7天，14天　　B. 14天，14天　　C. 28天，14天　　D. 30天，10天

14. 工程质量应当达到合同协议书约定的质量标准，质量标准的评定以(   )为依据。

A. 建筑工程主管部门质量检验评定标准　　B. 施工企业自定质量检验评定标准

C. 工程所在地政府质量检验评定标准　　D. 国家或行业质量检验评定标准

15. 按照《建设工程施工合同(示范文本)》(GF—2017—0201)约定，发生工程变更时，承包人应在工程变更确定后____内提出变更工程价款的报告，工程师应在收到变更工程价款报告之日起____内予以确认。以下选项正确的是(   )。

A. 7天，7天　　B. 14天，14天　　C. 21天，21天　　D. 28天，28天

16. 根据《建筑业企业资质管理规定》，专业承包序列企业资质设(   )个资质类别。

A. 36
B. 37
C. 38
D. 39

17. 下列所述有关分包人的行为，(   )符合建筑工程施工专业分包合同的约定。

A. 以承包人下发的施工进度计划不符合现场实际为由，直接致函工程师要求修正

B. 未经承包人许可，直接与发包人驻工地代表协商施工事宜

C. 服从了承包人转发的发包人下发的与该分包工程有关的指令

D. 直接接受了工程师下发的与该分包工程有关的指令

18. 某工程承包人与分包人签订了分包合同，就有关施工事宜，分包人正确的做法是(   )。

A. 可以将其分包的工程再转包给他人

B. 将其承包的分包工程的全部或部分再分包给他人

C. 在承包人许可的情况下，可以将其分包的部分工程再分包给他人

D. 经承包人同意，可以将劳务作业再分包给具有相应劳务分包资质的劳务分包企业

19. 根据《建筑业企业资质管理规定》，劳务分包序列企业的资质设____等级，____资质类

别。下列选项正确的是( )。

    A. 1～2个，10个   B. 不分类别和等级

    C. 2～3个，10个   D. 2～3个，13个

20. 工程施工过程中，为从事劳务作业的施工人员办理保险应由( )完成。

    A. 承包人   B. 分包人   C. 发包人   D. 劳务分包人

21. 某工程劳务分包合同仅约定按确定的工时计算劳务报酬，劳务分包人应( )将提供劳务的人数报承包人，由承包人确认。

    A. 每日   B. 每周   C. 每半个月   D. 每月

22. 物资采购合同分为( )。

    A. 建筑材料采购合同和建筑材料加工合同

    B. 建筑材料加工合同和建筑设备定做合同

    C. 建筑材料采购合同和设备采购合同

    D. 建筑材料加工合同和设备加工合同

23. 建筑材料采购合同的标的，包括( )。

    A. 物资的名称、品种、型号、规格、技术标准或质量要求

    B. 物资的名称、数量、型号、规格、技术标准或质量要求

    C. 物资的名称、品种、型号、规格、技术标准或包装方式

    D. 物资的名称、数量、型号、规格、技术标准或运输方式

24. 物资合同中应约定材料或设备的包装条款。有关材料或设备的包装条款及其约定，下列说法中不正确的是( )。

    A. 合同中应约定包装的标准、包装物的供应和回收

    B. 包装标准指产品包装的类型、规格、容量已经标记

    C. 包装标识应包括产品名称、生产厂家及其厂址、质量检验合格证明

    D. 包装的费用一般由材料或设备的需方负担

25. 甲公司向乙公司购买一批建筑材料，由于没有在采购合同中约定交付地点，且该批材料需要运输，则下列处理方式符合法律规定的是( )。

    A. 乙公司应当将该材料送至甲公司所在地

    B. 乙公司应当将该材料交第一承运人，以运至甲公司

    C. 通知甲公司来乙公司所在地自提该材料

    D. 乙公司应当在该材料所在地向甲公司交付

26. 关于交货日期的确定，下列说法中不正确的是( )。

    A. 供方负责送货，以需方收货戳记的日期为准

    B. 供方负责送货，以双方实际验收日期为准

    C. 需方提货，以供方按合同规定通知的提货日期为准

    D. 委托运输时，以供方发运产品时承运单位签发的日期为准

27. 某工程采购的材料，按规定应由国家定价，但采购时国家尚未对该材料定价，则正确的处理方法应是( )。

    A. 由供、需双方根据市场情况协商确定价格

    B. 由供、需双方比较同类材料协商确定价格

    C. 报请政府物价主管部门批准价格

    D. 报请政府物资主管部门批准价格

(二)多项选择题

1. 可以成为劳务作业发包人的单位有(　　)。
   A. 工程发包单位
   B. 施工承包单位
   C. 专业分包单位
   D. 劳务分包单位
   E. 工程监理单位

2. 在劳务分包合同中,劳务分包人的主要义务包括(　　)。
   A. 组织具有相应资格证书的熟练工人投入劳务作业
   B. 劳务作业过程中,根据工作需要可与发包人及监理工程师建立工作联系
   C. 加强对劳务作业人员的安全教育,认真执行安全技术规范,严格遵守安全制度,落实安全措施,确保施工安全
   D. 自觉接受承包人及有关部门的管理、监督和检查
   E. 承担并履行总(分)包合同约定的、与劳务作业有关的所有义务及工作程序

3. 建筑材料采购合同中应该明确货物的验收依据。验收依据包括(　　)。
   A. 采购合同
   B. 供货方提供的发货单、计量单及其他有关凭证
   C. 合同约定的质量标准和要求
   D. 施工技术规范
   E. 双方封存的样品

4. 建筑工程项目总承包合同应该将业主对工程项目的各种要求描述清楚,承包人据此开展设计、采购和施工。开展项目总承包的依据应该包括(　　)。
   A. 承包人的综合能力
   B. 业主的功能要求
   C. 业主采用的工程技术标准和各种工程技术要求
   D. 业主提供的部分设计图纸
   E. 工程所在地施工资源分布状况

5. 关于监理人的权利,下列说法不正确的有(　　)。
   A. 对工程建设有关事项包括工程规划、实际标准和实用功能要求,向业主提出建议
   B. 主持工程建设有关协作单位的组织协调
   C. 有权发布开工令、停工令、复工令,但应事先向业主报告;如紧急情况下未能事先报告时,则应在12小时内书面向业主报告
   D. 有对工程进度款支付的审核权和签认权,以及对工程结算的复核确认权和否决权
   E. 对施工合同双方在履行合同中发生的争议以独立的身份进行调解,调解结果对双方有约束力

三、合同计价方式

(一)单项选择题

1. 建筑工程施工合同的计价方式主要是(　　)。
   A. 固定单价合同、固定总价合同、固定成本加酬金合同
   B. 变动单价合同、变动总价合同、变动成本加酬金合同
   C. 单价合同、总价合同、成本加酬金合同
   D. 单价合同、总价合同、固定成本加费用合同

2. 关于单价合同,下列说法正确的是(　　)。
   A. 单价合同的特点是单价优先

B. 工程发包前,发包人需对工程范围和工程量做出完整、详尽的规定

C. 当投标书总价和单价的计算结果不一致时,应以总价较低的金额为准

D. 固定单价合同允许双方约定工程量变化幅度,在变化幅度内不予调整合同总价,在变化幅度外予以调整合同总价

3. 某工程预计工期较短,设计变更不多,则该工程的计价适用(　　)。

　　A. 固定单价合同　　　　　　　　　　　B. 变动单价合同

　　C. 固定总价合同　　　　　　　　　　　D. 固定成本加酬金合同

4. 采用单价合同对业主的不利之处是,施工过程中业主需要安排专人(　　)。

　　A. 核实单价是否准确　　　　　　　　　B. 核实已经完成的工程量

　　C. 核实设计变更　　　　　　　　　　　D. 审核承包人提交的结算总价

5. 固定单价合同情况下,有时也会根据估算的工程量计算一个初步合同的总价,但实际工程款的支付应(　　)确定。

　　A. 以初步合同总价与各项单价乘以实际完成的工程量之和发生矛盾时,金额较低者为准

　　B. 以初步合同总价与各项单价乘以实际完成的工程量之和发生矛盾时,金额较高者为准

　　C. 初步合同总价加各项设计变更

　　D. 实际完成工程量乘以合同单价

6. 关于总价合同,下列说法中不正确的是(　　)。

　　A. 根据合同规定的工程施工内容和有关条件,业主应付给承包人的款额是一个规定的金额

　　B. 对业主而言,在合同签订时就可以基本确定项目的总投资额,对投资控制有利

　　C. 对承包人而言,其承担了全部的工作量和价格风险

　　D. 固定总价合同中不能约定在工程发生重大变更或其他特殊条件下可以对合同价格进行调整

7. 总价合同适用的条件是(　　)。

　　A. 工程正处于设计阶段,施工任务和范围尚不明确

　　B. 工程正处于设计阶段,业主的目标、要求都不清楚

　　C. 施工图设计完成,业主的目标、要求尚未明确

　　D. 施工图设计完成,施工任务和范围比较明确

8. 在固定总价合同条件下,承包人面临的风险主要有(　　)。

　　A. 价格风险和工作量风险　　　　　　　B. 价格风险和国家法律法规、政策风险

　　C. 承包人履约水平风险和工作量风险　　D. 承包人履约水平风险和价格风险

9. 容易导致合同双方引发诉讼或仲裁,并最终导致其他费用增加的合同是(　　)。

　　A. 固定单价合同　　　　　　　　　　　B. 固定总价合同

　　C. 成本加固定酬金合同　　　　　　　　D. 固定成本加酬金合同

10. 在施工承包招标时,施工期限为(　　)的项目一般实行固定总价合同,通常不考虑价格调整问题。

　　A. 3个月　　　　　　B. 6个月　　　　　　C. 1年　　　　　　D. 2年

11. 承包人不承担任何价格变化或工程量变化的风险的合同是(　　)。

　　A. 变动单价合同　　　　　　　　　　　B. 固定总价合同

　　C. 变动总价合同　　　　　　　　　　　D. 成本加酬金合同

12. 在成本加奖金合同方式下,奖金是根据报价书中的成本估算指标制定的,在合同中对这个估算指标规定一个底点和顶点,分别为工程成本估算的(　　)。

　　A. 30%～50%和60%～80%　　　　　　B. 30%～60%和60%～90%

　　C. 50%～75%和80%～100%　　　　　　D. 60%～75%和110%～135%

(二)多项选择题

1. 适用固定总价合同的情况包括(   )。
    A. 工程量小、工期短，估计在施工过程中环境因素变化小
    B. 工程内容和工程量尚不能明确、具体地规定
    C. 工程设计详细，图纸完整
    D. 工程结构和技术简单
    E. 承包人投标期相对宽裕，承包人有充足的时间详细考察施工现场、复核工程量

2. 根据《建设工程施工合同(示范文本)》(GF—2017—0201)通用条款约定，可以对合同价款进行调整的因素有(   )。
    A. 由于市场因素导致建筑材料费及人工费成本上涨
    B. 法律、行政法规和国家有关政策变化影响合同价款
    C. 工程造价管理部门公布的价格调整
    D. 一周内非承包人原因停水、停电、停气造成的累计停工超过12小时
    E. 双方约定的其他因素

3. 在固定总价合同条件下，一般不考虑价格调整问题，以签订合同时的单价和总价为准，物价上涨的风险全部由承包人承担。但对建设周期一年半以上的项目，则应考虑(   )因素引起的价格变化问题。
    A. 劳务工资以及材料费用的上涨   B. 运输费、燃料费、电力等价格变化
    C. 外汇汇率的不稳定   D. 承包人履约水平的变化
    E. 国家或者省、市立法的改变引起的工程费用的上涨

4. 总价合同的特点包括(   )。
    A. 发包人可以在报价竞争状态下确定项目总造价，可以较早确定或者预测工程成本
    B. 业主的风险较小，承包人将承担较多的风险
    C. 在施工进度上能极大调动承包人的积极性
    D. 发包单位能够更容易、更有把握地对项目进行控制
    E. 由于合同总价已确定，施工过程中业主可以根据工程需要随意调整设计和施工

5. 成本加酬金合同也称为成本补偿合同，下列工程中适合采用成本加酬金合同的是(   )。
    A. 普通房屋建筑工程
    B. 工程技术、结构方案复杂且不能预先确定的超高建筑工程
    C. 抢险救灾工程
    D. 国际组织资金承建的工程
    E. 外国政府资金承建的工程

6. 成本加酬金合同对业主而言，其优点包括(   )。
    A. 可以等所有施工图完成、工程投资全部到位后才开始招标
    B. 可以利用承包人的施工技术专家帮助改进或弥补设计中的不足
    C. 业主可以利用自身力量和需要，较深地介入和控制工程施工和管理
    D. 可以减少承包人的对立情绪，承包人对工程变更和不可预见条件的反应会比较积极
    E. 可以通过确定最大保证价格约束工程成本不超过某一限值

7. 成本加酬金合同的主要形式有(   )。
    A. 成本加固定费用合同   B. 最低成本加费用合同
    C. 成本加固定比例费用合同   D. 成本加奖金合同
    E. 最大成本加费用合同

8. 在施工承包合同中采用成本加酬金计价方式时，下列各项中，（　　）应是业主与承包人注意的主要问题。

    A. 各项工程内容的单价能否调整

    B. 必须在合同中约定明确的如何向承包人支付酬金的条款

    C. 如工程发生重大变更，支付承包人的酬金能否调整

    D. 要列出完整的工程费用清单

    E. 规定详细的工程现场有关数据记录、信息储存的格式和方法

四、建筑工程施工合同实施

（一）单项选择题

1. 合同分析是从（　　）的角度去分析、补充和解释合同的具体内容及要求。

    A. 合同签订   B. 合同执行   C. 合同变更   D. 合同清算

2. 合同分析往往由施工企业的（　　）负责。

    A. 工程管理部门   B. 预算管理部门

    C. 财务管理部门   D. 合同管理部门或项目合同管理人员

3. 关于建筑工程合同分析的必要性，下列说法中不正确的是（　　）。

    A. 合同条文多采用法律术语，往往较为晦涩、不容易理解，通过合同分析可以使之简单、明确

    B. 同一个工程中可能会产生几十份甚至上百份合同，通过合同分析能够确定主要合同及其重点、难点内容

    C. 合同中可能存在各类风险隐患，通过合同分析可以有效解决并规避这些风险隐患

    D. 合同涉及的权利义务主体较多、权利义务关系复杂，通过合同分析能够有效理顺合同各方的责任关系

4. 用以指导合同实施和索赔工作的分析是合同的（　　）分析。

    A. 法律基础   B. 承包人主要任务

    C. 发包人的责任   D. 合同价格

5. 在固定总价合同情况下，承包人要重点分析合同的（　　）。

    A. 合同标的   B. 发包人责任

    C. 价格组成   D. 工作范围

6. 工程变更的索赔有效期，一般由合同具体规定。一般这个时间越短，对（　　）越不利。

    A. 发包人   B. 专业承包人   C. 承包人   D. 分包人

7. 根据《建设工程施工合同（示范文本）》（GF—2017—0201）约定，工程变更的索赔有效期是（　　）天。

    A. 7   B. 14   C. 21   D. 28

8. 合同交底的对象是（　　）。

    A. 承包人工程管理部门人员   B. 承包人合同管理部门人员

    C. 项目管理人员和各个工程小组   D. 项目管理人员及各个分包人

9. 合同跟踪的依据不包括（　　）。

    A. 合同及其补充协议   B. 施工组织设计

    C. 政府主管部门文件   D. 质量检查记录

10. 关于工程施工质量的跟踪对象，主要指（　　）。

    A. 分包人能否按施工进度计划组织施工

    B. 工程设计变更是否符合相关规定、标准

C. 施工所用材料、构配件和设备是否符合采购合同确定的质量标准，施工或安装施工质量是否达到合同约定的质量标准

D. 工程监理人是否按约定履行质量监督职责

11. 对于专业分包人和总承包人的关系，下列说法中正确的是(　　)。

A. 专业分包人的工作和负责的工程，其直接受发包人的管理和协调

B. 专业分包人履约能力低下，导致工期延误所造成的发包人损失，由其直接与发包人协商责任负担

C. 专业分包人的工作和负责的工程必须纳入总承包工程的计划和控制中

D. 经专业分包人与发包人及承包人协商，其负责的工程可以不纳入总承包工程的计划中

12. 承包人在分析工程师的工作内容时，关注重点应放在(　　)。

A. 是否及时给予承包人有关工程指令，答复及确认

B. 能否公平、公正处理承包人与发包人之间的工程争议

C. 工程师的专业水平是否适应本工程需要

D. 能否及时对工程争议做出调查处理意见

13. 承包人在跟踪分析发包人的工作内容时，关注重点应放在(　　)。

A. 发包人是否有效协调了各类社会关系，保证工程顺利进展

B. 发包人是否及时并足额支付了应付的工程款

C. 发包人是否对专业分包人进行了管理协调，使其专业施工的工程质量达到了合同约定的质量标准

D. 对承包人提出的工程疑难问题是否及时进行了解答

14. 合同实施偏差的责任分析的依据是(　　)。

A. 合同执行实际情况　　　　　　B. 发包人的资信状况

C. 发包人的履约水平　　　　　　D. 合同具体约定内容

15. 针对合同实施偏差情况，可采取不同的措施，对采取不同措施下合同执行的预期结果的分析称为(　　)。

A. 合同履行结果分析　　　　　　B. 合同预期结果分析

C. 合同实施趋势分析　　　　　　D. 合同结果动态分析

16. 根据 FIDIC 施工合同条件，下列不属于工程变更内容的是(　　)。

A. 改变合同中所包括的任何工作的数量　　B. 删减准备交第三人实施的工作

C. 改变任何工作的质量和性质　　D. 改动工程的施工顺序

17. 根据我国《建设工程施工合同(示范文本)》(GF—2017—0201)约定，工程变更包括(　　)和工程质量标准等其他性质内容的变更。

A. 设计变更　　　B. 工期变更　　　　C. 价格变更　　　　　D. 工程师更换

18. 承包人提出的工程变更，应当提交(　　)审查并批准。

A. 发包人　　　　　　　　　　　B. 设计方

C. 发包人和设计方　　　　　　　D. 工程师

19. 业主方提出的涉及设计修改的工程变更，一般由(　　)发出。

A. 业主方　　　　　　　　　　　B. 设计方

C. 业主方和设计方共同　　　　　D. 工程师

20. 对于工程变更的责任分析与补偿要求，下列说法中不正确的是(　　)。

A. 因环境变化、不可抗力导致的设计修改，由业主承担责任，由此给承包人带来工期的延长和费用的增加应该向业主索赔

B. 因承包人施工过程、施工方案出现错误导致的设计修改，应由承包人承担责任

C. 无论是否会给业主带来好处，施工方案的变更均须经业主书面同意

D. 业主与承包人签订合同前，可以要求承包人对施工方案作出补充或修改，以使施工方案更符合业主要求

(二)多项选择题

1. 合同分析的目的和作用主要体现在( )。

A. 分析合同漏洞，力争对有争议的内容作出明确解释

B. 分析合同风险，制定风险规避思路和措施

C. 分析合同文件组成及结构，使合同内容易于查阅

D. 合同任务分解和落实，便于实施和检查

E. 分析签订合同依据的法律法规，了解相关法律的基本情况

2. 分析发包人的合同责任，主要内容包括( )。

A. 发包人是否及时提供了施工图纸和施工场地、道路等

B. 发包人是否履行了对专业分包人的管理协调责任

C. 发包人是否向承包人出示了工程师的授权委托书

D. 发包人是否及时足额地支付了工程款

E. 发包人是否在合同约定的期限内组织竣工验收

3. 下列属于合同价格分析内容的有( )。

A. 在单价合同中，工程内容单价是否准确

B. 在总价合同中，合同总价对承包人是否公平、合理

C. 合同价格所包括的范围

D. 工程量计量程序、工程款结算方法和程序

E. 合同价格的调整规定

4. 如果合同一方未履行或未按合同约定履行义务给对方造成了损失，此时合同分析的主要内容包括( )。

A. 承包人延误工期的违约金或向业主承担赔偿责任的条款是否公平

B. 由于管理上的疏忽造成对方人员和财产损失的赔偿金额、赔偿范围约定是否清楚、明白

C. 由于分包人不履行或不能妥当履行合同义务时的处理情况

D. 由于工程师不履行或不能妥当履行合同义务时的处理情况

E. 由于预谋或故意行为给对方造成损失的赔偿责任条款约定是否清楚、明白

5. 承包人合同交底的目的和主要任务包括( )。

A. 了解合同内容是否对承包人显失公平

B. 对合同主要内容达成一致理解

C. 将各种合同事件的责任分解落实到相关责任人

D. 明确成本目标和消耗标准

E. 明确承包人违约产生的影响和法律后果

6. 施工合同跟踪的含义包括( )。

A. 承包人合同管理部门对合同执行者的履行情况进行的跟踪

B. 承包人合同管理部门对分包人执行情况的跟踪

C. 合同执行者本身对合同计划的执行情况进行的跟踪

D. 合同执行者对发包人执行合同情况进行的检查与分析对比

E. 合同执行者对工程师执行合同情况进行的检查与分析对比

7. 关于合同实施产生偏差的原因分析，可以采用的方法有(   )。

    A. 鱼刺图   B. 因果关系分析表

    C. 成本量差分析法   D. 双代号网络分析法

    E. 成本价差分析法

8. 某工程实际工期比合同工期延迟三个月，承包人经分析认为主要有以下两个方面原因：①发包人支付工程进度款滞后，导致承包人无法及时订购施工所需设备；②人工费大幅上涨，劳务作业人员短缺，为确保工程按期竣工，发包人和承包人均应采取相应的调整措施。其中，承包人可以采取的合理措施有(   )。

    A. 先垫资加紧推进设备采购

    B. 变更技术方案，采取新的、高效的施工方案

    C. 增加劳动力投入，调整人员安排

    D. 与发包人协商采取经济措施，大幅上调人工费，吸引更多的劳动力

    E. 重新安排工作流程和计划

9. 工程设计变更包括(   )。

    A. 更改工程有关部分的标高、基线、位置和尺寸

    B. 增减合同中约定的工程量

    C. 改变有关工程的施工时间和顺序

    D. 改变工程的质量标准

    E. 其他有关工程变更需要的附加工作

10. 根据工程实际的施工情况，有权提出工程变更的单位包括(   )。

    A. 发包人   B. 承包人   C. 发包人   D. 设计方

    E. 工程师

五、建筑工程索赔

(一)单项选择题

1. 建筑工程索赔是一项正当的权利要求，从本质上讲，索赔是(   )。

    A. 发包人与承包人之间的一种对立

    B. 发包人与承包人之间普遍存在的合同管理业务活动

    C. 发包人或承包人各自向对方提出的一种权利要求

    D. 现代工程承包的一大特点

2. 按索赔有关当事人分类，下列说法不正确的是(   )。

    A. 发包人与承包人之间的索赔   B. 承包人与分包人之间的索赔

    C. 承包人与工程监理单位之间的索赔   D. 承包人与材料商之间的索赔

3. 某建筑工程施工合同签订后，至合同约定的开工日期，发包人仍未开通施工场地与城乡公共道路的通道，导致承包人无法进场施工。则承包人可提出(   )索赔。

    A. 工程加速   B. 工程变更   C. 不可预见条件   D. 工程延期

4. 某工程在基坑开挖过程中，地下水水位突然上涨，承包人不得不停工进行排水作业。承包人据此提出的索赔应是(   )。

    A. 不可预见条件索赔   B. 不可抗力索赔

    C. 工期延期索赔   D. 工期变更索赔

5. 某工程施工过程中，工程师下发指令，要求增加部分附属设施工程。承包人据此可提出(   )索赔。

    A. 工程延期   B. 工程变更   C. 工程加速   D. 工程终止

6. 通常由于发包人或工程师指令承包人加大投入、缩短工期，承包人据此提出的索赔称为（   ）。

A. 工程变更索赔　　B. 发包人违约索赔　　C. 工程加速索赔　　D. 不可预见条件索赔

7. 在工程建设实践中，特殊风险引发承包人向发包人的索赔主要是指（   ）。

A. 台风、海啸、地震等引发的索赔

B. 建设规划变更引发的索赔

C. 承包合同适用法律、法规变更引发的索赔

D. 战争、入侵、暴动和辐射等引起的索赔

8. 某工程施工过程中，为对部分隐蔽工程进行检查，工程师下发指令要求承包人暂时停止施工进行检查。后证明该隐蔽工程施工符合约定的质量标准，则承包人（   ）。

A. 仅有权向发包人提出索赔要求工期顺延

B. 仅有权向发包人提出索赔要求合理的额外费用补偿

C. 有权向发包人要求工期顺延及合理的额外费用补偿

D. 无权向发包人提出索赔要求，承包人应无条件服从工程师指令

9. 某工程施工过程中，为使工程更加美观，承包人建议对设计图纸进行局部更改，并对部分材料予以更换。在工程师未予以答复的情况下，承包人即按自己的设计方案和更换后的材料进行了施工。下列说法中正确的是（   ）。

A. 由此产生的费用应由发包人承担

B. 由此导致的延误的工期应予顺延

C. 由此导致的费用增加和工期延误责任均由承包人承担

D. 由此导致的费用增加和工期延误责任由工程监理单位承担

10. 某工程分包人由于疏忽导致发包人供应的设备丢失，给发包人造成了一定损失。下列说法正确的是（   ）。

A. 分包人承担赔偿责任，承包人承担连带责任

B. 仅由分包人向发包人承担赔偿责任

C. 仅由承包人向发包人承担赔偿责任

D. 发包人自行承担

11. 反索赔是指（   ）对方提出的索赔，不让对方索赔成功或者全部成功。

A. 反驳、抗辩　　　　　　　　　　B. 反击、反制

C. 反驳、反击或防止　　　　　　　D. 防止、防御

12. 总体而言，索赔的依据主要是（   ）。

A. 合同文件、法律法规及存在索赔事实

B. 合同文件、法律法规及给一方造成了损失

C. 合同文件、索赔事实及给一方造成了损失

D. 合同文件、法律法规及工程建设惯例

13. 当事人用来证明索赔成立的索赔有关的证明文件和资料，称为（   ）。

A. 索赔事实　　B. 索赔证据　　　　C. 索赔报告　　　　D. 索赔理由

14. 承包人发现索赔机会后，首先应（   ）。

A. 调查和跟踪干扰事件原因

B. 口头通知发包人将提起索赔

C. 以书面形式将索赔意向及时通知发包人或工程师

D. 起草索赔文件

15. 有关索赔意向通知，下列说法中不正确的是(   )。

    A. 索赔意向通知以书面方式提出，特殊情况下经工程师同意可以口头方式提出

    B. 在索赔意向通知中应向对方表明索赔愿望、要求或声明保留索赔权利

    C. 索赔意向通知应简单说明索赔事由发生的时间、地点，索赔依据和理由等

    D. 索赔意向通知是提出索赔的必要前提条件

16. 根据《建设工程施工合同(示范文本)》(GF—2017—0201)约定，发生索赔事件后，承包人应在(   )天内向工程师发出书面索赔意向通知。

    A. 21   B. 28   C. 35   D. 56

17. 根据《建设工程施工合同(示范文本)》(GF—2017—0201)约定，承包人发出索赔意向后，应在(   )天内向工程师提出延长工期和(或)补偿经济损失的索赔报告及有关资料。

    A. 14   B. 21   C. 28   D. 35

18. 根据《建设工程施工合同(示范文本)》(GF—2017—0201)约定，工程师在收到索赔报告和有关资料后(   )天内未答复，视为该项索赔已经认可。

    A. 21   B. 28   C. 35   D. 56

19. 根据《建设工程施工合同(示范文本)》(GF—2017—0201)约定，当索赔事件持续进行时，承包人应当(   )。

    A. 阶段性向工程师发出索赔意向，在索赔事件终了后 14 天内，向工程师送交索赔的有关资料和最终索赔报告

    B. 在索赔事件开始即向工程师发出索赔意向，待索赔事件终了后 21 天内，一次性向工程师送交索赔的有关资料和最终索赔报告

    C. 阶段性向工程师发出索赔意向，在索赔事件终了后 21 天内，向工程师送交索赔的有关资料和最终索赔报告

    D. 阶段性向工程师发出索赔意向，在索赔事件终了后 28 天内，向工程师送交索赔的有关资料和最终索赔报告

20. 对于承包人向发包人的索赔请求，索赔文件首先应交由(   )审核。

    A. 承包人项目经理   B. 承包人合同主管领导

    C. 工程师   D. 发包人项目经理

21. 对承包人索赔的审核主要是(   )。

    A. 判定索赔事件是否成立及核查索赔计算是否正确

    B. 仅审查索赔计算是否正确、合理

    C. 审查索赔资料中是否有原件证据资料

    D. 审查索赔事件的证明是否客观、真实

22. 为了成功地防止对方提出索赔，应采取积极的防御策略。其中，最关键的防御措施是(   )。

    A. 寻找对方的违约行为，主动向对方提起索赔

    B. 严格履行自己的各项合同义务，防止自己违约

    C. 积极协调工作参建各方关系，共同努力保证工程顺利开展

    D. 在工程建设中与对方积极协商，尽量满足对方提出的各项要求

23. 关于对索赔报告的反驳或反击要点，下列说法中不正确的是(   )。

    A. 审查对方是否在索赔期限内及时提出索赔要求及报告

    B. 审查索赔事件是否真实发生

    C. 分析对方的索赔要求是否与合同条款或有关法规一致

    D. 分析相关政策是否支持对方的索赔要求

24. 对于不同原因引起的索赔，承包人可索赔的具体费用内容不完全一致。在我国建筑工程索赔实践中，下列费用未包括在索赔金额中的是(   )。
    A. 分包费   B. 利息
    C. 收集整理索赔资料发生的费用   D. 施工机械使用费

25. 对于索赔费用中的人工费部分而言，只能索赔(   )。
    A. 基本工资
    B. 加班津贴
    C. 法定的安全福利费用
    D. 完成合同之外的额外工作所花的人工费用

26. 下列选项中，(   )情况下，承包人不可以向发包人索赔人工费用增加。
    A. 发包人采用的设备未进场导致安装、调试人员窝工
    B. 承包人工作发生迟延，为了早日完工而督促劳务人员超过法定工作时间加班，导致人工费增加
    C. 施工期内劳务人员工资大幅上涨
    D. 发包人要求承包人加大劳动力投入

27. 材料费的索赔中除采购费外，还包括(   )。
    A. 运输费、仓储费及合理的损耗费   B. 包装费、运输费及仓储费
    C. 运输费、仓储费及二次搬运   D. 运输费、仓储费及人工费

28. 下列情况下，承包人可以向发包人索赔施工机械使用费的是(   )。
    A. 施工机械自身故障导致发生维修费
    B. 承包人未合理安排施工计划导致施工机械停工
    C. 发包人应政府主管部门要求下令施工机械停工检修
    D. 施工机械所有权人常规保养导致机械停工

29. 承包人自有的施工机械，计算索赔费用是按(   )计算。
    A. 台班折旧费   B. 同类施工机械市场平均租赁费
    C. 定额规定的同类机械台班费   D. 施工机械的调进调出费

30. 实际费用法是计算工程索赔时最常用的一种方法。有关实际费用法，下列说法中不正确的是(   )。
    A. 这种方法的计算原则是以承包人某项索赔工作所支付的实际开支为依据，向业主要求费用补偿
    B. 用实际费用法计算式，在直接费的基础上，再加上额外赢得的间接费和利润，即承包人应得的索赔金额
    C. 利用实际费用法计算索赔金额，能准确计算出承包人的实际损失
    D. 利用实际费用法计算索赔费用，对承包时提出了较高要求，在施工过程中，系统而准确地积累记录资料非常重要

31. 关于总费用法，下列说法中正确的是(   )。
    A. 总费用法指某次索赔事件发生后，重新计算该工程的实际总费用，即实际总费用减去投标报价时的估算总费用，即为索赔金额
    B. 不少人对采取总费用法计算索赔金额持欢迎态度，因为用该种方法计算索赔金额对双方都比较公平、合理
    C. 利用总费用法计算索赔金额时须对投标报价费用重新进行核算
    D. 这种方法只有在难以采用实际费用法时才应用

32. 修正的总费用法是对总费用法的改进，即在总费用法计算的基础上，去掉一些不合理的因素，使其更合理。有关修正的内容，下列说法不正确的是(　　)。

A. 将计算所配的时段局限于受到外界影响的时段，而不计算该时段内所有工作所受影响的损失

B. 只计算受影响的时段内某项工作所受影响的损失，而不计算该时段内所有工作所受影响的损失

C. 与该工作无关的费用不列入总费用中

D. 按受影响的时段内该项工作的投标单价，乘以实际完成的该项工作的工程量，得出调整后的报价费用

33. 下列导致工期延误事件，(　　)不属于承包人可以向业主提出索赔的情况。

A. 工程师指令导致的暂停施工

B. 工程师拖延在关键线路工序上的验收时间导致下道工序施工延误

C. 分包人工作延误

D. 发包人未及时交付施工现场

34. 某道路工程基础土方施工现场的原工程量为 40 000 m^3，后由于设计变更导致工程量增加到 50 000 m^3，原定工期为 120 天，合同规定工程量增减 10% 为承包方应承担的风险。则按比例分析法，承包人提出的工期索赔值为(　　)天。

A. 12　　　　　　　B. 15　　　　　　　C. 18　　　　　　　D. 21

35. 下列不能作为工期索赔的具体依据的有(　　)。

A. 有一方签字确认的工程图纸交接记录　　B. 双方认可的施工总进度计划

C. 施工日志、监理日志　　D. 影响工期的干扰事件

(二)多项选择题

1. 在建筑工程实践中，引起索赔的原因可能包括(　　)。

A. 合同双方未按合同约定履行义务

B. 工程图纸设计错误

C. 工程环境变化，包括法律、物价和自然条件变化等

D. 合同一方因自身原因造成了经济损失

E. 不可抗力因素

2. 建筑工程施工过程中，如遭遇特殊风险可引起索赔。下列事件中，属于特殊风险的有(　　)。

A. 某工程所在地区发生 7 级以上地震

B. 某工程所在地区发生军事政变

C. 某工程所在地区发生核辐射源泄露事件

D. 某工程主要设备供应商在收取定金尚未供货的情况下突然申请破产

E. 某项对建筑施工有重大影响的法律进行修改

3. 因合同问题引起的索赔包括(　　)。

A. 有关合同文件适用法律引起的索赔　　B. 有关合同签订授权引起的索赔

C. 有关合同文件的组成的问题引起的索赔　　D. 关于合同文件有效性引起的索赔

E. 因图纸或工程量表中错误而引起的索赔

4. 有关工程施工的索赔不包括(　　)。

A. 地质条件变化引起的索赔　　B. 暂停施工引起的索赔

C. 增减工程量的索赔　　D. 关于货币贬值引起的索赔

E. 终止合同引起的索赔

5. 下列事件中，属于承包人可以向发包人提起索赔的有(　　)。

A. 发包人在合同中对承包人提出保密要求

B. 工程师不能及时向承包人提供所需指令及批复

C. 地质勘探机构出具的地质情况报告不准确

D. 发包人不按合同约定时限支付工程款

E. 承包人认为工程师指令不正确而拒绝执行导致的损失

6. 一起有效索赔事件的成立(承包人提起的索赔)，应具备的前提条件包括(　　)。

A. 该事件已给承包人造成了实际的经济损失或工期的延误

B. 发包人对该事件有过失

C. 造成费用增加或工期延误的原因，不属于承包人的行为责任或风险责任

D. 承包人按合同约定的程序和时间提交了索赔意向通知和索赔报告

E. 该事件发生后，承包人已采取措施避免了损失的扩大

7. 下列文件资料中，能够作为承包人的有效索赔证据使用的包括(　　)。

A. 分包人就相关事件作出的说明

B. 与发包人、工程师之间往来的文函、答复、备忘录

C. 经各方代表签署确认的会议纪要

D. 报纸、网络就有关事件的报道

8. 在索赔资料准备阶段，主要工作包括(　　)。

A. 跟踪和调查干扰事件，掌握事件产生的详细经过

B. 分析干扰事件产生的原因，划清各方责任，确定该索赔根据

C. 损失结果的调查分析与计算，确定工期索赔和费用索赔值

D. 搜索证据

E. 认真调查合同约定，防止对方对自己提出索赔

9. 承包人向发包人提出的费用索赔，除工程直接费和间接费外，还可包括(　　)。

A. 分包费　　　　　　　　　　　B. 项目管理费

C. 劳务管理费　　　　　　　　　D. 利润

E. 总部管理费

10. 根据《建设工程施工合同(示范文本)》(GF—2017—0201)，确定可以顺延工期的条件包括(　　)。

A. 发包人未按专用条款的约定提供图纸及开工条件

B. 发包人未能按约定日期支付工期预付款、进度款，致使施工不能正常进行

C. 工程师未按合同约定提供所需指令、批准等，致使施工不能正常进行

D. 计划变更和工程量增加

E. 一周内非承包人原因停水、停电、停气，造成停工累计超过6小时

11. 工期索赔的计算方法包括(　　)。

A. 直接法　　　B. 间接法　　　　C. 比例分析法　　　　D. 网络分析法

E. 关键线路分析法

12. 按照延误事件之间的关联性划分，工程延误包括(　　)。

A. 直接延误　　　B. 间接延误　　　C. 单一延误　　　D. 共同延误

E. 交叉延误

六、国际工程承包合同

(一)单项选择题

1. 国际工程通常是指一项由多个国家的公司参与工程建设，并且按照国际通用的项目管理

理念和方法进行管理的工程项目。国际工程是指(　　)。

    A. 国际工程咨询和承包   B. 国际工程承包和认证

    C. 国际工程管理和承包   C. 国际工程管理和认证

2. 关于国际承包合同争议仲裁，下列说法中不正确的是(　　)。

    A. 仲裁地点可以是争议双方所在的国家，也可以是第三国

    B. 争议仲裁实行一裁终局制，裁决一经作出，即对双方产生法律效力

    C. 仲裁程序一般是保密的

    D. 双法应该在合同中约定仲裁裁决的效力，即仲裁裁决是否具终局性

3. 在国际工程承包合同中，合同双方往往愿意采用DAB解决争议。在DAB机制下，如双方在收到决定后(　　)天内均未提出异议，则该决定是最终的，对双方均有约束力。

    A. 14   B. 21   C. 28   D. 42

4. 国际工程项目管理的核心是(　　)。

    A. 工程进度   B. 工程质量   C. 工程合同   D. 工程造价

5. 国际工程采用国际竞争性招标时，合同应该授予具有(　　)的投标人。

    A. 报价最低   B. 技术方案最优   C. 工期最短   D. 最低评标价

6. 关于有限国际招标，下列说法中正确的是(　　)。

    A. 采用有限国际招标时，可以通过设定投标条件限制潜在的投标人参与投标

    B. 有限国际招标本质上仍是一种国际竞争性招标

    C. 采用有限国际招标时仍需通过公开刊登广告的方式邀请投标人参与投标

    D. 当供货商的数量较多时，可以采用有限国际招标

7. 某世界银行贷款项目具有工期长、属劳动密集型工程等特点，则该工程较适用(　　)方式进行招标。

    A. 国内竞争性招标   B. 有限国际招标

    C. 国际竞争性招标   D. 国际邀请招标

8. FIDIC是指(　　)。

    A. 国际监理工程师联合会   B. 国际承包工程师联合会

    C. 国际注册工程师联合会   D. 国际咨询工程师联合会

9. FIDIC"新红皮书"中合同计价方式属于(　　)。

    A. 单价合同，任何情况下对单价不予调整

    B. 单价合同，但有某些子项采用包干价格

    C. 单价合同，任何情况下对总价不予调整

    D. 单价合同，允许双方约定调整合同价格的范围和幅度

10. 在FIDIC"新红皮书"合同条件下，履行合同管理，监督施工进度、质量，签发支付证书，处理合同管理有关事项职能的是(　　)。

    A. 发包人   B. 项目管理顾问

    C. 工程师   D. 发包人与承包人共同指派的联合小组

11. FIDIC"新黄皮书"适用于(　　)项目。

    A. 发包人提供设计的房屋建筑和土木工程项目

    B. 工程师提供设计的房屋建筑和土木工程项目

    C. 承包人负责绝大部分设计的工程项目

    D. 承包人负责所有设计、采购和建造的项目

12. FIDIC"新黄皮书"中合同计价方式属于(　　)。

　　A. 总价合同，合同价不予调整

　　B. 总价合同，如果发生法规法定的变化或物价波动，合同价可以调整

　　C. 单价合同，合同价不予调整

　　D. 单价合同，如果发生法规法定的变化或物价波动，合同价可以调整

13. 在 FIDIC 于 1999 年出版的新型合同条件下，没有业主委托的工程师的这一角色的合同条件是(　　)。

　　A. 施工合同条件　　　　　　　　　B. 永久设备和设计建造合同条件

　　C. 简明合同格式　　　　　　　　　D. EPC 交钥匙项目合同条件

14. 有关 EPC 交钥匙项目合同条件，下列说法中不正确的是(　　)。

　　A. 此合同条件下承包人要负责所有设计、采购和建造的项目

　　B. 承包人在"交钥匙"时，要提供一个设施配备完整、可以投产运行的项目

　　C. 合同采用固定总价方式，只有在某些特殊风险出现时才调整合同

　　D. 承包人负责了较小的风险

15. FIDIC 合同条件适用于(　　)项目。

　　A. 投资较低不需要分包的建筑工程

　　B. 需要进行分包的建筑工程

　　C. 工作内容简单但建设周期较长的工程

　　D. 适合采用总价合同的建筑工程

(二)多项选择题

1. 国际工程咨询的工作内容包括(　　)。

　　A. 对工程项目前期的投资机会研究、预可行性研究和可行性研究

　　B. 项目勘测、设计

　　C. 招标文件编制、项目管理、项目后评价

　　D. 协调与工程所在国政府部门关系

　　E. 协调工程建设各方关系，顺利推动工程进展

2. 有关国际工程承包，下列说法正确的有(　　)。

　　A. 包括对工程项目进行施工、设备采购及安装调试

　　B. 只进行施工总承包，不进行建筑工程项目总承包

　　C. 按业主要求，有时也做施工详图设计和部分永久工作设计

　　D. 包括专业工程分包和劳务分包

　　E. 按业主要求，有时也做一些项目管理工作

3. 国际工程承包活动中通常使用的合同示范文本包括(　　)。

　　A. FIDIC 合同　　　　　　　　　　B. NEC 合同

　　C. AIA 合同　　　　　　　　　　　D. 世界银行贷款项目合同条件

　　E. 联合国援助项目合同条件

4. 国际工程承包合同解决争议方式包括(　　)。

　　A. 协商　　　　　B. 调解　　　　　C. 仲裁　　　　　D. 诉讼

　　E. 政府间谈判

5. 有关 DAB 机制解决国际工程承包合同争议，下列说法中不正确的有(　　)。

　　A. DAB 委员可以在项目开始时就介入项目，了解项目管理及其存在的问题

　　B. DAB 委员由工程师委派

C. 周期短，可以及时解决争议

D. DAB 的费用较低

E. DAB 的裁决结果对双方均具有约束力

6. 国际工程承包合同订立后，即进入合同的履行阶段。下列属于国际工程承包人工作的有（　　）。

A. 协调与工程所在国政府机构关系，办理工程建设各种批文或证件

B. 按合同要求按时提交履约保证、预付款保函等

C. 根据工程师的开工命令按时开工

D. 在规定的时间内向工程师提交施工进度计划

E. 制定各种有效措施保证施工质量

7. FIDIC 于 1999 年出版的新型合同条件包括（　　）。

A.《施工合同条件》　　　　　　　　B.《永久设备和设计——建造合同条件》

C.《基础设施设计——建造合同条件》　　D.《简明合同格式》

E.《EPC 交钥匙项目合同条件》

8. 有关 1995 年英国土木工程师协会 ICE 出版的 ECC《工程施工合同》，下列说法中正确的有（　　）。

A. 适用于房屋建造工程，不适用于路、桥等基础设施工程

B. 适用于承包人承担部分设计责任和不承担设计责任的项目

C. 工程分包的比例可以从 0 到 100%

D. 既可适用于英国，也可适用于其他国家

E. 设计了六种主要条款(即合同形式)，九项核心条款和十五项可任选的次要选项

第六章 建筑工程项目风险与信息管理

随着人们生活水平的不断改善，人们对建筑工程项目的质量及风险管理的要求也逐渐提高，其投资多、工期长的特点，使得其自身存在着诸多不确定因素，因而从事建筑工程项目作业的各参与方都可能存在高风险。因此，加强对建筑工程项目的风险管理，不仅有利于保证建筑工程项目质量，确保工程顺利、按时完成，而且也是增大企业效益、适应当前建筑市场要求的必然措施。建筑工程项目从立项到完工的整个过程，都在事先规划好的条件下进行，但是在实际操作过程中，项目中的任何一个条件都有可能发生改变，这些无法确定却又潜在的各个因素就是风险因素。但并不是说风险就不可以预测，不可以通过管理的方法和手段进行控制；相反，对于建筑工程项目的绝大部分风险，根据目前掌握的技术，加上畅通的信息，完全可以在发生前进行正确的预测和在发生过程中进行合理的控制。所以，建筑施工企业应加强项目的风险管理，建立行之有效的风险管理体系，通过对建筑工程项目风险的识别、分析、评价，提出合理的应对措施、管理方法和手段，对项目风险进行有效的控制，妥善处理风险事件造成的不利后果，从而以最少的成本保证建筑工程项目目标的实现。

一、建筑工程项目风险管理

(一)风险和风险量的基本概念

(1)风险是指损失的不确定性。对于工程项目管理而言，风险是指可能出现的影响项目目标实现的不确定因素。

(2)风险量是指不确定的损失程度和损失发生的概率。若某个可能发生的事件，其可能的损失程度和发生的概率都很大，则其风险量就很大，如图 6-1 所示的风险区 A。

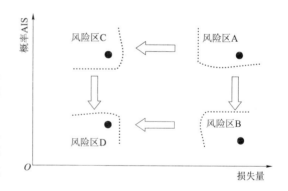

图 6-1　事件风险量的区域

(3)若某事件经过风险评估，处于风险区 A，则应采取措施，降低其发生风险的概率，即使它移位至风险区 B；或采取措施降低其损失量，即使它移位至风险区 C。风险区 B 和 C 的事件则应采取措施，使其移位至风险区 D。

(二)建筑工程项目的风险类型

(1)组织风险。组织风险因素包括：设计人员和监理工程师的能力；承包人管理人员和一般技工的能力；施工机械操作人员的能力和经验；损失控制和安全管理人员的资历和能力等。

(2)经济与管理风险。经济与管理风险因素包括：工程资金供应条件；合同风险；现场与公用防火设施的可用性及其数量；事故防范措施和计划；人身安全控制计划；信息安全控制计划等。

(3)工程环境风险。工程环境风险因素包括：自然灾害；岩土地质条件和水文地质条件；气象条件；引起火灾和爆炸的因素等。

(4)技术风险。技术风险因素包括：工程设计文件；工程施工方案；工程物资；工程机械等。

(三)风险管理的工作流程

(1)风险管理的概念。风险管理是指为了达到一个组织的既定目标，而对组织所承担的各种风险进行管理的系统过程，其采取的方法应符合公众利益、人身安全、环境保护以及有关的法规的要求。

风险管理包括策划、组织、领导、协调和控制等方面的工作。

(2)风险管理的工作流程如下：

1)风险辨识，分析存在哪些风险；

2)风险分析，对各种风险衡量其风险量；

3)风险控制，制定风险管理方案，采取措施降低风险量；

4)风险转移，如对难以控制的风险进行投保等；

5)风险监控。

二、建筑工程项目信息管理

(一)建筑工程项目信息管理的含义、目的和任务

1. 建筑工程项目信息管理的含义和目的

(1)我国从工业发达国家引进项目管理的概念、理论、组织、方法和手段，历时20年左右，取得了不少成绩。但是，应认识到，在项目管理中最薄弱的环节是信息管理。至今，多数业主方和施工方的信息管理还相当落后，主要表现在对信息管理的理解，以及信息管理的组织、方法和手段基本上还停留在传统的方式和模式上。

(2)信息是指用口头、书面或电子的方式传输(传达、传递)的知识、新闻，或可靠的不可靠的情报，如声音、文字、数字和图像等，都是信息表达的形式。建筑工程项目的实施，需要人力资源和物质资源，应认识到信息也是项目实施的重要资源之一。

(3)信息管理是指信息传输合理的组织和控制。

(4)项目的信息管理是通过对各个系统、各项工作和各种数据的管理，使项目的信息能方便和有效地获取、存储、存档、处理和交流。项目信息管理，旨在通过有效的项目信息传输的组织和控制(信息管理)，为项目建设的增值服务。

(5)建筑工程项目的信息包括在项目决策过程、实施过程(设计准备、设计、施工和物资采购过程等)和运行过程中产生的信息，以及其他与项目建设有关的信息。其包括项目的组织类信息、管理类信息、经济类信息、技术类信息和法规类信息。

(6)据国际有关文献资料介绍，建筑工程项目实施过程中存在的诸多问题，其中三分之二与信息交流(信息沟通)的问题有关；建筑工程项目10%～33%的费用增加与信息交流存在的问题有关；在大型建筑工程项目中，信息交流的问题导致工程变更和工程实施的错误占工程总成本的3%～5%。由此可见信息管理的重要性。

2. 建筑工程项目信息管理的任务

(1)业主方和项目参与各方都有各自的信息管理任务，为充分利用和发挥信息资源的价值、提高信息管理的效率，以及实现有序和科学的信息管理，各方都应编制各自的信息管理手册，以规范信息管理工作。信息管理手册的主要内容包括：信息管理的任务(信息管理任务目录)；信息管理的任务分工表和管理职能分工表；信息的分类；信息的编码体系和编码；信息输入输出模型；各项信息管理工作的工作流程图；信息流程图；信息处理的工作平台及其使用规定；各种报表和报告的格式，以及报告周期；项目进展的月度报告、季度报告、年度报告和工程总报告的内容及其编制；工程档案管理制度；信息管理的保密制度等。

(2)在项目管理班子中，各个工作部门的管理工作都与信息处理有关，而信息管理部门的主要工作任务是：负责编制信息管理手册，在项目实施过程中进行信息管理手册必要的修改和补充，并检查和督促其执行；负责协调和组织项目管理班子中各个工作部门的信息处理工作；负责信息处理工作平台的建立和运行维护；与其他工作部门协同组织收集信息、处理信息、形成各种反映项目进展和项目目标控制的报表与报告；负责工程档案管理等。

(3)各项信息管理任务的工作流程，例如，信息管理手册编制和修订的工作流程；为形成各类报表和报告收集信息、录入信息、审核信息、加工信息、传输和发布信息的工作流程；工程档案管理的工作流程等。

(4)由于建筑工程项目大量数据处理的需要，在当今时代应重视利用信息技术的手段进行信息管理。其核心的手段是基于网络的信息处理平台。

(5)在国际上，许多建筑工程项目都专门设立信息管理部门(或称为信息中心)，以确保信息管理工作的顺利进行；也有一些大型建筑工程项目专门委托咨询公司从事项目信息动态跟踪和分析，以信息流指导物质流，从宏观上对项目的实施进行控制。

(二)建筑工程项目信息的分类、信息编码的方法和信息处理的方法

1. 建筑工程项目信息的分类

(1)业主方和项目参与各方可根据各自项目管理的需求，确定其信息管理的分类，但为了信息交流的方便和实现部分信息共享，应尽可能作一些统一分类的规定，如项目的分解结构应统一。

(2)可以从不同的角度对建筑工程项目的信息进行分类，例如，按照项目管理工作的对象，即按项目的分解结构，如对子项目1、子项目2等进行信息分类；按照项目实施的工作过程，如对设计准备、设计、招投标和施工过程等进行信息分类；按照项目管理工作的任务，如对投资控制、进度控制、质量控制等进行信息分类；按照信息的内容属性，如对组织类信息、管理类信息、经济类信息、技术类信息和法规类信息等进行信息分类。

(3)为满足项目管理工作的要求，往往需要对建筑工程项目信息进行综合分类，即按多维进行分类，例如：

第一维：按项目的分解结构；

第二维：按项目实施的工作过程；

第三维：按项目管理工作的任务。

2. 建筑工程项目信息编码的方法

(1)编码由一系列符号(如文字)和数字组成，编码是信息处理的一项重要的基础工作。

(2)一个建筑工程项目有不同类型和不同用途的信息，为了有组织地存储信息，方便信息的检索和信息的加工整理，必须对项目的信息进行编码，例如，项目的结构编码；项目管理组织结构编码；项目的政府主管部门和各参与单位编码(组织编码)；项目实施的工作项编码(项目实施的工作过程的编码)；项目的投资项编码(业主方)/成本项编码(施工方)；项目的进度项(进度计划的工作项)编码；项目进展报告和各类报表编码；合同编码；函件编码；工程档案编码等。

以上这些编码是因不同的用途而编制的，如投资项编码(业主方)/成本项编码(施工方)服务于投资控制工作/成本控制工作；进度项编码服务于进度控制工作。但是有些编码并不是针对某一项管理工作而编制的，如投资控制/成本控制、进度控制、质量控制、合同管理、编制项目进展报告等都要使用项目的结构编码，因此就需要进行编码的组合。

(3)项目的结构编码依据项目结构图，对项目结构的每一层的每一个组成部分进行编码。

(4)项目管理组织结构编码依据项目管理的组织结构图，对每一个工作部门进行编码。

(5)项目的政府主管部门和各参与单位的编码包括：政府主管部门；业主方的上级单位或部门；金融机构；工程咨询单位；设计单位；施工单位；物资供应单位；物业管理单位等。

(6)项目实施的工作项编码应覆盖项目实施的工作任务目录的全部内容，它包括：设计准备阶段的工作项；设计阶段的工作项；招投标工作项；施工和设备安装工作项；项目动用前的准备工作项等。

(7)项目的投资项编码并不是概预算定额确定的分部分项工程的编码，它应综合考虑概算、预算、标底、合同价和工程款的支付等因素，建立统一的编码，以服务于项目投资目标的动态控制。

(8)项目成本项编码并不是预算定额确定的分部分项工程的编码，它应综合考虑预算、投标价估算、合同价、施工成本分析和工程款的支付等因素，建立统一的编码，以服务于项目成本目标的动态控制。

(9)项目的进度项编码应综合考虑不同层次、不同深度和不同用途的进度计划工作项的需要，建立统一的编码，服务于项目进度目标的动态控制。

(10)项目进展报告和各类报表编码应包括项目管理形成的各种报告和报表的编码。

(11)合同编码应参考项目的合同结构和合同分类，应反映合同的类型、相应的项目结构和合同签订的时间等特征。

(12)函件编码应反映发函者、收函者、函件内容所涉及的分类和时间等，以便函件的查询和整理。

(13)工程档案的编码应根据有关工程档案的规定、项目的特点和项目实施单位的需求而建立。

3. 建筑工程项目信息处理的方法

(1)在当今时代，信息处理已逐步向电子化和数字化的方向发展，但建筑业和基本建设领域的信息化已明显落后于许多其他行业，建筑工程项目信息处理基本上还沿用传统的方法和模式。应采取措施，使信息处理由传统的方式向基于网络的信息处理平台方向发展，以充分发挥信息资源的价值，以及信息对项目目标控制的作用。

(2)基于网络的信息处理平台由一系列硬件和软件构成。

数据处理设备(包括计算机、打印机、扫描仪、绘图仪等)；数据通信网络(包括形成网络的有关硬件设备和相应的软件)；软件系统(包括操作系统和服务于信息处理的应用软件)等。

(3)数据通信网络主要有以下三种类型：

1)局域网(LAN)由与各网点连接的网线构成网络，各网点对应于装备有实际网络接口的用户工作站。

2)城域网(MAN)在大城市范围内两个或多个网络的互联。

3)广域网(WAN)在数据通信中，用来连接分散在广阔地域内的大量终端和计算机的一种多态网络。

(4)互联网是目前最大的全球性网络，它连接了覆盖100多个国家的各种网络，如商业性的网络(.com 或 .co)、大学网络(.ac 或 .edu)、研究网络(.org 或 .net)和军事网络(.mil)等，并通过网络连接数以万计的计算机，以实现连接互联网计算机之间的数据通信。互联网由若干个学会、委员会和集团负责维护和运行管理。

(5)建筑工程项目的业主方和项目参与各方往往分散在不同的地点，或不同的城市，或不同的国家，因此，其信息处理应考虑充分利用远程数据通信的方式，如通过电子邮件收集信息和发布信息。

通过基于互联网的项目专用网站(Project Specific Web Site, PSWS)实现业主方内部、业主方和项目参与各方以及项目参与各方之间的信息交流、协同工作和文档管理。

通过基于互联网的项目信息门户（Project Information Portal，PIP）为众多项目服务的公用信息平台实现业主内部、业主方和项目参与各方以及项目参与各方之间的信息交流、协同工作和文档管理；召开网络会议；基于互联网的远程教育与培训等。

(6)基于互联网的项目信息门户（PIP），属于电子商务（E-Business）两大分支中的电子协同工作（E-Collaboration）。项目信息门户在国际学术界有明确的内涵：即在对项目实施全过程中项目参与各方产生的信息和知识进行集中式管理的基础上，为项目的参与各方在互联网平台上提供一个获取个性化项目信息的单一入口，从而为项目参与各方提供一个高效的信息交流（Project-Communication）和协同工作（Collaboration）的环境。它的核心功能是在互动式文档管理的基础上，通过互联网促进项目参与各方之间的信息交流和促进项目参与各方的协同工作，从而达到为项目建设增值的目的。

(7)基于互联网的项目专用网站（PSWS）是基于互联网的项目信息门户的一种方式，是为某一个项目的信息处理专门建立的网站。但是，基于互联网的项目信息门户也可以服务于多个项目，即成为为众多项目服务的公用信息平台。

(8)基于互联网的项目信息门户，如美国的 Buzzsaw.com（于 1999 年开始运行）和德国的 PKM.com（于 1997 年开始运行），都有大量用户在其上进行项目信息处理。由此可见，建筑工程项目的信息处理方式已起了根本性的变化。

(三)项目管理信息系统的意义和功能

1. 项目管理信息系统的意义

(1)项目管理信息系统（Project Management Information System，PMIS）是基于计算机的项目管理的信息系统，主要用于项目的目标控制。管理信息系统（Management Information System，MIS）是基于计算机管理的信息系统，主要用于对企业的人、财、物、产、供、销的管理。项目管理信息系统与管理信息系统服务的对象和功能不同。

(2)项目管理信息系统，主要是用计算机的手段，进行项目管理有关数据的收集、记录、存储、过滤和把数据处理的结果提供给项目管理班子的成员。它是项目进展的跟踪和控制系统，也是信息流的跟踪系统。

(3)20 世纪 70 年代末期和 80 年代初期，国际上已有项目管理信息系统的商品软件。项目管理信息系统现已被广泛地用于业主方和施工方的项目管理。应用项目管理信息系统的意义是：实现项目管理数据的集中存储；有利于项目管理数据的检索和查询；提高项目管理数据处理的效率；确保项目管理数据处理的准确性；可方便地形成各种项目管理需要的报表。

(4)项目管理信息系统可以在局域网上或基于互联网的信息平台上运行。

2. 项目管理信息系统的功能

(1)项目管理信息系统的功能。项目管理信息系统的功能包括：投资控制（业主方）或成本控制（施工方）；进度控制；合同管理。有些项目管理信息系统还包括质量控制和一些办公自动化的功能。

(2)投资控制的功能。投资控制的功能包括：项目的估算、概算、预算、标底、合同价、投资使用计划和实际投资的数据计算和分析。

进行项目的估算、概算、预算、标底、合同价、投资使用计划和实际投资的动态比较（如概算和预算的比较、概算和标底的比较、概算和合同价的比较、预算和合同价的比较等），并形成各种比较报表，计划资金的投入和实际资金的投入的比较分析，根据工程的进展进行投资预测等。

(3)成本控制的功能。成本控制的功能包括：投标估算的数据计算和分析；计划施工成本；

计算实际成本；计划成本与实际成本的比较分析；根据工程的进展进行施工成本预测等。

(4)进度控制的功能。进度控制的功能包括：计算工程网络计划的时间参数，并确定关键工作和关键路线；绘制网络图和计划横道图；编制资源需求量计划；进度计划执行情况的比较分析；根据工程的进展进行工程进度预测。

(5)合同管理的功能。合同管理的功能包括：合同基本数据查询；合同执行情况的查询和统计分析；标准合同文本查询和合同辅助起草等。

(四)工程管理信息化的内涵和意义

1. 工程管理信息化的内涵

(1)信息化指的是信息资源的开发和利用，以及信息技术的开发和应用。信息化是继人类社会农业革命、城镇化和工业化的又一个新的发展时期的重要标志。

(2)我国实施国家信息化的总体思路是：以信息技术应用为导向；以信息资源开发和利用为中心；以制度创新和技术创新为动力；以信息化带动工业化，加快经济结构的战略性调整；全面推动领域信息化、区域信息化、企业信息化和社会信息化进程。

工程管理信息化属于领域信息化的范畴，它和企业信息化也有联系。

(3)我国建筑业和基本建设领域应用信息技术与工业发达国家相比，尚存在较大的数字鸿沟，它反映在信息技术与工程管理中应用的观念上，也反映在有关的知识管理上，还反映在有关技术的应用方面。

在数字经济与数字生态2000中国高层年会上所提出的"认知数字经济、改善数字生态、弥合数字鸿沟、消除数字冲突、把握数字机遇"，是当前推动信息化的重要战略任务。

(4)工程管理信息化指的是工程管理信息资源的开发和利用，以及信息技术在工程管理中的开发和应用。

(5)工程管理的信息资源包括：组织类工程信息，如建筑业的组织信息、项目参与方的组织信息、与建筑业有关的组织信息和专家信息等；管理类工程信息，如与投资控制、进度控制、质量控制、合同管理和信息管理有关的信息等；经济类工程信息，如建设物资的市场信息、项目融资的信息等；技术类工程信息，如与设计、施工和物资有关的技术信息等；法规类信息等。

在建设一个新的工程项目时，应重视开发并充分利用国内和国外同类或类似工程项目的有关信息资源。

(6)信息技术在工程管理中的开发和应用，包括在项目决策阶段的开发管理、实施阶段的项目管理和使用阶段的设施管理中开发和应用信息技术。

(7)自20世纪70年代开始，信息技术经历了一个迅速发展的过程，信息技术在建筑工程管理中的应用也有一个相应的发展过程：

1)20世纪70年代，单项程序的应用，如工程网络计划的时间参数的计算程序、施工图预算程序等。

2)20世纪80年代，程序系统的应用，如项目管理信息系统、设施管理信息系统(Facility Management Information System，FMIS)等。

3)20世纪90年代，程序系统的集成，它随着工程管理的集成而发展。

4)20世纪90年代末期至今，基于网络平台的工程管理。

2. 工程管理信息化的意义

(1)工程管理信息资源的开发和信息资源的充分利用，可吸取类似项目正、反两个方面的经验和教训。许多有价值的组织信息、管理信息、经济信息、技术信息和法规信息，将有助于项目决策期多种可能方案的选择，有利于项目实施期的项目目标控制，也有利于项目建成后的运行。

（2）通过信息技术在工程管理中的开发和应用能实现：

1）信息存储数字化和存储相对集中（图6-2）。

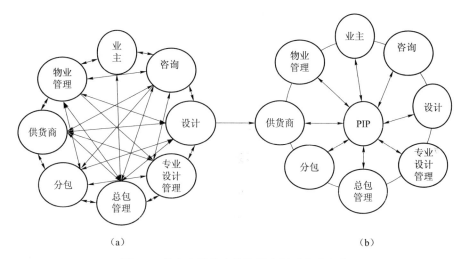

图6-2 信息存储数字化和储存相对集中示意

（a）传统方式：点对点信息交流；（b）PIP方式：信息集中存储并共享

2）信息处理和变换的程序化。

3）信息传输的数字化和电子化。

4）信息获取便捷。

5）信息透明度提高。

6）信息流扁平化。

（3）信息技术在工程管理中开发和应用的意义。

1）"信息存储数字化和存储相对集中"有利于项目信息的检索和查询，有利于数据和文件版本的统一，并有利于项目的文档管理。

2）"信息处理和变换的程序化"有利于提高数据处理的准确性，并可提高数据处理的效率。

3）"信息传输的数字化和电子化"可提高数据传输的抗干扰能力，使数据传输不受距离限制并可提高数据传输的保真度和保密性。

4）"信息获取便捷""信息透明度提高"以及"信息流扁平化"有利于项目参与方之间的信息交流和协同工作。

（4）工程管理信息化有利于提高建筑工程项目的经济效益和社会效益，以达到为项目建设增值的目的。

附　录

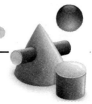

中标通知书

　　_____(建设单位名称)的_____(建设地点)_____工程，结构类型为_____，建设规模为_____，经____年____月____日公开开标后，经评标小组评定并报招标管理机构核准，确定_____为中标单位，中标标价人民币_____元，中标工期自____年____月____日开工，____年____月____日竣工，工期_____天(日历日)，工程质量达到国家施工验收规范(优良、合格)标准。

　　中标单位收到中标通知书后，在____年____月____日____时前到_____(地点)与建设单位签订合同。

建设单位：(盖章)

法定代表人：(签字、盖章)

日期：____年____月____日

招标单位：(盖章)

法定代表人：(签字、盖章)

日期：____年____月____日

招标管理机构：(盖章)

审核人：(签字、盖章)

审核日期：____年____月____日

资格预审通告

1. _____（建设单位名称）的 _____ 工程，建设地点在 _____，结构类型为 _____，建设规模为 _____。招标申请已得到招标管理机构批准，现通过资格预审确定出合格的施工单位参加投标。

2. 参加资格预审的施工单位其资质等级须是 _____ 级以上施工企业，施工单位应具备以往类似经验，并证明在机械设备、人员和资金、技术等方面有能力执行上述工程，以便通过资格预审。

3. 工程质量要求达到国家施工验收规范(优良、合格)标准。计划开工日期为___年___月___日，计划竣工日期为___年___月___日，工期_____天(日历日)。

4. _____受建设单位的委托作为招标单位，现邀请合格的施工单位就下述工程内容的施工、竣工、保修进行密封投标，以得到必要的劳动力、材料、设备和服务。该工程的发包方式为(包工包料或包工不包料)，工程招标范围：_____。

5. 有意的施工单位可按下述地点向招标单位领取资格预审文件。资格预审文件的发放日期为___年___月___日至___年___月___日，每天_____时至_____时(公休日、节假日除外)。

6. 施工单位所填写的资格预审文件须在___年___月___日___时前，按下述地点送达招标单位。

招标单位：（盖章）

法定代表人：（签字、盖章）

地址：

邮政编码：

联系人：

电话：

日期：___年___月___日

招 标 公 告

    1. _____（建设单位名称）的 _____ 工程，建设地点在 _____，结构类型为 _____，建设规模为 _____。招标报建和申请已得到建设管理部门批准，现通过公开招标选定承包单位。

    2. 工程质量要求达到国家施工验收规范（优良、合格）标准。计划开工日期为 ___ 年 ___ 月 ___ 日，工期 _____ 天（日历日）。

    3. _____ 受建设单位的委托作为招标单位，现邀请合格的投标单位进行密封投标，以得到必要的劳动力、材料、设备和服务，建设和完成 _____ 工程。

    4. 投标单位的施工资质等级须是 _____ 级以上的施工企业，愿意参加投标的施工单位，可携带营业执照、施工资质等级证书向招标单位领取招标文件。同时交纳押金 _____。

    5. 该工程的发包方式（包工包料或包工不包料），招标范围为 _____。

    6. 招标工程安排：

(1)发放招标文件单位：

(2)发放招标文件时间：___ 年 ___ 月 ___ 日起至 ___ 年 ___ 月 ___ 日，每天上午：_____ 下午：_____；

(3)投标地点及时间：

(4)现场勘察时间：

(5)投标预备会时间：

(6)投标截止时间：___ 年 ___ 月 ___ 日 ___ 时；

(7)开标时间：___ 年 ___ 月 ___ 日 ___ 时；

(8)开标地点：

招标单位：（盖章）

法定代表人：（签字、盖章）

地址：

邮政编码：

联系人：

电话：

日期：___ 年 ___ 月 ___ 日

资格预审合格通知书

_____(建设单位名称)坐落在_____的_____工程，结构类型为_____，建设规模为_____。经招标单位申请，招标管理机构批准同意，通过对参加资格预审单位以往经验和施工机械设备、人员、财务状况，以及技术能力等方面审查，确定以下名单中的施工单位为资格预审合格，现就上述工程的施工、竣工和保修所需的劳动力、材料和服务的供应，按照《工程建设施工招标投标管理办法》的规定进行招标，择优选定承包单位，望收到通知书后于___年___月___日前，到_____领取招标文件、图纸和有关技术资料。同时交纳押金_____。

资审合格单位名单：

招标单位：（盖章）　　　　　　　　　　　　　　招标管理机构审核意见：（盖章）

法定代表人：（签字、盖章）

日期：___年___月___日

投标书(工程建设招标投标合同)

合同名称：_____

致：业主：_____

_____

1. 在研究了上述工程的施工合同条件、规范、图纸、工程量清单以及附件第____号以后，我们，即文末签名人，兹报价以_____

_____(_____)，或根据上述条件可能确定的其他金额，按合同条件、规范、图纸、工程量清单及附件要求，实施并完成上述工程并修补其任何缺陷。

2. 我们承认投标书附录为我们投标书的组成部分。

3. 如果我们中标，我们保证在接到监理工程师开工通知后，尽可能快地开工并在投标书附录中规定的时间内完成合同规定的全部工程。

4. 我们同意从确定的接收投标之日起____天内遵守本投标书，在此期限期满之前的任何时间，本投标书一直对我们具约束力，并可随时被接受。

5. 在制定和执行正式的合同协议书之前，本投标书连同你方书面的中标通知，应构成我们双方之间有约束力的合同。

6. 我们理解你们并不一定非得接受最低标或你方可能收到的任何投标书的约束。
   于____年____月____日。

签字人_____ 职务_____
授权代表_____ (楷体大写字母)
地址_____
证人_____
地址_____
职业_____

工程承包协议书

本协议书于___年___月___日由_____(以下简称"业主")为一方与_____(以下简称"承包人")为另一方签订。鉴于业主欲建成本项工程，即_____并已接受承包人提出的承担该项工程的施工、竣工并修补其任何缺陷的投标书。

兹为以下事项达成本协议：

1. 本协议书中的措辞和用语应具有下文提及的合同条件中分别赋予它们的相同的含义。

2. 下列文件应被认为是组成本协议书的一部分，并应被作为其一部分进行阅读和理解：

(a)中标函；

(b)上述投标书；

(c)合同条件；

(d)规范；

(e)图纸；

(f)工程量清单。

3. 考虑到下文提及的业主准备付给承包人的各项款额，承包人特此立约向业主保证在各方面均遵照合同的规定进行施工及竣工并修补其任何缺陷。

4. 业主持此立约保证在合同规定的各项期限和以合同规定的方式向承包人支付合同价格或合同规定的其他应支付款项，以作为本工程施工、竣工并修补其任何缺陷的报酬。

特立此据。本协议书于上面所定的日期，由有关双方根据其各自的法律签署订立。

在_____在场的情况下，盖的正式印章如下：

或

在_____在场的情况下，由上述签字盖章并递交。

业主签名：_____　　承包人签名：_____

联系人：_____　　联系人：_____

参 考 文 献

[1]汤勇.工程项目管理[M].北京:中国电力出版社,2015.

[2]蔡雪峰.建筑工程施工组织管理[M].3版.北京:高等教育出版社,2015.

[3]李忠富.建筑施工组织与管理[M].北京:高等教育出版社,2005.

[4]彭圣浩.建筑工程施工组织设计实例应用手册[M].4版.北京:中国建筑工业出版社,2016.

[5]全国造价工程师执业资格考试教材编审委员会.建设工程造价案例分析[M].北京:化学工业出版社,2017.

[6]蔡雪峰.建筑施工组织[M].3版.武汉:武汉理工大学出版社,2008.

[7]吴怀俊,马楠.工程造价管理[M].北京:人民交通出版社,2007.

[8]中国建设监理协会.建设工程进度控制[M].北京:中国建筑工业出版社,2017.

[9]全国一级建造师执业资格考试用书编写委员会.建设工程项目管理[M].北京:中国建筑工业出版社,2017.